이 약사,
약 안 짓고
어디가!

이 여행기는 사회적응을 거부하는 이최와 택이가
현실을 도피하고 싶어 떠난
즐겁고 신 나고 아름다웠던
동남아시아 45일 여행의 흔적입니다. 덥습디다. 히익.

올해로 약사 인생 11년째를 맞이한다. 따지고 보면 내 인생에서 가장 근심·걱정 없고, 세상 무서울 것 없었던 때는 약대를 다녔던 4년이었던 것 같다. 약국가에 대한 선행학습 없이 시작된 약사로서의 삶은 생각보다 거칠었고 감당하기는 힘들었다. 제일 처음 약국에 입사했을 때, 당시 약사님은 KIMS로 공부하던 나를 참 잘 가르쳐주셨고, 나는 그 약사님이 고마워 참 열심히 공부했더랬다. 그런데 약국에서 자꾸 약사가 아닌 아저씨가 나를 가르치려 들고 지시하려고 했다. 뭐지, 이 근본 없는 시츄에이션은? 그 사람의 존재를 파악하는 데는 많은 시간이 걸리지 않았다. 그것은 바로 약사면허증이 없는, 고등학교도 제대로 나왔을지 모르겠는, 불법으로 약국에서 약을 판매하는 무자격자- 일명 카운터였다. 그리고 내가 진실을 몰랐다면 끝까지 존경했을 그 약사는 그 약국의 실질적인 주인이 아니라 바지사장 같은 존재였고, 실질적인 주인은 무자격 판매자인 카운터였던 것이다. 그 무자격자 카운터가 내게 했던 말 중에 10년이 지나도 잊히지 않는 구절이 있다.

"이 약사, 난 공부도 안 한 농땡이였는데, 하늘이 요 조동아리 하나 잘 줘서 이렇게 잘 먹고 산다. 하늘이 나한테 조동아리 하나는 참 잘 줬어! 난 하늘에 참 감사하네."

하늘이 주신 그 조동아리 아직도 잘 나불거리고 있는지 모르겠다. 다년간의 경험으로 비추어봤을 때 아마 여전히 다른 곳에서 잘 나불거리고 있을 거라는 생각이 든다. 난 거기서 도망쳤다. 두 번째 약국에서 정상적으로 일할 수 있었다면 졸업한 지 6개월도 안 돼서 2번이나 직장을 옮긴 철새는 되지 않았을 텐데. 길이 아니면 가지를 말라 했거늘, 들어서니 아닌 길임을 깨달았으니 그 길을 계속 가려면 참고 모른 척해야 하고, 하지만 참을 수 없고 모른 척할 수 없다면 다시 그 길을 빠져나와야 하는 것이 나라는 사람이었던 것이다. 약사라면 누구나 한 번쯤 앓게 되는 개국병- 약국을 오픈하고 싶은 마음이 너무 클 때를 일컫는, 약사들 사이에서의 은어 -을 앓게 되어 내 약국도 오픈한 적이 있었다. 하지만 브로커의 장난과 건물주의 과도한 횡포, 공짜 드링크와 약값 할인을 해주지 않는 내 약국을 외면하는 고객들 덕분에 2년간의 운영 끝에 인생 처음으로 폐업이란 걸 해봤다. 지금 와서 돌이켜보면 남 탓할 것 없고 다 나의 부덕함의 소치다. 계약서에 도장을 찍은 것도 나, 정의사회구현을 위해서 나만은 이래서는 안 된다는 쓸데없는 자존심을 내세운 것도 나. 누굴 탓하나? 모든 것이 나의 부덕함 때문이다. 나는 약국을 옮길 때마다 중간에 몇 달씩 쉬고 여행을 가곤 했다. 여행을 가면 내가 처해있는 현실에서 도피할 수 있어서 나는 너무나 행복했고, 어떨 땐 여행 가기 위해서 일하는 느낌이 들 정도였으니, 나는 서서히 여행에 중독되어 갔다고 하는 게 맞겠다. 2002년 우리나라와 터키의 월드컵 3, 4위전을 보고 심하게 감동한 나머지 홀연히 터키로 떠나버리기도 했다. 터키에서의 한 달간 여행은 축구 중계와는 비교할 수 없을 만큼 감동적이어서 멋진 곳을 많이 보았고, 멋진 사람들도 많이 만났고, 맛난 음식도 많이 먹었고, 지친 일상 속에서 지치지 않아도 된다는 기쁨과 해방감은 이루 말할 수 없었다. 그리고 나는 이후 틈만 나면 여행을 가고 싶었다. 터키 약발은 2년 정도 지속하였으나 씹던 껌의 단물이 거의 다 빠지고 나니, 새로운 껌이 필요했다.

일상은 쳇바퀴, 의지와 상관없이 자꾸만 떠오르는 폐업의 아픔과 자괴감, 직원들과의 갈등으로 나를 사회 부적응자 및 조울증 환자로 인식해버렸던 어떤 약사님, 내게 약을 집어 던지는 환자들, 약국장은 약국을 비우고 나가버려서 나 혼자 일에 치여 땀나게 일하고 있는데(이때 과도한 업무로 인해 생긴 안면 경련은 6년째 나를 괴롭히고 있다.

마그네슘 따위는 소용이 없다.) 왜 여기는 이렇게 환자가 많은데 약사를 더 안 뽑고 그렇게 욕심 많게 사느냐며, 나한테 고래고래 소리 지르고, 욕하고, 삿대질하던 환자들. 이 살벌한 사회는 나를 쉽게 지치게 하였다. 절이 싫으면 중이 떠나야지 방법 없다. 2012년 초, 항공권을 결제하게 된 결정타가 있었다. 그날도 여느 날과 다름없이 약국에서 근무 중이었다. 환자가 없던 한가한 시간에 며칠 전 간식으로 사 놓은 스크류바를 약국 냉동실에서 꺼내먹고 있는데, 그때 퇴근을 준비하던 연장자 약사가 날 째려보면서 "이 약사! 그거 그딴 식으로밖에 못 먹어?"라며 소리를 질러댔다. 그 사람의 앙칼진 목소리는 지긋지긋한 당신을 인제 그만 보라는 신의 계시로 들렸다. 스크류바 먹는 방법도 모르는 불쌍한 사람 같으니라고. 안녕히 계세요. 중은 이만 떠납니다. 불로장생하세요. 그리고 앞으로 평생 보는 일 없는 걸로.

D day 121

독립생활 10년이 넘어가면서 생긴 습관 중 하나가 형광등과 TV를 켜 놓은 채 잠드는 것이다. 그렇게 잠이 들면 왠지 포근하고 누군가에게 보호받고 있는 느낌이 든다. 나란 여자, 밤이 외로운 과년한 여자. 아침에 눈 뜨면 TV가 여전히 소곤거리고 있고, 핸드폰을 켜 보니 오전 7시 24분. 오늘부터 출근하지 않아도 된다. 4년을 기다려온 시간이다. 침대 매트의 따뜻함을 계속 느끼며 TV 리모컨을 들고 채널을 돌려보았다. 그동안 못 보던 각종 케이블과 홈쇼핑 방송도 맘 놓고 볼 수 있다. 역시 속옷은 홈쇼핑이지. 무이자 할부도 되고, 사이즈도 다양하고. 속옷 18종 세트를 하나 주문하고 난 다시 달콤한 잠을 청한다. 잠이 오면 자고, 배고프면 밥 먹고. 만끽하라, 백수의 자유로움을!

D day 118

한 4일 밤낮을 침대 매트와 자웅동체를 이루었더니 허리가 아파서 안 되겠다. 호접지몽(胡蝶之夢)도 유분수지, 내가 장판인지, 장판이 나인지 모를 지경이다. 이제 좀 일어나서 거실이라도 왔다 갔다 해야겠다.

D day 117

여행준비를 슬슬 시작해야겠다. 적은 돈으로 많은 곳에 가보고, 다양한 걸 먹어보고, 신기한 걸 많이 구경할 수 있는 여행지로 동남아만 한 데가 없다. 동남아 순회방문이라면 이 모든 목적을 충족시켜주면서, 멘탈의 힐링과 현실로부터의 도피라는 큰 콘셉트도 아울러 만족하게 해줄 유일무이한 판타지 세계가 돼줄 것만 같다. 맘 같아서는 한 석 달 가고 싶은데, 하루 체류비로 10만 원만 잡아도 석 달이면 천만 원. 히익! 그럼 두 달이면 600 정도? 600만 원이 새로 나온 버거 세트메뉴 이름도 아니고. 한 400 정도가 좋을 것 같다. 400 정도로 동남아시아 어디를 얼마나 갈 수 있을까?

일단 필리핀은 영순위로 제외다. 어글리 코리안(Ugly —)들이 거기서 어글리 한 짓들을 많이 해놓아서 그런지, 다른 이유가 있는 건지는 모르겠지만, 필리핀에서 한국 사람을 대상으로 무시무시한 범죄가 많이 벌어지기 때문에 필리핀은 누가 공짜로 보내줘도 가고 싶지 않은 나라다. 싱가포르도 빼야겠다. 싱가포르는 가보지는 않았지만, 조그만 도시국가인데 어찌나 콧대가 높은지 우리 같은 budget traveller(저예산 여행자)가 여행하기에는 호텔비가 너무 비싸고, 뭐 하기만 하면 다 벌금이라는 얘기에 몹시 기분이 나빠서이다. 싱가포르 아웃!

베트남은 왠지 미지와 환상의 나라일 것만 같아서 동남아여행을 결심하게 된 주력국가다. 베트남에 대해서 아는 거라곤 호찌민과 하노이라는 도시가 있다는 것, 쌀국수를 싸게 먹을 수 있다는 것, 우리나라 남자들이 신붓감을 많이 데려오는 나라라는 정도. 다 필요 없고 쌀국수다. 좋아하는 베트남 쌀국수가 거기 가면 한 그릇에 1,500원이란다. 나가서 사 먹으면 8,500원인데 1,500원이면 6그릇을 먹을 수 있는 돈이다. 무려 6그릇! 쌀국수 6그릇! 나 거기 가면 하루 삼시 세끼를 다 베트남 쌀국수만 먹어서 한국 오면 쌀국수의 쌍시옷 소리가 한 2년간 안 나올 만큼 쌀국수 많이 먹고 와야지! 거기다가 베트남은 숙소도 저렴해서 하루 2만 원이면 된다. 이야! 예산 400만 원에 매우 부합하는 조건이 아닐 수 없다. 하루 2만 원짜리 숙소라니 들도 보도 못한 어메이징 한 물가여! 베트남은 아니 갈 수가 없다. 무비자로 15일간 체류할 수 있다고 하니 15일을 꽉 채워봐야겠다. 전체 여행 기간의 무려 1/3을 차지하는 기간이다. 야무지게 준비를 해야겠다.

라는 소박한 소망을 안고 난 베트남을 첫 기착지로 정했는데, 여행준비를 하다 보니 이놈의 나라가 여행자에게는 사기의 천국이라는 것을 알게 되고, 나는 크게 절망하게 되었다. 슈밤바!

근무약사라는 직업은 '일하지 않는 자 먹지도 말라'는 구호에 아주 부합하는 직업이다. 일하지 않으면 실업급여도 없고, 일하면 월급이 나오는 단순한 월급계산식의 직업이다. 요즘은 좀 달라졌나 모르겠지만, 난 10년을 그렇게 살았다. 일상의 염증을 느껴 자발적 백수의 시간을 보내고 있던 2006년 9월 어느 날, 한 여성으로부터 심장 벌렁대는 문자가 한 통이 왔다.

> *"요즘 일해? 안 하면 발리 가자. 내일모레 출발인데, 세금 합해서 4박 6일 24만 원에 떴다.*
> *짐 싸!"*

신들의 섬이라는 그 발리? 허니문 많이 간다는 그 유명한 그 발리? 비행기로 왔다갔다 실어주고, 4박이나 재워주고, 먹여주고, 4박 전 일정이 자유일정인 패키지가 세금 합해서 24만 원? 앞에 한 자가 지워진 거 아니고 정말 두 자리 숫자 24만 원? 나는 7초 만에 답장을 보냈다.

> *"신청해! 가자!"*

당장 낼모레 출발하는 그 상품을 신청하고, 여권 복사해서 팩스 보내고, 현금 24만 원 인터넷뱅킹으로 쏘고, 캐리어에 짐 싸서 이틀 뒤 두 여성은 인천 공항 출국장에서 만났다. 아니, 발리 4박 6일 자유여행 패키지가 24만 원이라는데, 쇼핑몰 열 군데를 돌아다닌들 어 떠랴, 24만 원이라는데! 난 모든 걸 용서할 수 있었다. 두 여성은 4박 6일 동안 미니버스 타고 왕궁도 실려가고, 원숭이 공원도 실려가고, 쇼핑몰 세 군데 실려가고, 옵션은 꽃잎 스파에서 황홀한 시간을 보내고, 저녁에는 꾸따 시내로 가서 쇼핑도 하고. 호텔 수영장은 바닷가와 바로 이어져 있고, 방에서 멋진 일몰을 황홀하게 바라볼 수 있었던 그곳. 그렇게

24만 원으로 황홀하게 보내고 온 발리.

난 태생적으로 옷 만드는 엄마의 피를 타고나서인지 어릴 때부터 패션에 관심이 많았다. 새틴 소재의 레이스가 주렁주렁 달린 라라 인형 옷이 너무 예뻐서 엄마한테 똑같이 만들어달라고 하면, 신의 손 봉제의 달인 우리 엄마는 그것을 정말 똑같이 만들어서 막내딸에게 입혀주셨다. 한번은 북한소녀들이 입는, 무릎까지 오는 길이의 생활 한복이 예뻐서 엄마한테 얘기했더니 엄마가 똑같이 만들어서 막내딸에게 입히셨다. 나 그거 입고 학교 간 날, 미술 시간에 난 교단 위에 크로키 모델로 40분 동안 앉아 있었던 기억이 나네. 이야기의 핵심은 크로키 모델이 아니라, 이처럼 내가 어릴 때부터 패션에 지대한 관심이 많아 20대에 패션카페에 가입해서 서른 중반이 넘은 지금까지 활동을 하고 있는데, 그 카페에 어떤 여성이 발리에 대한 여행기를 올렸는데, 난 그 게시물을 보고 작지 않은 충격과 감동을 받았다. 풀 빌라와 고급스러운 리조트만 있는 줄 알았던 발리에 게스트하우스가 있대요, 세상에나! 배낭여행자들의 천국이래! 이것은 culture shock! 패키지 때 못 가봤던 발리의 이곳저곳을 샅샅이 구경하고 다니고 싶은 욕망이 들끓기 시작했다. 발리에 가봐야겠다.

D day 119

인천에서 베트남 하노이로 들어갔다가, 45일의 여행 끝에 발리에서 다시 인천으로 돌아오는 여정을 확정한 후, 가장 저렴한 항공권을 검색해 보니 1인당 78만 원의 가격으로 국적기 항공사가 검색되었다. 항공사 홈페이지에 들어가서 일정을 확인하고 벌벌 떨리는 손으로 하노이 인, 발리 아웃으로 직항 항공권 2장을 결제했다. 50만 원 넘는 돈을 카드로 긁을 때는 언제나 손이 벌벌 떨린다. 출발 4개월 전에 인·아웃 항공권을 결제까지 마치니 마음이 든든해지고 뭔가 추상적이던 여행계획이 매우 구체화된 거 같아서 기분이 들뜬다.

말레이시아를 여행하고 난 후, 끄트머리에 붙은 싱가포르를 쿨하게 모른 척하고 바로 발리로 넘어갈 예정이었다. 그런데 한 여인의 등짝과 함께 올라온 마리나베이 샌즈 호텔(Marinabay Sands —)의 수영장 사진이 나를 흔들었다. 클락키에서 즐기는 맥주 한 캔은 영혼을 자유롭게 하고, 아시아 최대 회전관람차라는 싱가포르 플라이어(Singapore

Flyer)는 안 탈 수가 없는 비쥬얼을 자랑하고 있다. 싱가포르를 제치면 약간 후회할 것 같은 느낌이 다가오고 있다. 아무래도 싱가포르를 가봐야겠다. 지금 안 가면 언제 가 볼지 몰라. 그리고 아까 그 엄청나게 크고 예쁜 회전 대관람차 사진 봤지? 밤에 막 얼씨구 절씨구 지화자 하는 클락키 사진 봤지? 안 갈 수가 없어. 싱가포르 한 번만 가보자. 딱 3일만 가보자.

D day 113

베트남, 태국, 말레이시아, 싱가포르, 인도네시아 발리. 5개국으로 정리했다. 베트남에서는 일단 사파투어, 하롱베이 투어를 할 수 있는 하노이를 갔다가, 7달러를 주면 온종일 배부르게 먹고, 바닷가에 둥둥 떠서 와인을 마실 수 있는 보트투어와 해변 랍스터로 유명한 냐짱, 그리고 한여름에도 털 모자를 쓸 수 있다는 달랏을 가봐야겠다. 냐짱은 『오감 만족 베트남』이라는 여행기를 펴낸 박성호님의 책을 읽고 결심하게 되었는데, 그 책에 나오던 해안 랍스터 부분을 읽었을 때 좌심실, 우심방과 전두엽을 관통하는 커다란 감동을 받은 나머지 나도 저 해안에 가서 바다를 바라보며 랍스터를 뜯어먹는 장면이 저절로 떠오르면서 반드시 그 장면을 현실화시켜 보고 싶었다.

말레이시아는 난생처음 가보는 곳인데 수도인 쿠알라룸푸르는 당연히 넣고, 유네스코 지정에 빛나는 말라카와 페낭에 가보면 좋겠다. 어디 한번 문화와 역사의 향기에 취해 과거로 한번 돌아가 볼까? 말레이시아에 대해서 아는 거라곤 이슬람 국가라는 것과 쌍둥이 빌딩 왼쪽을 한국이, 오른쪽을 일본이 지었다는 거 말고는 아는 게 없는데 말레이시아 대탐방을 나서봐야겠다. 윤곽이 서서히 진해지고 있다.

D day 102

45일 여행의 목적지를 확정 지었다.

5개국 10개 도시: 하노이 - 냐짱 - 달랏 - 방콕 - 푸껫 - 페낭 - KL - 말라카 - 싱가포르 - 발리.

출발 석 달 전에 모든 여행지를 확정 짓고 이제 현지이동 시 항공편과 각 지역의 숙소를 정해놓기 위해 5개 정도의 호텔 및 호스텔 예약 사이트, 동남아시아 국가를 연결해주는 저가항공사 홈페이지에 들어가서 모니터가 뚫릴 기세로 폭풍 검색을 시작한다. 이번 여행을 준비하면서 동남아를 여행할 수 있는 저가항공사가 이렇게 많은 줄 몰랐고, 노선도 이렇게나 다양한 줄 처음으로 알았다. 역시 나만 우물안에 있었지, 세상은 상상 이상으로 잘 돌아가고 있었다. 이렇게 공부를 열심히 해보기는 4학년 약사국가고시 이후 처음이다.

D day 79

내가 여행준비를 하면서 우연히 알게 된 블로그가 있었는데, 어느 날 이 블로그에서 매우 충격적인 글을 발견하게 되었다. 내가 그렇게나 간절히 원했던 방콕-푸껫행 야간버스에서 이 블로거가 아이패드를 분실한 것이다. 이런 변이 있나! 야간버스에서 아이패드 분실이라니! 달리는 버스에서 어떻게 아이패드를 분실할 수 있는지 나는 이해가 안 갔는데 블로그 내용을 찬찬히 읽어보니, 애당초 도둑놈이 작정을 하고 표를 사서 버스에 탑승해서 온 승객들이 곤히 자는 틈을 타 각종 돈 되는 IT 기기를 싹쓸이를 한 다음, 중간 휴게소에서 내린 거였다. 이런 천인공노할 일을 보았나! 하여간에 다들 열심히 살아, 아주 그냥. 저 도둑놈도 제 할 일 최선을 다해 저렇게 치밀하게 살고 있다. 이 살벌한 증언 포스팅으로 인해 야간버스를 타고 밤에는 맛난 야식도 먹고 푸껫에 가겠다는 내 꿈은 산산조각이 났고, 방콕에서 푸껫으로 가는 다른 방법을 찾아야 했는데, 그것은 걸어가거나 비행기를 타거나.

D day 75

오늘은 서울 가서 방송 녹화를 하고 왔다. 올해는 일이 잘 풀리려는지 아직 추위가 가시지 않은 초봄, 나에게 TV 방송 출연 섭외가 들어왔다. 한 케이블 방송의 프로그램이었는데, 주제가 '가방과 슈즈'였고 나는 슈즈 패널로 출연하게 되었다. 녹화 며칠 전부터 출연 때 입을 옷도 정하고 녹화장에 가져갈 구두를 준비해서 새벽 댓바람부터 KTX를 타고 서울로 가는데, 난생처음 해보는 이런 경험은 너무너무 신 나고 마른 일상 속의 단비 같다고나 할까? 이런 경험은 자주 생겼으면 좋겠다.

　그래도 녹화는 재미있고 신 나는 경험이고, 세상에는 다양한 사람들이 있다는 것을 새삼 느끼는 계기였다. 다른 사람들도 나를 보며 똑같은 생각을 했겠지? 후후! 내가 멘트 칠 때마다 재미있었다고 여러분이 말씀해주셨는데, 인생의 낙을 아시는 분들이다. 지루하고 사막처럼 메마른 일상 속에서 이런 이벤트는 매우 큰 활력소가 되었고, 아주 잠깐 연예인 놀이도 할 수 있었다. 소 약사님 만나러 저 먼 거제에 놀러 가서 한적한 바닷가를 거닐고 있었는데 지나가는 사람들이 알아볼 정도였으니 말이다. 방송을 본 사람들의 반응이 신기했는데 나와 같은 직업의 약사들은 부정적인 시각이 많았고, 그 외 사람들은 '재미있다, 신선하다, 인상적이다'라는 반응이 많았다.

D day 63

　방콕에서 푸껫으로 가는 방법이 걸어가거나 비행기를 타는 두 가지 방법이 있었는데, 걸어가는 건 다리 아프니까 비행기를 타야겠는데 거의 2주간 매일매일 저가항공사 티켓을 검색하던 중, 드디어 마침내! 오늘 밤에! Nok air에서 프로모션 티켓이 풀리는 현장에 내가 접속을 하게 되었다. 아이템 획득은 신속하고도 정확하게! 세금까지 포함한 가격이 푸껫 가는 야간버스보다 싸! 막 싸! 버스의 2배 가격이라도 빛의 속도로 티케팅

할 판에 버스보다 비행기값이 싸다니! 침착해! 침착해! 나는 몹시도 벌벌 떨리는 손을 진정시키며, 바운스 바운스 하고 있는 심장을 진정시키며, 그 누구보다 정확하게, 그 누구보다 신속하게 푸껫행 항공권 2장을 예매하였다. 역사는 밤에 이루어졌다. 푸껫행 비행기 표도 구매 완료했겠다, 이제 마음이 한층 푸근해졌고 숙소도 결정해야 할 시간이 왔다. 푸껫에는 워낙 다양하고 좋은 숙소가 많아서 어느 곳을 골라야 할지 고민이다. 싸고 좋은 숙소가 지천에 널렸어. 아주 그냥 행복한 고민을 하게 만드는 푸껫이여, 널 사랑해.

D day 40

여행출발 40일 전, 모든 항공권 구매가 끝났다. 인·아웃 항공권은 물론이고 하노이-냐짱, 달랏-호치민, 호치민-방콕, 방콕-푸껫, 페낭-KL, 싱가포르-발리, 총 6편의 항공편 예약 및 구매를 끝냈다. 나님, 좀 대단한 듯? 발길 가는 대로 여행하는 사람도 있는데, 우리는 그렇게 시간이 많은 사람들이 아니다. 이렇게 긴 여행 한 번 하기가 너무나 힘들기 때문에 준비 없이 돌아다닌다면 그것처럼 비극은 없으리라. 밀도 있는 여행을 위해 치밀한 사전준비를 시작한 나는 매일 하루 8시간씩 여행공부를 하면서 45일 전체 일정을 거의 다 짜놓은 상태고, 중간마다 항공 이동 편도 저가항공사에서 얼리버드로 예약과 구매를 마쳐버렸다. 10개 도시 14군데 숙소 중 13군데를 모두 예약해버렸다. 처음에는 4~5군데만 예약하고 나머지는 현지에 가서 숙박하면 되지 않을까 싶었지만, 숙소를 하나둘 예약하다 보니 좀 더 깨끗하고, 위치 좋고, 가격 좋은 곳을 미리미리 알고 싶었고, 그런 곳을 발견하면 어서 빨리 예약해서 내 것으로 만들어버려야 속이 시원해졌다. 6개월 정도 장기여행이라면 모르겠지만, 이렇게 한 번 길게 여행가기가 쉬운 일이 아니어서 준비 없이 가서 여행을 망쳐버리고 싶은 생각은 1g도 없기 때문에 사전에 준비할 수 있는 건 모두 준비해야 마음이 놓인다. 꼼꼼한 면이 있다.

D day 36

여행계획서 'Runaway'의 표지를 완성했다. 수많은 사진과 문구 중에서 어떤 것으로 정해야 할지 여러 날을 고민했다. 창작의 고통이란….

Runaway

Yongtaek Kim(XXXXXXX@hanmail.net)
Juyoun YiChoi (suimania@hanmail.net)
What a Lovely Korean couple!

음! 맘에 드는군. 이 팍팍하고 살벌한 현실에서 제발 좀 벗어나 보겠다는 강력한 의지를 표현한 제목 Runaway. 그럴 일은 없겠지만, 만에 하나 이 책을 분실했을 때 우리에게 연락할 여지를 남겨주는 이메일 주소. 그렇게 우리가 분실한 이 Runaway book을 어느 멋진 외국인 훈남 혹은 훈녀가 표지에 적힌 이메일 주소로 우리에게 연락을 하게 되고, 우리는 그걸 보고 그 외국인과 몇 날 몇 시, 어디서 만날지를 정해서 우리는 그렇게 운명적인 만남을 갖게 되고, 재미있고 유쾌한 대화를 나누며, 시원한 바에 앉아 여행이야기, 본인들의 이야기, 세상 사는 이야기를 하며 친해질 거야. 밤이 깊어지면 서로의 숙소로 돌아가야 하므로 페이스북 주소라든지 모바일폰 번호를 주고받으며 아쉬운 작별을 하게 될 거야. 여행이 끝나고 각자 집으로 돌아가서도 우리는 가끔 연락을 하면서 서로의 안부를 묻곤 하겠지. 몇 년 뒤, 이 아이가 중국을 여행하게 되는데, 아시아를 간 김에 우리를 보러 한국을 방문하겠다고 할 거고. 그럼 우린 또 이 아이와의 인연에 감동하며 대구에서의 신 나는 여행을 함께하겠지. 인생은 우연을 가장한 필연 혹은 사전밀약일지도 몰라.

D day 30

방송의 위력은 생각보다 컸다. 저번에 출연했던 『김원희의 맞수다』를 본 다른 프로그램 관계자에게서 방송출연 섭외가 들어온 것이다. 인생 즐겁게 살아야 하는데 이런 걸마다할 이유는 없다. 바로 오늘, 우리 집에 촬영하러 오시기로 한 날이다. 내가 대단한 연예인도 아닌데 스태프분들이 어제부터 대구에 내려오셔서 우리 집에 다녀가셨다. 이번 촬영은 어떤 콘셉트와 내용으로 촬영할 거고, 어떤 내용이 들어갈 거다, 뭐 이런 내용을 나에게 하나하나 설명을 해주셨고, 구두에 대한 나의 이야기를 듣고 싶어하셔서 깨알 같은 사연을 풀어드렸더니 몹시 만족해하셨다. 아, 역시 프로에게서는 프로의 향기가 나. 아름다워. 아침 9시 정도에 5분의 스태프분들이 집으로 오셨다. 담당 작가님과 서브 작가님께서는 촬영할 배경을 예쁘게 만들어야겠다며 구두 박스를 다 까서 구두를 하나하나 다 꺼내서 정리하기 시작하시는데, 내가 평소에 해놓은 거보다 아주 아름답게 잘 정리를 해주셔서, 이거 뭐 공짜로 정리 서비스를 받은 느낌이다. 확실히 상자를 다 벗겨서 진열을 하니까 슈즈들이 더 잘 보이고, 보기에도 아주 좋았다. 역시 방송을 하시는 분들이라 눈썰미가 남다르다. 이분들의 손길이 지나간 후, 내 슈즈 방은 환골탈태. 그런데 서브 작가님이 조용히 귓속말로, "주연님, 저도 그 패션카페 회원이에요."

아니, 이런 반가울 데가 있나! 내 20대 청춘과 30대 청춘을 함께해온 패션 카페의 동지라니!

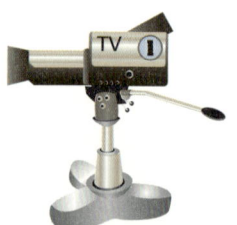

프로그램 담당자는 서울 녹화장에도 출연해달라고 부탁을 하셨지만, 저번에 한 번 해보고는 인건비가 나오지도 않을 뿐더러 그것보다 몸이 너무 힘들어서 못하겠다는 생각이 들어서, 이번에는 그냥 우리 집에서 촬영만 하는 것으로 하기로 했다. 이분들이 아침 9시에 오셔서 우리 집에서 촬영하고, 인터뷰를 하고, 구두를 찍고, 또 백화점 모스키노 매장에 힘들게 부탁을 해서 모스키노에서도 촬영하고, 다시 우리 집에 와서 나머지 촬영을 해서 밤 9시에 모든 촬영이 끝이 났다. 무려 12시간을 촬영했는데 나중에 방송을 보니 2분 나왔다. 아! 이럴 거면 차라리 서울 녹화장에 출연할 걸 그랬다. 고생은 너무 많이 했는데 2분 방송이라니. 특별히 촬영해준 백화점 브랜드한테도 너무 미안해서 그 매장에 못 가고 있다.

D day 29

페낭이랑 KL은 숙소예약이 끝났는데 말레이시아의 마지막 여행지 말라카 숙소는 아직 예약을 하지 못했다. 존커 행아웃이라는 호스텔이 있는데 실내도 너무 예쁘고 깨끗할 뿐더러 말라카 여행에 있어 최적의 위치를 자랑하지만, 1박에 8만 원이라는 돈은 약간 비싼 감이 있었다. 이번 여행 1일 숙박비 기준은 5만 원이다. 1박에 5만 원만 해도 5X45=225만 원이다. 일단 즐겨찾기는 해놓고 혹시 비슷한 곳으로 좀 더 싼 곳이 없나 어슬렁거리면서 이곳의 예약을 미루고 하루 6시간씩 인터넷을 하면서 여행준비를 하던 중에 문득 호스텔 홈페이지를 즐겨찾기 해놓은 것이 기억나서 오랜만에 한번 들어가 보았다. 홈페이지에서 무슨 일이 벌어지고 있는 느낌이었다.

벌쓰데이, 스페샬, 이런 말 있으면 눈여겨봐야 한다. 스페샬, 프로모션, 이런 말에는 촉이 있어서 본능적으로 어떤 기운이 느껴지고 있는 이 순간. 침착해, 침착하고 차근차근 읽어보자. 음, 원래 트윈룸 가격이 220링깃(우리 돈 8만 원 정도)인데 저기 only 88RM NETT, 네트로 88링깃, 우리 돈 3만 원. 뭔가 프로모션 냄새가 난다. 영어가 너무 딸려서 뭔 말인지 모르겠으니 차근차근 읽어보자. 침착해. 일단 여기 2주년 기념인 건 이해했고 생일잔치를 하나 본데, 1박 1룸당 88링깃인데, weekdays? weekend만 알고 있는 나로서는 weekdays가 너무 생소하다. 나 너무 무식해졌다고 자학하기 전에 어서 사전

찾아봐! 왠지 시간이 없는, 몹시 긴박한 상황임이 느껴지고 있다.

weekdays... 평일이네... 홈피에서 뭔가 굉장한 일이 일어나고 있음이 틀림없어...

7월 1일부터 7월 31일 사이 평일을 예약하면... 세금 포함 1박에... 88링깃... 환불은 안 돼...

이구나! 8만 원짜리 방을! 3만 3천 원에 묵는구나! 내가 너무너무 묵고 싶었던 숙소에! 그토록 원하던 존커 행아웃에! 그 아름다운 숙소에! 반값도 안되는 가격에 묵는구나!!! 지금 필요한 건 스피드!!! 지금은 광 클릭이 필요할 때! 침착해! 침착해! 할 수 있다, 이 최! 침착해! 침착해! 아! 손이 벌벌 떨려요! 심장이 바운스 바운스! 이마에 땀이 송글! 손바닥 발바닥에 땀이 흥건! 환불 안되니까 절대적으로 침착하게! 하지만 신속하게! 일 정 넣고! 이름 넣고! 주소 넣고! 카드 번호 넣고!

마침내 예약완료! 예약확정! 카드 번호까지 다 넣었어! 확실해! 이름 확실하고, 날짜 확실하고, 주소 확실하고, 카드 번호 정확하고! 2명 트윈룸! 확실해! 어쩌나 확인을 하고 또 했는지, 모니터가 내 눈빛에 뚫릴 기세! 내가 예약을 마치자마자 달력에 표시된 내가 예약한 날짜에 Non Available!! 저 날짜에 트윈룸은 나만의 것! 우리들의 것! 만약 내가 오늘 홈피를 안 봤으면 어쩔 뻔했어? 이런 환상적인 프로모션을 놓쳤을 때 그 좌절감을 어떻게 이루 말로 표현할 수 있겠냐며! 나는 무슨 신기가 있어 그 시간에 내가 잘 기어 들어가지도 않던 행아웃 홈피에 접속한 걸까? 그리고 내가 묵어야 하는 날짜의 방은 비어 있었나? 대단해. 이건 뭐 어메이징이야. This is beyond description! 이건 뭐 신의 계 시라고는 달리 표현할 방법이 없네. 신속, 정확한 결제 후 내가 묵은 날짜 프로모션은 매 진되었다.

이토록 뿌듯하고 아름답고 밥값 한 거 같은 느낌이 드는 새벽을 맞이한 적이 없었던 거 같다. 역사는 밤에 이루어진다는 말이 그냥 생긴 건 아닌가 보다. 이로써 10개 도시 14군데 모든 숙소가 예약 완료되었다.

D day 11

45일 동남아시아 여행의 총 경비는 택이 400, 나 400, 둘이 합해 800만 원 정도로 구체화되었다.

여기서 400만 원은 각종 항공권과 호텔 숙박비로 한국에서 모두 지급한 금액이어서 나머지 400만 원을 현금으로 들고 가면 된다. 이거 너무 좋다. 800만 원을 들고 다니기가 얼마나 부담스러운데 그 반을 한국에서 다 결제해버렸으니 나머지 400만 원만 가져가면 되잖아. 아주 똑똑한 방법이 아닐 수 없다. 최악의 경우를 그려보았을 때 800만 원 들고 나가면 800만 원 다 털릴 수 있고, 400만 원 들고 나가면 최악이래 봤자 400만 원 털리니까 400만 원을 굳힐 수 있지. 그런데 400만 원도 현금으로 들고 다니기가 여간 부담스러운 것이 아니다. 그래서 200만 원은 외화로 환전해서 현금으로 들고 가고, 나머지 200만 원은 은행 계좌에 넣어놓고 국제현금카드를 발급받아서 현지에서 바로 인출해서 쓸 수 있다는 빛과 소금 같은 정보를 입수한바, 다음 주에 은행투어를 하면서 국제현금 카드를 발급받아야겠다. 200만 원을 한꺼번에 넣는 것도 부담이 되었다. 45일 여행이 어지간히 걱정되긴 되는갑지? 만약에 여행하다가 현금카드를 분실해서 200만 원이 홀라당 날아가 버리면 그 길로 공항에 돌아가서 출국날짜까지 공항에서 노숙하다가 한국으로 돌아와야 하는 불상사가 생길지도 몰라서 너무 걱정되는 것이다. 여행을 가기 전에는 모든 것이 불안하고 걱정이 되기 때문에 준비를 철저히 해야 한다. 물론 현지에서 현금카드를 분실하면 뭐 신고해서 현금인출을 정지할 수는 있겠지만, 이건 어디까지나 긍정적인 상황에서나 가능한 이야기지, 집 나가서 뭐 잃어버리면 끝이다. 그래서 택이 계좌에 100만 원, 내 계좌에 100만 원을 각각 넣어두고 국제현금카드도 각자의 이름 앞으로 한 장씩 발급받기로 한다.

D day 6

45일간 집을 비워야 하는데 냉장고를 열어보니 아주 그냥 꽉꽉 채워져 있다. 가능한 한 냉장고에 있는 것들을 내 뱃속으로 집어넣어야 한다. 소주 두 병은 미개봉이라 2년은 끄떡없으므로 이건 놔두고 냉동실의 납작 만두를 일단 꺼내서 한 봉지를 다 구웠다. 이거 한두 개 먹으면 꿀맛인데 한 봉지를 다 먹어야 한다는 부담감을 가지고 꾸역꾸역 먹고 있으려니 소가 된 느낌이다. 그 맛있는 납작 만두가 하나도 맛이 없다.

D day 4

오늘은 몹시 할 일이 많다. 바쁘다. 나 집에 없다고 관리비 안 내서 여행하고 집에 돌아왔는데 전기고, 수도고, 뭐고 다 끊겨있으면 곤란하기 때문에 아파트 관리비 자동이체 신청을 하고, 건강보험공단에 전화해서 내가 출국하는 날짜부터 입국하는 날짜까지 국외 체류한다고 보험납부 정지 신청을 했다. 이거 매우 유용한 정보인데 한 달 이상 외국체류하는 경우에는, 해외 체류기간만큼 건강보험을 납부하지 않아도 된다. 그래서 미리미리 신고하고 나가면 몇만 원이라도 아낄 수가 있기 때문에 장기 여행 가시는 분들은 꼭 이용해주세요. 약 넉 달 동안 내가 식음을 전폐하지는 않았으나, 밤낮없이 공부하고 만들어서 편집한 우리들의 여행계획서 'Runaway'도 오늘 스프링 제본을 맡겨서 한 권의 책으로 나올 것이다. 역사적인 순간이다. 출국 편 항공권을 시작으로 현지에서 이동할 항공권과 14개 숙소의 예약 바우처, 45일 여행의 세부일정 계획서가 첨부되어 있고, 그 뒤에는 날짜별 여행가계부, 각 도시별 한국대사관의 연락처를 기재해두었다. 요게 총 300쪽, 양면으로 150장 정도가 되고 두께만 2.5㎝가 넘는다. 이만큼 치밀하게 준비를 하다니, 난 정말 대단한 여성이 아닐 수 없다며!

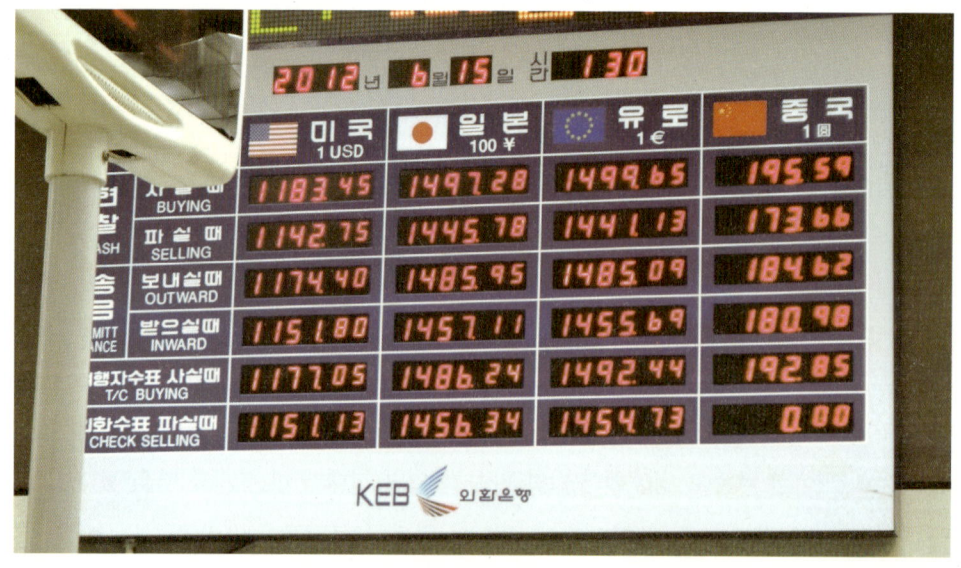

환전하러 외환은행의 문을 열고 들어갈 때 기분은 정말 좋다. 오늘 여기서 우리가 가져갈 현금의 1/2인 200만 원을 US 달러와 태국 바트화, 말레이시아 링깃, 싱가포르 달러, 인도네시아 루피로 환전할 것이다. 그런데 링깃과 루피는 여기서 취급하지 않는다 하여 US 달러와 태국 바트화, 싱가포르 달러 3가지 통화로 환전을 하기로 했다.

전광판에 적혀있는 숫자가 더 낮아지면 얼마나 좋을까? 은행직원님! 1원이라도 더 잘 처주세요. 외환은행에서 환전하면 환전하는 금액에 따라서 여행자보험을 들어준다. 우리는 200만 원어치를 환전했기 때문에 1,000불에서 3,000불 사이 환전 시 제공해주는 A형 여행자보험에 자동가입되었다. 직원님이 환전 일 처리를 샤샤샥 하시면서 전산처리를 하시다가 뜬금없이 나한테 의사냐고 물으신다.

"아뇨, 약사인데요."
"아, 그렇군요. 고객님. 현재 저희 은행에서 발급받으신 메디노블 플래티늄 카드를 소지하고 계셔서요."
"아, 그거요? 그거 필요도 없고 쓰지도 않는데 잘됐네요. 그 카드 없애주세요."
"그러시군요. 그럼 그 카드는 해지해 드릴게요. 그런데 그 카드가 개인사진도 출력되어 있고, 메디노블 플래티늄이라서 어디 가서 그 카드 쓰시면 상당한 혜택 및 서비스가 제공되고, 아무한테나 발급되지 않는 카드거든요. 아쉬워서요."
"없애주세요."

플래티늄 카드는 쿨하게 해지되었지만, '아무한테나 발급되지 않는다'는 말이 가슴 한쪽에 계속 남아있어서 아, 내 비록 보잘것없는 인간이나, 소셜 포지션을 인정해주는 고급카드를 끝내 가지고 있어야 하지 않았나 하는 후회가 살짝 들기도 했다. 하지만 또 곰곰이 생각해보니 쓰지도 않는 카드를 나를 포장하기 위해서 갖고 있을 필요는 없을 것 같다. 그리고 그 메디노블 플래티늄 카드는 내가 약국을 할 때 발급받은 것이라서 그 카드가 없어지면 약국 폐업의 기억에서도 조금 더 멀어질 수 있을 것 같았다. 몇 군데 은행 투어를 하고 나온 우리 손에는 두둑한 외화현금과 국제현금카드, 국제체크카드 2장씩

이 들려있다. 너무 뿌듯한 순간이다. 밖에 나오니 비가 부슬부슬 내린다. 출국하는 날에는 화창했으면 좋겠다.

이번에는 경북대 후문에 있는 복사 집으로 향했다. 대망의 여행계획서 Runaway와 윙버스 5개 도시 자료를 스프링 제본하는 시간이 돌아왔다. 윙버스 사이트에 들어가 보니 예전 사이트가 없어져서 도시별로 정리되어 있던 PDF 파일이 없어졌다. 하지만 난 사이트가 바뀌기 전인 작년에 이미 내려받아 놓은 것이 있어서 그걸로 우리가 가는 도시의 PDF 파일을 인쇄할 수가 있었지. 난 좀 치밀한 여성 같다.

복사 집 아저씨! 힘차게 야무지게 제본해 주세요! 한 치의 오차도 없이 야무지게 제본해주세요!

마침내 한 권의 책으로 탄생한 우리들의 여행계획서 Runaway! 택이는 잠시 할 말을 잃고 감동을 하고 있다. 감동을 할 만도 하지. 이거 보고 감동 안 하면 사람이라 할

수 없지. 그 누구도 이렇게 치밀한 계획서를 작성한 적은 없을 거야. 물론 있을 거야. 있는데 없을 거라고 그냥 자위하는 거야. 이 어메이징 하고도 판타스틱 한 여행계획서 Runaway 제일 첫 페이지에는 우리의 인·아웃 항공권이 있고, 그 뒤로 이동순서대로 예매 및 결제를 마친 각종 항공권이 좌르륵 이어진다. 항공권 순서가 끝나면 이제 14군데의 숙소 바우처가 지역 순서대로 또 좌르륵. 아, 이런 모습 너무 멋져. 뭔가 순서에 딱딱 맞아떨어지는 빈틈없는 이런 게 난 너무 좋아. 멋있어. 숙소 바우처가 끝나면 동남아시아 5개국 10개 도시, 총 45일간의 일정이 날짜별로 정리되어 있다. 오, 신이시여! 징녕 내가 이것을 만들었단 말입니까? 그러하다. 이것은 나의 작품, 나의 고통, 나의 땀, 우리들의 꿈, 우리들의 희망, 우리들의 여행, 우리들의 소망이자 우리들의 아름다운 추억 준비 보고서.

D day 2

출발이 이틀 앞으로 다가왔다. 긴장되면서 심장이 쫄깃해진다. 보따리를 싸다가도 갑자기 가슴이 벅차올랐다가, 또 잠시 후에는 막연한 세계로의 여행이 불안해지고 초조해진다. 그러다가도 갑자기 여행의 설렘에 숨이 벅차올라서 심장 박동소리가 귀에 들릴 정도로 두근대고 있다. 침착하고 차근차근 짐을 싸자. 각종 서류는 다 준비했지만, 다시 한 번 확인을 해야지. 무엇보다 중요한 우리들의 여권, 무엇보다 중요한 우리들의 Runaway book. 일단 이것만 있어도 여행하는 데에는 문제가 없다. 각종 항공권과 호텔바우처, 여행일정과 지도가 담긴 마법의 책 Runaway book과 여권이 있는데 그 무엇이 두렵더냐! 그렇지만 떠나는 여행자에게 보따리가 없으면 이상하니까 필요한 걸 주섬주섬 챙겨서 보따리를 싸보자. 세면도구와 화장품, 물티슈, 썬크림 등은 다 챙겼고, 필요한 옷들과 속옷, 수영복, 수경, 수건 챙겼고. 휴대전화기 배터리, 충전기, 디카 충전기, 디카 충전지, 귀여운 디카 2대, 아이패드, 아이패드 충전선, 노트북, 콤팩트 변전기, 손톱깎이, 필기도구, 슬리퍼, 마법의 음식- 인스턴트 북어국이랑 인스턴트 미역국, 튜브 고추장과 신라면 4개.

그리고 또 뭐 빠진 거 없나? 아하! 난 이 약사지~. 직업을 망각할 뻔했다.

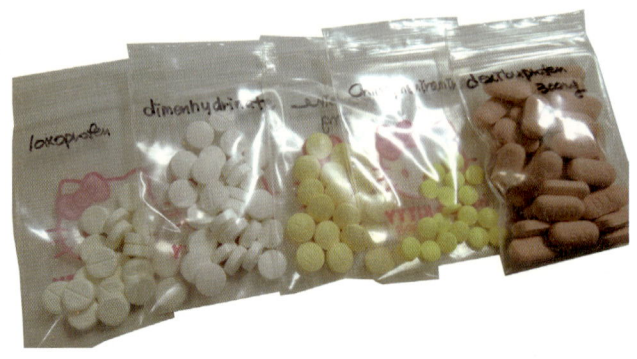

　나한테는 덱시부프로펜(dexibuprofen)만큼 잘 듣는 진통제가 없다. 두통, 생리통, 몸살에 덱시부프로펜은 나에게 있어서만큼은 신의 명약이라고 할 수 있다. 어떻게 약 먹은 지 10분 만에 두통이 없어지는지, 약사인 내가 생각해도 모를 일이다. 어쨌든 신비의 명약 덱시부는 가득 챙겼다.

　내가 아직 많은 나라를 여행해보지는 않았지만, 적어도 내가 다녀온 나라만을 기준으로 잡는다면 우리나라만큼 약값이 싼 나라가 없다. 조제 약값이고, 일반 약값이고, 의약외품이건 간에, 하여간 내가 다녀온 나라 중에 우리나라만큼 약값 싼 나라가 없었다(물론 센트룸이나 파라돈탁스 등등 유명 외자회사 의약품은 우리나라가 훨씬 비싸긴 하지만 그 종류는 극히 적다). 그래서 여행을 갈 때는 여행 가서 한 알도 안 먹게 되는 경우가 있다고 해도 약은 바리바리 챙겨가는 게 좋다. 45일의 장기여행을 위해서는 각종 항생제와 항바이러스, 항히스타민제, 지사제는 기본이고, 각종 멀미약, 알레르기약, 유산균, 위염약, 소화제, 약한 스테로이드에서 강한 스테로이드, 각종 멀티비타민, MG+Vit.E, 철분제, 쓸 일이 과연 생길까 싶은 진해거담제, 향정신성 수면안정제까지 웬만한 경구복용 약을 한 봉지 가득하게 챙기고, 피부 외용제도 3가지 등급의 스테로이드, 항히스타민, 매크롤라이드(macrolide)계 항생제, 하여간에 내 약장에 있는 약은 다 털어서 바리바리 다 챙겼다. 안약도 종류별로 챙기고 부족한 약은 처방받아서 성분별로 쫙 정리를 해서 팩에 알뜰살뜰하게 담아 챙겼다. 명색이 약사인데 현지에서 탈 나면 바로바로 나만의 비법으로 조제해서 택이도 먹이고 나도 먹고. 신비로운 조제의 신세계를 자랑하리라.

인천 공항행 리무진 버스도 예매를 끝내니 정말 이제 출발이구나 싶다. 철없던 시절에 해외여행 떠날 때는 내가 한국 떠나면 내 친구들이 얼마나 나를 보고 싶어할까, 내 가족들이 나를 얼마나 보고 싶어할까, 내가 즐겨가던 단골매장에서 나를 얼마나 궁금해할까, 별걱정을 다했는데 대한민국에 나 하나쯤 없어도 아무런 일이 없단다. 어머! 대한민국이 웬 말이냐며, 우리 집에도 아무 일 없어! 김칫국 마시지 말고 보따리나 싸라, 얘! 아무도 너 신경 안 쓴단다. 이제 더 이상 준비할 것도 없어 보이는데, 그래도 집 떠나는 그 순간까지 준비는 철저히. 챙겼던 거 또 확인하고, 다시 한 번 더 보고.

45일간 집을 비우게 되니까 아무래도 집이 걱정되어서 1주일에 2번씩 우리 집에 와서 안전점검을 해줄 집사를 모집했으나, 지원자가 없어서 엄마가 해주시기로 했다. 국민건강보험도 정지시켜놨고, 아파트 관리비 자동이체 완료했고, 집 문단속은 엄마에게 맡겨두었고, 2개월간 자동이체로 빠져나갈 대출이자 및 각종 보험료, 세금, 빠져나갈 카드대금, 돌아와서 쓸 생활비 등등을 미리 계산해놓아서 통장에 현금으로 꽂아놨고, 또 뭐 빠진 게 있나?

없으면 출발!

▶ CONTENTS

Travel

하노이	9일
냐짱	3일
달랏	3일
방콕	6일
푸껫	6일
페낭	3일
쿠알라룸푸르	4일
말라카	3일
싱가포르	4일
발리	5일

tp. Thanh
Hoá

Vinh

đeng Kan

on

tp. Đồng Hới

vannakhet

Hue

Ubon
chathani

Da Nang

tp. Hội An

Tam Kỳ

tp. Quảng
Ngãi

Vietnam

tp. Pleiku

dia

tp. Quy
Nhơn

Buon Ma
Thuot

Nha Trang

Ho Chi
Minh City

tp. Đà Lạt

Phan Thiết

Haikou

Hainan

하노이

나한테 사기만 쳐봐,
눈알이 터지는 수가 있어

Nice to meet you, Vietnam!

¶ 여행준비를 시작하기도 전에 베트남에 대해 안 좋은 얘기를 너무 많이 들어버렸다. 사기꾼도 많고, 도둑질도 많이 당하고, 모두가 잠자고 있는 밤에 배가 가라앉아서 사람이 죽는 사고도 있었고, 택시기사가 승객한테 바가지요금 씌워서 돈 안 주니까 똥물을 던졌다는, 이걸 믿어야 하나 말아야 하나 싶은 이야기까지. 안 좋은 이야기들만 눈에 쏙쏙 들어오는 것이 할 수만 있다면 항공권을 취소하고 싶을 지경이었다. 인터넷에서 들은 정보들 탓에 이미 내게는 '베트남=사기의 천국'이라는 공식이 만들어져서 가능한 한 빨리 이곳을 떠야겠다는 생각을 하게 될 정도였다. 과도한 인터넷 검색은 사람을 동굴의 우상에 빠지는 오류를 범하게 한다. 베트남 여행을 하면서 나는 이 모든 것이 기우였음을 알게 되었지만, 베트남에 도착하기 전까지는 이런 선입견이 나를 강하게 사로잡고 있었다.

인천 공항을 출발한 비행기는 6시간의 비행 끝에 우리를 두려움의 도시, 하노이에 내려다 주었다. 숨을 탁 막히게 하는 후덥지근한 공기는 이미 대구에서 36년을 살았던 나에게는 큰 충격으로 다가오지 않았다. 오직 내게 다가와야 할 것은 Yi Juyoun, 내 이름 석 자가 새겨진 호텔직원의 피켓이다. 아직 휴가철이 시작되지도 않았는데 하노이로 도착하는 사람이 생각보다 꽤 많았다. 캐리어를 찾아서 입국장으로 나와 작은 눈 크게 뜨고 두리번거리니 저기 내 이름이 보인다! 세상을 다 얻은 듯한 이 안도감이라니! 우리는 시장에서 길을 잃을까 봐 엄마 뒤를 졸졸 따라다니는 아이처럼 직원 뒤에 바짝 붙어 픽업 차량을 타러 갔다. 버스 안은 에어컨이 켜져 있긴 했지만, 선풍기를 틀어놓은 것처럼 시끄럽고 후덥지근한 바람만 나온다.

공항에서 숙소가 위치한 호안끼엠 호수 근처 구시가지로 가는 길은 생각보다 멀어서 거의 1시간을 달려서 도착하였다. 막연하게만 느껴지던 하노이에 우리가 마침내 도착하다니 감격적인 순간이다. 땀으로 범벅된 몸을 찬물로 시원하게 샤워를 하고 로비로 내려오니, 아까 픽업 나와 준 호텔매니저 조니(Jonny)와 청년직원 주엉, 숙소 주인, 이렇게 남자

세 명이 노가리를 까고 있다. 내일은 하롱베이 투어를 가야 하기 때문에 내가 하롱베이 투어를 문의하자 조니와 숙소주인의 눈이 초롱초롱해지는 것이 '걸려들었어!' 하는 느낌이 농후하다. 나와 주고받았던 이메일 마지막 줄에는 언제나 "그런데 하노이에 오면 하롱베이 투어는 안 할 거냐?"라고 끝맺었던 조니. 여행사로부터 커미션을 받는 게 분명하지만, 가격이랑 내용이나 좀 알아보자 싶어서 물어봤는데 오, 괜찮아! 내일 투어 갈 수 있느냐고 했더니 No problem! 그럼 투어 갈 동안에 우리 방을 뺄 테니 그 짐을 맡아줄 수 있느냐고 물어보니, 그것도 No problem! 좋아~, 하모니 호텔, 너를 믿고 하롱베이 투어를 계약하자! 시원시원한 게 내 스타일이야. 하는 김에 사파 투어(Sapa tour)까지 예약해버렸다.

출출한 배를 채우기 위해 택이랑 나는 드디어 하노이에서 첫발을 내딛으려고 하는데 어찌나 떨리던지, 아까 하노이행 비행기에 올라탈 때보다 지금이 더 떨려! 지나가다가 이상한 사람한테 걸려서 사기를 당하지는 않을지, "철없는 30대! 직장 때려치우고 해외 놀러 갔다가 아리랑치기 당해, 놀러 가지 말고, 자기 자리에서 묵묵히 일하는 근면함이 요구될 때!"라는 제목으로 신문에 나지는 않을지, 온갖 상상이 내 머리를 가득 채운 채 우리는 나가본다. 크로스 백은 잘 매었고, 현금은 3만 원 내외만 딱 넣고, 안내책자 하나 들고. 아, 떨린다! 숙소를 나오자마자 땀이 주룩주룩 흐른다. 대구분지의 아들딸도 견디기 힘든 열기와 습기다. 베트남 가면 쌀국수의 쌍시옷도 보기 싫을 정도로 쌀국수를 많이 먹고 오자는 염원을 이루기 위해, 우리는 먼저 쌀국수집으로 들어가서 쌀국수 두 그릇을 주문해보았다. 치밀한 여행준비를 하던 중 베트남의 식당에서는 나무젓가락을 씻어서 재활용한다는 정보를 접수, 그 더러움에 4초간 몸서리를 치고 휴대용 스텐 수저를 준비해온 지금이다. 실제로 보니 내가 생각했던 일회용 나무젓가락이 아니라, 우리나라 식당에서도 쓰는, 나무로 만든 기다란 젓가락이다. 이런 젓가락은 당연히 쓰고 또 쓰지, 누가 일회용으로 쓰고 버린다니? 과도한 인터넷 검색과 잘못된 정보는 사람을 우둔하게 만들고 있다. 잘못된 정보이긴 해도 이미 내 손에는 다이소에서 구입한 스텐 젓가락이 살포시 집혀있다. 아주 맛있는 쌀국수를 10분 만에 국물까지 마시고 나니, 안 그래도 육수로 샤워하고 있는 마당에 이젠 육수에서 헤엄을 칠 지경이다. 쌀국수를 폭풍 흡입한 후, 여행자 거리를 좀 더 둘러보다가 어스름한 저녁이 되어서 숙소 근처에 있는 유명한 가물치 튀김집으로 가봤는데, 초심을 잃고 몇 배나 가격을 올린 식당의 상혼에 우리는 몹시 심한 상처를 입었다. 이 하노이 여행자 거리에서 1끼 식사에 둘이 5만 원이 웬말이냐며! 날은 덥고 짜증은 나지, 식당 찾기도 귀찮아서 슈퍼에 들러 각종 음료수랑 컵라면, 떠먹는 요구르트, 베트남 맥주 4캔과 카스타드 1통, 오레오 과자 1통을 사서 호텔 방으로 돌아왔다. 시원하게 샤워하고, 살벌하게 에어컨도 켜놓고, 대장 속에 숨겨왔던 나의 방귀를 빵빵 뀌어주니 어쩌나 시원한지, 그 냄새가 너무 지독해서 고개가 절레절레 흔들어져도 괜찮아! 터무니없이 비싼 가격을 내세우던 그 식당 때문에 몹시 기분이

가라앉은 나에게 알코올을 들이부어 내 몸에 지나친 아세트알데하이드를 만들어 볼까? 침대맡에 등을 기대고 333 맥주를 홀짝거리며 알 수 없는 베트남 말로 더빙된 만화영화를 보면서 여행의 첫 밤을 보내는 이 순간은 행복하다. '내일 아침에는 하롱베이 투어 픽업 차량이 올 예정이니 알람은 꼭 해놓고, 로비에도 모닝콜을 부탁해놨으니 지나친 음주는 삼가도록 하자.'

는 개뿔, 333 맥주 세 캔을 홀짝거리며 다 마셨더니 빨간 고무대야가 요기 있네?

하롱베이 투어

¶ 어젯밤에 들이켠 맥주 세 캔은 우리에게 완전한 숙면을 선사해주었다. 혹시나 늦잠자서 픽업 차량을 못 타면 어쩌나 걱정을 했지만, 우렁찬 핸드폰 알람과 로비로부터의 모닝콜로 우리는 일찍 눈을 떴다. 하롱베이 투어는 바다 한가운데 배에서 1박을 하는 일정이라서 몹시 낭만적이고 기대되는 여행이다. MP3, 아이패드, 구급약, 여벌의 옷, 음료수 등을 챙겨서 가방을 싸 놓고 조식까지 먹고 난 후 우리는 호텔 앞으로 픽업을 나온 미니버스에 몸을 실었다. 미니버스는 여러 호텔을 돌면서 투어를 예약한 여행객들을 픽업

해서 배 선착장까지 데려다 준다. MP3로 지루함을 이겨내며 3시간 뒤에 선착장에 도착해서 오늘 같은 배를 탈 사람들을 둘러보니 베트남 가족 한 팀, 호주 남녀커플, 영국 여성두 명, 본좌급 노숙인 외모의 분(Boon), 태국팀 3명, 그리고 쉴 새 없이 떠드는 빡빡이 정도가 되겠다. 날씨가 꼬물꼬물한 게 바다 색깔도 꼬물한 것이 좋은 경치를 보기는 틀렸다. 하롱베이 경치가 그렇게 아름답다는데 날씨가 도와주지 않으니 착잡한 마음이다. 아쉬운 마음을 안고 배로 들어가 보니 개인 방도 있고, 3층에는 널따란 선베드도 있고, 주위엔 건물 하나 없이 바다와 기암만 보이는 이 분위기가 흐릿한 날씨마저 낭만적이게 느껴진다. 아, 오히려 이런 경치라면 흐릿한 날씨가 더욱 운치 있고 멋져 보일 거 같아서 날씨를 탓하던 아까의 나는 온데간데없다.

아늑한 침대와 밖을 환히 볼 수 있는 커다란 창이 있는 방은 낡았지만, 낭만적인 분위기로 만들어주는 데 부족함이 없다. 자연이 나를 불러서 방 안에 있는 화장실로 들어가 자연과의 대담을 끝내고 나오려는데 문이 세게 걸렸는지 안 열린다. 뭐 옆으로 밀면 열리겠지 하고 한 번 더 시도했는데도 아 글쎄, 문이 꿈쩍도 안 하는 거다! 두 번 연속 안 열리니까 조금씩 불안 공포 초조감이 밀려오면서 나는 세 번째에는 좀 더 가열차게 아까 먹은 카스타드의 힘까지 다해서 힘껏 열어보았으나 안 열려! 문이 안 열려! 애초에 이 배가 만들어질 때부터 이 문과 방은 서로 연결되어 딱 붙어있었던 것처럼 문이 안 열려!!! 이쯤 되자 나의 심신은 카오스의 절정에 이르러 나도 모르는 나의 모습을 발견할 수 있었다.

우어워어어흐어어어그웅흐ㅇㅇㅇㅇㅇ웅하카아아아아허어어흐ㅇㅇㅇ아아아와이이이이아아아아!!!!!!!!!!!!!!!!!!!!! 사라아아아아아사일리이이이이이이이어어어어어어아으흐어어어흐ㅇㅇㅇ으허어아아아아앙아아아아앙ㅏ아!!!!!!!!!!

나의 이 미친 울부짖음을 다행히 택이가 듣고서 다급히 문 앞으로 왔다. 택이는 나에게 침착하라며 문을 잘 열어보라는데, 이 방에서 화장실 들어온 사람이 내가 처음인데 택이가 문고리 모양을 알 턱이 있나? 택이는 상황이 몹시 심각함을 깨닫고 가이드를 불러오겠다며 절대 안정을 취하고 있으라고 내게 소리치고 밖으로 나갔다. 과연 잠시 후에 우리들의 가이드가 와주었다. 절대적으로 안정을 취해야 한다. 침착하고 가이드가 하는 말을 매우 집중해서 들어야 한다. 우리 사이를 가로막고 있는 나무문은 그 두께가 10미터는 되는 것처럼 멀게 느껴졌고, 나는 이대로 끝나는 건가 싶어 좌절의 문턱에서 정신을 놓을 때쯤 저 밖에서 택이가 소리친다.

"주연아! 문고리를 옆으로 밀지 말고 니 잎으로 당겨봐! 니 몸쪽으로 당겨보래, 가이드가!"

택이의 목소리가 들려와. 뭘 하지 말고 당기라는 거 같은데. 그래, 마음을 가다듬자. 안 되면 문을 부수어서라도 저쪽 넘어 남자 둘은 반드시 나를 살려내야만 해! 나는 끝을 알 수 없는 불안, 공포, 초조감으로 심하게 떨리는 손을 다른 손으로 부여잡고 문고리를 내 쪽으로 당겨보았다.

아! 이 얼마 만에 보는 광명이며, 얼마 만에 맡아보는 신선한 세상의 공기란 말이냐! 빛이란 인간을 몹시 기쁘게 해주는 그것. 섬섬옥수 같은 고운 손에 피가 난다. 나는 끝을 알 수 없던 암흑의 세상에서 살아 돌아와 다시 광명을 만끽하게 되었고, 신선한 공기를 폐까지 깊게 들이마실 수 있게 되었으니, 이만하면 된 거 아니냐며 애써 흐르는 눈물을 닦지 않겠다. 갇혀있던 그 240초를 잊을 수가 없어! 직업적 강점을 최대로 살려 지구에서

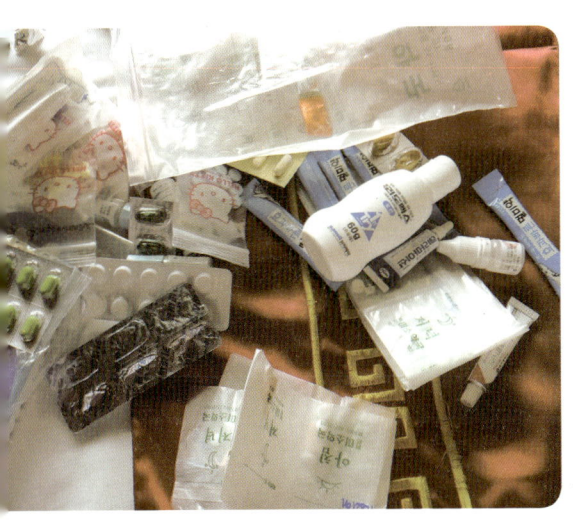

가장 멋진 상비약을 준비해온 나는 온 국민의 상처치료제 후시딘과 마데카솔과 항생제를 정확히 1:1:1 비율로 섞어 내 고운 두 손에 발라주고, 차진 밴드닥터로 야무지게 붙여준 다음에서야 심신이 멘붕에서 조금씩 회복되는 것을 느꼈다. 상처 입은 영혼과 육체가 조금씩 회복되자 어느새 나는 배가 몹시 고픈 한 마리 하이에나임을 깨닫게 되었는데, 마침 가이드가 밥 먹으러 오라며 우리를 불렀다. 가이드, 너 이 시키, 멋진 시키.

하롱베이 투어의 첫 식사는 매우 만족스러웠다. 길이 29㎝, 폭 15㎝를 자랑하는 생선 찜부터 두부 튀긴 거랑 샐러드랑 맛있는 밥이랑 이름 모를 나물까지 완전 만족스러웠다. 택이와 나는 몹시 시장했고, 나는 이 육중한 몸으로 사투까지 벌이고 왔으니 얼마나 배가 고팠을까? 식사 나오는 대로 폭풍 드링킹을 하고, 가져온 고추장까지 꺼내서 밥이랑 삭삭 비벼서 빛의 속도로 식사를 마치는 것을 본 서양인들이 내가 눈치채지 못할 곁눈질로 쳐다보는 것을 '나는 다 눈치를 채버렸으요!!' 도도한 영국 여자 커플과 더 도도한 호주 남녀 커플은 식사로 나온 음식이 끝내 입에 맞지 않아 못 먹는 가운데, 우리는 뭐 밥이고, 생선이고, 뭐고, 폭풍 드링킹을 하는 모습을 보여주었으니 훗! 부럽냐? 부러우면 너희도 암흑의 세상에서 생사의 갈림길에 서서 너희 자신도 알지 못했던 폐 속 깊은 곳에서 나오는 굉음을 우렁차게 외쳐보시던지!

일행을 이끌고 바깥으로 나온 가이드는 회를 쳐 먹을 수 있게 바닷속 바구니에 갇혀 있는 생선들의 세계로 우리를 인도하였다. 평소 회라면 환장하는 내가 잠시 눈길을 한 번 주었으나, 이 정도 수질에 살고 있는 생선회를 먹었다가는 기생충에 감염돼서 골로 가는 장면이 눈앞에 매우 생생하게 펼쳐진다. 아마 저 오염된 물 안에서 숨 쉬고 있는 저 고기들도 얼마 안 가서 곧 생을 마감할 거 같다. 일행 중 그 누구도 생선회에 관심을 나타내지 않자, 가이드 청년은 우리에게 신기한 동굴 구경을 시켜주고 다시 배로 올라왔다. 이 배를 타고 우리는 하롱베이 바다 한가운데에서 첫날밤을 맞이할 것이다. 우리는 방으로 들어가서 간식 좀 꺼내먹고 침대 위에서 휴식을 취하려고 벽에 붙어있던 선풍기를 켜는 순간, 선풍기 날개에 붙어있던 먼지 덩어리가 시속 100킬로의 속도로 날아올 것 같은 공포감이 엄습했다. 이 배를 떠나가는 순간까지 화장실 문과 선풍기는 절대적으로 가만히 두기로 했다. 온 문이라는 문은 다 열어놓고 침대 위에서 평화와 휴식의 시간을 갖기 위해 누웠는데, 밖에서는 바다에 뛰어들어 노는지 부산한 기운이 느껴진다. 다년간의 여행을 다니면서 깨달은 바가 있으니, 그것은 바로 바다 수영할 때 구명조끼를 입으면 정말 볼품이 나지 않고 여행의 초짜처럼 사람이 너무 없어 보인다는 것이다. 그런데 거기서 자유영이나 배영을 하면 그것 또한 자유로운 영혼과는 거리가 멀어 보인다. 바다 수영할 때는 반드시 구명조끼 없이 맨몸으로 머리만 물 밖에 나와 있고 물속에서 팔다리로만 허우적대는 개구리헤엄이 가장 세련되고, 있어 보이고, 멋져 보이는 최대의 간지를 표현할 수 있다. 그래서 나도 몇 년 전에 수영을 배웠다. 멋지게 다이빙해서 인어처럼 수영하고 싶었지만, 내공이 아직 많이 부족한 관계로 배와의 거리 2미터를 유지하면서 배 근처에서만 알짱대다가 다시 올라왔다. 아직은 발이 닿지 않는 물이 무서워요. 잠시 후에 저녁 식사를 하러 2층으로 올라오라며 가이드가 방마다 안내를 해주고 지나간다. 흠…! 그럼 저녁 먹기 전까지 배 갑판으로 올라가서 하롱베이를 감상해볼까? 그렇게 아름다운 풍성이 펼쳐진다는 하롱베이긴 하지만, 날씨가 너무 흐려서 그 아름다움을 제대로 발휘해 낼 순 없겠지만, 그래도 한적하고 이 조용한 바닷가 한가운데에서 하롱베이를 느껴보러 가봐야겠다.

3층 갑판에 올라서니 이미 서양 아이들 4명과 노숙자 향기 가득한 머리 긴 시키, 그리고 만나는 그 순간부터 지금까지 끊임없이 지껄이고 있는 빡빡 대머리 총 6명이 놀고 있다. 빡빡이는 오지랖도 넓어서 다른 배에 사람이 보인다 싶으면 거기까지 말을 걸고, "야! 너희는 얼마 주고 왔냐? 방은 깨끗하냐? 식사 포함이냐?" 이렇게 소리를 고래고래 지른다. 베트남 관광세계에 정가(定價)라는 게 없어서 투어를 얼마나 싸게 왔는지가 여행객 사이의, 초미까지는 아니더라도 중요한 관심사이긴 하다. 하도 저 시키가 시끄럽게 굴어서 난 속으로 '안 들린다! 안 들린다! 나는 귀머거리다! 안 들린다!' 이렇게 세뇌를 시키면서 하롱베이를 감상하기로 했다. 물론 맘먹은 대로 안 되는 게 사람 일이다. 내가 그렇게 속으로 도를 닦으면서도 귀에 선명하게 남은 한 마디가 있었으니 그 빡빡이의 우렁찬 외침, "I'm Forty!"

아! 이런 젠장... 저 시키 40달러 주고 왔구나... 졌네, 졌어... 난 그래도 내가 알아본 가격 중에선 우리 호텔 가격이 제일 싸길래 57달러 주고 왔는데, 40달러에도 가능한 투어였어... 졌구나... 57-40=17달러. 둘이니까 합이 34달러. 34달러로 할 수 있는 수많은 것들이 스쳐 지나간다.

I'm Forty!

이 한마디가 귀에 들어온 그 순간부터 난 깊이를 알 수 없는 우울의 늪에 빠지게 되었다. 안 그래도 우중충한 날씨에 하롱베이가 더욱더 우울하게 느껴지고, 그 아름답다는 하롱베이가 40달러 주고 온 빡빡이만의 것인 거 같은 외롭고 우울한 이 밤이다. 2층에 있던 가이드가 저녁 먹으라고 오란다. 난 우울한 기분을 식사로 달래보려 빛의 속도로 2층으로 내려갔다. 저녁 식사는 점심보다 허술해졌다. 이대로라면 내일 아침에는 딱딱한 빵 한 조각이 나올 만한 다운그레이드의 속도이다. 어쨌든 택이와 나는 조용히, 그리고 신속하게 저녁 식사를 시작했다. 어차피 또 입맛에 안 맞아 하는 서양 애들은 반찬 남길 것이 뻔하고, 그 남은 반찬은 우리 쪽으로 넘어올 것 같은, 그나마 소소하고 행복한 기운이 든다. 나의 예상은 100% 적중률을 나타내며 빡빡이 + 노숙자 + 호주 남녀 커플 + 영국 여여 커플은 얼마 손도 안 대고 식사를 끝내고 자기들끼리 또 시끄러운 대화를 시작한다. 그래, 너희는 지껄이려무나. 우리는 말없이 먹을 테니. 투어가 시작된 이래 그 누구도 우리에게 말을 걸지 않았고, 우리 또한 아무에게도 말을 걸지 않고 있다. 그러던 와중에 우리와 영어권 애들 사이에 앉아있던 방콕팀의 한 여성이 옥구슬 굴러가는 목소리로 우리에게 말을 걸었다.

"Where are you from?"

이런 젠장! 웨어 아 유 프람! 그동안 꽁꽁 얼어있던 내 마음이 온화한 미소로 나를 바라보는 방콕여인이 던진 이 한마디에 녹아버렸다. 그때부터 나는 조금씩 마음의 빗장을 풀어제끼며, 정확히는 빗장이라는 빗장은 다 풀어제끼고 우리는 South Korea에서 왔다, 45일 동남아시아 여행하려고 하던 일 때려치우고 왔다, 우리 베트남 여행 끝나면 너희 나라도 간다, 너희 셋은 친구냐, 이름이 뭐냐, 몇 살이냐, 어디서 묵냐, 언제 왔냐, 언제 가냐, 왜 왔냐? 이건 뭐 말을 잃은 소녀가 입을 얻은 듯 따발총 쏘듯, 10년 동안 해오던 묵언 수행이 끝난 듯 쳐 물어 제치니 그동안 말 못해서 우째 참았소? 봇물이 터져도 이거보단 점잖게 터질 듯! 여행 끝나고 자기 나라 간다니까 어디 가냐? 어디 간다. 며칠 가냐? 며칠 간다. 푸껫 가냐? 푸껫 간다. 아주 그냥 대구팀이랑 방콕팀이랑 기나긴 묵언 수행 끝내고 토킹 어바웃을 하는데, 수다도 이런 수다가 없다. 문득 생각난 듯 방콕여인이 내게 투어 얼마 주고 왔냐다. 아, 갑자기 또 우울해진다. 잃어버린 17불이여. 둘이 합해 34불이여! 나는 방콕여인과 차마 눈을 맞추지 못하며, 그런 거 묻지 말라며 고개를 떨구었다. 아까 저 빡빡이가 40 어쩌고 하더라, 나는 그거보다 훨씬 많이 주고 왔다, 마음이 아프니 묻지 마라 했다. 그러자 방콕여인은 회심의 미소를 띠며 괜찮다며, 어디 한 번 말해보라고 했다. 아마 자신들이 더 많이 주고 왔을 거라며 나를 안심시켰다. 안심해도 되는 걸까? 내가 57불이라고 고해성사하면 방콕여인은 45불을 외치지는 않을까? 하지만 말 안 한다고 달라질 건 없지. 나는 바다가 갈라질 듯한 한숨을 내쉬며 기어들어가는 목소리로 57불 주고 왔다고 고백했다. 그랬더니 이 귀도 밝은 빡빡이가, 저 맨 끝에 앉아서 나랑 거리도 제일 먼 자리에 앉아있는 빡빡이가 내 기어들어가는 목소리를 우째 듣고는 갑자기 고래고래 소리를 지르면서,

"뭐? 57불? 야, 너네 방에 바퀴 나오니? 에어컨 있니? 선풍기 있니? 침대 시트는 깨끗하디? 개미 있니?"

라며 초고속 LTE-A 속도로 내게 질문을 해대기 시작했다. 당황스럽다. 그러나 나는 침착하면서도 일목요연하게 우리 방에 바퀴벌레 없고, 선풍기 있고, 시트 깨끗하고, 개미는 없더라며 빡빡이가 던진 질문에 대답해주었다. 그랬더니 이 시끄러운 빡빡이가 또 고래고래 소리를 지르면서,

"야, 너네 죽인다! 어메이징 해! 난 80불 주고 왔어! 내가 아까 다른 배에 있는 애들한테 물어봤는데 걔네 방에 바퀴벌레 나오고, 시트도 더럽대! 어떤 방에서는 개미가 창궐했대! 걔네 방은 75불이라던데. 방콕팀은 85불 주고 왔대!"

난리도 이런 난리가 없다. 우리가 이겼다! 우리가 승리했다! 57불이 최저가라니! 나는 그것도 모르고 우울과 외로운 시간을 보내고 있었으니 대한의 아들딸이 마침내 해냈구나! 극적인 대반전이 이루어진 아름다운 저녁식사시간을 보내고, 택이와 나는 갑판으로 올라와 선베드에 누워 까만 밤의 하롱베이를 만끽했다. 이제는 웃을 수 있다, 이제는 말할 수 있다. 아까 빡빡이가 외친 forty는 빡빡이의 연세로 밝혀졌다. 님 좀 동안이시네!

시끄러운 오토바이 소리도 없고, 건물의 불빛도 없는 까만 밤의 하롱베이는 생각보다 매우 근사했다. 여행은 매우 순조롭게 잘 되고 있으며 아직까지 사고 없이 재미있게 진행되고 있다. 무엇보다 여행을 떠나기 전 공포와 두려움의 대상이었던 베트남이 생각보다 그렇게 무섭지 않음에 마음의 문이 서서히 열리고 있다. 마음에 여유가 생기니 아까 그 시끄러운 빡빡이의 목소리도 좀 다정하게 들리려고 한다. 앞으로 남은 43일의 여행, 발리의 마지막 날까지 우리들의 아름답고 순탄한 여행이 되기를 간절히 바라면서, 그리고 하롱베이 투어를 팀 내 57불의 가장 저렴한 가격으로 쟁취한 나 자신을 기특해하며 우리는 매우 평화로운 베트남에서의 둘째 밤을 보내고 있다. 밤하늘이 너무 까맣다.

잠옷문화의 체 게바라 VS 생거지꼴 노숙자 분(Boon)

¶ 간밤은 몹시 평화로웠다. 알람이 울리지도 않았는데 그냥 눈이 일찍 뜨인 모양이다. 나는 고요한 하롱베이의 아침을 맞이하고 싶어서 큰 타올과 MP3를 주섬주섬 챙겨서 다시 3층 갑판으로 올라가서 선베드에 누웠다. 2시간 정도 평화로운 아침을 하롱베이에서 맞이한 후 곧 아침 식사 시간이 되어서 2층 식당으로 내려가 보니, 왜~ 슬픈 예감은 틀린 적이 없나~? 오늘 아침엔 빵쪼가리가 나올지도 모른다는 나의 예감은 굳이 안 맞아도 되는데 원 헌드레드 퍼센트 적중해버렸다. 가이드가 아침 식사 마치고 카약 타러 간다는 소리에 빵조각이지만 그래도 양껏 배불리 먹어야겠다는 굳은 의지로 택이와 나는 또 열심히 빵을 먹는다. 방콕팀이 늦잠을 잤는지 그제야 눈을 비비면서 테이블로 다가와 앉는데 나는 그만 깜짝 놀라고 말았다. 방콕팀 여인의 남편이 눈이 부실 정도로 반짝이는 금색 실크로 된 잠옷을 착용한 채 우리 앞에 앉는 것이 아닌가! 뭐지? 외국여행의 잠옷문화에 센세이션을 일으키는 이 신선함은? 난생처음 가보는 수학여행의 설렘으로 몇 날 며칠을 밤잠 못 이루고 뒤척이다가, 집에서는 한 번도 안 입던 분홍색 도톰한 롱원피스 잠옷을 끝내 배낭 안에 챙기던 소녀가 있었다. 수학여행의 첫날밤, 커다란 방 안에서 편한 반바지와 티셔츠를 입은 친구들이 둥그렇게 앉아 선생님과 이야기꽃을 피울 때, 그 속에 융화되지 못하고 방 한구석에 소녀는 분홍색 도톰한 롱원피스 잠옷을 입고 있었다. 그때 이후로, 어딜 갈 때 잠옷을 절대 챙기지 않던 서른여섯이 된 그 소녀의 눈앞에서 펼쳐지는 이 눈부신 금빛 물결의 향연은 뭐지? 혹시 내가 모르는 사이에 배낭여행의 잠옷문화에 큰 변화가 생겼나? 내 머리에 이 많은 생각이 오고 가고 있음을 상대편 방콕남성이 눈치채면 안 되기 때문에 나는 묵묵히 맛없고 건조한 식빵을 입에 넣고 반복적인 저작운동을 하며 내 감정의 표출을 최소화하는 데 최선을 다했다. 이 충격과 공포의 금빛 실크 잠옷 사건은 이후 많은 시간 동안 나의 여행 잠옷문화에 대한 관념을 뒤흔들게 되었다. 그리고 오랜 시간의 고뇌 끝에 나는 앞으로 여행 갈 때 실크 잠옷을 반드시 챙기겠다는 결론을 도출하기에 이르렀다. 실크 잠옷은 그 부피와 무게가 적어서 여행 가방을 쌀 때 큰 영향을 끼치지 않으면서도, 매일 저녁 하루의 피로감을 뜨거운 샤워로 마치고 나와 흐르는 듯 부드러운 실크 잠옷을 온몸에 걸치고 뽀송뽀송한 침대 시트 속으로 쏙 들어가면 그 행복감은 매우 증폭될 수 있겠다는 분석이 도출된 것이다. 금빛 실크 잠옷을 가지고 온 그 방콕남성은 여행자의 프론티어이자, 여행 잠옷문화의 체 게바라! 역시

관광대국의 국민은 남달랐다.

　바다에서 카약 타기는 몹시 공포스러웠다. 조금만 잘못하면 배가 홀라당 뒤집어질 것 같았고, 배 밑에는 수심을 알 수 없는 공포가 도사리고 있어서 어제부터 그렇게 타고 싶다고 노래를 불렀던 카약이 세상에서 제일 싫어졌다. 구명조끼는 한 100년은 지난 것 같은 낡음과 더러움을 동시에 선사해주었고, 카약 안에는 더러운 물이 고여있어서 찝찝해 죽을 지경이다. 뒷자리에 앉아 노를 젓고 있는 택이에게 그만하고 돌아가자며 생떼를 써서 겨우겨우 카약에서 벗어날 수 있었다. 빨리 배로 돌아가 이 질퍽하게 젖은 엉덩이를 깨끗한 물로 씻어서 샤워하고 싶은데, 이 빌어먹을 노숙자랑 빡빡이는 하롱베이가 떠나가도록 소리를 고래고래 지르면서 노래를 부르며 나가더니 지금은 아예 시야에서 당최 보이지를 않는다. 나는 그 사이에 찝찝한 몸을 아주 그냥 빡빡 씻고 나왔다. 깨끗하게 씻은 데 또 씻고, 거품 바른 데 또 발라서 세상에서 제일 깨끗하고 샤워를 하고 나와 2층 식당으로 가니 오늘의 마지막 식사인 점심 식사가 차려지고 있었다. 내가 세상에서 가장 깨끗하게 씻고, 머리카락을 말리고, 2층 식당으로 올라와 소파에서 흥 안 나는 음악감상을 30분 동안 하고 있어도 노숙자+빡빡이 커플은 돌아오지 않았다. 이 시키들 아주 그냥 80불 주고 투어 왔다고 뽕을 뽑는구나!

　모든 투어 일정을 마친 우리는 선착장으로 돌아와 미니버스를 타고 하노이로 돌아간다. 3시간 정도 걸리는 먼 거리라서 중간에 휴게소에 들러 자연의 생리를 해결하고 잠시 바깥 공기도 쐬며 기지개도 켜고 몸을 풀고 있는데 생거지꼴을 하고 다녔던 노숙자가 갑자기 나한테 다가와서 말을 걸었다. 어디서도 듣지 못한 아메리카 본토발음이다. '이 시키 발음이 매우 플루언트(fluent) 하면서도 언빌리버블(unbelievable) 한 것이 상당히 유닉(unique) 한데? 어디서 왔지? 뭐하는 놈이지?' 생거지가 나한테 출신을 묻길래 나는 South Korea라고 'th'와 'r' 발음에 유의하며 매우 유창한 발음을 구사해주었다. 그러자 생거지는 자기의 이름은 분(Boon)이고, LA에서 왔고, '무어? 나성에 가면 편지를 해주세요. 슈비두바 슈비두바! 할 때 그 LA?' 베트남 여행 온 지 6일 됐고 2일 뒤에 LA로 돌아갈 것이며 '뭐? 누가 봐도 넌 무전으로 남한테 빈대나 쳐가며 노숙을 하고 있음이 틀림없어 보이는 그런 생거지꼴인데 여행 온 지 6일 됐다굽쇼?' 나의 핑크색 안경테가 몹시 맘에 든다고 했다. 누구나 나의 안경테는 마음에 들어 한다. 나의 이 독특한 패션감각은 심장을 관통하고 폐를 뚫는 신선함이 있기 때문이지! 여기까지는 좋았다. 이 시키가 갑자기 나에게 셔츠를 열어보란다. 이런 미친! 이런 변태시키가! 이 시키가 내가 가만있으니까 가마니로 보이고, 보자 보자 하니까 보자기로 보이나? 이 미친놈이 어디 처음 보는 동양여성에게 셔츠를 열어 보이라니, 이런 후레자식을 보았나! 이 시베리아에서 귤 까먹다가 강냉이 아래위로 10개를 털어버릴까 보다. 이 근본 없고 못 배워먹은 양키시키가 죽을라고! 하지만 내가 분노를 표출할 새도 없이 '분'은 LA 아디다스에서 일하는데 어제부터 내가 입고 있던 아디다스 티셔츠가 너무 멋지고 맵시 있어서 자기 아이폰으로 사진을 좀 찍고 싶다는 것이었다. 매우 짧은 순간에 분은 국제적 변태 성욕자가 아님이 판명됐고, 생거지꼴을 하고 있는 이 시키가 내가 사랑해마지않는 아디다스에서 일하고 있다는 사실도 매우 놀라웠으며, 마지막으로 이런 거지가 나도 없는 아이폰도 갖고 있다니 이 생거지는 내가 알던 그런 거지가 아니라는 대반전이 일어났다. 노숙자 분은 노숙자가 아니었고, 변태 성욕자도 아니었다. 패션을 아는 동지를 만난 듯 몹시 반가워하던 여인은 어느새 셔츠 단추를 주섬주섬 풀고 있다.

아이폰 사용자이자, 아디다스 직원이자, 해변의 도시 LA에서 온 총각, 분을 위해! 분은 매우 흡족한 표정을 지으며 나의 민소매 아디다스 셔츠도 찍고, 나의 분홍색 뿔테도 찍었다. 제레미 스캇(Jeremy Scott)이랑 협업한 아디다스를 매우 좋아한다고 얘기했더니, 분은 제레미는 비싸다며 불평 가득한 표정을 지어 보였다. 네 맴이 내 맴, 제레미 형님은 왜 그렇게 비싼 건지. 하지만 왜 비싸도 다 품절이 돼서 밤낮으로 이베이를 떠돌며 최저가를 찾아 헤매어 'buy it now'를 하게 만드는지 패션의 세계란 깊고도 오묘해.

미니버스는 다시 달리기 시작해서 1시간 뒤에 하노이 시내로 진입했다. 베트남 가족들이 가장 먼저 내렸는데, 1박 2일 동안 정이 들었는지 우리에게 잘 가라며 인사를 하는데 갑자기 울컥하는 느낌이 든다. 할머니도 잘 가고, 아저씨도 잘 가고, 바다에서 튜브 붙잡게 해준 15살 통통한 남자아이도 잘 가고, 귀염둥이 꼬마도 잘 가고, 모두 모두 잘 가요. 여행자 거리로 들어서자 그다음으로 방콕팀이 내린다. 언제나 환한 미소의 방콕 여인과 금빛 잠옷! 무사히 방콕으로 돌아가길 바래!

방콕팀의 뒤를 이어 무뚝뚝한 호주 남녀커플이 또 내린다. 너희도 좋은 여행 계속되길 바란다. 다음에 만나면 우린 좀 더 친해져 보자. 호주커플 다음에 낯익은 동네가 보이더니 곧 우리 숙소 앞이다. 남겨진 영국 여여 커플과 노숙자+빡빡이를 두고 내리려는데 갑자기 이 시키들이 친한 척이다. 영국팀도 생전에 우리한테 말 한마디 안 걸더니 우리가 간다니까 온 얼굴에 함박웃음을 지으며 잘 가란다. 이 시키들 우리가 가길 기다려서 저렇게 해맑게 웃는 거 아니지? 그래, 너희들도 남은 여행 잘하고 노숙자 분은 LA 잘 돌아가서 잘 살아라! 저 빡빡이는 또 어딜 가서 조잘거리며 입술을 나불대고 있을지, 아휴! 아직도 환청이 안 가시네. 잘 가~. 안녕! 수고했다~.

어제 아침에 떠나온 우리의 숙소가 매우 반갑게 느껴지고 집에 온 것처럼 포근하다. 호텔매니저 조니가 여행이 즐거웠는지 묻는다. 조니! 땡큐 베리 머치다. 너 때문에 우리 1등 했다. 무슨 일이냐고 조니가 물었지만, 우리 지금 많이 피곤해서 방에서 좀 자야겠다. 저녁에 보자. 호텔방으로 들어오자마자 우리는 에어컨을 제일 차가운 온도로 맞춰놓고 시원하게 샤워를 마친 후 뽀송뽀송한 시트가 깔린 침대에 쏙 들어가서 투어의 여독을 풀어야겠다.

세상모르고 얼마나 맛있게 잠을 잤는지 눈을 뜨니 방안이 컴컴해서 시계를 보니 어느덧 저녁 8시가 되었다. 우리는 허기진 배를 채우고 밤바람을 좀 쐴까 싶어 호안끼엠 호수 근처로 나가보았다. 하노이의 밤은 뜨거운 낮보다 더욱 활기차다. 45일의 여행을 하면서 예산분배는 매우 중요한 문제이다. 흥청망청 쓰지 않으면서도 거지처럼 살지 않고 중용을 지키면서 budget traveller(저예산 여행자)로 합리적으로 여행을 다니자는 원칙을 세워 한국을 떠나온 우리다. 하지만 우리는 지금 지쳐있고, 택이는 커피와 맥주를 사랑한다. 하노이의 밤은 여전히 습하고 덥고 우리에게는 약간의 힐링이 필요한바 사랑하는 택이를 위해 이 정도의 호사는 한 번쯤 베풀어주고, 새로운 도시마다 한 번쯤은 만찬을 가져보기로 했다. 거기다가 우리는 하롱베이 투어 최저가를 이룩한 승리의 투사들이 아닌가! 아름다운 호안끼엠 호수와 멋진 야경을 볼 수 있고, 오토바이 경적소리와 습하고 더운 공기에서도 해방될 수 있고, 시원한 베트남 생맥주를 마시면서 070 인터넷전화로

가족 친구들에게 전화도 해보자. 이 모든 것이 맥주 한 잔 값, 커피 한 잔 값으로 해결될 수 있다면 괜찮은 딜(deal)이잖아. 그렇게 호안끼엠 호수가 훤히 내려다보이는 일리 커피(illy —)에 들어오니 이곳의 공기는 천국의 그것! 우리는 야외 테라스에서 시원한 베트남 생맥주와 진한 베트남 블랙커피를 마시면서 하노이에서의 야경을 감상하겠다. 저기 보이는 킬힐 브랜드 ALDO 매장이 왠지 이런 여행자 거리에는 어색해 보인다. 패션의 도시도 아닌 이곳에 알도라니. 하지만 그런 부조화 속에 지금 내 눈에 보이는 전체적인 모습은 몹시 하노이답다.

우리 동네 구경하기

¶ 낯선 땅이지만 즐거운 여행으로 닿아있는 곳이기 때문에 간밤에도 조금의 뒤척거림 없이 몹시 달콤하게 잤나 보다. 하얀 커튼을 뚫고 밝은 볕이 내 눈을 간지럽혀

저절로 눈이 떠진다. 아침 7시 반이다. 알람도 켜놓지 않았는데 이렇게 일찍 깨다니 왠지 억울하지만, 늦잠 자서 조식시간을 놓치는 것보다는 좋을 테지. 택이를 깨워 세수도 안 하고 헝클어진 머리째로 식사를 하러 올라갔다. 전쟁 치르듯 샤워를 하고 출근준비를 해서 공격적인 운전 끝에 직장에 도착하는 아침이 아니라, 침대에서 일어나 헝클어진 채로 밥도 먹고 인터넷도 하는 이런 자유! 만끽하자. 매일매일 이렇게 부스스하고 싶다. 뜨겁고 진한 베트남 블랙커피로 위장을 먼저 적시고 토스트와 달걀말이로 속을 채웠다. 오늘 밤에는 2박 3일로 밤 기차를 타고 사파 투어를 간다. 사파 투어에 필요한 준비물을 챙겨 놓고 하노이 여기저기를 좀 다녀볼 생각이다.

숙소는 여행자 거리에 있기 때문에 근처에는 여행자가 갈 만한 곳도 많고, 먹을 곳도 많다. 또띡 거리에 가서 과일 디저트 신또를 사 먹어봤는데, 유명하지만 별맛은 없다.

성 조셉 성당으로 가는 길에 스프링 롤 튀김도 먹고, 신또를 처리하고 속이 달아서 고통스러워하는 택이를 위해 진하고 쓰디쓴 베트남 블랙커피도 한 잔 사 먹었다. 차갑고 진한 커피 한 잔에 만 동, 우리 돈 600원은 매우 감사한 가격이다. 커피 한 잔씩 들고 가던 길 걷다 보니 성 조셉 성당이 짜자잔 하고 나타났다.

사진으로 보던 것보다 훨씬 크고, 멋있고, 웅장했고, 예뻤다. 우리가 도착한 시간에는 문이 닫혀있어서 들어가 볼 수는 없었다. 처음에는 예쁘다고 생각했는데 계속 보고 있자니 약간 음침한 느낌도 들었다. 성 조셉 성당을 나와서 전자마트가 나오길래 거기도 들어가 보고, 고급스러운 화장품 가게에 들어가서 허여멀건 한 입술에 빨간 립스틱을 한번 발라봤다. 베트남 물가치고 립스틱 하나가 3만 원이면 상당히 비싼 편이다. 베트남 항공사에 들러 비행 스케줄도 확인해본 후, 아까 봐두었던 'Pho10' 쌀국수집에 가서 국수를 한 그릇 하기로 했다. 끼니때는 아니지만 먹고 싶으면 먹으러 가는 거지 뭐. 하루 삼시 세끼를 먹어야 한다는 법칙은 누가 만들어냈는지 모르겠다. 하루 5끼를 먹는 게 규칙으로 정해져 있다면 일상은 정말 재미있을 것 같다. 출근해서 한번은 국수 먹고, 한번은 된장찌개 먹고, 한번은 떡볶이랑 순대 먹고, 얼마나 좋아! 아무래도 1일 3식을 만들어낸 사람은 나쁜 사람~. 나쁜 사람~.

Pho10은 꽤 인기가 있는 가게여서 점심시간이 아니었는데도 사람들이 많았다. 우리 동네에 있던 쌀국수집에서는 다 찌그러지고 말라비틀어진, 다른 테이블에서 몇 번 순회 공연 하고 돌아온 것 같은 라임쪼가리 접시였는데 이 집은 싱싱하고 풍부한 라임을 무려 접시 한가득, 아주 맛있어 보이는 홍고추를 접시 한가득! 인심이 남다르다. 잠시 후에 나온 쌀국수는 비쥬얼만으로도 우리를 홀리고 있다. 히익!! 맛있어~. 정말 맛있어! 베트남 여행목적을 100점 만점으로 충족시켜주는 Pho10의 환상적인 쌀국수는 너무나 맛있어서 우리 둘 다 아무 말 없이 쌀국수만 폭풍 드링킹을 하고 있다. 누가 대구에 Pho10 분점 하나만 내주세요! 제발요! 내가 원래 국수를 좋아하기는 하지만, 그래도 이건 너무 맛있는 면이 있다.

정말 심하게 맛있는 쌀국수를 몹시 만족스럽게 먹고 나와서 우리는 이제 호안끼엠 호수로 가서 응옥선 사당을 보러 가는데, 하노이의 여름은 절대 만만하지 않다. 대단한 습기와 열기는 여행자를 쉽게 지치게 하였는데 그럼에도 우리가 오늘 지나온 흔적을 되돌아보니 우리는 승리의 여행자들이라! 날씨는 흐려서 햇빛도 없는데 정말 더워도 너무 덥다. 미칠 것만 같다. 36년 평생을 대구에서 살아온 여성인 내가 이렇게 하노이의 열기에 무릎을 꿇다니!

마지막 코스인 응옥선 사당까지 클리어를 해야지, 여기서 포기할 순 없다. 정신 차리고 우뚝 서라, 소녀여! 너는 눈물 없이는 볼 수 없는, 섭씨 38도를 오르내리던 교실에서 뜨거운 선풍기 바람을 이겨내며 수능을 준비하던 1995년 고3의 7월을 기억해! 정신을 가다듬고, 육체를 일으켜 우리는 다시 걷는다. 이 정도에 더위에 굴복한다면 우리는 사랑스러운 대구 분지의 아들딸들이 아니야! 자존심이 있지. 억척스럽게 열심히 걸어서 몽골의 침략을 무찌른 13세기 베트남의 전쟁영웅 쩐 홍 다오(Tran Hung Dao)를 비롯해 문(文)·무(武)·의(醫)의 세 성인이 모셔져 있다는 응옥선 사당까지 클리어 해버렸다. 역시 모든 것은 의지의 차이야. 응옥선 사당을 나와서 숙소로 돌아가는 길에 수상인형극 표도 사두었다. 수상인형극은 예매해놓지 않으면 당일 관람하기가 힘들다고 해서 사파 투어를 마치고 돌아오는 날 관람할 수 있도록 예매를 하는 건 준비성 철저한 이 약사의 전공.

아저씨, 잠은 언제 자나요?

¶ 저녁 6시쯤 숙소에 돌아온 우리는 시원하게 샤워를 하고 사파 투어에 필요한 짐들을 챙겨서 1층 로비로 내려왔다. 잠시 후에 도착한 승용차에 택이랑 나랑 조니, 이렇게 3명이 탑승을 하고 우리는 하노이 기차역으로 출발했다. 갑자기 마음이 설레고 불안하기도 하면서 겁도 나고 신이 난다. 약 20분 후에 도착한 하노이 기차역에는 어딘가로 가는 사람들로 인산인해다. 차에서 내린 우리는 조니가 앞장을 서고, 택이랑 나랑은 조니를 놓칠세라 어린이처럼 졸졸 따라다니며 대합실로 간다.

대합실은 에어컨도 없는데 사람들로 북새통이다. 조니가 핸드폰을 꺼내 어디론가 전화를 하더니, 잠시 후에 베트남 사람 2명이 나타나서 무슨 서류를 조니에게 건네주고, 조니는 그것을 받아서 쭉 훑어보고는 우리에게 설명을 해주기 시작했다.

"조금 있다가 기차를 타러 갈 거야. 기차 타는 곳이 어둡고 표시가 잘 안 되어 있어서 내가 너희들이 타고 갈 칸까지 데려다 줄게. 오늘 밤에 이 기차를 타고 자고 나면 내일 아침에 라오까이 역에서 내려야 해. 거기가 종점이니까 중간에 어디서 내리지 말고 마지막 역에서 내리면 돼. 그럼 새벽 5시나 6시쯤이 될 텐데 라오까이 역으로 나가면 너희 둘 이름이 적힌 종이를 누가 들고 있을 거야. 그럼 그 사람 따라가서 차 타고 사파까지 가면 돼. 그 사람들이 사파에 있는 호텔 앞에 너희를 데려다 줄 거야. 절대 다른 사람을 따라가면 안 돼. 그리고 혹시 무슨 일이 생기면 나한테 전화를 해. 여행 조심히 잘하고 3일 뒤에 다시 호텔에서 만나는 거야, 알았지? 하노이 기차역으로 돌아오면 새벽이거든. 그럼 너희 둘이 이 기차역에서 호텔까지 돌아와야 하는데, 절대 기차역 안에 있는 택시를 타면 안 돼. 게네들 완전 바가지를 씌우거든. 기차역 바깥에 있는 택시를 타. 그리고 여기서 우리 호텔까지 비싸도 5만 동이야. 그 이상 달라고 하면 무조건 바가지니까 타지 마, 알았지? 자, 이제 기차 타러 가자!"

오오, 떨려, 떨려! 이 긴장감! 이 설렘! 우리는 매우 말 잘 듣는 순한 양이 되어 조니가 하는 말 토씨 하나 안 빼고 온 신경을 집중해서 들으면서 조니 뒤를 졸졸 따라서 플랫폼으로 나가 기차를 타러 갔다. 사람들이 몹시 많았는데 안내원으로 보이는 어떤 여성이 4라는 숫자판을 들고 기차에 꽂으니 사람들이 그쪽으로 우우 모여들었다. 우리도 그쪽으로 가서 문이 열리기를 기다렸는데 잠시 후에 뭔가 착오가 있었는지 숫자판을 뽑아서 다른 쪽에 꽂았다가, 다시 번호판을 빼서 다시 원래 자리로 가서 꽂았다. 사람을 세 번이나 왔다갔다하게 하였으니 무거운 박스를 들고 있던 한 아저씨는 내가 전혀 모르는 베트남말로 막 화를 내시는데, 신기하게 그 아저씨가 무슨 말을 하고 있는지 직독직해가 되고 있다는 것이다.

"아니 처음부터 확인을 잘해서 번호판을 꽂아야지 그거 확인도 제대로 안 해서 이 많은 사람들을 오라 가라 하면 쓰나, 아가씨야! 내가 지금 이 과일 상자 들고 아끼는 저쪽이라 저쪽 갔다가, 지금은 또 이쪽이라 해서 또 이 무거운 걸 들고 이쪽으로 오고! 일을 이런 식으로 하면 안 돼! 아이고, 팔 아파 죽겠네, 이번에는 확실합니까? 팔이 빠질라 캅니다!"

100% 확실하다. 이건 뭐 한국말도 이렇게 귀에 쏙쏙 들어오지는 못할 거다. 키도 180은 넘을 것 같은 덩치 큰 아저씨가 번호판 잘못 끼운 아가씨한테 투정을 부리는 게 어찌나 귀엽던지 하마터면 큰소리로 웃을 뻔했다. 귀여운 베트남 아저씨, 즐거운 여행 되세요! 곧이어 기차 문이 열리고 스펀지가 물을 빨아들이듯 사람들이 기차 속으로 쏙쏙 들어가기 시작했다. 우리도 조니의 뒤를 이어 기차 안으로 들어갔는데, 난생처음 침대 기차를 타고 밤새 달린다고 생각하니 너무너무 신이 나고 설레기 시작했다. 조니가 두리번두리번 거리더니 여기가 우리가 탈 칸이라며 멈춰 섰다.

이런 낭만적인 침대칸 기차를 보았나! 태어나서 처음으로 타보는 침대칸 야간기차를 드디어 타게 되다니 몹시 흥분된다! 설렌다! 신 난다! 조니는 우리를 무사히 안전하게 침대칸까지 데려다 주고 'Good luck'을 기원하며 기차에서 내려서 돌아갔고, 우리는 남겨졌다. 이것이 인생! 이것은 낭만! 사파로 가는 야간기차에서 조절이 안 되는 에어컨

때문에 얼어 죽을 뻔했다는 '아이 러브 커피쓰아다' 작가 님의 그 대목은 몹시 충격으로 다가와서, 그 부분을 읽던 내 입이 돌아가는 느낌이었다. 그래서 안 얼어 죽으려고 긴 쫄바지에 반소매 티셔츠, 그 위에 긴 소매 옷 2개에 담요 2장까지 준비했다. 이 정도면 사파 가는 기차 안에서 동사하는 일은 없겠지. 난 서둘러 잠자리에 들 준비를 했다. 지금은 한밤중이고 오늘 밤 기차에서 따뜻하게 잘 자고 일어나면 사파에 도착해 있을 테니까. 헤드폰도 머리에 꽂고 완벽하게 잠잘 준비를 모두 마치고 침대에 누워 눈을 감은 지 약 1분 뒤, 우리 방 앞이 소란하길래 눈을 살짝 떠보니 어디서 많이 보던 얼굴이다. 뭐지, 이 익숙함은? 아까 기차 타기 전에 여직원이 번호판 잘못 꽂았다고 성질 냈던 바로 그 아저씨들이다!! 오, 반가워요. 베트남 아저씨들!

헤드폰을 끼고 담요를 코까지 올려서 본격 취침 상태에 돌입한 지 2분 정도 지났을까? 아래층에서 택이가 나를 툭툭 친다. 내려다보니 아저씨 두 분이 캔맥주를 든 채 나 보고 내려오란다. 나는 반가움에 취침모드를 오프시키고 1층으로 내려가 아저씨들이 건네주신 캔맥주에 감사하며 한 모금 들이키며 아저씨들과 대화를 시도했는데 영어가 전혀 안 되신다. 이렇게 낭만적인 밤 기차 안에서 베트남과 코리아가 만났는데 의사소통이 안 되다니! 그때, 아저씨 한 분이 자리에서 벌떡 일어나시더니 옆 칸으로 가서서 누굴 데리고 오셨다. 웬 아리따운 20대 초반의 아가씨 4명이 얼굴을 빼꼼히 내밀더니 폭풍 영어를 쏟아내기 시작한다. 4명 중 1명은 서양인이었고 3명은 동양인이었는데, 이 3명은 두 분 아저씨의 딸들이고, 미국에서 공부하고 있는데, 휴가를 맞이해서 미국인 친구를 베트남으로 초대해서 지금 사파로 여행가는 중이라고 했다. 이 아이들 상당히 인텔리야! 본인들의 딸자식들이 폭풍 영어를 구사하며 나와 의사소통을 하는 모습에 두 분 아저씨들은 몹시 흡족해하시며 캔맥주를 마셨다. 제일 폭풍 스피킹 하던 여성이 나에게 영어도 잘하고 직업도 좋은데 미국 가서 사는 건 어떠냐고 묻는다. 아! 이 아이가 지금 과거의 내가 한때 그토록 갈망했던 욕망을 불태우는구나. 나도 한때 깊은 회의감에 빠져 미국이나 캐나다로 가서 약사로 살아볼까 고민하던 시절이 있었다. 거기라면 지금보다 훨씬 전문성도 키울 수 있고, 그에 따른 대접도 받고 훨씬 높은 수준의 연봉을 받을 수 있겠지만, 그걸 이루는 데 필요한 시간과 노력, 통장 잔고의 수십 배가 드는 돈, 한국과의 이별로 인해 발생하는 외로움과 인간관계의 단절 등을 고려했을 때 발생하는 감가상각은 결국 플러스 마이너스 제로섬이라는 결론을 내린 게 대략 5년 전의 일이다. 가장 근본적이고 중요한 문제는 돈이었는데 그걸 또 영어로 설명하자면 사람이 좀 없어 보이기도 하고, 가벼운 질문에 1톤짜리 농후한 대화로 가는 것이 염려되어, 동양여성인 내가 미국에서 생활하는 것이 호락호락하지 않고 아시아 사람에 대한 편견, 무시가 두렵다고 대답했다. 그러자 이 여성들은 고래고래 소리를 지르면서 그게 무슨 말이냐며, 절대 미국에서 당신은 그런 편견과 무시를 당하는 일은 없을 테니 미국에서 사는 것을 진지하게 고려해보라는 교훈과 가르침을 20대 초반의 아가씨 4명이 서른여섯 늙은이에게 던져주고 아주 쿨하게 옆 칸으로 돌아갔다. 차라리 돈 때문이라고 말할 걸 그랬다. 아가씨들이 돌아가니 더 이상 대화가 진행되지 않아서 오늘 밤의 회포는 이것으로 끝내고 난 침대로 올라가서 잘 준비를 한다. 맥주 한 캔이 들어간 몸이 따뜻하게 달아오른다. 눈감은 지 대략 4분 13초 정도가 지났을 때 아래층에서 누가 또 나를 콕콕 찌른다. 아저씨가 해맑게 웃으면서 나를 바라본다. 두 번째 맥주 캔을 들어 올리시면서.

　1층에 있는 택이가 바닥에 얼굴을 묻고 킥킥대고 있다. 베트남과 코리아가 만났는데 호의를 거절해서는 안 되지! 아저씨들과 폭풍 수다를 나누고 싶은데 말이 안 통하니 서로 편한 지점에 시선을 두고 홀짝홀짝 마시다가, 건배할 때가 되면 맥주캔 높이들고 브라보를 외치면 된다. 아저씨들은 자꾸 맥주를 어디서 구해오시는 건지 모르겠다. 맥주 두 캔을 마신 우리 4명은 이제 제법 취한 모양새다. 두 캔을 다 비우자 아저씨들이 빈 맥주 캔을 비닐봉지에 담아 바깥에 버리러 가셨다. 아! 이제 끝났다. 이제는 잘 수 있겠지. 오늘 벌써 2층 침대에 몇 번이나 오르내리는지 모르겠다. 2층 사다리를 올라가는데 다리가 후들거린다. 머리만 닿으면 그대로 기절할 것 같다. 이제는 잘 수 있겠지. 이제는 눈감을 수 있겠지. 아래층에서 아저씨가 또 나를 불렀다.

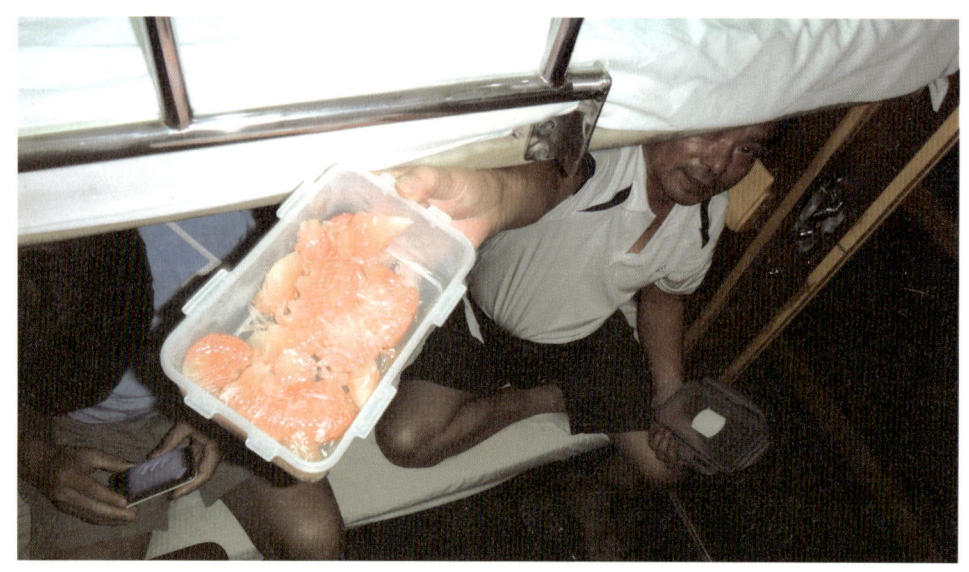

기차에서 먹을 거라고 밀폐용기의 명품, 락앤락 안에 자몽을 정성스럽게 싸오셨다. 아저씨! 근데 지금은 바닥이 왔다갔다해서 도저히 내려가지를 못하겠어요. 요기서 날름 자몽 받아먹어도 될까요? 아저씨가 주시는 자몽이 참으로 달고 맛있다. 인제 그만 주세요! 아까 화장실 살짝 가봤는데 상태가 그다지 좋지 않았어요. 배도 터지고 방광도 터질 것 같아요! 정말로 난 잘 거에요. 아저씨들도 이제 고만 잡시다. 2분 35초 뒤에 맥주 캔 버리러 가셨던 아저씨가 새로운 맥주 4캔을 장만해 오셨다. 이건 뭔가요? 해장술인가요? 아저씨! 인생이란 뭔가요? 수면이란 뭘까요? 그 맥주는 누가 파나요? 이대로 1층으로 내려가다가는 머리를 바닥에 그만 처박고 말 것 같은 어지럼증에 택이 손을 붙잡고 겨우 1층으로 다시 내려간다. 아저씨! 역시 술은 체력전이죠. 인생 뭐 있나요?

내가 가는 길이 험하고 멀지라도 그대 함께 간다면 좋겠네.
우리 가는 길에 아침 햇살 비치면 행복하다고 말해 주겠네.
이리저리 둘러봐도 제일 좋은 건 그대와 함께 있는 것~.

그렇게 우리 넷은 또 마주 앉았다. 서로 말이 안 통하자 두 분 아저씨는 블랙베리를 꺼내 보이셨다. 나이대에 비해 상당히 독특한 소장이 아닐 수 없다. 한 분은 흰색 블랙베리, 한 분은 까만 블랙베리를 갖고 계셨는데 두 분은 베트남 말로 본인들의 블랙베리를 자랑하기 시작하셨다. 이것은 어떻고 저것은 어떻고 장황하게 설명을 하셨지만, 베트남 말로 하셨다. 사진도 잘 찍는다, 음악도 잘 나온다, 뮤직비디오도 잘 나온다는 내용 같다. 덜컹거리는 기차 안에서 흐느적거리는 베트남 노래가 들리는 가운데 지구상에서 가장 낙천적인 베트남 아저씨 두 분과, 택이와 내가 맥주를 홀짝거리며 사파로 가고 있다. 이 캔이 마지막이기를 간절히 바라며 아주 그냥 숨도 안 쉬고 맥주를 마셨다. 아저씨는 비워진 캔을 비닐에 모아서 바깥에 있는 휴지통에 버리러 가셨다. 아! 정말 배가 터질 것 같아. 머리도 뱅글뱅글 돌고 있다. 화장실 더러운 건 정말 참을 수 없는 나란 아이가 술의 힘을 빌어 어쩔 수 없이 볼일을 마치고 온 후, 침대에 가지런히 누웠다. 세상이 뱅글뱅글 돌지만 곧이어 우리 방에 불도 꺼졌고 나는 지금 이대로 깊은 수면에 빠져 눈뜨면 사파에 무사히 도착해 있기를. 불이 꺼진 깜깜한 방안에 아저씨의 블랙베리에서 베트남의 전통가요가 흘러나오고 있다. 심지어 소리까지 크다. 평소 같았으면 정색하고 소리쳤겠지만, 난 30초 만에 잠들어 버렸다. 오늘 밤은 너무나 황홀하고 신 나고 재미있는 밤이에요! 맥주 때문에 방광이 터질 것 같아요! 잘 자요, 귀여운 아저씨들!

귀여운 요정들이 살고 있는 사파

¶ 간밤에 블랙베리에서 흘러나오던 그 큰 노랫소리를 들었냐니까 택이는 어제 마지막 4캔째를 마시고 난 후 아무것도 기억이 나지 않는다고 했다. 바깥을 보니 아직 동도 트지 않았는데 벌써 사파에 도착했다. 깜짝 놀라서 재빨리 짐을 챙겨서 눈곱도 안 뗀 채 아저씨들을 졸졸 따라서 대합실로 걸어갔다. 아저씨들은 어제 그 아리따운 딸들을 데리고 금방 사라져버렸고, 우리는 우리 이름이 적힌 팻말을 들고 있을 그 누군가를

찾아 나섰지만 우리 이름은 보이지 않는다. 여행객들은 각자 가이드를 만나 하나둘씩 작은 버스를 타고 사라지고 있는데 왜 우리 이름은 도대체 보이지 않는 거지? 수많은 여행객들은 각자 픽업되어 어떤 버스를 타고 사라져서 그 복잡하던 라오까이 역이 한산해졌다. 날이 점점 밝아온다. 30분 동안을 두리번거려도 아무도 우리 이름을 들고 나타나지 않자 나는 고만 눈물이 왈칵 쏟아지려고 한다.

> "택아, 인자 우야노? 조니가 역에 내리면 우리 이름 들고 누가 온다 캤는데 아무도 안 온다. 인자 우리 우야노? 아! 진짜 우야면 좋노…? 사람이 오기로 했으면 와야지, 와 안 오고 이카노?"

다 큰 서른여섯 주연이는 남자친구 품에 안겨서 질질 짜기 시작한다. 그래도 듬직한 남자 택이가 있다. 택이는 내가 너무 불안해하니까 새벽 5시라서 조금 미안하긴 하지만 조니에게 전화를 걸기로 한다. 저 멀리서 잠에서 깬 조니의 목소리가 들렸다.

> "조니, 기차역에 나온 지 30분이 지나도 우리 이름을 들고 있는 사람이 없어. 다른 사람들은 다 버스 타고 어딜 가는데 우리만 이제 남았어. 아무도 우리를 모른대. 좀 도와줘."

조니는 연락해보고 바로 전화 준다면서 자기 전화 올 때까지 아무도 따라가지 말고 꼼짝 말고 기다리라 했다. 눈곱도 안 떼고 떡진 머리로 쪼그리고 앉아있는 우리는 어느새 라오까이 역의 생거지! 잠시 뒤에 조니로부터 전화가 왔다. 우리를 데리러 오기로 한 사람이 늦잠을 자서 지금 가고 있다고 하니까 조금만 더 기다리란다. 이런 젠장! 여행객을 데리러 올 호텔직원이 늦잠이라니! 이런 중요한 순간에 늦잠이라니! 어쨌든 조니, 감사해. 새벽부터 깜짝 놀라게 해서 미안하고 자던 잠 계속 자도록 해. 20분 정도 지났을까? 저 멀리 늦잠 자서 헐레벌떡 뛰어오는 한 남자가 있었으니 성질을 내본들 무슨 소용인가. 이젠 우리에게 평화만이 함께하기를. 버스를 타고 대략 1시간쯤 가니까 사진에서만 보던, 인터넷에서만 보던 그 사파 전통복장을 한 작은 여인들이 스멀스멀 나타나기 시작한다.

라오까이 역 앞에서의 불안, 공포, 초조했던 시간은 어느새 희미해지고 내 심장은 몹시 뛰기 시작한다. 그대 그 눈빛과 그 모습은 너무나 경이롭고 신비롭구나! 버스는 홀리데이 호텔 앞에 우리를 내려주었다. 아, 정말 이제 우리가 사파에 왔구나. 라오까이 역에서의 그 외로움과 무서움은 모두 잊고 설렘과 꿈이 가득한 사파에서 즐거운 여행이 되기를! 호텔 로비에 들어간 우리는 여행예약 바우처와 여권을 보여주고 키를 받았다. 여기까지 오느라 수고했다면서 1층에 있는 식당을 가리키며 아침 식사를 하라고 하니 진짜 감사합니다. 안 그래도 새벽 댓바람부터 기차역 앞에서 불안, 공포, 초조에 시달렸더니 너무 힘들고 배고파서 쓰러질 것 같아요. 10그릇이라도 먹을 수 있을 것 같아요! 아침 식사는 내가 제일 좋아하는 쌀국수와 달걀 프라이였다. 나는 폭풍 드링킹의 정석을 보여주며 쌀국수 두 그릇을 가볍게 해치웠다.

맛있게 아침을 하고 매우 행복해하며 우리 방으로 들어가려는데 호텔 로비 바깥에 아까 스치듯 봤던 그 여인들이 서성거리면서 호텔 앞을 지키고 있다. 사파에서는 투어나 트레킹이 시작되면 자연스레 전통복장의 사파 여인들이 여행객들에게 고목 매미 달리듯 딱 붙어서 매우 친근하게 다가온 다음, 질이 바닥을 치는 기념품을 강매한다는 소문을 익히 들은바, 사파 여인들에 대한 경외심과 함께 경계심도 단단히 갖고 온 나였다. 저

여인들을 조심해야겠구나! 나는 애써 그들을 모른 척하며 우리가 묵을 방으로 발길을 돌렸다. 방은 정말 나를 감동시키기에 충분했다. 무슨 이런 아름다운 숙소가 다 있느냔 말이다! 둘이 자는데 이렇게 널찍한 방은 처음이야! 이 안에서 수영을 해도 되겠어! 넓어! 좋아! 깨끗해! 고즈넉한 방 분위기는 너무 황홀했고, 벽 한 켠에는 로맨틱한 벽난로가 있고, 시원한 에어컨은 물론이고 LG 벽걸이 티비가 우리를 반기고 있었다. 방에는 커다란 창이 세 군데나 있어서 햇살이 가득하고 베란다 문을 통해 보이는 경치가 환상적이다. 어젯밤 이후로 닦지 못한 이를 부서질 듯 빡빡 닦고 나와서 온몸을 정갈히 하고 난 후 구름이 반쯤 걸쳐진 산이 보이는 침대에 누우니 디스 이즈 헤븐.

정갈한 인간의 모습을 갖춰 호텔 로비로 가니 오늘 투어를 함께 할 가이드와 여행객들이 우리를 기다리고 있었다. 가이드를 따라 가장 먼저 간 곳은 숙소 근처의 사파 시장이었는데 평소 원색적인 패션을 몹시 사랑하는 나는 전통복장을 팔고 있는 가게를 지날 때마다 눈이 뒤집혀 나도 저 옷을 걸치면 저 여성들처럼 아름다워질 것 같다는 환상에 빠져 가격을 물어보니 금방 환상에서 빠져나오게 되었다. 옷 안쪽에 붙어있는 한 줄- '메이드 인 차이나'는 화려한 색감의 옷들에 정신이 팔린 나를 한 번 더 깨워주었다. 아리따운 몽족 여인들이 한 땀, 한 땀 장인정신으로 만든 명품인 줄 알았더니 중국공장에서 대량으로 찍어내는 공산품이다.

사파 시장 구경을 마친 우리는 가이드 흐엉을 졸졸 따라 깟깟마을 트레킹을 하러 갔다. 이제 깟깟마을 트레킹이 시작되면 나무 바구니를 어깨에 짊어진 사파 여인들이 전략적으로 관광객에게 1:1 밀착서비스를 시작한다고 익히 들은바, 지금부터 경계태세를 더욱 강화할 때! 절대 쉽게 무너지지 않겠다는 비장한 의지와 함께 깟깟마을 트레킹을 시작한다. 오! 저기 1:1 밀착 서비스를 준비 중인 여인들이 보인다. 과연 이들은 어떤 물건을 어떤 밀착 서비스로 바짝 밀어붙여 강매를 할 것인가? 무척 긴박감과 스릴이 느껴지는 이때다. 결코 돈을 뜯기지 않겠다는 가열찬 의지를 불태우며 흐엉을 재촉한다. "흐엉! 어서 가요!"

깟깟마을로 들어서니 우리를 맞이하는 풍경이 그야말로 너무너무 아름답다. 산과 자연의 모습이 이렇게도 아름다울 수가 있음을 이렇게 쉽게 알려주는 사파의 경치는 그야말로 놀라울 뿐이다. 산 정상에 걸쳐진 구름들은 한층 더 환상적인 분위기를 만들어 준다. 원래 사파가 고산지대라서 한여름에도 서늘한데 구름이 낀 약간 흐린 날씨는 트레킹을 너무나 상쾌하고 즐겁게 만들어주었다. 뜨거운 하노이에서의 여행에 지친 우리를 몹시 편안하고도 쾌적한 여행을 할 수 있게 해주니 사파가 참 좋다. 계속 걸어 들어가면 몽족들이 사는 집들이 나타나기 시작하는데 아무렇게나 널려있는 빨래의 모습도 마치

그림 같다. 이곳에 오니 타임머신을 타고 알 수 없는 미지의 세계에 뚝 떨어진 것 같은 느낌이 든다. 몽족도 사람이고 나도 사람인데, 몽족의 전통복장과 독특한 모습은 이질감을 극대화시켜서 이들 몽족은 사람이 아니라, 환상 속에서 사는 요정이 아닐까 하는 생각이 들 정도이다.

그런 와중에 요정 한 분을 발견했다. 삼단 같은 머리를 감아올려 도끼 빗으로 개성 있게 고정해 놓은 여인의 패션감각에 너무 감동을 한 나머지 나는 이 여인을 계속 바라볼 수밖에 없었다. 삼단 같은 머리에 도끼 빗이라니, 이런 아름다운 조화를 보았나. 아마 저 빗은 헤어핀과 같은 기능을 하고 있을 터, 여인의 집에는 도끼 빗이 색깔별로 구비되어 있을지도 모른다는 생각이 들었다. 월요일은 노란색, 화요일은 연두색, 수요일은 빨간색, 오늘은 연보라색! 패션의 완성은 역시 헤어란 말인가! 천연염색을 맨손으로 했던 여인의 손끝이 파랗게 물들어 있다.

일행과 아래로, 아래로 내려가던 중에 사람들이 일제히 나무 위를 쳐다본다. 뭔가 싶어서 고개를 들어 위를 바라보니, 저 높은 나무 위에서 몽족이 나무 열매를 따고 있었는데 몇 개를 우리에게 먹으라는 건지 아래로 던져준다. 한 남자가 그걸 한입 베어 물더니 감탄을 하면서 아주 맛있다며 나에게도 먹어보라고 건네준다. 이런 인터내셔널한 인심을 보았나! 역시 여행자들은 서로를 이렇게 아끼고 배려한다며 폭풍 감동을 하면서 한입 베어 무는 순간, 이런 젠장! 우주에서 가장 신 맛이 온 입에 전달되고 있는 이 시점에, 신맛의 고통으로 부들부들 떨고 있는 나를 보며 이 인간들이 나를 보며 웃겨 죽는다고 아주 난리다. 같은 여행자로서 이런 배신감이 또 어디 있나? 레몬 산도의 10배에 몸서리를 치고 있는 나를 보면서 내가 시름시름 앓아도 아주 그냥 좋다고 난리가 났다. 나를 제외한 모든 이들이 전 우주적 대통합을 이루어

마음의 문을 열고 한 몸 한뜻으로 웃어 제끼는데, 택이도 대통합의 한 길에 서서 '위아더 월드'를 외치고 있는 지금 이 순간, 나는야 우주의 고아.

배신감에 치를 떨면서 깟깟마을 방문을 마치고 몽족 전통춤 공연을 관람하게 되었다. 건물 안에는 이미 많은 사람이 공연을 보기 위해서 자리 잡고 있었다. 몽족은 모든 것이 신비로운 사람들이기 때문에 이 사람들이 보여줄 전통춤 공연도 몹시 기대가 된다. 우리는 무대 바로 앞에 앉아있어서 배우들의 표정 하나까지 다 읽을 수 있었는데, 여인들이 얼마나 곱고 아름다운지 예쁜 사람만 뽑아서 단원을 만드는가 싶을 지경이다. 화장은 전혀 하지 않았고 립스틱도 안 바른 얼굴인데 어찌 저리도 아름다울까? 공연은 시작되었는데 나는 여인들의 얼굴만 바라보고 있다. 이런 외모지상주의자 같으니라고! 배우들의 얼굴에서 하나같이 소박하고 순수한 영혼을 읽을 수가 있었다. 사람이 꽃보다 아름답다는 노래가 있는데 그 사람은 바로 여기 몽족들을 두고 하는 말 같다. 모든 사람이 꽃보다 아름답지 않다. 그 어떤 존재보다 사악하고 비열할 수 있는 게 바로 사람인데 지금 이 순간, 이들은 그 무엇보다 아름다운 존재, 몽족들이다. 저들의 순수하고 맑은 눈빛을 가질 수 있으면 좋겠다.

공연이 다 끝났는데 아름다운 흑몽족 여인이 나를 향해 환하게 웃어준다. 정말 사람이 얼마나 아름다울 수 있는지를 눈앞에서 목격하고 있는 이 순간, 내 마음이 흔들린다. 저 온화한 미소가 나를 고만 녹여버린다. 내가 언제 저런 순수하고 투명한 웃음을 가졌던 적이 있던가! 여인의 형용할 수 없는 순수하고 맑은 미소에 나는 눈물이 날 지경이었다.

순수 100%의 감동적인 몽족의 전통춤 공연 관람을 마치고 미니버스가 우리를 태워서 호텔까지 데려다 주었다. 이 얼마나 편리한 시스템인지 평소 자유여행만이 진리라며 옹호하고 찬양하던 세월아, 안녕. 여행을 해보니 패키지여행만큼 편한 게 없더라. 호텔로 돌아가는 길에 있는 사파 광장에 기념품이나 옷가지들을 파는 몽족 여인들이 아주 많았다. 오늘 사파 몽족들은 여기에 다 출동한 것 같다. 트레킹할 때 왜 몽족이 우리에게 밀착취재를 안 했던 걸까? 대체 왜 때문에? 내가 몽족의 밀착수비를 너무나 두려워한 나머지, 그 경계심이 너무 드러나서 그 기세에 눌려 차마 나에게 다가오지 못했던 걸까? 아니면 혹시 우리가 돈이 없어 보였나? 기대했던 밀착취재가 없어서 몹시 서운했던 나는 내가 직접 몽족을 밀착취재를 해봐야겠다 싶었다. 그대들이 안 오면 내가 간다. 나는 한 팀을 정해서 무조건 그분들이 파는 물건들을 사기로 맘먹고, 그분들과 사진을 마음 놓고 많이 좀 찍고 싶은 생각이 들었다. 그분들도 사람이고 나도 사람인데, 신기하다고 사진을 막 찍는 것은 몹시 예의에 어긋나는 행동 같았다. 물건은 확실히 사기로 하고 그분들과의 오가는 흥정 속에 서로의 마음이 열린다면 그것보다 좋은 밀착취재는 없을 것 같다. 자! 지금부터 우리의 밀착취재 대상을 탐색해보자.

광장을 두 바퀴쯤 돌았을 때 한 마리 하이에나처럼 어슬렁거리는 나의 레이다에 흑몽족 한 팀이 포착되었다. 세 여인이 앉아서 몽족 전통의상과 소품을 팔고 있었는데 호객행위는 없었다. 그냥 그 자리에 앉아 지나가는 사람들을 쳐다보고만 있을 뿐이다. 오~ 순수해! 사람을 잡아끌지 않고, 그저 바닥에 앉아 지나가는 사람들을 바라보는 저 눈빛이 순수해! 좋아! 마음에 들어! 여러분, 죄송하지만 지금부터 당신들은 나의 밀착취재 대상으로 선정되었어요. 긴장 바짝 타세요. 내가 한 번 물면 놓지 않는 은근과 끈기의 한국인이랍니다. 어디 한번 내 마음을 흔들어보아요!

치마를 팔고 계시는 아줌마가 영어가 전혀 안 되신다. 내가 뭐라고 뭐라고 말을 붙여보아도 아줌마는 그냥 나를 보고 웃기만 하신다. 계산기를 꺼내서 찍어보라고 해도 그냥 웃고만 계신다. 이런 호갱을 놓칠까 봐 옆에 앉아있던 흑몽족 소녀가 벌떡 일어서더니 아줌마 대신에 장사를 시작한다. 영어가 되는 소녀가 아줌마한테 '저거 얼마 받으면 돼?

요리 보아도 몽족! 몽족! 조리 보아도 몽족! **몽족!**

아줌마! 이 치마 얼마예요?

얼마까지 깎아주면 돼? 일단 8만 부르고 좀 깎아줄까?'라고 하는 것 같다. 확실하다.

소녀는 일단 8만 동을 부른다. 내가 너무 비싸다고 하니, 소녀는 역시 대본대로 "그럼 6만 동에 줄게! 이거 아침까지는 10만에 팔던 거야. 네가 아름다워서 지금 6만에 주는 거야. 거의 반값이야 반값!" 역시 나의 예상이 적중하고 있어. 이 소녀와 몽족 아줌마는 애초에 5만 동에 입을 맞추었겠지. 내가 좀 있다가 갖은 교태와 아양을 부리면서 불쌍한 눈빛으로 제발 5만 동에 해달라고 떼쓰면 어쩔 수 없다는 표정으로 못 이기는 척 5만 동에 줄 거야. 쇼핑에 관한 한 나의 예감은 틀린 적이 없지. 어쨌거나 이 흑몽 소녀는 영어구사에 문제가 없었고, 더불어 흥정의 달인이었다. 방심하면 내가 질 판이다. 하지만 나도 만만치 않은 여성이지. "5만에 주라! 잘 해주면 내가 다른 것도 좀 사겠다."

치마는 나의 예상대로 5만 동에 낙찰되었다. 의외로 쉽게 치마가 낙찰되자, 이번에는 소녀가 자기의 가방도 한번 보라며 내 몸에 걸치고 있다. 이미 가방이 내 몸에 크로스 되었다. '음, 괜찮은데? 나의 마음은 이미 당신들의 것! 어디 한번 마음껏 흔들어보아라. 나의 마음을 많이 흔들어줄수록, 많이 감동시킬수록 개수는 많아질 거야! 내 마음을 마구 흔들어줘! 심장이 바운스(bounce) 바운스 하게!'

가방이 너무 어울린다며 몽족 소녀는 칭찬 모드로 본격 돌입하신다. 자기가 이제껏 가방을 여러 사람에게 팔아보았지만, 나처럼 어울리는 사람은 처음이라며 눈을 반짝거리며 립서비스를 폭풍처럼 방출하는데 슬슬 내 마음이 바운스, 바운스! 흔들리는 마음을 부여잡고 가방이 얼마냐고 하니 10만 동이라고 한다. 소녀! 아무리 내 마음이 이미 당신들의 것이라고 해도 이 가볍고 얇은 천 가방 하나가 10만 동이라는 건 너무 하잖아. 이거 보나 마나 메이드 인 차이나인 거 내가 다 알거든요! 소녀는 나의 교태에 못 이기는 척 일단 8만 동으로 낮추어 가격을 다시 부른다. 흠, 이 소녀는 결코 쉬운 소녀가 아니야. 2만 동 깎아주는 것도 기적이군. 나는 주머니를 뒤져 10만 동을 소녀에게 건네주었다. 자, 이제 2만 동을 거슬러줘야지? 그런데 소녀가 잔돈이 없대. 아 나, 이런 재간둥이를 보았나. 이런 사기기질 넘치는 귀염둥이를 보았나. 그럼 처음부터 흥정을 왜 해? 잔돈이 없는데 흥정을 왜 해?

잔돈이 어떻게 없을 수 있느냐며 가방을 슬며시 내려놓으니 이번에는 자기가 파는 쪼

그만 지갑도 있는데 이거랑 같이 10만 동에 가져가라고 한다. 소녀는 보통 소녀가 아니었다. 여자의 적은 여자라더니 여자가 세상에서 제일 무서워. 젠장! 내 마음이 이미 당신들 것이니 망정이지. 어쨌든 이 넓은 우주에서 우리는 지금 이렇게 만나 인연을 만들어냈으니 분노하지 말자. 우리가 주섬주섬 뭘 자꾸 사자, 주위 다른 몽족들이 접근하기 시작하신다. 택이와 나를 둘러싸고 주위에 앉아계시던 몽족 여인들이 전투의지를 불태우며 우리를 에워싸기 시작했다. 다가오신 몽족 여인들은 빙빙 둘러서 표현하지 않는다.

"저 사람한테서 치마도 사고, 저 사람한테서 가방도 샀으니 이제 나의 것을 사주어야 해.
이건 모자인데 내가 직접 만든 거야. 한번 써 볼래?"

대담한 몽족의 여인들이다. 사람의 부탁을 거절하는 것은 언제나 좀 불편하다. 그래도 더 이상의 물건을 살 수는 없어요. 몽족 쇼핑의 일단락이 끝나고, 이제 나의 소기의 목적을 이루어야 할 때가 왔다.

이 약사: 여러분, 나는 여러분의 치마와 가방과 지갑을 샀어요. 이것도 인연인데 우리 멋
진 사진이나 한번 찍어보면 어떨까요?
소녀+아줌마: 좋아요, 사진 찍어요. 우리 같이 사진 찍어요.

나는 그 어떤 양심의 가책이나 미안함을 갖지 않고서 수줍음을 많이 타시는 몽족 아주머니와 흥정의 달인, 몽족 소녀와 함께 다정하고도 아름다운 쓰리샷을 가질 수 있게 되었다. 오늘의 목적은 바로 그대들에게 판매의 수고를 덜어줌과 동시에 요렇게 정다운 사진을 가지는 것이었지. 그대들과 내가 모두 승리한 윈윈게임이었다. 여러분, GG. 쓰리샷을 찍은 다음, 나는 결코 쉽지 않은 소녀에게 시선을 돌렸다.

이 약사: 소녀! 내 너의 가방을 무려 10만 동의 덤터기를 자발적으로 써 주었으니 그대와
의 자유로운 사진을 허(許)하라!
소녀 : 오케이, 나와의 사진을 허하겠다. 마음껏 즐기시라!

이 약사: 좋은 협상이다. 지금부터 마음껏 찍겠노라. 너와의 딥 허그(진한 포옹)도 허하라!

소녀: 오케이. 마음껏 허그하라. 뼈마디가 부서질 때까지!

이 약사: 오케이!

어머…. 이거 좀 보시게. 뼈마디가 부스러지도록 딥 허그하기로 약속해놓고 저 매너 손은 뭔가요? 나의 손은 그대의 어깨를 감싸고 있는데 내 허리를 차마 잡지 못하고 공중에 붕 떠 있는 저 손은 뭔가요?

이 약사: 소녀! 뼈마디가 부서지지 않는다. 나는 너를 사랑하는데, 나에 대한 너의 사랑이 부족하다.

소녀: 오케이! 그렇다면 Baby, one more time!

사실 요 정도는 안아줘야 갈비뼈가 똑 부러지거든요. 요 정도 근접거리는 돼 줘야 서로의 체취도 느끼고, 체온도 느끼며 바운스, 바운스 하는 심장도 느낄 수가 있거든요.

소녀는 너무너무 앙증맞고 귀엽고 착한 아이였다. 비록 흥정할 때는 무섭고 매정한 눈빛으로 나를 순간 공포에 떨게 만들었으나, 아름다운 너와의 만남을 오래도록 기억할게. 비록 이 만남이 몽족의 사진을 편하게 찍어보고, 몽족과의 아름다운 투 샷을 찍어보자는, 몹시 불순한 의도로 시작된 것일지라 하여도 우리는 이미 마음을 주고받은 사이가 되지 않았느냐. 몽족 여인들과의 아름다운 만남과 포옹 샷을 완성한 나는 몹시 만족해하며 조금만 뭘 넣고 다녀도 툭 터질 것 같은 소녀의 크로스 백을 메고 호텔로 돌아갔다.

한밤의 사파 광장은 멋진 장소로 다시 태어나고 있었다. 여기저기서 행복한 웃음소리가 가득하다. 운동장에는 수많은 사람이 무리를 이루어 어른, 아이 할 것 없이 노래도 부르고, 손뼉을 치며 놀이와 유흥을 즐기고 있었는데 이렇게 순수할 수가 없다. 이 얼마나 아름다운 모습의 밤 문화란 말인가. 갑자기 주성영이 유행시킨 '대구의 밤 문화'가 떠올랐다. 나도 모르는 대구의 밤 문화가 궁금해지네. 한밤의 사파 광장은 수많은 사람이 이루어내는 축제의 장이었다. 어린 몽족 소년들이 전통피리를 불면서 춤추는 장면은 역사와 전통을 계승해나가는 모습 같아 장하고 멋지다는 느낌을 주었다. 즐거워져야 할 이런 모습에 숙연한 마음마저 들기도 했다. 우리는 잃어버리고 없는 모습인데 이 사람들은 소중히 지켜나가고 있음이 부럽고, 문명의 이기를 많이 즐길수록 사람들이 가지는 우월감은 우스울 뿐이다. 사파는 밤이나 낮이나 너무나 순수하고 투명한 요정들이 사는 곳이었다.

아름다운 몽족 여인과 불안한 눈빛의 이 약사

¶ 오늘은 박하시장을 가는 날이다. 박하시장은 일요일에만 열리는 상설 재래시장인데 플라워 몽족들이 모이는 시장으로 유명하다. TV에 나오는 여행프로그램을 보면 '마침 우리가 간 날에 ○○시장이 열리고 있었다, 마침 우리가 간 기간에 ○○축제가 열리고 있었다'라는 멘트가 나오는데 세상에 대한 의심과 불신이 가득한 나는 이 말의 90%는 다 거짓말이라고 생각한다. 어쩜 다 하나같이 우연히 그런 행운을 만났나 몰라. 명색이 방송인데 아무런 준비도 안 하고 갔는데 우연히 그때, 그곳에서 어떤 마켓이 열리고 어떤 행사가 열렸다고? 시청자를 물로 봐도 유분수다! 오늘 박하시장을 갈 수 있는 것도 여행 사전준비의 달인이 되고 싶은 내가 출발 6개월 전부터 빠삭한 여행준비로 인해 박하시장이 일요일에만 열린다는 정보를 입수하고 사파 투어를 일요일이 포함되게 날짜를 잡아서 전체 여행일정을 짜놓았다는 것을 새삼 유세 떨고 싶은 지금이다. 세상은 결코 호락호락하지 않기 때문에 준비하는 자만이 근심·걱정·후회가 없다.

알람 소리 한방에 우리는 스프링 튕겨 오르듯 벌떡 일어나 빛의 속도로 세수하고 식당에 가서 아침밥을 후다닥 해치웠다. 늦잠자서 아침밥 못 먹고 투어도 못 가는 불상사를 결코 눈뜨고 볼 수 없기 때문에 본능적으로 기상-샤워-조식 3단계 쓰리콤보를 해냈다. 가이드를 따라 숙소 맞은편 여행사에 앉아서 다른 여행객을 기다리고 있는데 밖을 보니 커다란 바구니를 등에 멘 흑몽족 여인들이 삼삼오오 떼를 지어 사파 시장 쪽으로 걸어가고 있다. 이런 장관을 보았나! 나는 그 신기하고 이국적인 모습을 좀 더 가까이 보고 싶은 마음에 작은 문으로 빼꼼히 얼굴을 내밀고 나왔는데 그때 한 몽족 여인과 내 눈이 딱 마주치자 이 몽족 여인들이 나한테 막 걸어오는 것이다. 이거 뭐지? 설마 오늘 영업의 시작이 나인가? 난 마음의 준비가 되지 않았고 지금 5:1의 매우 불리한 수적 열세의 상황까지 겹치지 않았느냔 말이다.

　나는 불안 공포 초조의 심리상태로 이르렀는데 여인들은 이제 내 코앞까지 다가오게 되었다. 다섯 명의 여인들이 지금 코앞까지 다가와서 섰는데! 나는 얼음상태가 돼서 웃지도, 울지도 못하는 표정으로 여인들을 바라보고 있다. 여인들은 나를 보면서 생글생글 웃고 있다. 내게 말을 걸지도 않는다. 가방을 사라고 하지도 않고 그저 웃고만 있다. 지금 이 여인들이 나를 구경하고 있는 거야? 그런 거야? 일단 내가 여인들의 영업대상은 아닌 거 같아서 마음이 조금 놓이긴 했지만, 여인들은 아무 말 없이 계속 생글거리면서 웃고 있다. 그냥 서 있기 민망해서 목에 걸고 있는 카메라를 쓱 집어들고는 "포토?" 이러니까 이 여인들이 고개를 *끄덕끄덕*한다. 뭐 고개를 *끄덕끄덕*하니까 사진을 몇 장 찍었다. "오케이?" 하니까 여인들은 고개를 *끄덕끄덕*하면서 다시 갈 길을 간다. 나는 한동안 멍하게 여인들의 뒷모습을 바라보았다. 뭐 어쨌거나 여인들, 오늘 장사 파이팅!

　몽족 여인들과의 이상하고 신기하고 색다른 아침 인사를 나눈 지 몇 분 지나지 않아 우리들의 가이드가 몇 명의 관광객을 데리고 여행사로 들어왔고, 우리를 태우고 박하시장까지 데려다 줄 작은 미니버스도 도착했다. 여기에서 차를 타고 대략 2시간 동안 가야 박하시장에 도착한다고 한다. 출발하기도 전에 지친다. 그래도 어서 일요일에

만 장이 서는 박하시장에 가서 진기한 광경을 자주 볼 수 있다는 생각에 설레는 마음으로 버스에 올라탔다. 고산지역이라서 길이 그렇게 매끄러운 편은 아니었다. 울퉁불퉁한 길도 나타나서 2시간 동안의 이동이 힘들 거라는 생각이 들었지만 아침 댓바람부터 심하게 일찍 일어나서 기상-세수-조식의 쓰리콤보를 했더니 버스에 올라타자마자 폭풍 졸음이 몰려왔다. 눈뜨니까 박하시장이다. 최고이다. 지루함도 없고, 2시간 동안 숙면을 취해서 아주 개운하고.

눈뜨자마자 보이는 화몽족의 모습에 나는 고만 감탄을 하고 말았다. 와, 흑몽족들이 있던 사파 시장에 갔을 때에도 시간을 되돌려놓은 과거에 내가 떨궈진 느낌을 받았는데 지금 내 눈앞에 펼쳐진 이 화몽족의 모습을 보니까 시간을 되돌려놓아도 너~무 되돌린 건 아닌가 하는 생각이 든다. 이 독특한 광경을 보기 위해 많은 관광객이 이곳을 찾아 왔을 텐데 관광객을 봐도 아무렇지 않게 본인들 할 일만 하고, 본인들 할 얘기하고, 본인들 가던 길을 가니 마치 나는 투명인간처럼 느껴지는 게 기분이 정말 오묘했다. 가이드 님은 박하시장을 구경하고 2시간 뒤에 지금 이 자리로 모이라는 공지를 던져주셨다. 아! 2시간이 부족하면 어떡하지? 가이드의 말이 끝나자마자 택이와 나는 뒤도 안 보고 박하시장으로 걸어 들어갔다. 이 독특하고도 아름다우면서도 신기하고 마치 먼 과거로의 여행을 떠난 것 같은 느낌을 주는 박하시장은 마치 내가 꿈꾸고 있는 것은 아닐까 하는 착각을 불러일으킨다. 슈어홀릭(Shoeholic)인 나는 늘 다른 사람의 신발을 주시하는데, 몽족 여인들이 신고 있는 딸딸이 슬리퍼는 꽃보다 아름다운 여인들의 패션에 옥의 티다. 여인들의 신발을 모두 꽃이 치렁치렁 달린 화려한 신발로 바꿔주고 싶다. 시장 안에는 뱀을 프로페셔널하게 해체해놓은 것도 있고, 나무판자 위에 널브러진 돼지고기도 있고, 도무지 알 수 없는 신기한 물건들이 많았다. 그중에서 가장 신기한 모습은 휴대폰 가게에서 휴대폰을 사고 있는 화몽족들이었다. 한 500년 전 사람이 휴대전화기 사고 있는 것 같다.

시장 한가운데서 몽족 여인들만 가득한 이곳에 왔을 때는 그 신비로운 느낌이 극대화되었다. 안 그래도 화려하고 매우 인상적인 전통의상 덕분에 아기자기해 보이는데 키까지 아담하니까 정말 몽족 여인들은 요정 같았다. 요정들은 어떤 이야기를 하고, 어떤 음식을 먹는지 모든 것이 궁금해서 요정들이 내 옆을 스쳐 지나가기만 해도 신기방기한 기분이 들었다. 시장 한가운데를 지나 계속 걸어가니 확 트인 언덕 위에 가축시장도 있었다. 다른 곳에는 플라워 몽족 여인들이 가득했는데 이곳만은 흔치 않은 남성들이 자리를 지키고 있다. 시골 가면 흔히 맡을 수 있는 소똥 냄새가 온 천지를 뒤흔드는 강도로 진동한다. 축농증이 있는 내 코가 다 뚫릴 지경이다.

박하시장을 나와 식사를 하러 간 식당에서 우리는 프랑스 5인 가족과 나란히 앉게 되었는데, 각종 나물볶음과 두부 튀김에 소스를 곁들인 음식, 달걀수프, 튀긴 스프링 롤 등이 식탁 위에 올려졌다. 우리는 배가 고파서 빛의 속도로 먹고 있는데 옆 테이블에 앉은 프랑스 가족은 못 먹고 있다. 일단 젓가락질도 힘들어할 뿐더러, 음식이 도무지 입에 안 맞는 듯 살짝 맛만 보고는 물만 연신 마셔대고 있다. 아무래도 지금 이 프랑스 가족에게는 아니스로 맛낸 연어 스테이크, 퐁드보 소스를 곁들인 안심요리, 파프리카로 맛낸 닭가슴살, 겨자소스를 바른 닭 오븐 구이, 양송이크림을 얹은 소 안심요리에 기품있는 귀부인에 비유되는 깊은 맛의 보르도 포도주가 필요한지도 모르겠다. 지금 못 먹으면 몇 시간 동안 배고플 텐데. 가장 먼저 비워진 스프링 롤 접시를 보더니, 본인들의 스프링 롤 접시를 스윽 밀어준다. 그래, 산 사람은 살아야지. 택이와 나는 밀려온 스프링 롤 접시를 우리 쪽으로 바짝 당겨서 5점이 올라와 있는 스프링 롤을 한 방에 해치워버렸다. 아무래도 우리는 장기 생활여행자로 전향해도 큰 무리가 없어 보인다. 그대들에게 마음속으로 쌉싸름한 보르도 한 잔을 건네봅니다.

식사를 마친 우리는 다시 버스에 실려 이번에는 현지인 집을 방문하러 간다. 집안에 들어서니 각종 동물이 우리를 먼저 반겨주었다. 마당에는 발 빠른 새끼오리 5마리뿐만 아니라, 고양이, 어른 오리 5마리, 새끼 흑돼지 6마리, 큰 흑돼지 한 마리, 소 한 마리가 있었다. 가축 부잣집이다. 몽족의 방이라며 안내해준 가이드를 따라 들어가니 몽족 할머니가 방에서 TV를 보고 계셨다. 오, 이런. 난 갑자기 미안한 마음이 들었다. 사람이 지금 집안에서 생활하고 있는데, 현지인 집을 방문하고 있다는 자체가 몹시 무례하다는 생각이 들었다. 가이드는 이곳저곳을 돌아다니며 몽족들이 사용하는 부엌과 방 모습을 꼼꼼하게 안내를 해주었다. 나는 집안 곳곳에 들어가는 것은 몹시 실례인 것 같아서 그냥 구석에 앉아 집 구경이 끝날 때까지 기다려야겠다며 작은 방으로 들어갔다. 아, 그런데…. 거기에는 한 남성이 고개를 숙인 채 힘없이 식사를 하고 있었다. 아! 정말 너무너무 미안해지고 세상에서 가장 못된 관광객이 된 느낌이었다. 정말 미안해요. 당신이 여기 있는 줄 몰랐어요. 마치 우리는 구경하는 사람들, 당신들은 구경거리가 되는 사람들이 된 거 같아서 나는 마음이 몹시 편치 않았다. 어서 빨리 이곳을 나가야만 했다.

그 남성은 분명히 내가 들어오는 것을 인기척으로 알아챘겠지만, 고개를 들어 나를 보지 않았다. 날 모른 척해주어서 차라리 감사했다. 남자의 표정은 몹시 어두워 보였다. 처음부터 그냥 마당에서 기다릴 걸 그랬다. 그랬으면 남자의 불편한 마음에 상처를 주지 않았을 텐데. 어서 빨리 투어가 끝나서 이곳을 벗어나고 싶은 마음이 간절해진다. 현지인 집 투어가 끝나갈 무렵, 집에서 나가려고 하는데 뭔가 애틋한 장면이 내 눈에 포착되었다.

우리의 가이드와 집주인 남자가 서로 눈을 마주치지 못한 채 악수를 오랫동안 하고 있는 것이다. 서로의 손을 마주 잡고 한동안 서 있는 두 남성과 함께 나도 아무 말 없이 서 있었다. 말하지 않아도 느낄 수 있다. 저 가이드가 몽족 남자에게 갖는 미안한 마음, 먹고 살아야 하기 때문에 집을 개방해서라도 적은 돈이나마 만질 수 있는 몽족 남자의 현실적인 난관을 나는 이 사진 한 장으로 이해할 수가 있었다. 사람 사는 집에 사람이 들어와, 그 집에 사는 사람들을 '구경'하게 되는, 약간은 비인간적으로 느껴지는 현지인 집 방문 코스는 그렇게 숙연하고 미안한 마음을 들게 하였다. 나는 저 두 남성의 마음을 이렇게 이해하고 있다. 나의 바람이 적중하기보다는 완전히 빗나가서 다른 이유로 저 둘이 손을 꼭 마주 잡고 있는 것이면 좋겠다.

아쉽고도 미안한 장면을 마지막으로 현지인 집 방문을 마치고 꽤 많이 걸어나온 시점에 자연이 나를 불렀다. 살살 부르는 것이 아니라 매우 긴박하고 급하게 부르고 있다. 조금만 지체하다가는 국제적으로 내 인권을 스스로 짓밟는 사태가 발생할지도 모른다는 두려움이 몰려오기 시작한다. 가이드한테 달려가서 이 사태의 긴박함을 전하니 저쪽으로 가서 오른쪽으로 꺾어 들어가 보라고 한다. 오! 여기 공공화장실도 있나 봐! 지체할 시간이 없어! 나는 희망의 동아 끈을 잡은 듯 몹시 흥분하며 신속하면서도 정확하게 가이드가 알려준 곳으로 갔는데 내 앞에 펼쳐진 것은 나무들로 가려진 풀밭. 희망의 동아 끈은 썩은 동아 끈으로 밝혀졌다. 이런 젠장! 이런 지쟈쓰! 하지만 분노할 시간도 아깝다. 조금만 더 지체하다가는 우리가 모두 우려 및 상상할 수 있는 그 상황이 발생하는 것은 안 봐도 동영상. 사람이 일단 살고 봐야지 그깟 자존심 따위 잠시 호주머니 속에 넣어두고 얼른 거사를 치르기 위해 나는 숲 속으로 사라졌다.

홀연히 사라졌던 나는 거사를 치른 후, 뭔가에 쫓기듯 숲 속에서 뛰쳐나왔다. 얼마나 급했는지 지퍼도 안 올린 채 뛰쳐나왔다. 깐 엉덩이를 지나가던 쥐새끼가 꽉 물고는 안 놔줄 것 같은, 혹은 '얼레리 꼴레리~'라고 나의 쌍 바위계곡을 놀려대는 동네 어린 패거리들이 나타날지도 모른다는 극도의 공포감은 나를 뛰쳐나오게 만들었다. 내가 그래도 소셜 포지션이 있는 사람인데 이 무슨….

내 거친 생각과 불안한 눈빛과 그걸
찍고 있는 너~
그건 아마도 전쟁 같은 여행~
난 불안하니까, 부끄러우니까~~
이 자리를 떠나줄 거야~~~

거사 후 빛의 속도로 달려나온 나의 민첩함으로 인해 나의 간 엉덩이가 쥐에게 물리는 참사는 피할 수 있었다. 프랑스팀과 대만팀과 가이드와 버스가 우리를 기다리고 있었다. 나는 아무 일 없었다는 듯이 태연하게 버스에 올라탔고, 버스는 다시 달리기 시작한다. 베트남과 중국의 국경선에서 대략 30분의 휴식을 한 후, 여행의 마지막임을 알려주는 라오까이 역으로 향했다. 역전에 도착하니 대략 5시 정도가 되었는데 가이드가 우리에게 오더니,

"당신들이 지급한 관광상품에는 오늘 저녁 식사까지 모두 포함되어 있어요. 밤 8시 기차니까 저 식당에서 밥 먹고 기차 타러 가면 돼요. 기차표는 잘 챙겼죠? 아무리 늦어도 7시 반까지는 역 안에 들어가야 해요. 그리고 우리는 지금 여기서 헤어지는 거에요. 저 사람들은 박하시장 투어만 신청한 사람들이라서 나는 저 사람들 데리고 호텔에 데려다 줘야 해요. 하노이로 무사히 돌아가길 바래요. "

가이드는 그렇게 사라져버렸다. 세상에 우리 둘만 덩그러니 남겨진 기분이다. 하지만 자유로운 영혼의 두 여행자는 곧 처음 여행을 떠날 때의 진취적인 여행자의 모습을 다시 찾아가고 있다. 우리는 역전 카페에서 음료를 시켜놓고 와이파이를 원 없이 누리며 신 나게 인터넷을 하다 보니 어느새 기차 시각이 다가오고 있었다. 역시 시간 보내는 데 인터넷만 한 게 없다. 우리는 짐을 주섬주섬 챙겨서 기차를 타러 기차역으로 걸어갔다. 소중한 기차표는 안 잃어버리게 호주머니에 꼬옥 넣어놓았다. 역 입구에 거의 다다랐을 즈음, 어디서 많이 본 얼굴이 보인다. 블랙베리를 소장하시고, 인텔리 딸들을 두신 귀염둥이 베트남 아저씨들 가족들이서! 택이랑 나랑은 너무 웃겨서 막 깔깔거리고 웃고, 아저씨들도 막 반갑다면서 허허허 하시면서 웃으신다. 정말 너무 보기 좋은 이웃사촌의 모습이다. 나도 나이 들어서 저렇게 친한 친구의 가족들과 함께 여행을 해보면 아주 좋겠다 싶은 생각이 든다.

웰컴 투 하노이

¶ 한참을 세상 모르고 자고 있는데 갑자기 주위가 소란해져서 깜짝 놀라 일어나보니 하노이다. 빛의 속도로 짐을 챙겨서 기차에서 내리니 새벽 5시다. 조니가 하노이에 도착하면 역 안에 있는 택시를 타라고 했는지, 역 밖에 있는 택시를 타라고 했는지 헷갈리기 시작했다. 5만 동 넘으면 바가지라는 말만 기억난다. 일단 기차역 안에 마일린 택시가 많이 있길래 호안끼엠 호수까지 얼마냐고 50만 동이란다. 헐!!! 50만 동이면 돈이 3만 원이다 이 사람아. 어이가 없어서 근처 다른 마일린 택시에 물어보니까 이번에는 100만 동을 달란다. 헐헐헐! 이 사람들이 사람을 띄엄띄엄하게 봐도 유분수지, 마일린이라고 신봉할 일이 아니다. 갑자기 사기의 천국이라는 처음의 그 두려움이 스멀스멀 살아 오르기 시작한다. 이것들이 여기서 베트남의 얼굴에 먹칠하시겠다? 택이 손을 붙잡고 역 바깥으로 나가봤다. 이제 이판사판이다. 이 시키들도 100만 동 어쩌고 헛소리를 날리는 날에는 스마트폰으로 위치 찍어서 숙소까지 걸어갈 테다. 마일린도 100만 동을 부르는 이 시점에서 두려울 것 없다. 설마 천만 동 부를까.

서 있는 택시기사한테 물어보니 20만 동이란다. 조니가 말씀하시기를 5만 동이면 떡을 친다고 했다. 바로 그때 우리 곁을 지나가던 한 백인 커플이 택시기사가 얼마 불렀는지를 물어보길래 세상에, 20만 동 부르더라며 어떻게 이럴 수가 있느냐며 나는 울분을 토했다. 더러워서 택시 안 탄다, 호수까지 걸어갈 거라며 이글거리는 눈빛으로 말했더니 백인 커플도 자기들이 알아보니 30만 동 부르더라며 숙소까지 걸어간단다. 잘됐다! 얘네들이랑 여행 얘기나 하면서 숙소까지 걸어가야지 하면서 우리가 먼저 앞장섰다. 뭐 잠시 걸었는데 뒤에 아무도 없는 느낌이 들어서 문득 뒤돌아보니 백인 커플이 감쪽같이 사라졌다. 뭐야! 여행자 거리까지 같이 가자고 해놓고서는, 배신자들! 입이 오리 나발처럼 툭 튀어나온 채 구시렁거리면서 걷고 있는데, 갑자기 우리 왼쪽에서 웬 택시가 슝~ 지나간다. 슝 지나가는 택시 안에서 아까 그 백인 커플이 "Fifty!"라고 소리치면서 다섯 손가락을 쫙 펴 보이며 지나간다. 택시에 로켓이 달렸나? 금방 사라져버렸다. 뭐? 택아, 이게 무슨 상황이고? 자들이 지금 뭐라 카노?

베트남 화폐단위가 워낙 커서 여행자들끼리는 편하고 알기 쉽게 뒤에 OOO은 빼고 앞에 숫자를 말하곤 한다. 방금 휙 지나간 백인들이 분명히 Fifty를 외치고 지나갔는데! 다섯 손가락을 쫙 펼치고! 그럼 저것들이 지금 5만 동 주고 택시 타고 가고 있단 말이야? 그런가 봐? 그런가 봐!!! 택이랑 나는 썩은 동아줄이라도 한번 잡아보자는 심정으로 경보하듯 다시 역 앞으로 걸어가서 서 있는 많은 기사 중에 아무나 붙잡고 "호안끼엠 호수 여행자 거리까지 5만 동, 오케이?" 했더니, 아 글쎄, 이 사람이 그 자리에서 오케이 하는 거다. 아 나! 이럴 거면 처음부터 20만 동을 부르지 말고 우리를 태우지 왜 사람을 피곤하게 만드냐며 하소연하고 싶었지만, 이 아저씨는 아까 우리에게 20만 동을 부른 아저씨가 아니다. 5만 동으로 숙소까지 도착했는데 8분 걸렸다. 이 거리를 뭐 100만 동? 6만 원? 이것들이 진짜 죽으려고! 숙소 앞에 도착하니 새벽 5시 45분이다. 숙소 문이 닫혀있다.

헐. 이보게들! 문 좀 열어주시게. 우리 왔다네. 들어가서 잠 좀 자게 해주게나.

침대에서 눈을 뜨니 하노이에서의 마지막 하루를 보낼 뜨거운 태양이 어느새 중천이다. 밤새 야간침대 기차를 타고 새벽에 하노이에 도착해서 숙소로 돌아와 한숨을 자고 나면 한층 피로감이 덜해야 하는데, 새벽부터 하노이 역에서 지랄 같은 택시기사들의 100만 동 드립 때문에 오십견이 올 지경이다. 씻고 밖에 나오니 시간은 어느덧 점심시간이다.

택이 선글라스 테가 부러졌다. 내가 싼 걸 골라서 사준 건데 좀 미안한 느낌이 든다. 아니, 뭐 여자친구는 44만 원짜리 샤넬 끼고, 남자친구는 길거리 만 원짜리 선글라스 사주고, 저 그런 여성 아닙니다! 내 것도 만 원짜린데 택이 것만 부러졌다. 여행자 거리에는 안경점도 많았다. 저기 보이는 한 안경점에 들어가서 부러진 안경테를 보여주고, 살아있는 선글라스 렌즈를 재활용할 수 있도록 새 선글라스를 만들어줄 수 있느냐고 했더니 해줄 수 있다고 한다. 아저씨! 예쁘고 튼튼하게 만들어주세요~.

아저씨는 착석하시고 안경을 이리 보고 저리 보면서 본격적인 작업에 들어가신다. 장인정신의 향기 물씬 풍기는 안경점에서 택이랑 나랑은 지루해서 안경점에 진열된 안경들을 100번은 본 거 같다. 지루한 기다림 끝에 아저씨가 다 됐다며 택이보고 써보라신다. 안 맞다.

아저씨는 다시 만드신다. 징징~ 기계 소리 가득한 안경점에 다른 손님은 다 나가고 이제 우리만 남았다. 대략 10분이 흘렀다.

아저씨가 택이보고 다시 써보라신다. 안 맞다. 불안감이 엄습해온다.

아저씨는 자리에 착석하시고는 다시 만드신다. 징~ 징~ 기계 소리가 불안한 소리로 바뀌었다.

아저씨가 택이보고 다시 써보라신다. 안 맞다.

하지만 아저씨는 전혀 불편해하거나 귀찮아하거나 성가신 내색이 전혀 없으시다. 장인정신을 가지고 계신 아저씨는 묵묵히 다시 안경을 조율하신다. 징~~ 징~~! 아저씨가 택이보고 써보라신다.

"오, 잘 맞아요!"

문득 방망이 깎는 노인이 생각났다.

상큼한 새 선글라스를 낀 택이는 기분이 좋다. 여행자 거리를 걸어 다니다가 작고 예쁜 베트남 커피가게가 있어서 들어가 보았다. 에어컨은 없지만, 스타벅스나 하이랜드 같은 대형 커피전문점보다 이런 가게가 더 운치도 있고 느낌도 좋다. 작은 나무의자에 앉아 베트남 쓴 블랙커피를 시켜놓고 아무 생각 없이 멍하게 있다. 멍하게 있을 때가 제일 좋다. 선풍기가 돌아가는 소리도 너무 정겹다. 우리에게 맛있는 베트남 커피를 만들어준 직원은 다시 자기 자리로 돌아가 책을 읽는다. 이국적인 라디오 소리가 흘러나오고, 선풍기는 돌아가고 있고, 택이는 스마트폰 만지고, 커피가게 청년은 책을 읽고, 나는 이런 모습들을 감상한다. 수많은 사기에 대한 증언으로 몸서리를 치면서 입국한 게 1주일 전인데 베트남은 그렇게 나쁜 아이가 아니었다. 어딜 가나 사기꾼과 나쁜 놈들이 있잖느냔 말이다. 서울에 떡볶이 먹으러 온 일본인 관광객한테 떡볶이 1인분 + 튀김 1인분 + 소주 2병 = 5만 원 받았다는 기사를 본 적이 있다. 쌤쌤이다. 나는 이상하게도 한국을 떠나 남의 나라에 오면 유독 모든 잣대가 엄격해졌다. 애네는 왜 이렇게 줄을 안 서, 여기는 왜 이렇게 불편해, 여기는 왜 이렇게 인터넷이 느려, 여기는 왜 이렇게 불친절해, 여기는 왜 이렇게 비싸, 여기는 왜 이렇게 더워? 우리나라는 안 그런데. 다 철없던 시절 얘기다. 이 제는 그때보다는 철이 조금 들어서 이런 생각 별로 안 한다. 똥 묻은 개가 겨 묻은 개를 나무랄까? 그러는 우리나라는 뭐 그렇게 대단하다고. 뭐 그렇게 도덕적이고 질서 있고 완벽한 나라라고. 남에게 엄격한 잣대를 대기 전에 나 자신부터 돌아봐야 할 일이다. 카페에서 평화롭고 자기 성찰의 시간을 가지면서 대략 1시간 반이 흘렀다. 이제 일어나서 수상인형극 보러 가야지. 수상인형극이 열리는 탕롱(Thang Long) 극장은 호안끼엠 호수 근처에 있어서 찾기 쉽다. 아늑하고 조용한 카페에 있다가 여행자 거리로 나오니 다시 시끄러운 오토바이 소리가 내 귀를 괴롭히지만, 오늘이 하노이에서의 마지막이라고 생각하니 성가시게만 느껴졌던 저 소음이 평소보다는 덜 밉다.

극장 내부는 생각보다 아담한 편이었는데 관람석을 둘러보니 정말 사람박물관에 와 있는 것처럼 다양한 나라에서 다양한 사람들이 모여있었다. 그리고 택이와 나는 자리에 앉았는데 앉아보니 딱 무대 중앙이라서 너무 좋다며 즐거워했다.

하지만 즐거움도 잠시, 어느 백인무리 4명이 성큼성큼 걸어와서 우리 앞자리에 앉더니 이렇게 커다란 머리 하나가 무대의 정중앙을 10점 만점으로 가려주는 불상사를 연출했다. 이런 변이 있나! 어떻게 예매해온 티켓인데! 어떻게 잡은 무대 정중앙 자리인데! 인형극인데 인형은 못 보고 머리만 보고 가게 생겼다. 망했다. 이미 관람석은 빽빽하다 못해 바닥에 앉은 사람들도 있어서 딴 자리에 갈 수도 없다. 잠시 후 공연이 시작됨을 알리는 소등이 되자, 무대 왼쪽에 연주자들이 생음악을 연주해주었다. 더 생동감이 있고 뭔가 공연을 관람하는 사람들을 배려해준다는 느낌이 들었다. 맨 앞에 앉아있는 여성이 악기를 연주하면서 노래도 불러주었는데 여인의 천상 같은 목소리마저 없었으면 대두의 뒤통수만 보다가 집에 갈 뻔했다. 나는 왼쪽, 오른쪽으로 상체를 움직여가며 힘들게 인형극을 감상해야만 했다. 그래도 양심이 있어서 절대 일어서는 만행을 저지르지는 않았다. 나는 근본과 도덕이 있는 여성이므로. 인형을 움직이는 사람들의 기술이 너무 능숙해서 인형들의 움직임이 극의 내용에 너무 딱 맞게 움직이고, 심지어 감정표현까지 하는 것을 보고 완전히 감탄했다. 농사하는 모습, 고기 잡는 모습 등 여러 가지를 보여주었는데, 이야기의 흐름은 잘 모르겠어도 중간마다 웃음을 터트리게 하는 유머감각까지 갖춘 인형극이라니 기대했던 것보다 훨씬 재미있는 작품이었다. 역시 오길 잘했어.

대두가 나의 시야를 가리긴 했어도 만족스러운 인형극 관람을 마친 우리는 밖으로 나와 쌀국수 한 그릇을 더 먹고 우리 기준에서 하노이에서 가장 호사를 누리는 곳, 일리커피로 가서 오늘 하루를 마무리하기로 했다. 45일 여행지 중에서 첫 번째 도시인 하노이를 무사히 클리어했다는 것이 기특하고, 다음 여정지인 냐짱이 어떤 곳일지 무척 궁금해지기도 하며, 좀 더 많은 곳을 가보지 못한 것에 대한 아쉬움도 드는 생각이 많아지는 지금이다.

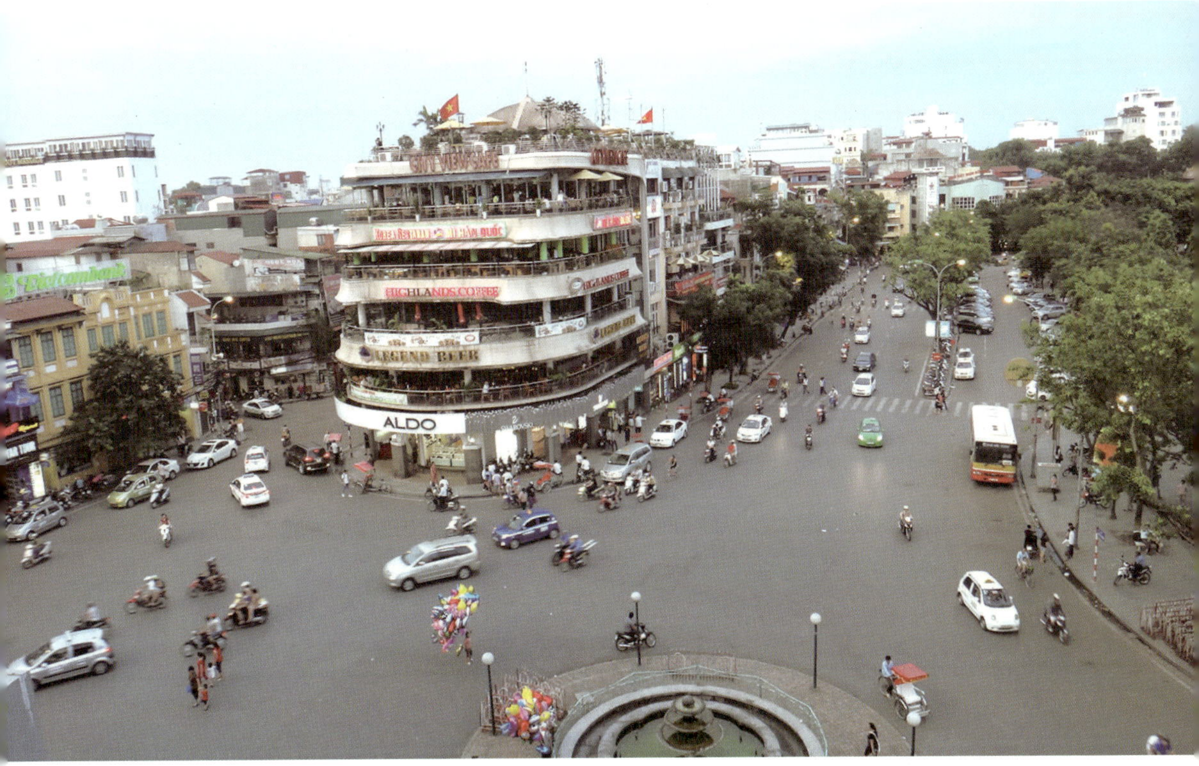
HIGHLANDS COFFEE
LEGEND BEER
ALDO

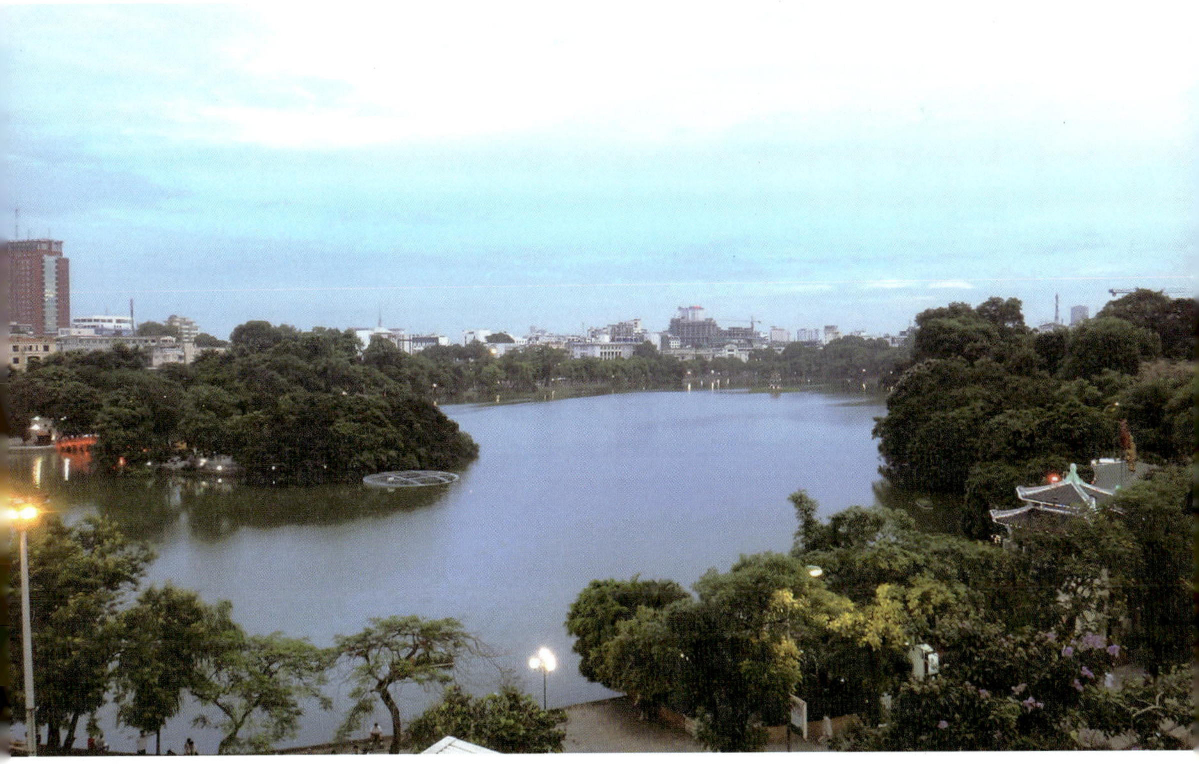

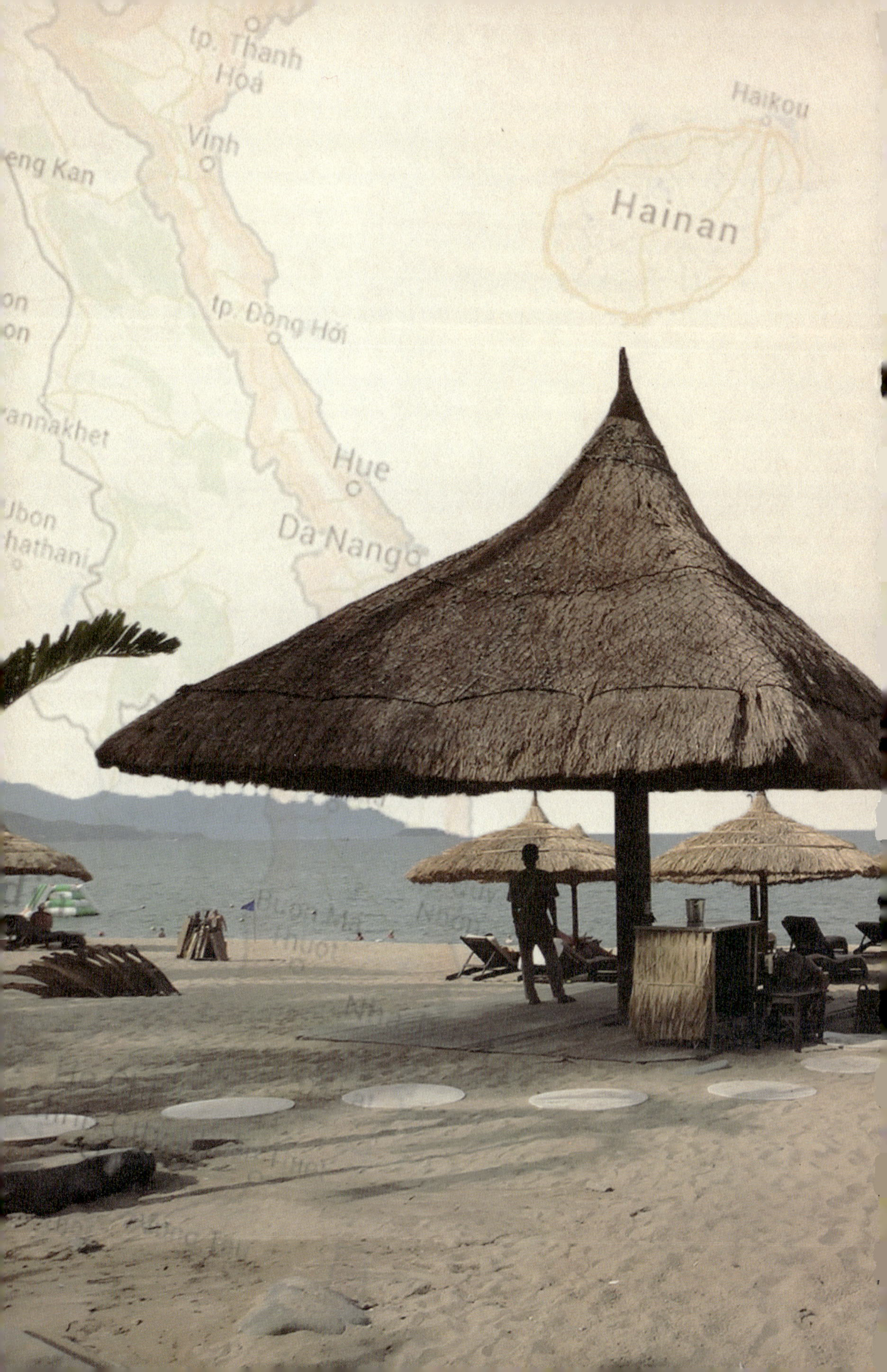
tp. Thanh Hoá
Vinh
Haikou
Hainan
tp. Đồng Hới
Hue
Da Nang
Ubon

냐짱

오~냐짱, 오~냐짱,
오~~냐짱!

❡ 오늘은 드디어! 바닷가 랍스터의 휴양지, 7달러짜리 풀 패키지 보트투어가 있는 냐짱으로 가는 날이다. 여행은 어딜 가나 기대되고 흥분되지만 냐짱은 그 강도가 남다른 휴양지다. 몸이 막 달아올라! 달아올라!! 정든 호텔 스태프들과 헤어지려니 조금은 아쉽지만, 우리는 더욱더 멋진 큰 재미를 찾아 냐짱으로 가는 지금! 이 아쉬움도 여행의 추억 한 조각으로 만들어질 거야. 모두 안녕!

공항은 혼잡했다. 이른 아침시각인데도 인산인해를 이루는 공항의 모습을 보니 과연 일찌감치 오기를 잘했다는 생각이 들었다. 냐짱은 너무너무 기대되는 곳이라서 빨리 그곳에 도착해서 아름다운 추억을 만들고 싶은 욕심에 심장이 쿵쾅거린다. 어젯밤에 그린피스호텔에 픽업을 요청해 놓았다. 이번에는 픽업 차량 기사가 늦잠을 자서 우리를 불안·공포·초조에 시달리게 하는 일이 없기를 간절히 바라면서 마침내 우리는 오전 10시 10분 발 냐짱행 비행기에 올라탄다. 날아올라 우리를 환상적인 그곳, 냐짱에 데려다 주세요!

창문 너머로 휴양도시 냐짱이 점점 눈앞에 다가온다. 바다가 보이기 시작하니 아름다운 휴양도시 냐짱에서 청춘을 불태울 생각에 흥분이 가라앉지를 않는다. 대략 2시간을 날아서 비행기는 정오쯤에 우리를 냐짱의 깜린 공항에 데려다 주었고, 입국장으로 나가자마자 내 이름이 적힌 종이를 들고 있는 아저씨가 보인다. 아저씨! 저희예요! 아저씨는 무거운 우리의 가방도 직접 들어서 차까지 끌어다 주셨다. 차 안의 시원한 에어컨이 더위에 지친 우리를 달래주었는데, 우리가 한국에서 왔다는 말을 듣자 이 차도 한국차라고 아저씨가 좋아해 주셨다. 냐짱은 우리를 너무나 반겨주고 있다. 시작도 하지 않은 냐짱여행인데 이미 냐짱과 사랑에 빠진 듯하다.

숙소 체크인을 하고 짐을 푼 우리는 점심을 먹기 위해 밖으로 나와보았다. 냐짱의 햇볕은 뭐랄까, 대구의 땡볕이 그냥 커피라면, 냐짱의 땡볕은 티오피라고 할 수 있겠다. 호텔을 나서자마자 강렬하게 다가오는 뜨거운 냐짱. 사뭇 살벌하다. 이 동네는 많은 숙박업소와 음식점, 여행사가 모여 있는 여행자 거리라서 음식점을 찾기란 매우 쉬웠다. 호텔 로비를 나오면 바로 양쪽과 맞은편, 대각선 맞은편 모두 음식점이 있었는데 좀 더 베트남다운 것을 찾다가 제법 큰 쌀국수집이 보여서 냐짱의 첫 끼니를 여기서 맛보기로 하고 들어가 보았다. 소고기 쌀국수 두 그릇과 음료수 2병을 주문했는데 주문을 받는 아저씨가 우리를 보더니, 어디에서 왔느냐고 물어서 한국에서 왔다고 하니까, 아저씨가 몹시 반가워하면서 한국말로 인사를 하셨다.

"안녕하세요! 저는 한국말을 조금 할 줄 압니다. 베트남에는 여행하러 오셨나요?"
"우와! 한국말 잘하시네요. 하노이에서 여행을 마치고 오늘 냐짱으로 왔어요. 여기서 3일 머무른 후에 다시 달랏으로 갈 거에요. 아저씨는 한국말을 어떻게 이렇게 잘하시나요?"

아저씨는 몇 년 전 부산에서 일하신 적이 있다고 하셨다. 아저씨도 반갑고, 우리도 반갑고! 아저씨 가게의 쌀국수는 특이하게도 상추와 이름 모를 풀들이 함께 나와서 이건 왜 나오는 거냐고 물었더니, 이 채소들을 손으로 잘라서 쌀국수에 넣어 함께 먹는 거라고 서빙해주는 직원이 알려주었다. 상추와 쌀국수라니, 이렇게 색다른 맛의 조합을 보았나!

쌀국수는 정말 너무너무 맛있어서 이걸 어떻게 표현해야 할지 원! 글을 쓰는 이 시점에도 침이 꼴딱꼴딱 넘어가는데, 마늘을 얇게 썰어서 장아찌같이 만들어놓은 것이 있었는데, 그걸 곁들여 먹는 이 쌀국수는 그야말로 천상의 맛! 오, 내가 원래 쌀국수를 아무리 좋아한다고 하지만 어떻게 이렇게 맛있을 수가 있는 걸까? 한국에 돌아가면 나도

쌀국수에 상추를 넣어서 먹어봐야지! 그리고 마늘장아찌를 청양고추와 함께 곁들여서 쌀국수를 먹어봐야지. 그럼 이 천상의 맛에 가까워질 수 있을까? 냐짱에 닿은 순간부터 지금까지 모든 게 만족스럽다. 택이와 나는 든든하게 쌀국수를 맛있게 먹고 국물 하나 안 남기고 비워버렸다. 이 굉장한 냐짱의 쌀국수가 한 그릇에 우리 돈 1,500원!

매우 만족스러운 점심을 먹은 우리는 식당을 나와 냐짱의 명물 보트투어을 예약하기 위해서 숙소에서 10분 거리라는 신카페를 찾아 나섰는데 아무리 걸어도 신카페가 안 나온다. 육수는 이미 온몸을 적시다 못해 큰 물줄기를 이루어 몸을 타고 흐르는데, 나오라는 신카페는 안 나오고 그늘 한 점 없는 땡볕의 한가운데 우리가 서 있다! 40도는 족히 넘을 것 같은 이 한낮의 냐짱에서, 태양과 내가 1:1 맞짱뜨고 있는 이곳에서 서서히 멘탈이 육체를 이탈함과 동시에 붕괴하고 있다. 그런데 붕괴된 멘탈이 조금씩 회복되기 시작했으니, 어느새 우리는 냐짱의 바닷가에 와 있었다. 바닷가에서 구워주는 즉석 랍스터 구이가 있다는 냐짱의 해안가! 심장이 바운스, 바운스! 해안가에 가면 이동식 요리 시스템을 갖춘 랍스터 아주머니들이 많다고 하니 오늘 판타스틱한 해안가 랍스터를 경험하겠다는 야심 찬 포부를 가지고 우리는 해안가를 탐색하기 시작했다.

아~ 파랗게 끝없이 펼쳐지는 냐짱의 바다를 보니 랍스터 아줌마 찾기는 잠시 뒤로 미루고 나는 일단 바다로 좀 뛰어들어야겠다. 내 이럴 줄 알고 치밀하게 준비를 했으니

바다가 보이면 바로 입수할 수 있도록 원피스 안에 수영복을 입고 나왔다며! 바닷가에서 원피스를 홀라당 벗어던지는 도발을 펼쳐 보이며 나는 바다로 풍덩 뛰어들었다. 냐짱의 해변은 너무나 낭만적이며 건전하다. 모래 해변에서 일광욕을 즐기는 사람들, 가족들과 즐거운 시간을 보내는 현지인들, 친구들과 재미있는 놀이를 하는 관광객들. 해변에는 즐거운 웃음소리로 가득하지만 탁 트인 야외라서 그 웃음소리가 파도소리에 묻혀 시끄럽지 않으면서 기분 좋게 들린다. 무슨 이런 평화로운 데가 다 있나 싶다. 몇 년 전 휴가철에 해운대 갔다가 기절할 뻔했던 그 광경과는 사뭇 다르다. 온통 쓰레기가 나뒹굴고, 사람으로 가득 찬 해변에서 땅이 보이지 않았던 놀라운 광경. 어스름한 저녁이 되니 원나잇 스탠딩을 위해 모여든 전국의 수많은 10대들의 경악스러운 장면이 이곳 냐짱에는 없다. 이곳에는 오직 평화와 즐거움과 행복만이 가득하다. 물놀이하고 나와서 소기의 목적을 이루기 위해 해변을 둘러보는데 오늘 랍스터 아줌마들 쉬는 날인지 그 많다던 랍스터 아줌마들이 다 어디 가고 없다. 아무리 찾아도 랍스터 아줌마들이 안 보인다. 바닷가를 대략 20여 분 걸으니 드디어 랍스터 아주머니가 한 분 나타났다. 몹시 탐스러운 랍스터를 자그마한 화로 위에서 굽고 있는데 하아…! 이 떨리는 순간이라니!

가격을 물어보니 한국보다는 싸지만 그래도 베트남 물가와 비교하면 결코 싸지 않았다. 이래서 자유 시장경쟁이 필요하다며 우리는 다른 랍스터 아줌마를 찾아 나섰는데 눈 씻고 찾아봐도 이 아주머니 말고 다른 랍스터 아줌마가 당최 보이지가 않는다. 그 많은 랍스터 아주머니는 다 어디 간 걸까? 이러면 우리가 불리해지는데? 이러면 가격 비교는 아예 할 수가 없고, 우리가 을이 되어 아주머니가 달라는 대로 안 주면 랍스터를 못 먹는 상황에 처해지는 매우 안타까운 일이 벌어질 텐데. 30분을 넘게 온 해안가를 이 잡듯

팠지만, 오늘 랍스터 아줌마는 이분뿐이다. 힘이 쏙 빠진 나는 할 수 없이 이 아줌마에게로 와서 쪼그리고 앉아 약간의 흥정을 시도했다. 아줌마는 오늘 이곳 해안가에 랍스터는 자기뿐임을 알고 있음이 확실하다. 아줌마는 조금의 에누리도 허용하지 않았다. 나는 애처로운 눈빛으로 조금이라도 좀 깎아달라며 거의 다 죽어가는 목소리로 애원하자, 아주머니는 큰 결심을 한 듯 가격은 못 깎아주겠고 대신 여기에 빵게 3마리와 커다란 새우 6마리, 그리고 소라 4개를 더해서 다 같이 구워주겠다고 제안을 해왔다. 음, 이 정도면 괜찮은 거래다. 좋아요, 아줌마! 맛있게 구워주세요!

랍스터가 다 구워질 때까지 아줌마 앞에서 딱 쪼그리고 앉아서 기다리려고 하니, 랍스터가 다 구워지면 우리 자리로 가져다주겠다고 한다. 가격 깎는 데는 실패했지만 나름의 필살기로 기타 잡것들을 많이 건졌으니, 뿌듯한 마음으로 랍스터가 익혀지기를 손꼽아 기다렸다. 우리 자리로 가져다주겠다고 했지만, 혹시라도 자리를 못 찾으실까 봐 나는 눈이 빠져라, 아주머니에게 시선을 꽂은 채로 응시하다가 눈동자가 가운데로 몰릴 지경이다. 잠시 후, 숯불 위에서 아름답게 구워져서 그 자태가 우리들의 안구를 정화해주며, 그 향기는 우리들의 폐를 관통하는 아름다운 랍스터가 우리 앞에 도착했는데, 나는 그만 정신을 잃을 뻔했다.

이 어메이징하고도 판타스틱하면서도 딜리셔스한 이 장면은 오히려 장엄하기까지 하다. 아름다운 이 랍스터의 자태를 보아라! 3마리의 랍스터가 숯불에 정갈히 구워져 있고, 옆에는 통통한 새우와 쫄깃한 소라들이 그 위용을 더욱 화려하게 만들어주니, 이것이 나를 냐짱으로 이끌었던 바로 그 랍스터 님이 아닌! 택이와 나는 몹시 흥분하여 큰 랍스터 하나씩을 들고 본격 흡입을 시작하였다. 여기에 맥주가 있었어야 했는데, 아까 쌀국수를 먹고 나와서 냐짱의 땡볕에 멘탈이 그만 붕괴되는 바람에 맥주 사오는 걸 깜박해서 몹시 아쉬운 감이 있었다. 그런데 몇 입 먹다 보니 너무 짜서 폭풍적으로 먹을 수가 없게 되었다. 뭐가 이렇게 짜? 소금이 씹힐 지경이야! 한입 먹고, 밥 한 공기 들이켜야할 판이야. 이런 젠장! 랍스터 한 입 먹고, 생수 마시고, 또 랍스터 한 입 먹고 생수 한잔 들이키기를 반복하니 나중에는 물배가 차서 배가 터질 지경이 되었다. 그래도 랍스터의 오동통한 살들이 얼마나 맛있던지요. 다행히 소라는 짜지 않아서 쫄깃쫄깃한 질감을 아주 제대로 만끽하면서 맛있게 먹었다. 아! 여기에 베트남 맥주만 있으면 딱 맞는데. 그래도 이 정도면 만족할 만한 요리였다. 대구에 살면서 어디 가서 이런 랍스터구이를 먹어보겠어? 그것도 바다가 보이고, 시원한 파도소리 들리는 해변에서!

베트남에서 이렇게 아름다운 휴가를 보내게 되다니, 냐짱은 도착한 지 몇 시간 되지도 않았는데 순간순간 나를 감동시키고 있다. 냐짱의 해변은 밤이 되어도 계속 즐겁고 신 나는데, 더욱더 낭만적인 분위기가 되는 거 같다. 호텔로 돌아가는 길에 아까 그 뜨겁던, 한낮에는 보이지 않았던 신카페가 거짓말처럼 눈앞에 나타났다. 이 가까운 신카페가 왜 아까는 안 보였던 걸까? 우리는 신카페로 들어가서 냐짱의 명물, 보트투어를 신청했다. 난 처음에 보트투어라는 게 없길래 당황했는데, 우리가 알고 있는 그 보트투어가 island tour라고 신카페 직원이 친절하게 설명해주었다. 1인당 7달러의 저렴한 가격으로 내일 온종일 즐겁게 지낼 것을 생각하니 너무너무 뿌듯하고 벌써부터 즐거워진다. 호텔로 들어가던 길에 아까 쌀국수를 먹었던 그 집에 가서 맛있는 쌀국수를 한 그릇 더 먹었다. 한국에 돌아오면 쌀국수의 쌍시옷도 보기 싫을 정도로 쌀국수를 먹자는 계획은 차근차근 잘 지켜지고 있다.

회춘하는 세 여인

¶ 어제 점심 쌀국수 먹고, 어제저녁도 쌀국수 먹었는데, 오늘 조식도 쌀국수를 먹었다. 난 한 놈만 팬다. 보트투어 픽업 차량이 아침 8시에 오기로 했기 때문에 우리는 꽤 일찍 일어나서 아침 식사를 먹고 방으로 돌아와 투어 채비를 하였다. 수영복은 원피스 안에 입고, 수경이랑 타올도 챙기고, 호텔 앞 마트에서 얼음물과 맥주를 사서 미니 픽업버스에 올랐다. 버스 안에서 한국친구들을 만나 금세 친해진 우리는 곧바로 배에 타서도

조잘조잘 이야기보따리를 풀면서 더욱더 친해지게 되었다. 선글라스를 끼고 계신 오용호 님은 우리보다 며칠 일찍 냐짱에 도착해서 여행하고 계셨는데, 외모와 목소리와 말투가 개그맨 유세윤을 너무 많이 닮은 데다 개그감까지 있어서 이후부터 이분을 유세윤 님이라고 부르기로 했다. 혜정 씨는 베트남을 들어오기 전에 말레이시아도 다녀오시고 며칠 전에 냐짱으로 들어와 혼자 여행을 하고 있었고, 영애 씨는 베트남 말도 할 줄 아는 베트남 여행의 강자였다. 오늘 투어를 같이 할 멤버들을 쭉 탐색해보니 일단 서양인 두 명과 중국인으로 보이는 한 무리, 베트남 현지인으로 보이는 한 무리, 베트남 신혼여행 커플로 보이는 두 남녀, 국적이 어딘지 모르겠는 동양인 세 명, 그리고 우리 다섯 명이었다. 보트투어는 어린 서양 애들이 많으면 재미있다는 평이 있는데, 따라서 오늘 열광의 도가니는 만들어지지 않을 모양이다. 부드러운 수영을 하듯 배는 미끄러지며 냐짱의 물살을 가르며 바다로 나아가기 시작했다. 하늘이 몹시 푸르고 예쁜 색깔이다. 그야말로 하늘색이다. 하늘색이란 말이 참 아름답다고 생각이 들었다.

배가 출항한 지 얼마 안 돼서 우리는 냐짱의 그 유명하다는 빈펄랜드를 볼 수 있었다. 빈펄랜드는 하나의 섬이자 리조트인데, 섬 안에 대규모 단독 리조트가 조성되어 있다. 어떤 부자가 저 섬을 사서 완벽한 휴양을 보낼 수 있도록 엄청난 규모의 워터파크와 리조트, 야외극장, 놀이동산을 조성해 놓았다는데, 리조트에 투숙하지 않아도 입장료만 내면 들어갈 수 있다. 빈펄랜드로 가는 방법은 배를 타고 가는 방법과 어마어마한 길이의 케이블카, 두 가지 방법이 있는데, 아무래도 케이블카를 타고 발밑으로 보이는 아찔한 바다를 보며 들어가는 것이 더욱 극적인 감동을 준다. 지금 그 길고 긴 케이블카와 저 멀리 빈펄랜드라고 적혀있는 섬이 보이고 있다. 저 어마어마한 길이의 케이블카 자체만으로도 놀라운데, 그것은 단지 빈펄랜드로 들어가기 위한 이동수단이라니! 내일은 빈펄랜드에 놀러가서 얼마나 굉장한 곳인지 직접 눈으로 봐야겠다.

첫 번째 섬에 들렀을 때는 유료 수족관이 있었다. 가고 싶은 사람들은 돈을 내고 수족관 안에 들어가서 구경하고 나오는 것이었는데, 우리는 수족관 따위는 관심이 없다며 매점에 가서 시원한 맥주를 사서 그늘에 앉아 1차 술 파티를 하기로 했다. 운전할 일도 없는데 대낮에 맥주 한 캔 따위 좋잖아?

우리는 이렇게 둥글게 앉아 그동안 다녀왔던 각자의 여행이야기 보따리를 풀어놓는데 시간 가는 줄 모르겠더라. 영애 씨는 베트남에서 살았던 적도 있어서 베트남 말을 할 줄도 알았다. 역시 사람이 배우니까 이렇게 매력적이고 멋져 보인다. 오용호 님은 말씀하시는 게 아주 재미있고 유쾌한 분인데, 거기다가 목소리나 어투가 영락없이 개그맨 유세윤이랑 완전히 닮아서 처음에는 유세윤 형이 아닌가 싶을 정도였다. 본인은 아니라고 하지만 여행에 관한 내공이 엄청나게 있는 분이셨다.

배는 몇 군데의 섬을 들렀다가 바다 한가운데 정박하여 보트투어의 하이라이트를 즐기게 되었다. 수영을 잘하는 유세윤님은 멋지게 다이빙을 해서 바다로 풍덩 했고 몇몇 관광객은 배 꼭대기에서 멋지게 다이빙을 하며 신 나게 놀았다. 혜정 씨랑 영애 씨랑 나는 수영을 잘 못하기 때문에 튜브를 끼고 바닷물에 풍덩 빠져 완전히 재미나게 놀기 시작했다. 우리는 셋이 다리를 한꺼번에 올려 싱크로나이즈드도 하고 동시에 물속에 들어갔다가 동시에 나오기도 하면서 세 여성이 잃어버린 유년시절을 찾은 듯 평화로운 바닷가에서 깔깔거리며 웃는 소리가 너무너무 쾌활하고 아름답다. 정말 이렇게 미친 듯이 웃어보는 게

몇 년 만인가 싶다. 내가 이렇게 미친 듯이 웃을 수 있는 인간이라는 것도 깨닫게 되었다. 내가 결코 굳은 표정의 흑빛 얼굴로 태어난 사람이 아니라, 나도 원래 이렇게 환하게 웃는, 아니 미친 듯이 웃을 수 있는 한 사람이라는 것을 말이다. 팍팍한 현실이 빼앗아 간 나의 웃음을 이곳 냐짱에서 나는 찾았다. 잃어버린 웃음을 찾을 수 있는 곳, 잃어버린 청춘을 찾을 수 있는 곳, 잃어버린 휴가를 즐길 수 있는 곳! 냐짱으로 오세요~.

　다른 관광객들도 정박한 배에서 바닷물로 뛰어들어 매우 즐거운 시간을 보내고 있었다. 모두가 깔깔거리며 즐겁다. 정말 신이 나서 미쳐버리겠네. 그렇게 한참을 바닷물에서 놀고 있으니 스태프가 커다란 원형 튜브에서 배에서 가지고 온 와인을 작은 컵에 따라서 관광객들에게 한 잔씩 준다. 이런 감동적인 장면을 감히 상상이나 해 본 적이 있던가! 이 멋진 코발트색 바닷물에 둥둥 떠서 마시는 짜릿한 보라색 와인이라니! 와인을 마시고 해롱거려도 좋아! 우리에게는 구명조끼와 튜브가 있으니까! 한적하고 평화로운 바닷가에서 모두들 쌉싸름한 와인을 마시면서 즐거워하는데, 그 웃음소리가 얼마나 아름답고 쾌활한지 온 세상이 참 아름답게 느껴지면서 아, 행복하다는 생각이 절로 들었다. 바다 한가운데서 들이키는 와인 한 잔으로는 취하지가 않는다.

　"여기요, 와인 한 잔 더!"

신 나게 물놀이를 하고 배로 올라와서 조금 쉬고 있으려니 스태프들이 뭔가 분주히 움직이기 시작했다. 우리가 앉았던 의자를 요렇게 조렇게 뚝딱뚝딱 만지더니 10여 개의 벤치 의자가 하나로 쭉 연결되어 커다란 테이블이 만들어졌다. 곧이어서 바닥에 '한화'라고 적혀진 장판을 쫙 펴더니 금세 커다란 식사테이블이 만들어졌다. 오! 오! 식사시간이로구나! 오! 오! 순식간에 테이블 위에 수많은 음식으로 가득 차게 되었다. 밥이랑 스프링 롤, 베트남식 국, 새우튀김, 바나나, 바게트 등등의 여러 가지 음식이 나왔는데 물놀이를 하고 나온 우리 모두 배가 너무나 고파서 밥그릇을 들고 빛의 속도로 식사를 하기 시작했다. 한국팀 8명과 베트남 몇 명이 테이블의 오른쪽에 앉았고, 다른 베트남과 중국팀이 왼쪽에 앉게 되었는데, 우리 한국 사람 8명이 어찌나 폭풍 드링킹을 하는지 그릇이 하나둘씩 깨끗하게 비워져 나간다. 그런데 옆쪽테이블에서는 음식을 잘 못 먹어서 남겨진 음식 그릇들이 하나둘씩 우리 쪽으로 전달돼서 진취적인 한국청년 8명이서 아주 그냥 싹쓸이를 했다. 음식물쓰레기 안 남겨서 좋고, 우리는 배 채워서 좋고, 치우는 사람도 좋고! 역시 세계 어디를 내놓아도 뒤처지지 않는 자랑스러운 대한의 아들딸들이다. 한 그릇이 건너오더니, 또 한 그릇이 건너오고, 합이 8그릇이 옆쪽 테이블에서 한국 쪽으로 넘어왔다. 강인한 생활력 및 폭풍 드링킹의 강자, 대한의 아들딸들아. 많이 먹고 무럭무럭 크거라.

식사가 끝나니 스태프들은 빛의 속도를 그릇을 착착 치우고서는 장판을 깨끗하게 닦은 후 싹 말아갔는데, 정말 금세 테이블이 깨끗하게 정리가 되었다. 그리고는 어디서 북이랑 탬버린을 들고 나와서는 웃통을 벗고 노래를 부르기 시작하는데 혼자서 10곡 이상을 부르니 목의 핏줄은 터질 지경이고, 함께하는 흥이 없으니 재미가 없다. 그리고는 댄스곡을 틀더니 관광객들을 테이블 위로 올라오게 종용했는데 원래 다소곳한 베트남 분들은 계속 다소곳이 앉아있고, 흘러간 댄스곡이라서 품격있는 한국인들은 관심도 안 주고 있는데 신흥부국 쭝궈런(중국인)들께서 갑자기 우르르 테이블 위로 올라가 리듬에 몸을 맡기기 시작하는 것이 아닌가! 이런 젠장! 대한의 딸들이 신흥부국 쭝궈런에게 진다니 이건 절대 용납할 수 없는 일이다. 흘러간 댄스곡이 문제가 아니라 국가 간 자존심이 걸린 문제다. 안 그래도 흥이 안 나는 이 시점에서 허여멀건 한 쭝궈런 가득한 이 테이블을 뽀샤시한 대한의 딸들이 청소해 주겠노라!

반도의 딸들이 대륙을 휩쓸어버리겠다!

눈치만 보며 주춤거리던 대한의 딸들은 어느새 테이블 위를 접수해서 신흥부국과 누가 누가 리듬을 잘 타나! 누가 누가 흥을 더욱 돋우나 하며 신 나게 댄스를 즐기고 있다. 이래서 경쟁이 필요한 거라며! 본인들이 장악하고 있는 테이블을 한국의 딸들이 조금씩 점유하기 시작하자 신흥부국의 아들들이 주춤해지기 시작하고, 배 안은 점점 흥분의 도가니가 되기 시작하는데, 다소곳한 베트남 분들도 흥을 느끼셨는지 이제는 손뼉까지 치면서 흐느적거리신다. 서른여섯 청춘이 냐짱의 바다 위에서 리듬에 몸을 맡겼더니 아~, 회춘이로세!! 혜정 씨와 영애 씨랑 나 우리 셋은 이걸로 너무 부족하다며 오늘 밤에 따로 만나서 클럽에 가서 청춘을 활활 불태워서 재로 다시 태어나자며 굳은 약속을 하게 이르렀다. 댄스 타임이 끝나고 다시 자리에 착석한 후 얼마 지나지 않아서 우리는 마지막 네 번째 섬에 이르게 되었다. 우리는 입장료 2만 동을 내고 섬 안으로 들어가 시원하게 그늘이 진 곳에 선베드가 마침 있어서 나란히 누워 휴식을 취하기로 했다. 영애 씨는 냐짱에서 꼭 패러글라이딩을 하고 싶어했는데, 마침 여기서도 패러글라이딩이 가능하다고 해서 신청을 했다. 나도 하고 싶었지만 좀 무섭기도 하고, 계획에 없었기도 했고, 터키에서 한번 날아봤기 때문에 감흥도 적을 것 같았지만, 무엇보다 패러글라이딩할 돈으로 냐짱에서 해변 랍스터 한 번 더 먹고 싶었다. 영애 씨 주위에 패러글라이딩을 장착해주시는 분들이 다섯 분 정도 모여서 영애 씨에게 뭘 달아주더니 잠시 후에 '꺅!' 하는 소리와 함께 영애 씨는 훨훨 날아갔다. 오! 자유여~!

우리는 물놀이도 했고, 와인도 한 잔씩 했고, 리듬에 몸을 심하게 맡겼더니 몹시 피로 감이 몰려와 그늘진 선베드에 누워 평화와 휴식을 취했다. 남아있는 맥주 한 캔 마시고 이 평화로운 휴식을 감미로운 MP3와 함께하니 이곳이 낙원이로구나. 우리는 잠시 눈을 붙였다. 대략 1시간 반 정도를 세상 모르고 잤더니 이렇게 개운할 수가 있나! 스태프들 이 배 출발한다고 어서 오라고 손짓한다. 아 그래? 이제 가야지. 이 모든 게 1인당 7불짜 리라니 정말 소문대로 냐짱의 명물 아일랜드 투어구나. 짱이다! 우리는 호텔에 들어가 서 씻고 좀 쉬고 6시에 신카페 앞에서 만나기로 했다. 그래서 저녁 식사도 같이 하고 여 인들은 아까 못다 푼 한을 풀기 위해 한밤중의 클럽 회동도 약속을 이미 마쳤다. 배를 타고 선착장에 도착한 우리는 올 때와 마찬가지로 미니버스를 타고 각자의 호텔로 안전 하게 돌아갔다.

5시 50분에 호텔을 나서서 신카페로 가니 유세윤님이랑 혜정 씨가 처음 보는 한국인 남성 한 분과 함께 우리를 기다리고 있었는데 영애 씨가 없다. 아무래도 방에서 곯아떨어 진 거 같아 영애 씨가 묵고 있는 호텔에 직접 가서 영애 씨를 깨우기로 했다. 우리의 예상 은 100% 적중했고, 호텔 로비에서 지배인에게 한국에서 온 여인 영애 씨를 좀 찾으러 왔 다고 하니 전화를 돌려주었다. 저 멀리서 꿈에서 허우적대는 영애 씨의 목소리가 들린다.

"영애 씨! 어서 일어나! 저녁 먹으러 가야지!" 했더니 영애 씨가 깜짝 놀란다.
"어머, 언니! 지금 몇 시예요?"

저녁을 어디로 가서 무엇을 먹을까가 고민거리였는데 아까 처음 본 한국인 남성분께 서 이곳저곳을 추천해주셨다. 이 분은 유세윤 님과 냐짱에 와서 알게 된 사이인데 대기 업에서 일하면서 집도 크고 넓고, 돈도 많다고 하신다. 그래서 이 분이 추천해주시는 곳 마다 비싼 곳이다. 물론 한국에 비하면 싼 편이다. 이분의 논리는 이 정도 스파게티를 한 국에서 먹으려면 3만 원은 넘는데 여기는 만 원대 초반이니까 매우 싸고, 이 정도 와인을 한국에서 맛보려면 10만 원은 넘는데 여기서는 6만 원 정도에 먹을 수 있으므로 몹시 싸다는 것이다. 일리 있는 말이긴 한데 택이랑 나는 베트남 와서 한국에서 먹을 수 있는 스파게티나 와인을 먹고 싶지는 않았다. 한국에서도 그렇게 즐기는 음식도 아니다. 비싼 데만 가니까 슬슬 짜증이 나서 택이랑 나랑은 우리 호텔 근처에 저렴한 쌀국수를 먹으러 갈 테니, 여러분은 좋은데 가서서 드시고 밤에 신카페에서 다시 만나요, 하고 발길을 돌렸다. 그런데 이런 생각에 동의한 혜정 씨와 영애 씨도 우리와 함께 쌀국수를 먹으러 가고 싶다고 동참한다. 남겨진 두 남성은 쭈뼛쭈뼛하다가 결국 모두가 함께 택이랑 내가 가던 그 쌀국수집에 가기로 했는데, 돈 많은 중년남성은 쌀국수집에 들어오더니 매우 마음에 들지 않는지 이것저것 트집을 잡기 시작한다. 메뉴에는 2만 동 적혀있는데 왜 2만 3천 동을 받느냐, 에어컨이 없는데 뜨거운 쌀국수를 어떻게 먹느냐 뭐 이런 식. 3천 동이면 우리 돈 160원인데 비싼 스파게티나 와인 드시러 가자는 분이 160원에 저렇게 불평을 쏟아내는 걸 듣고 있자니 짜증이 확 난다. 이 남성과의 만남은 우리가 원했던 것도 아닌데 이런 소리를 듣고 앉았으니 짜증이 날 수밖에. 먹고 싶은 거 먹고, 가고 싶은데 가는 우리들의 소중한 여행을 이 남성으로부터 간섭받기는 싫었다. 이 남성도 본인이 원하는 분위기 좋고 비싼 곳에서 멋진 식사를 하면 될 텐데 굳이 이곳까지 와서 함께 있는 사람들을 불편하게 하는 걸 보니 몹시 불쾌했다. 그대는 그대의 뜻과 생각이 진리요 최상의 선택이라고 생각한다면 본인이 원하는 대로 해야지 남에게 폐를 끼치면서 남의 여행과 기분을 망쳐서는 안 돼요. 이 남성은 결국 음식의 90%를 남겼고, 나머지 다섯 명은 국물까지 모두 싹 비우고, 시원한 음료수로 뜨거워진 몸을 식히고 식당을 나왔다.

혜정 씨가 머무르는 숙소 앞에 분위기가 신 나는 카페가 있다고 해서 거기서 시원한 맥주와 칵테일을 마셔보기로 했다. 카페에 상주하는 가드가 야외석을 만들어주어서 여섯 명이 편안하게 자리에 앉아 맥주를 주문할 수 있었다. 마침 우리가 간 시간이 해피 아워(Happy hour)라서 맥주 하나 시키면 한잔 더 주는 1+1 행사를 하고 있었다. 한 잔 값에 이 시원한 베트남 맥주가 두 잔이라니! 냐짱에 와서 만난 친구들과 재미있게 이야기를 나누며 마시니까 맥주가 더욱더 잘 들어간다. 특히, 맥주에 차가운 얼음이 들어가 있으니까 시원하기도 하고, 맥주가 희석되어 덜 취하는 것 같아 아주 좋다. 한국에 가서도 이 방법으로 맥주를 마셔야겠다. 카페에는 신 나는 댄스음악이 시끄럽게 흘러나오고 있었는데 세 명의 한국여인은 아주 그냥 엉덩이가 들썩들썩한다. 그래서 차가운 맥주를 다 마시자마자 세 여인은 리듬에 몸을 맡기러 가기로 하고 유세윤님이랑 중년 남성께서는 숙소로 돌아가기로 했다. 우리는 어디로 갈까 생각했는데 중년남성 분께서 론리 플래닛에 나와 있는 유명한 곳이 있다고 추천을 해주셔서 그곳으로 가보았더니, 안타깝게도 춤추는 손님은 단 한 명도 없고 20명이 넘는 스태프만 우리를 일제히 바라보고 있었다. 당황스러웠다. 손님이 한 명도 없는 클럽은 우리가 클럽직원들의 흥을 돋워야 할 판이다. 세 여인은 재빨리 그곳을 나와버렸다. 이제 어떡하지? 일단 우리는 여행자 거리로 다시 돌아가서 여행객들이나 호텔에 수소문해보기로 하고 발길을 돌리는데 기대하지도 않던 야시장이 나타났다! 막 얻어걸려! 얻어걸려! 역시 한낮엔 뜨거운 냐짱이기 때문에 이렇게 야시장이 열려서 즐겁게 쇼핑하고 먹는 모습을 보니까 우리도 너무 신이 났다. 시장에는 아기자기한 물건도 많고, 여행객들을 위한 관광 기념품도 많이 팔았다. 먹거리 자판도 많고 식당도 아주 많아서 뭐라도 먹어보고 싶었는데, 이미 든든한 쌀국수와 커다란 맥주를 마셔서 우리는 배가 너무 불러서 먹을 수가 없음이 매우 안타까웠다. 혜정 씨는 이 야시장이 너무 좋아서 다음날 낮에 한 번 더 가봤더니 아무것도 없는 썰렁함이 땡볕과 함께 혜정 씨를 반기고 있었다고 한다. 야시장을 구경하고 나와 여행자 거리로 가는 길목에 작은 숙소가 보여서 가장 분위기 좋은 클럽이 어디인지 물어보니 호텔 지배인이 친절히 세일링 클럽(Sailing Club)이라고 알려주었다. 뭐? Sailing club? 거기는 택이랑 내가 내일 낮에 가보기로 한 분위기 좋은 카페였는데 거기가 클럽이라고? 호텔 직원은 거기가 제일 신 나고 멋진 곳이라고 알려주었다. 일단 반신반의하면서 우리는 그곳으로 곧장 달려갔다. 냐짱 해안가에 있는 세일링 클럽은 매우 세련된 인테리어로 우리를 사로잡기에 충분했고 클럽 안은 이미 신 나는 음악에 취해 수많은 관광객들로 들썩 들썩거리고 있었다. 아! 근사한 카페인 줄로만 알았던 이곳이 이렇게 화려한 밤을 장식하는 신 나는 클럽이었다니! 우리는 자리에 앉아서 맥주를 시키자마자 곧바로 stage로 나가서 신 나게 춤을 추기 시작했다. 한국에서는 32살 이후로는 클럽에 출입한 적이 없다. 리듬과 음악에 몸을 맡기고 싶은 욕구는 늘 내재하고 있어서 표출할 길이 없었는데, 오늘 드디어 그 한을 풀 수 있어서 아주 그냥 끝까지 타올라 재로 남을지

언정 이 한 몸 부서질 때까지 놀아보리라! 모두 신이 났다. 영애 씨도, 혜정 씨도, 외국인들도, 베트남 사람들도, 남자도, 여자도 모두 모두 흥이 났다. 막 놀아! 막 춰! 우리가 이렇게 체력이 좋았나 싶고 아주 그냥 미친 듯이 놀고 있다. 베트남에 와서 한 가지 발견한 점이 인지도 있는 브랜드나 좀 괜찮은 상점에는 치안을 담당하는 가드가 꼭 있다는 것인데 이곳 세일링 클럽에는 좀 더 건장하고 체격이 큰 가드들이 유니폼을 입고 행여나 무대에서도 사고가 생길까 봐 춤추는 사람들을 주시하고 있었다. 든든하고 보호받는 기분이라서 좋았다. 한참 재미있게 춤을 추고 있는데 어떤 외국인 남녀커플이 본래 직업이 댄서인지는 모르겠으나, 모두 신 나게 춤추고 있는 스테이지에서 갑자기 형이상학적인 댄스를 추기 시작했다. 여자는 높은 굽의 구두를 신고 있었는데 온몸으로 바닥을 닦더니, 남자가 여자를 들어서 요리 뱅뱅 조리 뱅뱅 돌렸다가, 엎어치기를 했다가, 남자 다리 밑으로 여자가 쏙 들어갔다 나오면서 매우 입체적인 3D 댄스를 구사하고 있는 것이다. 그러자 곳곳에 있던 가드들이 나타나서, 여기서 이러시면 안 된다며 그 남녀커플을 제지했다. 김기리가 나타났다! 세일링 클럽에 김기리가 나타났다!

분위기는 점점 더 고조되고 맥주를 벌컥벌컥 마셔서 얼굴이 빨간 대야가 되자 이젠 뭐 무아지경 속에서 우리들의 댄스는 더욱더 뜨겁게 달아올랐다.

옆에서 신 나게 춤추던 베트남 팀도 합류해서 다 함께 춤을 추는데 숨이 턱까지 차올라 죽을 지경이었다. 숨이 차올라도 여기서 포기하면 안 돼. 얼마 만에 찾은 청춘이며, 얼마 만에 찾는 무아지경이란 말이냐? 유체이탈을 경험할 때까지 포기하지 마. 이런 기회는 자주 오지 않아. 열정이 활활 타올라 한 줌의 재로 남을 때까지 청춘을 바쳐 오늘 밤을 달려보자! 다소곳한 혜정 씨도 오늘 아주 그냥 폭발을 하는구나! 막 춰! 막 춰! 까만 밤 하얗게 지새우며 신 나게 놀아보는 거다!!! 아주 그냥 소리를 지르고 정열을 불태웠더니 다른 팀들도 소리를 지르고, 이곳 세일링 클럽이 열광의 도가니가 되어가고 있다! 지화자! 우리 존재 파이팅! 놀아! 막 놀아! 막 흔들어!

대충 3시간 동안을 이렇게 놀고 나니 이젠 발의 감각도 없고, 내 몸이 내 몸이 아닌 것처럼 온몸의 감각이 둔해졌고, 폭풍 피로가 몰려왔다. 새벽 3시였다. 아직 클럽은 뜨거운데

이 몸과 멘탈이 점점 붕괴하여 가고 있다. 이 얼마나 아름다운 모습인가! 얼마나 청춘을 불태웠는지 정말 한 줌 재가 된 느낌이다. 이 정도면 소기의 목적은 100% 이상 달성한 것으로 보고 우리는 이제 숙소로 돌아가서 평화로운 잠을 좀 자기로 했다. 더 있으면 정말 재가 된 느낌이 아니라 재가 될지도 모를 일이다. 오늘은 몹시 아름다운 밤이다.

어메이징 빈펄랜드(Amazing Vinpearl Land)

¶ 어젯밤이라고 쓰지만, 실제 오늘 새벽 4시에 취침하여 눈을 뜨니 8시다. 알람도 없었는데 정말 깨알같이 일어나 세수도 안 하고 식당에 가서 조식을 챙겨 먹었다. 택이는 오므라이스, 나는 팬케이크. 오늘은 빈펄랜드 워터파크에 가는 날이다. 어제 그렇게 놀고 우린 오늘 또 놀러 간다. 유세윤 님과 영애 씨는 오늘 오전에 워터파크 간다고 했는데, 우리는 영 피곤하고 힘들어서 점심때쯤 출발하려고 한다. 새벽 4시 취침해서 아침 8시에 일어났으니 또 졸음이 몰려와서 조식 먹고 바로 방에 올라와서 정말 맛있는 수면을 취하고

눈을 뜨니 11시 반이다. 음, 이제 물놀이 준비를 해서 빈펄랜드로 가야지.

빈펄랜드로 들어가는 케이블카는 바라볼 땐 너무너무 멋지고 신 나 보였는데 막상 타보니 발밑에는 바닷물뿐이고 케이블카는 덜컹거리고, 이러다가 뚝 떨어지기라도 하면 어떡하나 싶어서 나는 불안 공포 초조감에 휩싸이기 시작했다. 빨리 저쪽으로 건너가서 땅을 밟고 싶은 마음만 간절하다. 아, 이제까지 사고가 한 번도 없었다는데 지금 이 시점에서 케이블카가 갑자기 바닷속으로 뚝 떨어지는 일은 없겠지? 내가 케이블카 공포증이 있는지 케이블카만 타면 이렇게 불안·공포·초조감을 심하게 느끼게 된다. 예전에 홍콩의 옹핑 케이블카를 탔을 때도 그랬고, 심지어 팔공산 케이블카를 타도 이런 불안감에 경치를 제대로 감상할 수가 없었다.

도저히 아래쪽을 바라볼 수가 없어서 택이한테 머리를 파묻었다가, 노래도 부르고, 혼자 중얼거리기도 하고, 갑자기 나의 안나수이 가방과 드레스에 대한 감상을 이야기하면서 잠시 미쳐 있었더니 택이가 자그맣게 내 귀에 속삭인다. "주연아! 저기 빈펄랜드가 보여! 이제 다 와 가나 봐!"

　택이의 속삭임에 고개를 빼꼼히 내서 바깥을 보니, 오! 빈펄! 베트남의 진주라서 빈펄인가? 아무튼 빈펄! 오! 드디어 빈펄! 심장이 막 뛰어! 다행히 빈펄랜드로 도착할 때까지 케이블카가 바다로 뚝 떨어지는 불상사는 일어나지 않았고, 우리는 무사히 빈펄랜드에 발을 닿을 수 있었다. 정말 냐짱은 알면 알수록 신 나는 매력으로 넘치는 베트남의 진주가 확실해! 상추 넣어주는 쌀국수도 어메이징해, 바닷가에서 먹는 즉석 랍스터 구이도 어메이징해, 저렴하고 깨끗하고, 조식도 주는 숙소가 1박에 2만 3천 원이라는 가격도 어메이징해, 죽여주게 신 나는 세일링에서의 클러빙도 어메이징해, 7달러로 하루종일 재미나게 보내고 배부르게 먹고, 바다 한가운데서 즐기는 와인도 즐길 수 있는 아일랜드 투어도 어메이징해, 이제 곧 완전히 반해버릴 저 빈펄랜드도 어메이징해, 정말 여행하는 것 하나하나가 우리를 감동시키는 이 냐짱을 우리는 몹시 사랑하기로 했다. 거부할 수 없는 사랑, 냐짱(Nha Trang)! 널 사랑해!

　워터파크 입구가 보이기 시작하자 나는 뭐 저절로 콧소리가 나오고 어깨가 들썩거리면서 신이 나서 죽을 지경이다. 오늘은 또 어떤 큰 재미가 우리를 황홀하게 할까? 여인의 뒷모습에서 오늘 놀이에 대한 심한 기대감과 설렘을 알 수가 있다. 수영복을 갈아입고 나와서 뭐부터 타볼까 싶어 여기저기 고개를 돌리면서 걸어가고 있는데 저 앞에 유세윤 님과 영애 씨가 아닌가! 아니 유세윤 님은 어제 일찍 헤어졌으니 오늘 덜 피곤하다고 그렇다 쳐도, 영애 씨는 어제 나와 함께 까만 밤 하얗게 지새우며 청춘을 불태워,

본인도 오늘 새벽 4시쯤에 취침에 들어 갔을 텐데 이런 강철 체력을 보았나! 역시 젊음이 좋군. 우리 넷은 이렇게 갑자기 만나서 막 반가워서 소리를 지르고 난리가 났다. 이 넓은 워터파크에서 만날 수 있으리라고는 정말 생각도 못 했기에 지금의 만남이 너무너무 반갑다. 유세윤 님이랑 영애 씨는 이미 전체를 다 섭렵했고 3번째 반복적으로 놀고 있다면서 그중에서 재미난 놀이기구를 순서대로 추천해주었다. 우리는 유세윤님이랑 영애 씨 뒤를 졸졸 따라다니면서 놀이기구 투어에 나섰다. 3단 미끄럼틀로 몸풀기를 끝낸 후, 2인용 튜브 타고 쌍바위계곡의 소리를 질러주고, 막 어두운 동굴같이 생긴 꽈배기 틀도 탔다. 앞에서 둘이 알아서 다음 차례를 안내해주니 이건 뭐 워터파크 과외 선생인가요? 4인용 튜브 타는 곳도 갔는데 그 무거운 4인용 보트를 어떻게 들고 가냐며 그냥 가자고 했더니, 유세윤 님이 인생 그렇게 쉽게 포기하지 말라며 내 팔뚝을 잡는다. 튜브는 너무나 크고 무거워서 사람이 들 수 없다고 기계가 들어다 주더라. 세상에! 튜브를 기계로 저 위까지 올려주는 데는 처음 봤다. 그럼 우리는 계단으로 올라가 기계가 들어 올린 대형 4인용 보트를 타고 내려오기만 하면 돼! 튜브 타고 내려오는데 허파 터지는 줄 알았다. 빈펄 워터파크는 물놀이기구 탈 때 절대적으로 줄을 설 일이 없었다. 예전에 캐리비안 베이 가서 2시간 줄 서서 5초 떨어지는 미끄럼틀 탔던 애잔한 기억이 떠오르네.

파도 풀에도 갔는데 파도가 보통파도가 아니야! 사람도 적어서 널찍널찍한 게 정말 파도 타는 맛이 났다. 이게 바로 파도지! 우리나라 파도 풀 갔다가 사람이 하도 많아서 물속에서 정강이를 6번이나 걷어차여서 시퍼런 멍이 들이 든 이후 한 번도 안 가던 워터파크의 한을 빈펄랜드가 풀어주는구나. 대략 1시간 정도를 미친 듯이 물놀이기구를 타고나니 이제 몸도 힘들고 속도 허해서 군것질거리를 찾아 나섰다. 보통 이런 워터파크에서 파는 건 외부보다는 비싼 데 여기는 편의점 가격이랑 똑같아! 시원한 코코넛이 하나에 천원밖에 안 해! 싸! 우리는 커다란 코코넛 하나씩을 들고 근처 테이블에 앉아 코코넛을 시원하게 마시고 이제 받아온 플라스틱 숟가락으로 안을 긁어먹기 시작했다. 영애 씨랑 나랑 택이는 이거 막 긁어먹으면서, 예전에 무식해서 이거 긁어먹어야 하는 줄도 모르고 안에 주스만 홀라당 마시고 버렸다면서 우매했던 지난 시절을 회상하고 있는데, 천하의 유세윤 님이 아무 말도 안 하고 조용하길래 뭐하나 싶어서 봤다. 표정이 사뭇 진지한 것이 방망이 깎는 노인인 줄 알았다. 코코넛 과육을 얼마나 꼼꼼하게 장인정신을 발휘해 긁어먹었는지 내가 검사를 해보니 세상에 과육이 단 한 점도 없이 깨끗하다.

내가 놀라워하자 택이도 어디 한번 보자며 유세윤 님의 코코넛 내부를 들여다보더니 과연 탄성을 지른다. 살다 살다 이렇게 남김없이 먹는 장인은 처음 본다며 박수를 쳐주었고, 영애 씨도 한번 보더니 이건 믿을 수 없는 일이라며 이 짧은 숟가락으로 저렇게 한 점 남김없이 먹을 수 있는 각도가 안 나오는데 대단하다며 감탄을 했다. 우리는 모두 유세윤 님의 신의 경지에 다다른 코코넛 과육 긁어먹기에 감동을 한 나머지, 한 수 가르침을 달라고 바짝 달라붙었다. 유세윤 님은 다 갉아먹은 본인 코코넛은 갖다버리고, 택이 코코넛을 가져다가 시범을 보이셨다. 숟가락 각도가 안 나오면, 숟가락에 코코넛을 맞추어 보라면서 요리 돌리고 조리돌리면서 한 점 한 점 과육을 벗겨 내는데, 과연 유세윤 님은 코코넛 과육 벗기기의 달인이었다. 대단하다. 냐짱만 놀라운 줄 알았더니, 냐짱에서 만난 유세윤 님은 더욱 놀랍다. 코코넛으로 허기를 채운 우리는 이번에는 해변으로 가보았다. 이곳에는 드넓은 자체 해변도 있다. 바닷가 입구에는 샤워기가 있어서 바닷물을 깨끗하게 씻을 수도 있고, 따가운 눈도 씻을 수 있고 선베드도 공짜다. 일단 입장만 하면 먹는 거 빼고는 다 자유이용이다. 나중에 가족여행으로 냐짱에 다시 와야겠다는 생각이 매우 강하게 들었다. 나만 이런 호사를 누리기가 몹시 미안하다.

영애 씨는 오늘 밤에 다른 지역으로 가야 해서 지금 나가야 하고, 유세윤 님도 오늘은 여기까지 하고 숙소로 돌아가겠다고 한다. 택이랑 나랑은 오늘 밤에 열리는 분수 쇼를 보기로 했는데, 많이 친해진 둘이 간다니까 잠시 우리도 마음이 동했지만, 여기까지 왔는데 안 보고 가면 너무 후회할 것 같아서 다 보고 돌아가기로 했다. 이제 여기서 헤어진다고 하니 많이 아쉬웠다. 이렇게 만나서 너무 즐거운 냐짱여행을 서로가 서로에게 만들어주었다고 생각하고, 우리는 나중에 한국 가면 또 연락하자며 그렇게 헤어졌다. 유세윤 님이 가는 마당에 저쪽으로 걸어가면 수족관 있는데 볼 만하다고 알려주고 가셨다. 끝까지 배려를 해주시던 유세윤 님, 당신이 있어서 더욱 즐거운 여행이 되었어요. 감사합니다.

물고기는 그다지 큰 관심이 없었는데 분수 쇼까지 시간이 남아서 들어가 보니 거긴 정말 엄청난 곳이었다. 최근 63빌딩 수족관에 갔을 때도 이런 감동을 받은 적이 없는데 빈펄 수족관은 정말 너무 규모가 컸고 볼 만한 물고기도 아주 많았다. 세상은 넓고 물고기는 참 많더라고요. 아직 분수 쇼 하려면 1시간 정도 남아서 놀이동산으로 가 보았는데, 이것들도 돈 따로내는 것 없이 그냥 줄만 서면 다 탈 수가 있다. 택이는 놀이기구를 타면 속이 울렁울렁 거리고 청룡열차 이런 거 한번 타면 위장내용물을 확인하게 되는 불상사가 자주 발생하기 때문에 놀이기구는 택이를 위해 차마 탈 수가 없었다. 타고 싶은 거 정말 많은데! 거기다가 돈 안 내도 되는데! 막 타면 되는데! 매우 안타까운 면이 있다. 시계를 보니 분수 쇼 할 시간이 다 되어가서 우리는 서둘러 대극장으로 돌아갔다. 그 수많은 관람석이 꽉 찼다. 이 많은 사람이 대체 어디 있다가 지금 여기로 다 모였는지, 냐짱에 여행 온 사람들 모두가 지금 여기 다 모인 건 아닌가 싶을 정도다. 정각이 되자 드디어 분수 쇼가 시작됐다. 웅장하고 신 나는 음악이 나오면서 해설도 시작되니까 우리들도 흥분된다. 신기하고 화려한 조명에 멋진 음악과 함께 펼쳐지는 분수 쇼를 보니 과연 1시간을 기다리기를 잘했다.

　무대는 분수 쇼로 화려해지고, 처음에는 까맣던 관중석은 스마트폰의 조명 때문에 수백 개의 하얀 점으로 가득한, 일대의 장관을 이룬다. 베트남에 러시아 관광객이 꽤 많이 오는 모양이다. 냐짱에 와서 백인 관광객을 많이 봤는데 옆에 지나가 보면 영어가 아니라 러시아말이 들린다. 오늘 분수 쇼도 4가지 음악으로 시작했는데, 베트남 노래 하나, 러시아 노래 하나, 영어 노래 하나, 그리고 중국 노래 하나가 나왔다. 러시아 노래가 나올 때는 여기저기서 환호소리가 들렸다. 나는 아리랑이나 오 필승 코리아 정도는 나올 줄 알았는데 아직은 아닌가 보다. 분수 쇼는 대략 20분 정도 계속되었는데, 우리의 시선을 고정시킬 정도로 화려하게 진행되었기 때문에 시간 가는 줄도 모르고 재미있게 관람을 할 수 있었다. 유세윤 님이랑 영애 씨도 이걸 함께 봤으면 좋았을 텐데 아쉽다. 나는 분수 쇼 동영상을 찍었는데 나중에 이 동영상을 다시 보면 냐짱의 기억이 새록새록 떠오를 것 같다.

　분수 쇼가 끝나고 이번에는 오토바이 쇼를 보러 서둘러 가보니 이제 막 시작하려던 참이다. 택이랑 나랑은 맨 앞자리에 야무지게 앉아서 쇼를 구경했다. 철제 원통 안에 오토바이가 한 대씩 들어가서 360도 회전을 하고 180도로 빙빙 도는데, 저러다가 혹 떨어지면 어떡하나 싶어서 손발에 땀이 퐁퐁 솟아오르고, 겨땀이 흐르기 시작하고, 인중에 땀이 고이기 시작한다. 오토바이 운전수는 총 6명이었다. 한 사람이 들어가고 나면 아래쪽에 문이 열리면서 또 한 사람이 들어가서 두 대의 오토바이가 빙글빙글 도는데, 저러다가 조금이라도 부딪히는 날에는 정말 큰일 나겠다 싶어서 시원한 여름밤인데 소름이 끼쳤다. 그런데 또 한 명이 들어가는 게 아닌가. 이번이 마지막 사람이기를 간절히 바랐는데, 또 문이 열리고 4번째 사람이 들어가고 있다. 후아! 진짜 미치겠다. 그만 들어가라고! 사고 난다고! 5명째가 들어가니 내가 뭐라고 한들 무슨 소용이 있겠나. 내가 자포자기를 하거나 말거나, 원통 안에는 이제 6대의 오토바이가 빵빵거리면서 빙빙 돌고 있다. 내 눈이 빙빙 돌고 어지러워서 멀미가 날 지경이다. 6대가 환상적인 쇼를 연출해내고 화려한 조명이 비추고 멋진 음악이 어우러진 오토바이 쇼는 나의 걱정과는 달리 아무 사고도 없이 무사히 끝이 났다. 쇼가 끝나자 구경하던 사람들의 기립박수가 쏟아진다. 박수소리는 끊이지 않고 계속 이어진다. 곧이어 오토바이 운전수들과의 기념사진을 촬영하기 위해 관광객들이 운전수 주위를 구름처럼 에워쌌다. 나도 질 수 없어 줄을 섰는데 이 사람들 가까이서 보니 완전히 어리다. 많이 봐도 20대 초반이다. 이렇게 어린아이들이 저 무섭고도 위험한 쇼를 만들어냈다니 그저 놀라울 뿐이다. 나도 줄 서서 총 6명과 모두 사진을 찍었는데 그중에 가장 인기 있는 사람은 여성 운전수였다. 이 여자분은 마지막 주자로 들어가 묘기를 펼쳤는데 이 여성이 들어갈 때는 우레와 같은 박수와 함성이 터져 나왔다. 그 인기만큼이나 여성과 사진을 찍으려면 꽤 많이 기다려야 했다. 얼굴이 천상 10대 소녀다. 공연 너무너무 잘 봤는데 앞으로도 계속 조심해서 오토바이 타주세요. 보는 내가 진땀이 나서 죽을 뻔했어요.

오토바이 쇼까지 클리어를 하고 나니 이제 몸도 지치고 마음도 지쳐 케이블카 타고 돌아가려고 하는데 택이가 저기 한번 가보자고 한다. 어딜 또 가냐, 아이야. 지금 나는 몹시 지쳐서 다리가 후들거리는 것이 다리에 감각이 없어. 내 몸이 아닌 거 같아. 아이야! 이제 집에 가자. 입장료는 옛날에 뽕 뽑았다. 우리 너무 오바한 거야. 하지만 아이는 가지 않으려고 했다. 뭐하는 곳인지 한 번만 들어가 보자고 한다. 이 호기심 많은 어린이 같으니라고. 들어가는 거 뭐 어렵나. 그래, 뭐하는 곳인지 한번 가보자며 문을 열고 들어가는 순간, 오토바이 쇼가 오늘 빈펄의 마지막이길 바랐는데 택이가 뒤도 안 보고 스프링 튕겨 나가듯 뛰어들어 간다. 대형오락실이었다. 범퍼카도 있고, 총 쏘는 거도 있고, 운전하는 거, 탱크 모는 거, 테트리스, 풍선 터트리기 등의 각종 오락기가 있고 또 저쪽에는 서양 애들이 로데오를 타는데 아주 그냥 좋아 죽는다고 난리다.

"택아! 혹시 동전 안 넣어도 막 할 수 있는 거 아냐? 여기 먹는 거 빼고는 다 공짜였잖아."
"에이, 설마…. 동전은 넣어야겠지."

했는데, 아니야! 동전 넣는 구멍이 막혀있어. 무한 작동이야! 막 놀아! 코인 따윈 필요 없어!!! 택이가 잇몸을 드러내며 이렇게 좋아하는 표정은 내가 택이를 봐 온 17년 동안 처음 보는 전무후무한 광경이다. 이런 환상의 섬 빈펄랜드를 보았나? 인제 그만 좀 감동시키라고! 입장료가 2만 원인데 벌써 한 8만 원어치는 논 거 같다고! 한참을 신 나게 놀다가 이번에는 범퍼카를 타러 가자고 한다. 시시하게 웬 범퍼카냐고? 하지만 택이는 어릴 때부터 저런 걸 너무 타고 싶었는데 기회가 없어서 범퍼카를 늘 선망했다고 한다. 왠지 이 대목은 가슴이 짠해진다. 어린 택이는 범퍼카를 타고 싶었는데, 택이 부모님은 범퍼카를 타는 곳에 데려가 주지 않으셨어. 어린 시절의 한이 서려 있는 범퍼카의 아련한 추억이라니, 앞으로 많이 데리고 가줘야겠다. 하지만 계속 놀 수는 없는 일. 놀이동산은 9시에 문 닫는데 지금 시계를 보니 8시 40분이다. 어서 서둘러 케이블카를 타러 가야 한다. 자칫하다가는 마지막 케이블카 놓치고 이 깜깜하고 무서운 섬에 둘이 공포에 휩싸여 달달 떨다가 입 돌아가는 수가 있다. 서둘러! 어서 가자, 택아! 나머지 못 탄 범퍼카는 한국 가서 태워줄게!

케이블카를 타러 오니 전광판에 20시 45분이라고 선명하게 적혀있다. 조금만 더 늦게 왔어도 돌아가는 케이블카 못 타고 이 깜깜한 밤에 노숙할 뻔했다. 입장료 2만 원 내고 한 10만 원어치 논 느낌이다. 하루 동안 놀기에는 부족해서 이틀 연속으로 오고 싶지만, 우리는 공사가 다망한 여행자라서 내일은 내일의 일정이 있기 때문에 이쯤에서 빈펄랜드와 작별인사를 나누어야 할 때. 사실 밤새도록 영업할 테니 놀고 가라고 해도 체력이 안 돼서

못 놀겠다. 다리가 막 후들거리는 것이 팔다리가 흐느적흐느적 거리고 눈에 초점도 없고, 신음이 나오는 게 영락없는 좀비다. 케이블카를 타고 육지로 착지한 우리는 택시를 타고 숙소로 돌아왔다. 그런데 배가 너무너무 고파서 죽을 지경이다. 종일 이만큼 놀았는데 가만 생각해보니, 아까 낮에 먹은 코코넛주스가 마지막 음식이었다. 이런 젠장! 이런 정신으로 다이어트를 해봐! 꿈의 43킬로가 너의 것이 될 테니. 숙소 바로 앞에 레스토랑이 보이길래 들어가서 나는 스파게티를, 택이는 볶음밥을 시켰는데 가격도 저렴한데 무엇보다 너무 맛있어! 이야! 택이 볶음밥도 먹어봤는데, 그래도 내 스파게티가 훨씬 맛있어! 이렇게 야외석도 있고, 음악도 아름답게 흘러나오고, 깨끗하면서도 여행자 거리에 있어서 위치도 너무 편리한 이런 레스토랑에서 먹는 맛있는 스파게티가 4천 원이라니! 냐짱, 넌 대체 어디까지 나를 감동시킬 셈이냐! 대답은 나중에 듣도록 하겠다. 오늘은 정말 너무너무 피곤해서 나는 좀 쓰러져야겠다.

탑바 온천, 락깐, 그리고 세상에서 제일 짠 랍스터

❚ 냐짱에서 3일째 아침을 맞이한다. 이틀 연속 미친 듯 쳐 놀았더니 목소리가 잘 안 나올 지경이다. 냐짱이 이렇게 감동적일 줄 몰랐다. 너무 피곤해서 한숨 더 자고 일어나니까 12시다. 택이도 완전히 기절을 했다. 업어가도 모르겠어. 보트투어와 랍스터, 세일링 클럽과 빈펄랜드로 냐짱의 재미가 끝났다고 생각하는 것은 경기도 오산. 오늘도 우리에게 큰 재미, 큰 감탄을 안겨줄 아이템이 3가지나 있다. 냐짱은 하루하루가 놀라움의

연속이니 절대 방심하면 안 돼. 좀 있다가 파라마운트 카페(Paramount cafe)에 가서 아침 겸 점심을 먹고, 망고 주스와 커피로 속을 달랜 후, 와이파이를 잡아 인터넷도 좀 하다가 마일린 택시를 잡아타고 냐짱의 또 다른 명물, 탑바 온천에 갈 거다. 이 뜨거운 땡볕을 자랑하는 냐짱에서 웬 온천이냐고 물으면 할 말이 없다. 나도 그렇게 생각했기 때문이다. 하지만 평소 온천과 마사지를 매우 사랑하는 김용택님을 위해 그깟 더위쯤 시원하게 날려주겠다는 가열찬 의지로 오늘 반드시 탑바 온천을 갈 것이다. 여기 가면 전신 머드팩도 할 수 있고, 한여름에도 인기가 좋아서 사람들이 가득가득하다는 증언이 여기저기서 터져나온 것을 목격한바, 나는 그 어떤 두려움도 없다. 우리는 가서 탑바 온천을 만끽하고 오면 되는 것이다. 냐짱은 참 하루하루가 스펙타클하며 큰 재미가 있고 신이 난다.

파라마운트 카페에서 대략 2시간을 놀고먹다가 탑바 온천을 가기 위해 카페를 나왔다. 맞은편에는 며칠 전에 대한의 딸들 셋이 광란의 밤을 보낸 Sailing club이 아무 일도 없었다는 듯 매우 차분하고 품위 있게 그 자리를 지키고 있었다. 이렇게 점잖고 세련된 곳인데 밤에는 아주 그냥 열광의 도가니에, 밤에 피는 장미로세? 택이랑 나는 지나가는 마일린 택시를 잡아타고 탑바 온천으로 향했다. 온천입장료는 무엇을 얼마만큼 더 할 수 있느냐에 따라서 가격이 다양한데 우리는 기본 10만 동짜리를 구입해서 입장을 했다. 이 안에서는 사진촬영을 못 하게 해서 카메라로 찍을 수가 없었다. 막 정말 신기한 전신 머드팩도 해보고, 온천물로 샤워도 하고, 온천물로 된 널찍한 수영장에서 수영도 하면서 즐거운 시간을 보냈는데, 이 즐거움을 사진으로 남기지 못해 아쉬웠다. 평소 온천을 너무나 사랑하는 택이는 아주 즐거워한다. 나도 좋다. 나는 전신 머드팩이라고 해서 끈적끈적한 진흙을 몸에 바르는 것이라고 생각했는데 그것이 아니었다. 조그마한 탕이 있다, 한 2명 정도 들어갈 수 있는 탕이. 여기에 아주 부드러운 진흙 물을 채워주면 사람이 들어가서 온천을 즐기듯이 몸을 부드럽게 닦아주는데 이게 아주 기가 막힌 거라. 어찌나 부드러운 물인지 이러다가 내 피부가 실크가 되는 건 아닌가 싶은 생각이 들 정도이다. 그런데 이것도 무한정 하는 것이 아니라 대략 10분 정도 지나면 내 의지와 상관없이 진흙 물이 욕조 밑으로 빠져나간다. 고만하고 나가란 얘기다. 그럼 이 진흙 물이 다 빠지면 새로운 사람들이 이 욕조에 들어가고, 새로운 진흙 물이 콸콸 나오면서 채워진다. 일회용 진흙 물이다. 이 얼마나 아름다운가! 남들 썼던 진흙 물 쓰는 게 아니라 그때그때 새로운 진흙 물이 나오니까 말이다. 요 부분에서 많이 감동하였다. 한여름에 온천이라니 쪄 죽을 것 같지만, 오히려 따뜻한 물에 있다가 나오니까 여름인데도 불구하고 물 바깥의 공기가 시원하게 느껴졌다. 수영장은 차가운 물일 줄 알고 아 이제 좀 차가운 물에서 놀아보나 싶어서 풍당 들어갔다가 뜨끈한 온천물이길래 깜짝 놀랐다. 아주 그냥 다 온천물이야. 좋아! 막 수영해! 온천을 끝내고 나와서 샤워하는 물까지 온천물이야! 근데 막 짜! 나는 각종 씻을 준비를 다 해가지고 왔는데, 이 좋은 온천물로 화학 세제로 몸을 씻어보니 무슨 소용인가 싶어서 아무것도 안 쓰고 그냥 온천물로만 몸을 헹구니 몸이 정말 매끈매끈하고 부드러운 게 진흙 목욕과 온천물로 수영 좀 했을 뿐인데 실크 피부가 되었다. 그 어떤 고가 외제화장품도 다 필요 없어부러! 내 피부는 소중하니까요.

우리 돈 6천 원으로 아주 그냥 행복한 3시간을 보내고 우린 다시 택시를 타고 오늘 저녁 식사 및 주전부리를 하게 될 락깐으로 향했다. 얼마나 유명한지 택시를 잡아타고 '락깐' 하니까 바로 알아들으시고 여기에 데려다 주셨다. 새우랑 고기를 조그만 숯불 위에서 구워먹는 곳인데, 가게 내부로 들어가 보니 수많은 테이블에서 고기와 새우를 굽고 있어서 뿌연 연기가 식당 내부를 가득 채우고 있었다. 직원이 메뉴판을 가져다주었는데 볼 거 없이 미리 락깐을 다녀온 오용호님의 가르침대로 새우, 소고기, 오징어 이렇게 3가지와 맥주 2병을 주문했다. 드디어 우리가 주문한 해산물과 고기가 뜨거운 화로와 함께 테이블에 올려졌다. 새우 크기가 매우 마음에 들어! 오동통해! 택아, 새우를 올려주세요! 활활 타는 숯불 위에 올려서 맛있게 구워주세요! 이거 한 번으로 안 되겠고, 이 판 다 먹으면 한 판 더 시켜먹자!!!

워메, 이 오동 통통한 새우살을 봐주세요! 워메, 세상에! 지구상에 이렇게 오동 통통한 새우가 있다니. 이미 소금간이 되어있는지 껍질만 살짝 벗겨서 한입 베어 무는데 오우, 세상에나! 오우, 새우! 디스 이즈 헤븐! 이 거대한 새우가 다행히 짝수로 나와서 택이랑 정확히 반반씩 나눠 먹을 수 있어서 다행이다. 아무래도 1인당 새우 2마리는 너무 야박하므로 난 반드시 한 판을 더 시켜먹어야겠다는 생각을 하며 새우를 완전 순식

워메, 세상에!
지구상에 이렇게
오동 통통한
새우가 있다니.

간에 먹어치웠다. 갑자기 누가 우리 이름을 부른다. 깜짝 놀라 뜯던 새우를 잡은 채로 올려다보니 세상에! 또 유세윤 님이랑 영애 씨다. 아니 영애 씨는 어젯밤에 어디로 간다고 하지 않았나? 일단 앉아서 얘기하자, 어서 앉아요, 영애 씨 내 옆으로 어서 와. 영애 씨는 원래 오늘 아침에 떠날 예정이었는데 어젯밤에 먹었던 락깐 숯불구이 맛이 잊히지 않아서 도저히 못 떠나겠더란다. 그래서 유세윤 님한테 연락해서 락깐 먹으러 가자고 해서 둘이 이렇게 찾아온 건데, 마침 우리 넷이 이렇게 또 만난 거다. 우리는 막 신이 나서 맥주도 막 폭풍 드링킹을 하고 새우랑 고기도 더 시켜서 정말 맛있게 먹었다. 좋은 사람들과 함께 맛있는 음식을 먹고, 베트남 맥주가 곁들여진 오늘의 저녁은 정말 최후의 만찬처럼 맛있고, 즐겁고, 행복한 시간이다. 냐짱을 길이길이 보전해서 나중에 가족여행으로 꼭 오겠다는 다짐을 어제도 했는데 오늘도 한 번 더 한다. 냐짱, 널 사랑해. 근데 현지에서 여행하면서 '냐짱'이라고 하면 아무도 못 알아들었다. 외국인이랑 대화할 때는 나쮸랑 혹은 나투랑, 이렇게 발음해줘야 알아먹는다. 혹시 나중에 베트남 여행하시는 분들께 요 정도 팁을 드려봅니다.

우리는 보트투어에 이어 두 번째 지화자를 하게 되었다. 신 나는 여행에 즐거운 사람들이라니! 유세윤 님, 사랑해요! 영애 씨, 사랑해요! 택아, 사랑한다! 우리 모두를 사랑해요! 여러분, 오늘도 뜨겁고 신 나는 기분으로 이 밤을 불태워봅시다. 시원한 베트남 얼음 동동 맥주 한잔에 오동통한 통새우구이는 기가 막히게 잘 어울렸다. 오늘이 냐짱에서의 마지막 날이고 내일은 각자의 행선지로 뿔뿔이 헤어지게 된다. 그래서 더욱 아쉽고 함께하는 이 시간이 더욱 소중하고 값지다. 유세윤 님은 렌탈한 오토바이를 가지고 와서 맥주를 마실 수가 없었다. 유세윤 님 오토바이에 영애 씨가 타고, 택이랑 나랑은 택시를 잡아타고 숙소로 돌아가기로 했다.

냐짱의 마지막 밤인데 해변을 마지막으로 한번 거닐고 싶어서 택시기사에게 해변에 세워달라고 부탁했다. 밤바다를 보면서 냐짱의 해변에서 낭만을 즐기려고 내렸던 바로 그 자리에 내 눈을 사로잡는 장면이 펼쳐졌으니, 이런 변이 있나!

내가 해물에 원래 이렇게 미쳐있었던 인간인가 싶다. 택이도 내가 랍스터나 조개를 보며 환장하는 모습을 보고 "니가 이렇게 해산물을 좋아하는 줄 몰랐어. 대구 가면 회 많이 사줄게." 이런다. 나도 내가 이런 여자인 줄 몰랐는데 이번 여행을 와서는 왜 이렇게 해산물만 보면, 특히나 랍스터만 보면 환장을 하는지 그냥 지나칠 수가 없다. 아름다운 것은 인도 위에 이렇게 가판을 펼쳐놓고는 이걸 팔기만 하는 게 아니라 그 자리에서 원하는 걸 구워준다. 2인용 미니 테이블도 벌써 하나 나와 있다.

"택아, 이건 먹어야 해! 반드시 먹어야 해! 우리가 지금 락깐 숯불구이와 맥주로 배가 터질지언정 이건 먹고 가야 해. 나 이거 못 먹으면 오늘 밤에 잠 못 잘 거 같다. 먹고 가자!"

택이도 배가 너무너무 불렀지만, 나의 랍스터를 향한 강한 의지의 눈빛에 지고야 말았다.

나는 제일 튼실한 놈으로 골라서 구이를 부탁하고 길거리에 소박하게 나와 있는 단하나의 테이블에 자리를 잡고 앉았다. 두 여인은 내가 고른 가장 튼실한 랍스터를 들고 가서 바로 옆 미니 화로 위에 랍스터를 올려놓고 연신 부채질을 하면서 구워주기 시작하셨다. 길거리에 랍스터 굽는 연기가 솔솔 피어오르자 지나가던 사람들도 모여들기 시작했다. 랍스터가 속까지 골고루 익혀져야 하기 때문에 인내심을 가지고 기다린 지 얼마 안 돼서 우리들의 랍스터가 왔다. 랍스터 님이시여! 오~, 랍스터!! 랍스터 님을 먹기 전에 경건한 마음으로 잠시 바라봐주었다. 이런 기회는 자주 오지 않는다. 준비된 자만이 기회를 잡을 수 있고, 잡지 못하면 그것은 기회가 아냐! 언제 살아있는 랍스터를 그 자리에서 구워먹을 수 있겠느냔 말이다. 나는 몹시 경건하고도 엄숙한 마음으로 랍스터에 대한 감상을 끝내고 본격 흡입을 위해 랍스터를 파헤치기 시작했다. 과연 통살이 얼마나 대단한지 정말 소시지만 한 살이 포크에 붙어 올라왔다. 오오! 진정 이것을 내가 먹는단 말입니까?

나는 소시지만 한 랍스터를 한입에 넣고 냠냠 씹어먹은 지 3초가 지났을까? 이런 젠장! 이게 랍스터야, 소금 덩어리야! 이런 아름다운 랍스터에 소금 500g을 때려 부었나? 엄청난 삼투압의 차이로 인해 내 입안에 있는 수분이 랍스터한테 다 털릴 지경이다! 짜도 너무 짜! 이렇게 비인간적으로 짠 랍스터는 36살 평생 처음이야. 이걸 버릴 수도 없고 미칠 지경이다. 돈이 얼만데! 아니 돈도 돈이지만 내가 그토록 갈망했던 랍스터를 이렇게 포기할 수는 없잖아! 결코 포기할 수는 없어! 마침 우리에게는 생수 한 병이 있었는데 난 컵에다가 이 생수를 붓고 맹물에 김치 빨아 먹듯 생수가 든 컵에 랍스터를 씻어 먹는 불상사가 발생했다. 이런 변이 있나! 다행히 그렇게 먹으니 한결 나아졌다. 있던 생수 물도 이제 완전히 바닷물 염도와 비슷해져서 여기에 랍스터를 빨아 먹는 건 무의미해졌다. 주위에 편의점이 있나 싶었지만, 불행히도 편의점은 보이지 않았다. 한 마리만 시켰길 망정이지 이거 먹고 싶다고 3마리나 시켰으면 우짤 뻔 했노? 생각만 해도 등짝에 소름이 쫙 끼친다. 그런데 더욱 놀라운 것은 이게 소름 덩어리인지 랍스터인지 분간이 안 가는 이 시점에 소금 찍어 먹으라고 소금 접시까지 갖다놓았다. 헐…! 님들 이러시기 있기 없기?

생수 물에 랍스터 빨아먹기를 마친 후 우리는 자리에서 일어나 원래 목적지인 냐짱의 해변으로 걸어갔다. 애당초 원래 목적지로 갔어야 한 걸까? 그래도 아까 저 광경을 보고 절대 지나칠 수는 없었기 때문에 애써 괜찮다고 위안을 하며 우리는 냐짱의 해변 길을 거닐었다. 밤바다는 생각만큼 낭만적이었다. 술에 취해 고성방가를 하는 사람은 없다. 한밤의 조용한 냐짱 해변은 우리처럼 편안한 휴가를 즐기기 위한 사람들의 소박하고도 남을 배려하는 작은 웃음소리, 철썩이는 파도소리, 기타를 치며 즐겁게 노래 부르는 청춘들의 목소리가 하모니를 이루고 있다. 아! 이곳은 정말 마법과도 같고, 천국과도 같다.

이곳을 여행지로 정한 나 자신이 이렇게나 기특하고 예쁠 수가 없다. 주연아, 잘했다. 참 잘했어. 너만 한 애가 없다. 약 잘 지어, 구두 많아, 패션피플에다가 옷도 만들어 입어, 여행준비도 잘해, 알뜰살뜰하게 여행도 잘 다녀, 너만 한 애가 없다. 잘한다, 잘한다, 잘한다! 내 시키, 내 시키, 내 시키! 그렇게 한참을 해변을 거닐다가 나는 고만 모래 위에 내 몸을 던져버렸다. 까만 냐짱의 바닷가에 나는 그만 드러눕고 말았다.

나는야 지금 이 순간 순도 100%의 자유부인! 오우! 자유~! 지구상에서 가장 평화로운 순간이다. 바닷가의 모래가 폭신하다. 이렇게 바닷가에 누워서 세상 아무 거리낌 없이, 그 어떤 근심·걱정도 없이 누워있을 수 있는 자유. 나는 충분히 이 평화와 이 행복감과 이 즐거움을 만끽할 자격이 있다.

유세윤 님, 잘 가요

¶ 신 나는 냐짱을 뒤로하고 오늘은 한여름에도 썰렁해서 털 모자를 쓰고 다닌다는 고산지대 달랏으로 이동하는 날이다. 호찌민으로 가는 유세윤 님과 출발시각이 비슷해서 아침 9시에 신카페 앞에서 만나기로 했다. 지금 냐짱을 떠나면 언제 또 여길 오나 싶은 마음에 몹시 서운하고 아쉽다. 그렇긴 해도 이제 우리는 10개 도시 중에서 겨우 2개 도시를 지나왔을 뿐, 앞으로 무려 8개의 여행지가 남아있다. 그렇게 생각하니 갑자기 또 신이 나네? 어서 가방 끌고 신카페 앞으로 가자 가자! 오늘은 또 다른 매력의 여행지, 달랏으로 가는 날! 신카페 앞으로 오니 유세윤 님이 와 있어서 우린 또 여행이야기를 하느라 입이 다 마른다. 유세윤 님이 탈 호찌민으로 가는 버스가 늦게 와서 우리가 먼저 달랏행 미니버스에 올라타게 되었다. 자! 이제 우리 차는 출발해요! 유세윤 님도 호찌민에서 즐거운 여행 마치고 무사히 한국으로 돌아가길 바랍니다. 언젠가 인연이 닿으면 우리는 그렇게 운명처럼 만나게 될 거에요.

오용호 님을 뒤로하고 우리는 달랏행 미니버스에 몸을 실었다. 미니버스는 달랏으로 가는 사람들로 꽉 채워져 한 자리의 여유도 없었다. 자리가 몹시 좁아서 다리가 매우 불편했다. 이 상태로 5시간을 가야 한다니. 폐쇄공간에 있으면 숨이 탁 막혀서 몹시 힘든 나에게 이런 좁은 버스는 참말로 견디기 힘들다. 여행을 하면서 베트남이 공산주의 국가임을 느끼는 경우는 한 번도 없었는데 지금 차창 너머 보이는 저 그림은 베트남 여행을 하면서 여기가 공산주의 국가임을 인지시켜준 유일한 순간이었다.

tp. Thanh Hoá
Vinh
Haikou
Hainan
tp. Đồng Hới
Hue
Da Nang
tp. Hội An
Tam Ky
Nha Trang
Ho Chi Minh City

달랏

한여름에 털 모자라니

¶ 오후 2시를 향해 달려갈 즈음, 달랏의 쑤언흐엉 호수가 보이기 시작한다. 버스 창에 빗물이 조금씩 스친다. 냐짱의 신카페를 출발한 버스는 달랏의 신카페 앞에서 우리를 내려주었다. 달랏이 고산지역이라서 다른 지역보다 서늘하다는 정보는 익히 들어왔지만, 지금이 6월 말인데 입에서 하얀 김이라니! 우리는 서둘러 긴 소매 옷을 꺼내입고 지도를 보고 예약한 달랏 수아호텔(DALAT XUA ─)을 찾아갔다. 간판이 없으면 이곳이 게스트하우스임을 절대 알 수 없었다. 숙소는 작았지만 가격이 저렴하고, 방은 깨끗했으며, 호수나 달랏시장과 가까운데다 우리가 배정받은 방은 거리 쪽을 향한 베란다 있는 방이라서 아침저녁으로 바깥거리를 구경할 수 있어서 좋았다. 호텔 바우처를 보여주고 방으로 올라온 우리는 짐을 풀고, 나는 아껴두었던 인스턴트 북엇국을 꺼내서 조리했다. 이 놀라운 인스턴트 북엇국은 7년 전, 터키여행 때 만났던 한 여인이 알려준 놀라운 신세계였는데, 컵에 이걸 넣고 뜨거운 물을 넣어서 휘휘 저으면 놀랄 만한 북엇국이 눈앞에 나타난다. 10초 만에 완성된 뜨거운 북엇국 한잔을 마시니 온몸이 사르르 녹고, 피로감도 약간은 풀리는 것 같아 매우 좋다. 쌀쌀한 달랏의 날씨에 딱 맞는 환상적인 음식이 아닐 수 없다.

달랏은 한여름에도 썰렁해서 주민들은 가죽 외투에 털옷까지 입고 다니고, 철없는 관광객들은 반바지를 입고 달달 떨고 다닌다. 심지어 맨발에 조리 슬리퍼를 끌고 다니는 외국인도 있다. 우리도 아까 긴 소매 옷으로 갈아입긴 했지만 쌀쌀하긴 마찬가지다. 침대 위에 전기장판이라도 있으면 좋겠는데 그런 게 있을 리 없다. 히터도 없고 라디에이터도 없어서 오늘 밤에 과연 잠이라도 제대로 자겠나 싶은 걱정이 들어 달랏에 묵는 동안은 매일 밤 뜨거운 물로 목욕을 오랫동안 하고 나와서 잠에 들어야겠다고 생각했다. 냐짱에서 이미 많은 빨랫감이 생겨서 로비에 있는 직원에게 빨랫감을 맡기고 뜨거운 북어국물로 몸이 데워진 택이와 나는 마실 적응을 위해 숙소를 나가보기로 했다. 숙소는 여행자 거리에 있어서 근처에 식당이나 여행사가 많았다. 쑤언흐엉 호수와 달랏시장도 아주 가까웠는데, 시장으로 가는 계단 위쪽에 사람들이 하도 많이 모여있길래 뭔 일인가 궁금해져서 우리도 인파 속으로 들어가 보았다. 가까이 가 보니 중고로 보이는 옷들이 많았는데 옷도 팔고, 양말이나 모자도 파는 난전이 펼쳐졌다. 달랏 현지인들처럼 두꺼운 점퍼와 털옷도 사 입고 싶었지만, 안 그래도 빵빵한 캐리어를 더 뚱뚱하게 만들고 싶진 않고, 나도 뭐 좀 건질 거 있나 하고 두리번거리다가 저기 예쁜 모자가 내 눈에 딱 걸린 거야! 다다다다 뛰어가서 상인 아저씨께 얼마냐고 물어보니 2만 동이라고 한다. 1,200원이네! 한여름에 털 모자는 너무 재밌을 것 같아 귀여운 털 모자를 하나 사서 바로 머리에 써보았다. 중고라서 좀 빨아서 쓰고 싶은데 그냥 복잡하게 생각 안 하고 괜찮겠지 하고 쓰기로 했다. 모르는 게 약이다. 원효대사의 해골바가지 알지?

한여름의 달랏은 왠지 재미있는 곳일 것 같다. 귀여운 털 모자를 쓰고 달랏 계단에 위치한 상점에서 맛난 주스와 잼 하나를 사고, 숙소 근처의 한 식당으로 들어가 저녁 식사를 했다. 작지만 음악도 흐르고 지배인이 깔끔한 정장을 입고 있어서 기분도 좋아지는 식당이었다. 카페는 와이파이도 지원돼서 택이는 즐거운 인터넷 세상에 빠지고, 나는 지나가는 사람들을 구경했다. 사람구경이 제일 재미있다. 우리가 주문한 볶음밥을 먹어보니 맛도 아주 좋은데, 이렇게 편한 곳에서 저녁 식사를 단돈 3천 원에 할 수 있음이 매우 행복하다. 한국에서는 행복함을 느끼기가 힘들었는데, 이번 여행을 시작하면서 나는 작은 일에도 행복함을 자주 느끼고 있음을 깨달았다. 소중한 일상 속에서 행복을 자주 느낄 수 있으면 좋겠다. 행복은 자주 오지 않아서 나는 늘 여행을 갈망하는지도 모른다. 여행을 하면 그렇게 나는 즐거워진다. 모르핀보다 더한 중독, 나는 여행을 끊을 수가 없다.

무언의 목격자

¶ 뜨거운 샤워를 하고 맞이한 달랏에서의 첫날밤은 생각보다 춥지 않아서 다행이었다. 오늘은 달랏 케이블카를 타고 다딴라 폭포를 가볼까 싶다. 날씨가 약간 흐려서 배낭에 작은 우산과 우비를 준비했다.

　케이블카를 타는 곳은 고산지역인 달랏에서도 가장 높은 곳에 있어서 경치가 끝내준다. 살짝 흐린 날씨 덕분에 더 선명하게 보여서 사진 찍기에는 더할 나위 없이 좋았다. 머리 위에 뭉게구름이 펼쳐져 있고 풍성한 수풀이 그 아래 펼쳐져 있는데 정말 아름다운 풍경이었다. 케이블카를 타면 저 아름다운 풍경을 더욱더 가깝게 볼 수 있어서 좋은데, 입장권을 구입해서 막상 케이블카를 타러 가니 또 심장이 쿵쾅거리면서 불안 공포 초조가 시작되었다. 도대체 왜 이런 케이블카 공포증이 생긴 건지 알 수가 없다. 빈펄랜드 갈 때 바닷길 놔두고 그 길고 긴 케이블카를 굳이 찾아서 가지를 않나, 달랏에 와서도 기를 쓰고 케이블카 타야 한다고 택이를 끌고 오지를 않나. 왜 이러는 걸까요? 어쨌든 우리는 케이블카에 탑승했고 덜컹덜컹 거리면서 케이블카가 출발을 했다. 아! 오늘도 제발 끝까지 무사히 아무 사고 없이 우리를 저쪽으로 데려다 다오! 달랏의 멋진 풍경에 취하다 보니, 내가 언제 케이블카 공포증이 있었느냐며 우리는 건너편 케이블카 내리는 곳에 곧 도착을 했다. 건너편으로 오니 사원도 있고, 공원도 있어서 샤샤샥 둘러보고 음식점도 있어서 가볍게 식사도 할 수 있었다. 여기서 택시 타고 딴 데 가는 사람이 많은지 택시도 많았다. 우리도 베트남 여행에서 무한 신뢰를 하는 마일린 택시를 잡아타고 기사님께 우렁차게 외쳐본다.

"아저씨, 다딴라 폭포로 가주세요!"

    다딴라 폭포는 시원하게 흘러내리는 폭포도 멋있는데, 이곳에 있는 놀이기구 때문에 찾는 사람이 더 많아진 곳이라고 한다. 우리도 1차 목표는 폭포가 아니라 슬라이딩 놀이기구다. 안으로 들어가 보니 사람들이 줄을 쫙 길게 서 있어서 역시 슬라이딩 타러 오는 사람들이 우리뿐만이 아니었어. 줄이 길긴 해도 재빠르게 달려가 우리도 줄을 서서 슬라이딩 타기를 기다리기로 했다. 줄은 금방금방 줄어들어서 곧 우리 차례가 되었다. 앞에 타는 사람들도 몹시 신 나 하고 있다. 베트남은 알면 알수록, 경험하면 할수록 놀라운 나라다. 그러고 보니 달랏이 우리들의 베트남 여행의 마지막 여행지잖아? 따라서 베트남 여행도 이제 며칠 남지 않았다는 생각이 들어서 갑자기 서운해지고 시간이 벌써 이렇게 흘렀나 싶다. 남은 시간도 이제까지 그래 왔던 것처럼 신 나고 흥분되고 즐거운 일만 가득하기를 바라면서 드디어 우리도 슬라이딩에 탑승했다. 이게 자동으로 놀이동산의 놀이기구처럼 타기만 하면 되는 줄 알았더니 뒤에 앉은 사람이 운전하는 것처럼 조작을 해야 한다. 가속이랑 브레이크가 있는 모양인데 난 자신이 없어서 택이를 뒤로 앉히고 출발한다. 택아! 안전운행 부탁해!!

우리는 가속페달을 밟아서 앞으로 쭉쭉 나가고 싶었는데, 앞에 있는 아주머니가 영 운전에 자신이 없는지 너무너무 천천히 간다. 아 나! 아줌마! 앞으로 쭉쭉 빼서야지. 속도가 안 붙잖아요! 그래서 아줌마가 저만치 멀어지면 택이가 한방에 가속페달을 밟아 잠깐씩 속도감을 낼 수 있었다. 눈썹이 휘날릴 정도의 속도감을 느끼며 쾌속질주를 해도 모자랄 판에, 아줌마는 내리는 그 순간까지 세월아 네월아 하셔서 우리는 답답해서 속이 터질 지경이었다. 이 장면을 슈마허 형님이 보면 얼마나 속이 터질까? 내 속이 터져 죽을 지경이다. 아! 자리가 안 좋아. 왕복티켓을 구매했기 때문에 올라올 때는 완전 쾌속질주를 할 수 있기를 간절히 바라며 슬라이딩을 타며 드디어 다딴라 폭포에 도착하였다.

폭포는 생각보다 컸고 소리도 매우 청량했다. 나무들이 울창하고 이 고즈넉한 곳에서 떨어지는 물소리는 너무 신선하고 세상을 깨끗하게 청소하는 소리처럼 들린다. 달랏이 고산지대니까 숲도 울창하고 공기가 너무 좋았다. 이번 여행에 우리가 가는 여행지들이 비록 동남아시아이기는 해도 평소 홍콩이나 일본처럼 쉽게 올 수 있는 곳들이 아니고 항공권도 그렇게 저렴한 게 아니다. 그래도 우리는 장기여행으로 베트남 한번 다녀올 항공권 가격으로 5개국 10개 도시를 여행할 수 있으니 이 얼마나 소중하고 경제적인 여행이란 말인가! 따라서 이 베트남을 신 나고 즐겁게 여행하고 다니고 돌아오면 언제 또 이곳을 이렇게 여유롭게 여행하러 올 수 있을지 모르는 일이다. 풍경 하나를 봐도 소중하고, 길거리 음식 하나를 먹어도 행복한 이 순간순간을 마음속에 깊이 새겨서 이 추억과 기억들을 오랫동안 생생하게 간직하고 싶다. 워낙 멋진 풍경이라서 그런지 관광객들도 기념사진을 찍는 데 여념이 없었고, 우리도 그 유명한 다딴라 폭포에 왔으니 요기조기 경치 좋은 곳에서 기념사진 수십 장을 찍었다. 사람은 죽어서 이름을 남기고, 여행은 다녀와서 사진을 남긴다.

다딴라의 명물, 슬라이딩도 왕복으로 재미나게 타고, 다딴라의 본업 폭포도 야무지게 구경을 마친 우리는 다시 마일린 택시를 타고 케이블카를 다시 타러 갔다. 둘 사이의 거리는 걸어가기엔 너무 멀고, 차를 타면 금방 도착하는 거리라서 택시비도 부담이 없어서 매우 좋았다. 날씨는 여전히 흐린데 다시 비가 부슬부슬 내리기 시작한다. 케이블카도 막차 시간이 있기 때문에 우리는 직원에게 물어서 마지막 운행시각이 5시임을 확인한 후, 바로 옆에 있는 카페에서 베트남 쓰디쓴 진한 커피 한잔을 마시면서 낭만을 즐기기로 했다. 현재 시각 4시 20분, 충분한 시간이야. 이 아름다운, 비 내리는 풍경을 보면서 마시는 한잔의 진한 베트남 커피는 우리에게 매우 로맨틱한 시간을 선사해주었다.

아! 비 내리는 달랏은 너무너무 운치가 있고 아름답다. 커다란 파라솔이 있어서 야외석에 앉아 부슬부슬 내리는 비와 함께 푸르른 수풀과 아름다운 모습을 함께 감상할 수 있는 이 순간이 정말 행복하다. 현실도피를 위한 여행을 떠나온 우리에게 베트남은 우리 목적을 100% 이상 충족시켜주고 있다. 하노이부터 사파, 냐짱, 달랏까지 사기꾼인 줄만 알았던 베트남이 우리에게 기쁨을 선사해주고 있다. 현실을 절대적으로 망각하게 해주는 마법을 부리고 있다.

이게 베트남 커피를 내려먹는 찻잔과 도구인데, 저 양철같이 생긴 곳에 커피가 들어가 있고, 그 위에 뜨거운 물을 부으면 양철 아랫부분에 구멍이 작게 뚫려있어서 그곳으로 뜨겁고 진한 커피가 졸졸 흘러내린다. 너무 운치 있는 베트남 커피다. 하얀 찻잔 속으로 흘러나온 커피는 매우 진하고 쓰기 때문에 평소 블랙커피를 즐기지 않는다면 무슨 사약 마시는 느낌 농후하게 들것이다. 평소 블랙커피만을 즐기는 내가 마셔도 이건 사약이야. 음... 사약 내음... 음... 나는 스트레스를 받으면 아주 진한 블랙커피를 단숨에 마시는 습관이 있는데, 지금 이 상태의 커피는 바로 그런 상황에 딱 맞을 거 같았다. 진~한 게 내 식도를 어루만져주는 이 쓰디쓴 커피 한잔이라면 내 여린 영혼도 쓰다듬어 줄 것만 같았다. 아! 쓰디쓴 베트남 커피는 내 영혼의 안식처가 될 수 있을까?

돌아오는 길의 케이블카는 아까 오던 길보다는 훨씬 덜 무서웠고 오는 길에 아무 일도 없음을 확인했기 때문에 한층 마음이 편안해졌다. 케이블카에서 내린 우리는 쑤언흐엉 호수까지 걸어가 보기로 했다. 택이가 스마트폰으로 거리를 가늠해보니 대략 1시간 정도 의 거리였는데 걸으면서 달랏 동네도 구경하고 신선한 공기도 마시면서 도보여행을 해보 는 것도 꽤 괜찮은 거 같다. 택이랑 이런저런 세상 사는 이야기들을 하면서 재미나게 걸 어보니 이렇게 손 꼭 잡고 걸어본 적이 참 오래된 거 같다. 그나마 차가 없을 때는 많이 걸 어 다녔는데, 차가 생기고 난 후에는 이렇게 손잡고 걷는 일도 흔치 않은 일이 되어버렸 으니. 한참 걷고 있는데 달랏 버스터미널이 보였다. 버스터미널 앞에는 널따란 잔디밭이 있었는데 10대 초·중반으로 되어 보이는 아이들이 잔디밭에서 축구를 하고 있었다.

그래, 방에서 게임하는 거보다는 저렇게 밖에서 상쾌한 공기 마시면서 땀 흘리며 축 구하는 게 훨씬 더 재미있고 진취적이다. 그 잔디밭을 지나고 있는데 우리 뒤에서 갑자 기 '악!' 하는 소리가 나서 깜짝 놀라서 뒤돌아봤다. 우리 뒤에는 헬멧을 쓴 한 남성이 오토바이를 타고 지나가고 있었는데, 남자아이들이 놀다가 차버린 축구공에 10점 만 점에 10점으로 머리를 정통으로 맞은 것이다. 이 남성의 분노 게이지가 성층권을 뚫을 것 같은 분위기가 연출되었고, 남성은 헬멧을 벗고 범인색출에 나서기 시작했다. 남자 아이들이 놀던 잔디밭은 일대 혼란이 왔고, 곧 정적이 흐르기 시작했다. 그리고 우리 눈 앞에 범인으로 보이는 남자아이가 작은 수풀 속으로 쏙 들어가 몸을 은닉하였고, 동조 한 것으로 보이는 남자애들 둘이 이어서 작은 수풀 속으로 다시 쏙 들어가서 합이 3명 이 지금 우리 눈앞에 보이는 곳에 숨어있다. 순간 맘속에서 일대 번뇌가 회오리치기 시 작했다. '아, 이것들의 위치를 극심한 고통으로 몸부림치고 있는 저 남성에게 알려주어

저 분노를 해소할 기회를 줄까, 아니면 이 어린것들을 보고도 모른 척하여 범인색출에 실패케 하여 저 남성에게는 자다가 머리 맞는 불운이 생겼지만, 그것에 대한 어떠한 보상도 받지 못하게 하는 한편, 이 남자아이들에게 안 들키면 장땡이라는 경험을 줌으로써 무책임한 인간으로 내버려 둘 것인가?' 나는 두 가지의 길을 앞두고 몹시 고통스러웠다. 내 마음은 원래 10:90의 비율로 후자의 손을 들고 싶었는데, 옆에 있는 택이가 아이들의 앞날도 소중하지 않냐며, 우리만 모른 척 해주면 세 아이의 생명을 살릴 수 있다며 나를 설득하기에 이르렀다. 택이 말도 맞지만, 마른하늘에 날벼락과 비등한 충격을 받은 저 남성의 헤드와 상처받은 심장은 누가 보상해줄 것인가? 누가 어루만져줄 것인가? 더군다나 내가 모른 척해준다고 저 아이들이 앞으로 절대 축구공을 높이 차지 말아야겠다는 교훈을 얻는다는 보장은 없지 말입니다. 아무래도 난 90%의 마음이 향하는 대로 "저기요! 아저씨! 그 축구공 날려버린 범인들이 바로 여기 있네요! 여기에요 여기!"라고 목청 높여 소리치고 싶었다. 내가 길가다가 저런 일을 당했다면 용서할 수 없는 일이고, 내가 공놀이하다가 누굴 쳤다면 쭈뼛거리면서 기어나와 잘못했다고 닭똥 같은 눈물을 흘릴 것인데, 이 아이들은 그저 숨어서 킥킥대고 있을 뿐이다. 택이는 이런 나의 성격을 잘 알고 있기 때문에 내가 거사를 치르기 전에 미리 선수를 쳐서 나를 양팔로 감싸 안은 채 뛰기 시작했다. 이로써 남자 3명은 면피를 했고, 한 남성만이 지리한 고통 속에서 몇 날 며칠을 괴로워하겠지. 청소년은 미성숙하므로 처벌하는 것은 옳지 않다는 우리나라의 법개념 때문인데, 나는 이런 법개념이 지독하게 싫다. 얼마 전에도 중학생이 장난으로 불장난해서 온 산이 다 타버리고 사람도 몇 명 죽는 사고가 발생했는데, 범인이 중학생이라는 이유만으로 처벌받지 않았다. 잘못한 건 그에 대한 처벌을 받아야지, 어리다고 저렇게 면피를 주니까, 오냐오냐 해주니까 나라가 이 모양이다. 이젠 내 분노게이지가 성층권을 뚫을 기세다.

달랏이 드라이브하기에 그만이라고 하더니 이렇게 멋진 도로를 보니 과연 틀린 말이 아니다. 음악 크게 틀어놓고, 창문 살짝 내리고 시원하게 드라이브하는 걸 상상하니 생각만 해도 기분 좋은 일이다. 아! 나도 머리카락 찰랑찰랑하며 드라이브하고 싶다. 걷기 시작한 지 이제 1시간이 지나고 있는데 택이 스마트폰을 보니까, 우리는 쑤언흐엉 호수에 매우 가까워져 가고 있었다.

　숙소로 돌아오는 길에 큰 빵집에 들러서 먹을거리를 조금 샀다. 달랏에서 김치를 보게 될 줄은 정말 몰랐다. 심지어 고춧가루에 버무린 김치뿐만이 아니라 물김치도 있었다. 고춧가루가 적게 들어가서 약간 허여멀건 하기는 했지만 어쨌든 이 고산지대의 달랏에서 김치를 본다는 게 매우 놀랍다는 것은 틀림없다. 우리는 김치 한 봉지와 바게트를 사서 방으로 돌아왔다. 오늘 저녁은 빵집에서 사온 맛있고, 따뜻하고, 부드러운 바게트 빵 3개와 김치와 함께 해보자. 마침 밖에는 비가 부슬부슬 내리고 있다. 비 오는 날에는 라면이지. 캐리어 속에 아껴두었던 컵라면을 딱 1개만 꺼내 같이 먹기로 했다. 바게트가 식으면 맛이 없을까 봐 빵 먼저 먹고 컵라면을 개봉했는데, 정말 너무 맛있어서 30초도 안 돼서 둘이 국물까지 해치웠다. 정말 이렇게 맛있을 수가 없었다. 36세를 맞이한 이 약사는 그렇게 맛있던 컵라면이 34세부터 강한 화학성분이 몹시 독하게 느껴지기 시작해서 이건 음식이 아니라 사약 같다는 생각을 했다. 신기하다. 컵라면은 그대로일 텐데 사랑은 그렇게 변하는 법. 한국에서 가져온 몇 개의 컵라면은 사약이 웬 말이냐며 아마 천상의 맛이 있다면 우리나라 컵라면일 것이다. 택이와 나는 이대로는 안 되어서 다다다다 밖으로 뛰어나가 근처 슈퍼 가서 베트남 컵라면을 하나 더 사서 들어와서 먹었는데, 그나마 김치가 있어서 같이 먹었지, 역시 라면은 한국이 최고다. 여행을 와서도 비 오는 날

라면을 먹는 낭만과 호사를 부리니 너무 즐거운 오늘 이 밤! 비 오는 밤에는 뜨거운 국물이 있는 라면을 먹어주세요. 가능하면 청양고추를 잘게 썰어서 다진 파와 함께 넣으면 더욱더 맛있고 얼큰한 국물이 있는 라면이 된다는 건 우리 모두가 알고 있죠? 위장에 구멍을 내고 싶은 날에는 가끔 청양고추 폭탄 투하된 라면을 먹어보아요. 다이나믹한 라면을 맛볼 수 있어요!

　　달랏의 밤거리에 비가 부슬부슬 내리고 있다. 우리 방은 베란다가 거리를 향하고 있어서 방문을 열어 베란다로 나가면 바로 바깥거리를 볼 수 있어서 참 좋다. 비가 오니 오토바이 소리도 한층 잦아들어 조용해졌고, 거리엔 사람들이 별로 없다. 빗소리가 참 좋다. 달랏에서 보는 비는 다른 곳에서 봐왔던 비와 달라서 무척 정겹다. 나는 비 맞는 걸 싫어하고 방에서 비 오는 걸 보는 건 좋아하는 여성. 무엇 때문에 이런 느낌이 드는지 모르겠는데 달랏의 비는 강아지처럼 귀엽고, 곰돌이 푸우처럼 귀엽고, 앙탈 부리는 택이처럼 귀엽다. 때마침 TV에 귀여운 캐릭터가 나오는 만화영화가 나온다. 귀여운 달랏의 밤에 귀여운 만화영화를 보면서 우리는 잠들어버렸다.

혼자 놀기의 진수를 보여주마!

  오늘의 여행을 떠나기 전에 숙소 근처 작은 식당으로 가서 아침을 하기로 했다. 호텔방을 나서면 길거리에 많은 음식점이 있기 때문에 참 편하다.

  테이블에 아주 빨간 장미 두 송이가 우리를 맞이하는데, 너무 색깔이 곱고 잎이 부드러워서 조화인 줄 알았는데 장미향 진한 생화다. 비 오는 달랏에서 빨간 장미가 놓인 자그마한 식당에서 아침 식사라니 이거 너무 로맨틱하잖아! 사기 천국이라던 베트남은 알고 보니 낭만 천국, 힐링 천국, 행복 천국이었다. 베트남, 널 사랑해. 달랏, 널 사랑해. 언제나 메뉴를 보면 뭘 먹을까 고민을 하지만, 오늘은 왠지 이 식당에게 맡기고 싶다. 식당이 자랑하는 추천메뉴 2가지를 시켜서 선택을 당해보고 싶다. 나는 문득 영화에서 본 장면이 떠올라,

  "오늘의 요리는 무엇인가요? 가장 인기 있고 대표적인 걸로 주세요. 따뜻한 아메리카노도 2잔 주시면 좋겠어요. 시럽은 넣지 말고요."

보슬보슬 조용하게 내리던 비는 갑자기 폭우가 되어 길거리에 물이 고여 흐르기 시작했다. 하지만 달랏에 며칠 있어보니 비가 억수같이 오다가도 금방 멎어서 여행하는 데 전혀 불편함이 없었다. 기다림의 미학이 생긴 걸까? 이 비도 곧 멎을 거야. 우리는 맛있는 아침 식사를 비와 함께 즐기면 되는 거지. 빨간 장미가 함께하고 멋진 음악이 흐르는 이런 아침 식사를 맞이해본 적이 36년 인생을 털어서 단 한 번이라도 있었던가? 커다란 창문 밖으로 보이는 여행자 거리는 비 때문에 인적이 없어졌다. 우리는 감미로운 음악이 흐르는 카페 안에서 장미향기 맡으며 바깥풍경을 구경하는 것이 너무 평화롭고 행복하다. 난 비 올 때 실내에서 비 오는 걸 보는 게 그렇게 좋더라. 알고 보면 나만 그런 게 아니고이~, 다들 비 맞는 건 싫어해도 비 오는 건 좋아하고이~.

과연 음식은 직원이 추천할 만했다. 달랏에 와서 먹은 음식 중 가장 맛있었는데 아쉬운 점은 양이 적다는 것이다. 평소 워낙에 밥을 많이 먹는 나이기 때문에 이 정도의 양은 매우 부족해서 밥을 하나 더 시켜서 양념에 밥을 싹싹 비벼 먹었더니 뚝배기 그릇이 설거지한 마냥 깨끗해졌다. 오동 통통한 새우와 매콤달콤한 양념이 정말 내 입맛에 잘 맞았고, 택이가 먹은 돼지고기볶음도 매우 감칠맛이 나서 과연 추천메뉴를 주문한 것은 최고의 선택이었다며 만족스러운 식사를 할 수 있었다. 식사를 마치고 나니 조금 전까지 내리던, 하늘이 뚫린 듯 내렸던 폭우가 그치고 거리가 조용해졌다. 오늘 우리들의 여행을 환영하는 달랏의 작은 배려라고나 할까? 매우 맛있는 아침 식사를 비 내리는 달랏의 거리에서 빨간 장미와 함께 마친 우리는 숙소로 돌아와 나갈 채비를 하고 마일린 택시를 타고 오늘의 첫 목적지 크레이지 하우스(Crazy —)로 간다. 크레이지 하우스는 베트남 2번째 대통령의 딸이 설계해 지어서 유명해진 곳이라고 한다. 얼마나 집이 미쳐 있는지 눈으로 보기 위해서 오늘의 첫 목적지로 정했는데, 택시를 타고 도착해보니 매우 아담한 골목길에 자리 잡고 있었다.

입장료를 내고 안으로 들어가 보니 생각보다 규모가 꽤 컸고 신기한 조형물이 많아서 구경하기엔 꽤 괜찮은 관광지라고 생각이 들었다. 입장을 하니 이곳에 대해 설명해주는 남성 안내원이 있었는데, 이 건물을 지은 사람에 대한 이야기, 1990년에 짓기 시작해서 2010년에 완공예정이었으나, 현재도 계속 미완성된 부분을 짓고 있다는 이야기 등등을 영어로 설명해주었다. 조용하게 듣고 있다가 뭔가 궁금한 점이 생겨서 질문을 했는데,

예상치 못한 관광객의 질문은 안내원의 영어설명을 막히게 하였고 남성은 당황했다. 대본에 없는 상황에 당황한 남성은 말을 잇지 못하고 평정심을 찾기 위해 부단히 노력했고, 마음을 다잡은 후 관광객의 질문에 대해 최대한 침착하게 설명해주었다. 대충 상황이 정리되자 남성은 다시 대본대로 설명을 이어나가기 시작했다. 앞으로는 중간에 질문을 하지 말아야겠다.

크레이지 하우스는 꽤나 많은 방이 있었는데 이 방들은 실제 숙소로 예약을 받는다고 했다. 하지만 이곳에 숙박하는 날에는 가위에 눌려 심신이 무척 피곤해질 것 같은 느낌이다. 날씨가 흐려서 방이 하나같이 눅눅하고 습기가 가득하다. 그런데 각 방마다 있는 침대는 높이가 꽤 높고 침구는 폭신해서 그건 몹시 맘에 들었다. 허리까지 오는 높이의 침대는 내 로망이다. 자다가 떨어져서 머리에 혹이 날지라도 그렇게 높은 침대에서 자고 싶은 소망이 있기 때문에 크레이지 하우스의 방에 있는 침대는 모두 내 맘에 들었다. 돈 많이 벌어서 허리까지 오는 침대 사야지. 높은 침대가 있는 방에는 넓은 창도 있어서 이곳에서 자면서 창문으로 들어오는 밝고 따뜻한 햇살에 아침을 맞이한다면 매우 낭만적일 거 같아. 머리맡에서 햇살이 이렇게 가득 들어오는 침실이라니! 허리까지 올라오는 높은 침대라니! 이건 정말 내가 너무너무 간절히 원하던, 꿈에서 그리던 침실이 아닌가! 그때 나는 반드시 순면 100%의 레이스 드레스를 입고 있어야 하지. 발목까지 내려오는 아름다운 아이보리색의 프릴과 레이스 풍성한 드레스여야만 해. 머리에 보닛을 쓰고 있으면 더욱 좋겠다. 그리고 메이드가 "아가씨, 따뜻한 죽을 끓여왔어요. 맛있게 드셔 보세요." 하고 베드 트레이를 놓고 가면 난 침대쿠션에 기대어 맛있게 죽을 먹고 햇살을 감상할 거야. 아신발쿰.

낮에 와서 구경하는데도 기괴스럽다. 이름은 정말 잘 지은 거같다. 이 집에 크레이지 하우스 말고 더 어울리는 이름은 없어 보인다. 생각보다 동선이 꽤 길어서 나중엔 다리가 막 아파서 중간마다 들어간 방에서 잠시 누웠다가 구경하고, 누웠다가 구경해서 겨우 다 보고 나올 수 있었다. 달랏의 서늘하고 햇볕 없는 흐린 날씨는 관광하기에 최적의 선물이다. 이제 두 번째 행선지 달랏 역으로 가야지.

크레이지 하우스에서 나오니 마일린 택시 몇 대가 관광객을 태울 준비를 하고 있어서 우리는 매우 수월하게 사랑하는 마일린 택시를 타고 달랏 역으로 갈 수 있었다. 우리가 달랏 역으로 가자고 하자 택시기사님이 좀 의아해하신다. 몇 번이나 달랏 역을 가는 게 맞느냐고 물어보셨다. 그렇다! 우리도 알고 있다. 붕어빵에 붕어가 없는 것처럼, 달랏 역에 기차가 오지 않음을. 하지만 그래도 꽤 고즈넉한 분위기와 예전에 기차가 다녔던 역을 없애지 않고 그대로 보존하고 있는 모습이 어떤지 몹시 궁금하기 때문에 우리는 가야 합니다, 기사님. 달랏 역 사진까지 보여주니 기사님도 그제서야 확신하고 곧 쾌속으로 질주하신다. 달랏 역으로 가주세요! 빈티지한 느낌 물씬 풍기는 달랏 역으로 신 나게 가주세요!

물론 달랏 역이 더 이상 기차역으로 이용되지 않고, 흔적만 남았다는 것을 모르는 바 아니지만, 막상 와 보니 인적없는 이 황량한 분위기가 도무지 적응되지 않는다. 역이란 자고로 사람으로 북적대고 활기가 넘쳐야 하는데, 이 적막강산 같은 달랏 역의 분위기를 과연 우리는 어떻게 극복할 것인가? 심지어 달랏 역 저 건물 위에 달린 시계의 시간도 정확하단 말이다! 아무도 찾지 않는, 바람 부는 언덕 위의 황량한 달랏 역 안에는 지금 택이와 나, 단둘만 있다. 그 옛날 기차 소리가 울리면서 사람들로 가득했을 장면을 상상하면서 어디 한 번 달랏 역을 즐겨볼까?

내가 옛날부터 혼자 놀기의 달인이자 상황극의 달인이므로 기차 위에 올라가 "적들이 저기 온다! 나를 따르라!"라며 소리를 고래고래 지르다가, 이번에는 기차 바퀴로 다가가서, "아이고, 오늘 또 이거 고치려면 오래 걸리겠는데? 이봐 김씨! 거기 망치랑 드라이버 좀 건네줘 봐!"

기차 안에 석탄 넣는 곳이 있길래 거기로 또 다다다다 뛰어가서, "오늘은 하노이까지 가야 하니까 다들 각오 단단히들 하라고! 최씨, 거기 석탄 이리 좀 건네보지. 오늘은 아무래도 힘든 운전이 될 거야. 석탄이 모자라지 않게 조금 더 여유 있게 채워봐."

난 또 기차 밖으로 나가 플랫폼에 서서 기차를 향해 손을 흔들며, "여보! 사랑해요! 가서 열심히 일하고 돈 많이 벌어오세요. 순이가 밤마다 아빠 보고 싶어서 보챌 텐데 어떡하죠? 여보! 그저 돈이나 많이 벌어와요. 순이는 어쨌든 내가 재울게요. 여보! 계좌번호는 정확히 적어놨죠?"

이런 혼자 놀기를 오랜 세월 봐온 택이는 그다지 놀라지 않으면서도 이런 낯선 타국 땅에까지 와서 저렇게 잘 노는 나를 보니 얼마나 혼자 컸으면 애가 저럴까 싶어서 내가 불쌍해 보이기도 하고, 각각의 다른 상황극을 저렇게 즉흥적으로 잘 지어내는 걸 보며 나의 상상력에 가히 감동하며 박수를 보내주었다. 그리고 전혀 동요하거나 당황하지 않고 나의 다양한 상황극마다 디카를 눌러대며 그 장면들을 다 기록해놓으니 택이에게 기자의 피가 흐르는 듯하다. 나의 상황극으로 썰렁했던 달랏 역이 후끈 달아오르고 있다. 철길 사이로 무성하게 풀들이 올라와 있는 이 광경을 보니 문득 민중노래패 '조국과 청춘'의 「가자, 철마야」가 떠오른다.

가자 철마야 죽은 자 모두 자갈되어 달리니 이 몸으로 침묵을 놓으마
그 위에 빛나는 내일을 얹고
천둥처럼 큰 기적 소리로 잠든 이를 깨우며 거침없이 달려간다
갈라져 살아온 우리 모두를 싣고
가자 철마야 저 압록강까지 기다림의 눈물이 강이 된 곳으로
내가 가는 역마다 다시 만난 이의 눈물이 기쁨의 강이 되어 흘러가리라~ 가자 철마야
천둥처럼 큰 기적 소리로 잠든 이를 깨우며 거침없이 달려간다
갈라져 살아온 우리 모두를 싣고

역사 안에는 크고 폭신폭신한 소파가 있어서 잠시 앉아서 쉬었다. 달랏 역은 천장이 높고 옛날 그대로 보존을 해놓아서 빈티지한 느낌이 들어서 좋다. 난 빈티지를 좋아해서 평소 빈티지 옷 쇼핑도 몹시 즐겨한다. 빈티지한 건물에서 빈티지 패션을 떠올리며 빈티지를 사랑하는 패션피플임을 자랑하는 나는야 진정한 빈티지 패션피플! 그때, 택이가 유리창 있는 창구 앞에서 기차표 주세요! 한다. 오우, 상황극의 세계에 입문하셨어요?

"아저씨, 표를 살라면 돈이 있어야 해! 아저씨 돈 있어? 얼마 있어? 돈 줘, 그럼 기차표 줄게! 요즘 세상에 공짜 없어, 알 만한 사람이 그래. 생긴 것도 멀쩡한 사람이 여기서 이러면 안 돼. 일해! 일해서 돈 벌어서 돈 갖고 오면 내 기차표 줄게. 아저씨 생긴 것도 멀쩡해서 뭘 해도 하겠구만!"

적막강산 같은 달랏 역에서의 여행은 우리들의 즐거운 상황극으로 훈훈하게 마무리되었다. 야무지게 즐긴 달랏 역을 뒤로하고 바깥으로 나오니 오, 저기 택시가 있는 거야! 안 그래도 인적이 드물어서 택시를 어떻게 잡나 걱정했는데 입구에 택시가 떡 하니 버티고 있으니, 이 얼마나 기쁘고 행복하고 즐거운 여행이란 말인가! 택이와 나는 몹시 기뻐하며 택시를 향해 뛰었다.

　아니 그런데 이게 누구여? 뭔 익숙한 자태가 우리를 맞이하고 있어? 아까 크레이지 하우스에서 우리를 태우고 이곳까지 데려다 주신 그 173번 택시기사님 아녀? 그러하다. 달랏 역에서 그다지 많은 시간을 할애해 구경할 것이 없다는 것을 간파하신 기사님은 몇 분 안 있으면 우리가 나올 것을 예상하신바, 우리를 내려준 그 자리에서 꼼짝 않고 우리를 기다리신 것이었던 것이다! 아저씨의 예상은 적중했다. 173번 달랏 마일린 아저씨의 이 놀라운 신기에 혀를 내두를 지경! 만약에 우리가 달랏 역에 들어가서 너무 감동한 나머지 5시간을 놀았으면 어쩔 뻔했어? 그럼 밖에서 기다리고 있던 아저씨는 우리를 찾으러 달랏 역 안으로 들어오셨을까? 이봐, 한국인 관광객들! 여기서 이러시면 안 됩니다. 택시 타고 집엘 가든, 숙소엘 가든, 달랏 대학교엘 가든 어딜 가든 가야지, 여기서 이러시면 안 된다며 우리를 질질 끌고 나오셨을까? 난 정말 이 상황이 너무 웃기고 여행하다 이런 일도 다 있나 싶어서 웃음이 절로 나왔다. 택이도 웃고, 나도 웃고, 기사님도 웃으신다.

달랏의 마일린 택시 173번 아저씨! 이번엔 달랏 대학교로 가주세요! 고고!

173번 아저씨는 가볍게 액셀을 밟으시고 쾌속질주를 하신 후 오늘의 3번째 목적지 달랏 대학교로 데려다 주셨다. 택시비를 주고 아저씨와 이별을 하게 되었는데, 이번에도 아저씨가 대학교 앞에서 우리가 나오길 기다리면 어떡하지 하는 생각이 약 2초간 뇌를 스쳤지만, 택시비를 받은 173번 아저씨는 이번에는 우리와 굿바이를 나누고 바로 출발 하셨다. 오! 아저씨 그냥 가시는 걸 보니 대학교 구경은 좀 시간이 걸리나 봐요?

오우! 드디어! 마침내! 달랏 대학교가 눈앞에 있다. 학교 입구에서 젊은 청춘들이 여럿 모여 있었는데 택시에서 내리는 우리에게 일제히 시선을 꽂아서 약간 부끄러웠다. 자, 이 제 달랏의 인텔리들은 과연 어떻게 지내는지 달랏 대학교 속으로 한번 들어가 볼까?

는 개뿔, 대학교가 방학이라서 학교에 사람이 없다. 강의실도 다 문 닫았고 사람이 없 어! 황량해! 달랏 역 적막강산이라고 했더니 거기는 우리의 상황극으로 훈훈하게 끝나 기라도 했지, 여기는 상황극 하기엔 너무 넓어! 막 넓어! 그러던 차에 우리는 몹시 반가운

것을 발견하게 되었다. 바로 한글이다! 한글만 봐도 반가웠는데 가까이 가서 보니 베트남 한국 아카데미 센터라고 한다. 우와 신기해! 막 신기해! 달랏 대학교에 한국학과가 있다고 하더니 정말이었어! 유언비어가 아니었어! 자랑스럽구나, 나랏말싸미! 세종대왕님, 몹시 기뻐하세요! 달랏 대학교에 우리말 가르치는 곳이 있고, 우리말 배우는 사람들이 있어요! 적막강산 같은 달랏 대학교가 갑자기 정이 막 붙기 시작하는데! 28회 한국어능력시험 공고도 보이는데! 한국학과 학생들은 모두 지원을 하라는데! 한국으로 유학 가려는 학생, 한국회사에 취직하려는 학생도 모두 지원하라는데! 자세한 것은 베-한 센터에 문의를 하라는데! 뭔가 베트남판 토익공고를 보는 거 같다. 한국어 수업하는 모습을 보고 싶었지만, 방학이라서 적막강산이다. 아쉽지만 발길을 돌려야 한다.

한국학과 건물을 나와 걷다가 벽에 공고판이 있길래 가까이서 보니 이건 마치 1학기 기말고사 시험성적표 같아 보인다. 이름과 성적이 일렬로 적혀있는데 이게 너무 귀여워 보인다. 어떤 학생은 A+이고 어떤 학생은 C+인데 전체적인 평점을 보아하니 교수님은 점수를 후하게 주시는 편인 거 같다. A, B가 골고루 있었고, C, D는 아주 조금 있고, F는 전혀 안 보인다. 이런 후한 교수님을 보았나! 문득 학부 때의 한 기억이 떠올랐다. 4학년 1학기 기말고사 때였는데, 당시 학장님 과목 시험을 앞두고 난 전날에 정말 가열차게 공부를 했다. 너무 가열차게 공부를 한 나머지, 다음 날 아침 9시 시작인 시험시간에 난 자취방에서 깊은 잠을 자고 있었다. 문득 깜짝 놀라서 시계를 보니 아침 9시 50분을 향해 달려가고 있었다. 지금 서둘러 뛰어가 봤자 시험장에는 아무도 없을 것이 뻔했고, 방법은 없어 보였다. 혼자 살다 보면 누가 깨워주는 사람이 없기 때문에 1년에 몇 번씩은 이렇게 알람을 해놓아도 전혀 못 듣고 세상 모르고 잘 때가 생기는데, 그날이 그날이었다. 변명할 것도 없고 시험에 응하지 않은 이유를 말하라고 하면 정말 진실되게 잔다고 못 왔습니다라고 하면 그 얼마나 나라는 인간이 경멸스럽겠는가? 싹싹 빌어도 경멸할 것은 변함없고, 안 싹싹 빌어도 경멸하기는 마찬가지. 마음을 차분히 가라앉히고, 세수를 하고 가방을 싸서 학장님 방에 찾아갔더니, 역시 나의 예상대로 학장님은 경멸하는 눈빛으로 나를 바라보며 뭐하다가 늦었냐고 물으셨다. 다른 이유 댈 것 없이 늦잠자서 늦었다고 말씀드리니, 학장님은 나를 천하에 다시 없을 개망나니 보듯 다그치셨다. 그래도 다행히 시험을 칠 기회는 주셔서 아무도 없는 강의실에서 나 혼자 시험을 보는데 그나마 전날 가열찬 공부를 해서 커다란 백지 한 장이 모자라 두 장을 앞뒤로 새카맣게 답안을 작성하고 나왔는데 그때 받은 성적이 D+였다. D+라는 글자를 보면 언제나 이 기억이 떠오른다. 잠시 D+에 대한 회한에 잠겼더니 눈물이 나네.

대학교정이라는 건 참 멋있고 뭔가 다정한 느낌이 든다. 내 마음의 모교 경북대 교정을 거니는 것처럼 달랏 대학교의 교정도 참 정이 가고 마음이 편안해진다. 학교에 나무가 많아서 더욱 좋다. 학생들과 교수님으로 가득 찬 활기 넘치는 기간이었으면 좋았겠지만, 마음이 편안해지는 시간을 가진 것, 달랏 대학교의 모습을 볼 수 있었다는 것에 감사한 마음을 가지기로 했다.

달랏 대학교를 다 구경하고 나오니 과일을 팔고 계시는 아주머니가 한 분 계셔서 람부탄 한 봉지를 샀다. 람부탄 봉지를 달랑달랑 들고 내리막길로 내려오니 대학로인지 번화가가 좀 보이길래 가장 먼저 보이는 작은 카페로 들어가 목이라도 좀 축이면서 잠시 쉬어가기로 했다.

베트남에서 가장 맘에 든 음식 중의 하나가 바로 느억미아다. 사탕수수를 기계에 넣어서 쪽 짜서 나오는 액체를 모아서 얼음을 넣어주는데 어찌나 시원하고, 달콤하고, 맛있는지! 거기다가 가격도 아주 저렴해서 우리 돈 300원에 이 호사를 누릴 수 있다. 그런데 이상하게 느억미아를 쉽게 발견할 수가 없었다. 내가 가는 곳마다 있었으면 좋겠는데 하노이에서는 한 번도 못 보고, 냐짱에서는 탑바 온천 갈 때 딱 한 번 봤다. 그래서 거기서 한잔 마시고 오늘 달랏에서 두 번째 느억미아를 마시게 되었다. 난 달콤한 느억미아가 너무너무 좋다. 느억미아는 반드시 얼음을 넣어서 시원하게 해야 그 맛이 극대화되지, 미지근한 느억미아는 하나도 맛없다.

캬! 이 시원한 느억미아를 한국 가서는 다시 마실 수 없다니 매우 안타까운 일이다. 그래서 가능한 한 느억미아가 보일 때마다 많이 마셔보고 싶었다. 택이와 나는 이 작은 카페에 앉아 느억미아를 시켜놓고 지나가는 사람들도 구경하고 여행이야기도 하고, 오늘 저녁엔 숙소에 돌아가서 뭐할지도 이야기하고. 여행은 택이와 나를 참 풍부한 관계로 만들어주어서 좋다. 여행 와서는 평소 않던 이야기도 나눌 수 있고, 쉽게 하지 못했던 깊은 이야기도 나눌 수 있다. 깊은 이야기라고 해서 19금 이야기는 아니다. 하루하루를 함께 계획하고 적어도 45일 동안은 운명공동체가 붙어 있어야 하므로 그 관계는 더욱 돈독해지고 단단해진다. 싫어도 함께 해야 하고 좋아도 함께 해야 한다. 그래서 서로 이해하는 폭이 더욱 넓어지고 그 깊이도 깊어진다. 그래서 앞으로도 우리는 쭉 여행을 해야겠다. 늙어서도 이렇게 즐거운 여행을 하려면 소처럼 열심히 일하지 않으면 안 되는 족쇄 같은 삶이지만, 그래도 그 시간을 버티면 다시 자유로운 영혼이 되어 훨훨 날아갈 수 있으니 어쩌면 행복한 고민이라고도 할 수 있겠다. 느억미아를 별로 즐기지 않는 택이는 남긴 느억미아를 나에게 밀어내고 진한 베트남 커피를 한잔 주문해서 홀짝홀짝 마신다. 느억미아 두 잔, 감사하다.

어제는 케이블카 타는 곳에서 스마트폰 지도를 보고 숙소까지 걸어왔는데 오늘은 어떻게 할까? 택이가 다시 스마트폰으로 위치를 검색해보니 여기서 쑤언흐엉 호수까지 걸어서 50분쯤 걸릴 거 같다고 한다. 어제처럼 도보여행하다가 10점 만점으로 머리를 정통으로 맞는 아저씨의 안타까운 에피소드를 또 목격할 수 있기도 하고, 택이와 손을 꼭 잡고 걷는 길이 즐겁기도 하기 때문에 오늘도 두 손 꼭 잡고 숙소까지 걸어가기로 했다. 날씨가 덥지 않고 시원하기도 하지만, 달랏의 길이 워낙 깨끗하고 걷기에 안전하므로 달랏은 도보여행하기가 너무 즐겁다.

쑤언흐엉 호수는 참 예쁘다. 호수 안에서는 오리배도 탈 수 있고, 호수 가장자리에는 잔디밭이 펼쳐져 있는데, 돈 주면 여기서 말도 탈 수 있다. 벤치에는 연인들이 서로 죽고 못 산다고 뽀뽀하고 난리다. 집에서 맛있는 거 오만상 만들어 와서 호숫가에 돗자리 깔고 먹는 가족들도 있는데, 진짜 한입만 달라는 소리가 목구멍까지 차오르는 거 자제하느라 매우 힘들었다. 나도 김밥이랑 간장양념치킨 싸서 소풍 가고 싶다. 호숫가에서 달달한 데이트를 마치고 달랏 시장을 거쳐 숙소로 돌아가려는데, 오전에는 한가했던 달랏 시장이 여행을 마치고 돌아온 저녁이 되니 활기가 넘친다. 많은 사람들이 모여서 물건을 사고 물건을 팔고, 수많은 이야기가 오고 가고 있다. 숙소로 가서 잠도 좀 자고 휴식을 취한 후 밤이 되면 다시 이곳 달랏 시장으로 나와서 맛있는 주전부리 탐험을 시작하기로 했다. 아침부터 시작해서 계속 걸어 다녔으니 너무 피곤하다. 방에 돌아와 보니 아침에 맡기고 나간 우리들의 빨래가 가지런하게 걸려있다. 빨래를 맡겨서 이렇게 방에 직접 걸어다 준 건 이번이 처음인데, 워낙 날씨가 흐리고 습해서 그런지 방안에 빨래들이 걸려있지만 덜 말랐다. 습기가 막 느껴진다. 아마 건조기는 없나 보다. 달랏에서 보내는 마지막 밤이다. 내일 아침이면 우리는 택시 타고 달랏 공항을 가서, 베트남 항공 비행기를 타고 호찌민으로 쓩 날아가서, 호찌민 공항에서 9시간 대기하고 있다가 다시 에어아시아 비행기 타고 방콕으로 쓩 날아가지요. 오늘이 달랏에서 마지막으로 보내는 밤이자, 베트남 여행이 끝나는 날이자, 우리 여행의 1/3이 되는 15일이 지나가는 날이다. 아! 왠지 감개무량한 이 느낌은 뭐지? 그래도 기특하게 15일 동안 무사하게, 무탈하게 여행을 순조롭게 잘 이어가고 있다. 택아, 우리 50살, 60살이 되어도 이렇게 손 꼭 잡고 세계를 누비면서 다녀보자.

꿈처럼 달콤한 잠을 자고 일어나니 어느새 어두운 밤이 되었다. 시원한 날씨 속에서 도보여행을 하니까 정말 쾌적하고 좋은데 평소 잘 걷지도 않는 커플이 이렇게 여행 와서 많이 걸으니까 피곤했나 보다. 베개에 머리 뉘자마자 기절한 거 같다. 달랏 시장의 계단으로 나오니 이미 인산인해를 이루고 있는 대장면이 펼쳐지고 있다. 밤에 피는 장미, 달랏 시장! 어디 인파를 헤치고 우리도 주전부리의 세계로 한번 떠나볼까? 계단의 양쪽에는 건물로 된 상점도 있고 길거리 노점처럼 주전부리를 팔고 있는 상인들도 많았다. 해산물도 많고 구운 옥수수, 물로 찐 옥수수도 있고, 삶은 달걀, 구운 오징어, 여러 가지 종류의 꼬치, 뭔지는 모르겠지만 하여간에 맛있어 보이는 주전부리를 많은 분들이 팔고 있고, 많은 사람들이 목욕탕 의자에 앉아 야금야금 맛나게 먹고 있다. 나도 이 계단 끄트머리에 있는 음식점에서 뭘 하나 먹어볼까 하고 사람들이 옹기종기 앉아있는 곳으로 모르는 척 스윽 다가가 보았는데, 그릇에 담긴 음식의 비쥬얼이 나의 취향과 몹시 맞지 않았다. 사람을 외모로 평가해서는 안 되지만, 음식은 외모가 떨어지면 고만 먹고 싶은 생각이 달아나버린다. 사람은 사람이고 음식은 음식이다.

여름에도 털 모자를 쓰고, 가죽옷을 입는 고산지대 달랏에 해산물이라니 이 언발란스함을 어떻게 받아들여야 하나? 혹시 해산물이 아니라 민물에서 사는 건가? 궁금하긴 해도 중요한 건 아니다. 내가 언제부터 해산물에 이렇게 환장하게 되었는지는 모르겠지만, 냐짱 랍스터 이후에 가장 흥분되는 순간이다. 음! 어떤 걸 먹어볼까? 소라는 한국에서도 먹어볼 수 있으니까 저 이름 모를 골뱅이처럼 생긴 걸 달라고 해봐야겠다. 택이가 해산물을 좋아하지 않으니 딱 한 접시만 빨리빨리 먹고 가자. 주문한 음식을 기다리고 있는데 정말 순식간에 음식이 나왔다. 아, 그런데 이건 뭐 너무 적잖아! 이걸 누구 코에 붙여? 내 코에? 택이 코에? 맛은 뭐 그냥 쫄깃쫄깃한 소라 맛이었는데 아무리 그래도 이거 양이 너무 적어서 정말 바가지 쓴 기분이다. 안 그래도 해산물이 비싼데 양까지 적으니까 너무 배신감 든다. 나는 순식간에 한 접시를 해치우고 나와서 다른 해산물 가게로 가서 또 다른 해산물을 먹어보기로 했다. 택이는 계속 의욕이 없고, 나의 의욕은 성층권을 뚫을 기세다. 지금이 아니면 먹지 못하리! 내일이면 떠나리! 어떡하든지 한 접시 더 맛나게 먹고 돌아가리! 그다음으로 들어간 해산물 집에서는 가리비를 골라보았다. 택이가 골라준 메뉴다. 희한하게 택이랑 나랑 처음 들어가는 음식점에서 메뉴를 주문할 때 늘 다른 것을 시키는데, 택이가 시킨 메뉴의 성공률이 90%를 상회하고, 내가 시킨 건 실패확률이 90%를 상회한다. 나는 이 진리를 알면서도 늘 택이랑 다른 걸 시키는 무모한 도전을 하고 나선 늘 후회를 하지. 하지만 지금 이 순간! 택이가 "저 가리비를 한번 먹어보도록 해." 하길래 나는 아주 말 잘 듣는 한 마리 양이 되어 택이의 선택을 100% 수용하기로 했다. 과연 잠시 후에 가리비가 맛있게 요리되어 나왔다. 오! 괜찮아. 아까보다 일단 양도 많아 보이고. 자 보자…! 가리비가 하나, 둘, 셋…. 9개! 땅콩과 쪽파가 막 뿌려진 가리비가 9개! 많은 양은 아니지만 일단 혼자 먹기엔 괜찮은 양과 적당한 비쥬얼! 나는 순식간에 가리비 9개를 껍질만 남긴 채 해치워버렸다. 택이가 안 거들었으니 망정이지 택이가 거들기라도 했으면 3번째 집에 가야 했다. 그런데 곰곰이 생각해보니 택이가 안 거들었는지, 못 거들었는지 약간 헷갈리기 시작했다. 못 거들었던 걸까?

축복 십억

❡ 며칠 전 달랏 케이블카를 타러 갈 때 탄 마일린 택시기사님이 매우 착하고 친절하셔서, 나중에 혹시 또 택시 탈 일이 있으면 아저씨 택시를 타고 싶어서 미리 명함을 받아

둔 게 있었다. 오늘은 방콕으로 이동하기 위해서 달랏 공항으로 가야 하는데 어제저녁에 호텔직원에게 이 번호로 전화해서 오늘 아침 6시에 좀 와달라고 전화를 부탁했었다. 정신없는 아침을 맞이하기는 싫기 때문에 어젯밤에 숙소로 돌아와 대충 여행 짐을 다 싸놓은 상태다. 마일린 택시기사님께 예약전화를 해놓긴 했지만, 혹시라도 안 오시면 어떡하지? 약간 걱정이 되기도 했지만, 택시는 정확히 새벽 5시 50분에 숙소 앞에 도착했다. 기사님이 친절하게도 무거운 캐리어도 직접 다 넣어주셨다. 호텔직원과도 작별의 인사를 하고 싶었지만, 꼭두새벽이라서 그런지 직원들은 없었다. 이렇게 달랏과 아쉬운 이별을 하게 되다니.

우리는 가벼운 마음으로 달랏 공항을 향해 출발하였다. 새벽이기도 하고 달랏 공항은 매우 외진 곳에 있었기 때문에 완전 쾌속질주를 하며 마일린은 달린다. 대략 50분 정도의 질주 뒤에 우리는 달랏 공항에 도착하였다. 택시로 50분 질주면 얼마나 먼 거리인지 짐작이 가시려나? 그것도 도로정체도 전혀 없는 100% 쾌속질주로 50분을 달렸으니, 처음엔 택시비 45만 동 나와서 속이 너무너무 쓰렸는데, 이거 우리나라에서 이정도 거리를 택시를 탔으면 10만 원은 넘게 나왔을 거라며 쓰린 속을 애써 달랬다. 187번 아저씨는 끝까지 친절함과 온화한 미소를 잃지 않고 우리를 안전한 여행을 할 수 있게 도와주었다. 아저씨는 오늘 새벽 5시 50분에 우리 숙소 앞에 도착하기 위해 얼마나 일찍 일어나서 세수를 하고 옷을 입고 채비를 해서 준비를 해야 했을까? 달랏 시내로 다시 돌아가는 길은 얼마나 피로할까! 아저씨에게 우리는 몹시 감사해하며 작별인사를 하고 그렇게 187번 마일린 아저씨를 보냈다.

달랏 공항은 생각보다 크고 깨끗했다. 이른 아침이라서 그런지 사람도 별로 없고 오랜만에 느껴보는 아침 공기가 몹시도 상쾌하게 느껴졌다. 공항 안으로 들어가 보니 지은 지 얼마 안 된 것처럼 모든 게 깨끗하고 새것이다. 그런데 우리가 탈 비행기의 출발시각이 1시간밖에 안 남았는데 공항에 직원들이 너무 없다. 전광판에 전원도 안 들어와서 비행 스케줄도 아직 뜨지 않았다. 하도 이상해서 우리가 잘못 왔나 싶어서 항공권을 다시 확인해도 우리가 제대로 오긴 제대로 와 있다. 조금 있으니 직원들이 하나둘씩 보이기 시작하더니 전광판도 켜지고 우리가 탈 비행기 스케줄이 드디어 보인다. VN1385편 오전 8시 10분 호찌민행 비행기가 드디어 떴네! 떴어. 대략 오전 6시 40분부터 비행기 시각인 8시 10분까지의 기다림이 왜 이렇게 지루한지, 공항에서 이 정도 시간은 길지도 않은데 오늘은 유난히 지루하고 지겹다. 공항에 구경할 것도 없어서 그런 건지, 부산한 느낌도 없는 이 적막강산 같은 공항에서 내가 또 상황극을 해야 시간이 잘 가려나? 체크인도 시작돼서 우리는 수속을 밟고 출국장으로 나갔는데 콩만 한 면세점에서 내 눈에 딱 걸린 장면이 나타났다. 임팩트도 이런 임팩트가 없다!

오! 이 가방을 사면 축복 십억을 받을 수 있나요? 십억은 정말 축복이지! 세상의 모든 신들이여, 평생 여행이나 하며 인생 즐길 수 있게 아무나 내게 축복의 십억을 내리소서! 선교 열심히 하리다!

드디어 우리가 탈 비행기가 왔다. 달랏에서 호찌민까지는 딱 50분밖에 안 걸린다. 버스도 있긴 한데 대략 7시간 정도가 걸리고, 그 시간을 지겹고 힘들게 어떻게 버스를 타겠나 싶고, 혹시나 가다가 교통사고라도 나서 호찌민에 늦게 도착하면 방콕 가는 비행기를 놓칠 수도 있겠다 싶고, 안 늦게 제시간에 도착한다 치더라도 호찌민 버스터미널에 도착해서 거기서 다시 호찌민 공항까지 갈 걸 생각하니 머리가 아파서 난 그만 시원하고 깔끔하게 비행기로 가는 방법을 택했다. 우리는 몹시 부푼 가슴을 안고 파란색 베트남 비행기에 몸을 실었다. 비행기가 붕~떠오르는 느낌은 언제나 신 나고 설레고 재미있다. 달랏~ 안녕! 너무너무 즐거운 여행이었어. 무척 매력적이기까지 했지. 지금 달랏을 떠나면 다시 언제 여길 찾을 수 있을지 모르겠지만, 첫 만남치고 꽤나 반갑고 정겨운 느낌이야. 잘 있어!

라고 작별인사를 하자마자, 호찌민이 나한테 인사한다. 음, 신속해. 한국 스타일이야. 이제 서늘하고 추운 달랏을 벗어났으니 날씨도 다시 뜨거운 여름으로 돌아왔다. 시원한 에어컨으로 닭살까지 돋는 호찌민 공항 안에서 이 약사는 애벌레가 변태하여 화려한 날개를 펼쳐 보이듯 탈의는 하였으나 날개는 없다는 게 함정. 호찌민 공항 안은 몹시 시원하다. 한여름의 피서가 따로 없다. 우리나라엔 에너지 절약정책으로 한여름의 건물 안이라도 땀이 나는데, 호찌민 공항은 시원하다 못해 추울 지경이다. 덥다고 긴 소매 옷은 다 벗어 제치고 핫팬츠와 민소매 티셔츠만 입고 있는데 아주 그냥 턱주가리가 탁탁 부딪히게 생겼다. 현재 시각 9시 40분, 오늘 방콕행 비행기 저녁 6시. 비행기 탑승까지 대략 8시간이 남았는데 우리는 절대적으로 공항 밖을 나갈 생각이 없다. 호찌민에 대한 악담을 하도 많이 들어서 괜한 호기심으로 밖에 나갔다가 뭔 사고라도 당해서 방콕으로 못 가는 불상사가 일어나서는 안 되고, 이곳 공항 안은 너무나 시원하다 못해 춥기까지 하니 이 한여름에 이보다 더 멋진 피서가 어디 있으랴! 택이와 나는 캐리어를 끌고 2층으로 올라가 부담 없이 먹을 수 있으면서도 장시간 앉아서 노트북과 아이패드를 해도 허리에 큰 무리가 없어 보이는 카페를 찾아 자리를 잡았다. 베트남에서의 마지막 시간이니 333맥주로 아침부터 알코올에 찌든 삶을 한번 살아볼까? 직원에게 받아온 패스워드로 와이파이에 접속해서 택이는 인터넷을 하고, 나는 블로그에 여행이야기를 업데이트하기로 한다. 컴퓨터 하는 것만큼 시간 잘 가는 일은 없다. 333맥주를 7시간 동안 3캔 정도 마시니 기분도 살짝 좋아지고, 하지만 7시간이라는 것 때문에 취하지는 않고 딱 좋은 상태가 되었다. 가끔 다리가 저려서 공항을 돌아다니고 공항 밖에도 나가봤는데, 정말 뜨겁고 습한 공기에 숨이 탁탁 막히는 것이 세상에 이렇게 좋은 피서가 어디 있느냐며 공항 안 나가기를 정말 잘했다. 어느새 시간은 오후 5시를 달려가고 에어 아시아의 전광판에 스케줄이 떴다.

그런데 이런 젠장! 비가 와! 막 와! 아주 그냥 폭우가 막 와! 우리 방콕 가야 하는데! 방콕 가서 카오산의 흥청망청 분위기에 동참해서 클럽도 가고, 맛난 것도 많이 먹고 야무지게 놀아야 하는데! 방콕 가서 자뚜짝 주말 시장에도 가야 하고 우리는 몹시 할 것이 많은 여행자인데, 지금 이 시점에서 이런 폭우가 내리면 아! 어쩌란 말이냐? 트위스트 추면서! 그래도 밖에 비 오는 걸 안에서 지켜보는 걸 난 참 좋아하기 때문에 밖에 내리는 비를 흐뭇하게 감상했다. 내가 지금 여기서 트위스트를 춰도 안 그칠 비가 그칠 수는 없으므로 하늘에서 내리는 비는 하늘의 뜻에 맡기고 나는 창가에 흐르는 빗물을 몹시 감상해야지. 어쨌든 난생처음 비행기 연착되는 걸 경험하고 지루한 기다림은 계속된다. 과연 이 비가 멈추어서 오늘 출발할 수나 있을까? 만약에 오늘 출발 못 하면 에어

아시아는 우리에게 무료 호텔을 제공할까? 천재지변이라서 제공을 안 하려나? 어서 이 비가 그치고 우리도 방콕으로 날아갈 수 있으면 좋겠다. 여행객의 바람이 모두 간절했는지, 아니면 다들 세상모르고 재미나게 수다를 떨고 있는데 나만 간절하게 기도를 해서 그런지 모르겠지만, 대략 6시 반쯤 되니까 비가 많이 줄어들어 하늘에 구멍이 뚫린 듯 내리던 폭우는 어느새 보슬비가 되어 내리고 있다. 그렇게 오후 5시 55분 출발 예정인 비행기는 다행히도, 정말 다행히도 딱 1시간 연착된 7시에 출발하게 되었다. 얏호! 방콕! 기다려! 거기 딱 기다려! 우리 곧 너를 보러 간다~ 자유여행의 성지, 카오산으로 우리가 곧 간다! 기다려! 우리 지금 간다!

방콕으로 날아가는 비행기 안에서 심장은 바운스, 바운스! 두 눈은 duty free, duty free!

Lampang
Vientiane
Mae Tuen
Wildlife Sanctuary
Udon Thani
Phitsanulok
Sakon Nakhon
Khon Kaen
Savannakhet
Roi Et
Nakhon Sawan
Thailand
Nai Mueang
Si Sa Ket
Nakhon Ratchasima
Suphan Buri
Cần Thơ
Ko Samui
Ca Mau
Nakhon Si Thammarat

방콕

배신의 아이콘

꼭 4번째 와보는 방콕이다. 지루한 기다림 끝에 달랏을 출발한 베트남항공 비행기는 2시간 만에 우리를 방콕에 내려주었다. 방콕은 비가 내리고 있었고, 이미 하루가 저물어 시각은 밤 8시를 가리키고 있다. 택이는 꼭 카오산에 있는 숙소에 머물면서 카오산의 낭만을 만끽해보고 싶어 했다. 하여간에 TV가 문제. 카오산에 가면 뭔가 특별하고 색다른 자유와 낭만이 있는 듯 사람을 홀리게 하여서 우리 순진한 택이가 세뇌당한 게 아닌가 싶다. 과연 자유로운 영혼들의 성지라는 그곳에 있다는 카오산의 낭만이란 어떤 것일까?

방콕 공항에 도착한 우리는 입국심사를 기다리고 있다. 그런데 우리 앞쪽에 검은 천으로 둘러싼 한 무리가 있었으니 나는 이들이 중동의 부의 향기 가득한 무리임을 1.4초 만에 눈치챌 수 있었다. 중동언니들 무리는 대략 성인 5명과 어린아이 3명, 그리고 짐꾼 4명으로 구성되어 있었는데, 검은 옷을 머리끝부터 발끝까지 걸치고 있었음에도 범접하기 어려운 대단한 포스를 풍기고 있었기에, 나는 이들에게 시선을 뗄 수가 없었다. 이 언니들은 검정 옷으로 몸 전체를 가리고 있었지만 완벽하게 호리호리한 몸의 소유자임을 한눈에 알 수가 있었고, 걸을 때마다 검정 옷 밑으로 보이는 이브 생로랑의 강렬한 빨간 스틸레토 힐과 손목에 걸쳐진 황금 팔찌, 가녀린 팔목에 들려있는 에르메스는 이 언니들이 보통 언니들이 아님을 알 수 있게 해주었다. 신체 부위라고는 눈과 손만 노출되어 있는 의상임에도, 눈만 봐도 너무 훈녀들이라 난 정말 그 눈 속에 빨려 들어갈 것 같은 느낌을 받았지 뭐요! 하지만 아무리 눈이 예쁘고 부의 향기 가득해도 입국심사는 받아야 합니다.

공항 바깥에 있는 공항 택시 승차장에서 택시를 타면 큰 바가지를 쓰지 않고 안전하게 숙소로 갈 수 있다고 들은바, 우리는 1g의 의심도 없이 택시를 탔다. 이런 말 하는 자체가 벌써 택시비 사기를 당했다는 복선임을 눈치채셨을 거요. 그러하다. 오늘따라 카오산이 이렇게 멀 수가 없다. 택이는 스마트폰으로 구글맵을 띄워놓고 우리가 가는 길이 과연 카오산으로 향하는 길이 맞는가를 계속 확인하고 있었고, 1시간여의 이동 끝에 카오산에 내리긴 했으나, 우리는 매우 우회해서 도착했음을 알 수 있었다. 택시비에 대한 불만이 있으면 택시 번호판이 찍힌 종이에 불만을 적어 우편으로 발송하여 클레임을 걸 수 있도록 공항 택시정류장에서 자그마한 종이쪽지를 받았으므로, 내 기필코 이 종이에 내용을 적어 해당 관리서에 우편을 보내기로 마음을 단단히 먹었다. 평소 350바트 나오는 길이 오늘은 무려 500바트나 나왔지 말입니다! 하지만 얼마 후 안타까운 뉴스를 접하게 되었으니, 인천 공항에서 외국인을 태운 한국인 택시기사가 6만 원 나올 거리를 15만 원의 돈을 뜯었다고 한다. 같은 여행자로서 천인공노할 이런 일이 한국에서 일어났다니 내가 부끄러워서 고개를 들 수가 없다. 고작 우리 돈 6천 원에 흥분할 일이 아님을 깨닫고 그 클레임 종이는 살포시 접어 휴지통으로 던져버리고, 공항 택시에 대한 아픈 기억도 함께 던져버렸다. 밤 10시가 돼서야 숙소에 도착한 우리는 기분 나쁜 택시 때문인지 심신이 너무 지쳐버렸다. 어서 씻고 자려고 욕실 문을 열어젖히는 순간! 36년 내 인생을 통틀어 목격한 가장 거대하고도, 윤기가 촬촬 흐르는 갈색 바퀴벌레님 한 마리가 나에게 '캅쿤카' 하고 인사를 한다.

"안녕? 한국에서 온 아이야! 난 카오산의 터줏대감, 5cm짜리 바퀴벌레라고 해! 가끔 날고 싶을 때도 있지만, 몸이 육중하여 이제 날기는 틀렸단다. 하지만 기분이 아주 좋을 땐 가끔 날기도 해. 오늘부터 너와 함께 3박을 이 방에서 황홀하게 보내보도록 해."

이건 내가 때려잡을 수 있는 사이즈와 포스를 넘어선, 매우 강력한 바퀴벌레님이다. 책으로 압사를 시도하는 순간, 찍 하는 소리와 함께 설명하기도 싫은 액체가 내 얼굴에 대참사를 일으킬 것만 같은 더러운 예감이 드는 이때, 기 싸움에서 나는 밀리고 있다. 사람 불러야 한다.

우리는 5층에서 2층으로 방을 옮기게 되었는데, 방을 바꿔주기 위해 키를 가지고 올라온 파란 안경테를 쓴 어린 여자직원의 퉁명스러운 태도는 당장 방콕을 떠나고 싶은 충동을 일게 하였다. 나의 불만스러움은 고스란히 내 표정에 복사가 되었고, 좋지 않은 분위기를 파악한 파란 테는 무전기로 어딜 연락하더니, 곧 남자직원이 한 명 올라와서 우리 캐리어를 2층 방까지 들어다 주었다. 우리들의 방은 창 하나 없어 이는 곧 완벽한 밀폐용기의 명품, 락앤락을 연상시켰고, 빛이 없으니 아침이 와도 아침이 온 줄 모르고, 비가 와도 비가 오는 줄 모르며, 8시 알람이 울어도 이게 아침 8시인지 밤 8시인지 알 수가 없는 곳이었다. 카오산의 낭만은 비 오는 밤의 사기 택시와 5㎝짜리 바퀴벌레, 그리고 창살 없는 감옥 같은 숙소로 내게 먼저 다가온다. 첫 인사치고 쌈빡한데?

마사지 폭력의 피해자

¶ 어제 밤새도록 시끄러웠을 카오산은 모두 잠들어서 아침의 카오산은 너무 황량하고, 너무 조용하고, 활기가 없다. 밤이 되면 발 디딜 틈 없는 혼잡함을 만들어내는 수많은 인파가 지금 이 시간엔 어디서 뭘 하고 있을까? 그래, 한낮에는 휴식을 취하고 밤이 되면 정열로 가득한 카오산으로 만들어내는 것이 어쩌면 우리 여행자들의 의무이자 권리일지도 몰라. 눈치 없이 대낮에 나와 뜨거운 태양을 오롯이 맞으면서 카오산을 걷고 있는 우리가 이곳의 이방인일지도 모르지.

20만 원짜리 호텔에서 4박, 15만 원짜리 호텔에서 3박을 했던 2년 전 럭셔리한 방콕 여행 때, 모르고 들어갔다가 식겁하고 나왔던 마사지샵이 있었다. 시트도 지저분하고 분위기도 너무 어수선해서 다시 올 일 없다며 뒤돌아섰던 그곳. 그런데 사람일 어떻게 될지 모른다고 budget traveller인 우리는 비싸고 좋은 마사지샵은 필요 없다며, 싸고 시원하기만 하면 된다는 개념이 새로 장착되어, 2시간에 280바트라는 가격은 신의 은총인 듯 눈을 반짝거리면서 다시 올 일 없다던 그 마사지샵 앞에 서 있다.

우리는 이곳에서 이 살인적인 더위를 2시간 피하고, 편안하게 누워서 잘 수 있는 대가로 280바트를 지급하기로 한다. 거기다가 덤으로 마사지까지 해주니 매우 괜찮은 거래임을 확신하며 2년이 흐른 지금 이 순간! 우리는 지금 제 발로 마사지가게로 들어가고 있다.

마사지를 받으면 시원하고 기분이 상쾌해져야 하는데 여행의 비타민이라고 하더니 두통, 스트레스, 피로는 한층 심해졌고 기분은 무거워졌다. 우울할 때는 커피가 최고다.

우리는 차가운 아메리카노 두 잔을 사서 각각 한 손에는 아메리카노를 들고, 남은 두 손 꼭 잡고 이 우울한 기분을 어떻게 달래볼까 생각해

보았다. 원래 이번에 방콕에 오면 디너 크루즈를 한번 해볼 생각이었다. 커다란 크루즈 배를 타고 방콕의 강을 시원하게 구경하고, 배에서 뷔페음식도 배부르게 먹고, 야경도 보는 대가가 1인당 1,000바트 = 우리 돈 4만 원이다. 둘이 합해 8만 원. 그런데 막상 오니 8만 원이 너무 비싸게 느껴지고, 뷔페식사는 필요 없고, 차오프라야 강은 보고 싶고! 우리는 왕복 2시간짜리 크루즈에 8만 원을 투자할 것인가에 대해 2분간의 치열한 토론을 한 끝에 8만 원짜리 디너 크루즈는 과감히 버리고, 그 대신 600원짜리 크루즈를 하기로 결정했다. 배만 타면 크루즈 아니냐며! 크루즈의 묘미는 야경을 보면서 강을 유람하는 게 아니냐며! 우리는 카오산에서 가장 가까운 13번 선착장으로 가서 배타고 저 사판탁신 역까지 갔다가 돌아오는, 간편하고도 저렴한 600원짜리 투어에 나서기로 한 것이다. 끼야악! 요롤레휘!! 요런 재간둥이들을 보았나? 어서 배 타러 가자. 배 타고 방콕의 차오프라야 강을 보러 가자!

카오산에서 프라아팃 선착장은 꽤 가까운 거리이다. 어느새 해가 뉘엿뉘엿 넘어가는 초저녁이라서 뜨거운 햇살이 더 이상 우리를 괴롭히지 않기 때문에 선착장까지 가는 발걸음은 그 어느 때보다 가벼웠다. 선착장으로 들어가서 표를 사려고 줄을 사고 있는데 1일 3똥을 실천하시는 똥의 신, 배변의 달인, 우리 김용택 님에게 1일 4똥의 신호가 왔다. 이런 순간도 놓치지 않고 찾아오는 그분이란! 1일 1 똥도 버거운 나로서는 김용택 님이 대단해 보인다. 그런데 이런 데 화장실이 과연 있겠느냐며 참으라고 했는데, 헐! 유료 화장실이 있네. 이런 데 화장실이 있다는 것도 대단하고, 그걸 미리 알기나 한 듯 신호를 받는 김용택 님도 대단하고, 마침내 1일 4똥을 이룩해내는 거룩한 이 현장도 대단하다.

아줌마! 사판탁신 역 2명이요!

낮에는 햇살이 가득한 뜨거운 카오산이었는데 저녁 시간이 다되어가는 지금은 날씨가 몹시 흐려졌고 비도 조금씩 뿌리기 시작했다. 차라리 잘됐다. 이런 날씨에 1,000바트짜리 디저 크루즈를 신청했으면 얼마나 아까웠을까? 15바트짜리 크루즈는 매우 현명한 선택이었다. 하늘에서 내리는 빗방울이 점점 굵어져 배 가장자리에 서 있던 내 얼굴에 동전만 한 빗방울이 막 떨어진다. 좋아! 더욱더 비가 내려라! 비가 내릴수록 985바트를 아낀 우리의 15바트짜리 여행이 더욱 뿌듯하고 즐거워질 테니 비야, 마음껏 내리거라! 너무 간절히 기도했는지 잠시 후에 배 지붕 위에 모여있던 빗물 1킬로그램이 왕창 떨어져서 그것이 내 안면을 1차 가격한 후, 내 상체와 원피스를 2차 가격 및 자유 낙하하여 원피스 전면이 1킬로짜리 빗물 폭탄을 맞아 온몸에서 물이 뚝뚝 떨어지고 있다. 요거 봐라? 5㎝짜리 윤기 좔좔 바퀴벌레가 나에게 '캅쿤캅' 하고 인사하더니, 방콕의 크루즈가 환영인사를 너무 심하게 하는 면이 있네? 먹구름이 가득하고 비는 내리지만 그래도 양쪽으로 사원의 모습들도 보이고, 비싸 보이는 높은 호텔들도 보이고, 프라쑤멘 요새도 보이고 새벽 사원으로 유명한 왓 아룬도 다 보여! 좋아! 왓 아룬이 새벽 사원으로 유명하긴 하지만, 내가 본 안내책자에는 아래와 같이 쓰여 있었다.

'왓 아룬은 어느 정도 거리를 두고 멀리서 바라볼 때 가장 아름답다. 수상버스나 디너 크루즈 선박에서 감상하고 사진을 찍는 것으로 충분하다.'

충분하대! 우리가 타고 있는 이 수상버스에서 사진을 찍는 것으로 충분하대! 좋아!

우리는 완전 만족스러운 디너 크루즈를 단돈 600원에 클리어했다는 점에 몹시 뿌듯해하면서 카오산으로 돌아왔다. 이런 정신이라면 여행 끝날 때쯤에는 돈 잔치를 할 수도 있겠다 싶었다. 방으로 올라가려는데 숙소 1층에 있는 식당 한켠에서 태국 전통복장으로 분장하고 있는 사람들의 모습이 목격되었다. 뭔 일이지? 직원에게 저거 뭐냐고 물어보니, 잠시 후에 레스토랑에서 태국 전통공연이 있다고 했다. 오! 얼어걸려! 막 얼어걸려! 우리는 가던 길 멈추고 바로 식당으로 들어가 간단한 음료를 주문하고 공연이 시작되기를 기다렸다.

전통복장을 한 무희들이 손님들의 테이블 사이사이를 지나가면서 공연을 보여주니 내 바로 옆에서 무희들의 세밀한 움직임 하나하나까지 볼 수 있어서 정말 실감 나고 흥미로운 공연이었다. 두 무희는 10대 후반에서 30대 초반으로 보였다. 너무 광범위하긴

아이들아, 마음껏 칼을 떨어트리려무나. 왼쪽 갈 때 마음껏 오른쪽으로 가려무나.

하지만 10대 초반과 30대 후반이 아니라는 건 확실하다. 잠시 뒤에는 어린아이들이 여러 명 등장했는데, 이 아이들은 연습이 매우 부족해 보였다. 팔을 다 같이 오른쪽으로 들어야 하는데 왼쪽 팔 들고, 왼쪽으로 움직여야 하는데 틀려서 오른쪽으로 가고, 소품으로 들고 있는 칼을 바닥에 떨어트리는 등 매우 어수선하다. 하지만 이 아이들도 이런 과정을 겪고 이런 공연을 반복함으로써 나중에 커서 아까 공연했던 두 남녀무희처럼 아주 능숙하게 아름다운 공연을 해내는 멋진 무희들로 성장하겠지. 아이들아, 마음껏 칼을 떨어트리려무나. 왼쪽 갈 때 마음껏 오른쪽으로 가려무나.

공연이 끝나고 레스토랑에서 나오니 카오산이 비로 홀딱 젖어있다. 비 오는 카오산이 로맨틱하다. 앞으로 내가 방콕 카오산을 찾을 때마다 비가 오길 바랄 정도가 되었다. 카오산의 맥도널드가 우리를 반기고 있지만, 우리는 한 그릇만 먹어도 든든하고 맛도 정말 좋은데 가격은 완전히 저렴한 팟타이를 먹어야지. 비 오는 날 팟타이 먹으니까 더 맛있어! 한국에서는 비 오는 날 청양고추 넣은 라면이 최고인데, 방콕에서는 팟타이가 최고네! 사실 대구에도 태국음식을 먹을 수 있는 식당이 몇 군데 있는데 카오산에서 800원이면 배부르게 먹을 수 있는 팟타이가 태국음식점에 가니까 무려 14,000원! 14,000원 나누기 800은 무려 17.5배! 반올림해서 18배! 오늘도 감사히 나는 비 내리는 카오산에서 위장 깊숙이 그 향과 질감을 음미하면서 팟타이를 영접한다. 배가 터질지언정 다 먹어주겠어요, 팟타이. 한 그릇 배부르게 팟타이를 먹고 나니 달콤한 디저트가 간절히 당기는 우리들의 레이더에 바나나 팬케이크(Banana pancake) 접수완료! 이걸 현지인들은 로띠라고 부른다. 로띠는 얇은 밀가루반죽 위에 달걀, 바나나, 꿀 등을 옵션으로 넣을 수 있고 각각의 옵션에 따라 가격이 조금씩 달라진다. 우리는 바나나랑 꿀을 선택했는데 정말 맛있어! 디저트로는 죽여주게 탁월한 선택이다.

비 오는 카오산은 매우 낭만적이다. 팟타이를 한 그릇 먹고, 로티를 한 접시 먹어서 배가 부르긴 하지만 이대로 숙소에 들어가기에는 너무 아쉽잖아! 낭만과 사랑과 정열과 자유가 넘치는 카오산의 밤인데! 우리는 한 카페로 들어가 감자튀김과 맥주를 시켜놓고 부슬부슬 비가 내리는 카오산에 완전히 취해봐야지. 감자튀김이 매우 바삭바삭했다. 간도 딱 맞는 이렇게 맛있는 감자튀김은 오랜만이다. 야외석에 앉아 걸어가는 사람들도 보면서, 부슬부슬 내리는 카오산의 비도 만끽하면서, 와이파이로 인터넷도 하면서 아주 여유롭고 꽤 낭만적인 카오산의 밤을 보내나 싶었다. 낭만적인 카오산은 내게 쉽게 오지 않았다. 맛있는 감자튀김과 함께 맥주를 한입 들이키고 난 후 무심코 카페 바닥을 내려다봤는데 이런 샹샹바! 이런 제길! 내 시선이 딱 꽂힌 그 자리에 팔뚝만 한 쥐새끼가! 이런 젠장!! 남색, 쥐색 할 때 그 쥐새끼가!!! 카페 안에 쥐새끼라니! 비 오는 낭만이 가득한 카오산에서 쥐새끼라니! 얼마나 놀랐는지 그 쥐새끼를 발견하는 동시에 나는 앉아있던 의자 위로 나비처럼 올라가 허공에 팔을 휘저으니, 저쪽 테이블에서 혼자 알코올을 들이켜던 한 백인 남성이 내가 테이블 위로 올라가 리듬이라도 타는 줄 알고 흐뭇한 표정으로 나를 바라보고 있다. 너 이 새끼, 쥐새끼한테 안 물리려면 너도 어서 의자 위로 올라가는 게 좋을 게야! 아니면 테이블위에서 나처럼 양팔 벌려 리듬에 몸을 맡겨 덩실덩실 춤이라도 함께 추던가! 거대한 쥐새끼를 목격한 나는 더 이상 카페에 앉아있을 수가 없었다. 하지만 맥주가 반병이 남았고, 감자튀김이 반이나 남아있다. 음식을 버리고 혐오감에서 벗어나느냐, 혐오감을 잠시 참고 남아있는 맥주와 감자튀김을 다 섭취하고 돌아가느냐? 나는 선택의 기로에 섰다. 전자를 선택하기엔 음식은 남기는 게 아니라는 나의 인생철학을 위배하는 것이고, 후자를 선택하기엔 거대한 쥐새끼의 형상이 머리에서 떠나지를 않는다. 어떻게 하지? 그래! 이럴 땐 협동심을 발휘하자! 나의 남은 맥주는 택이가, 반 접시가 남아있는 감자튀김은 내가 아주 그냥 폭풍 드링킹을 하는 환상적인 궁합을 자랑하며 3분 만에 맥주와 감자튀김을 해치우고 카페를 나섰다. 찰떡궁합이 아닐 수 없다. 배가 터질 것 같다.

비 오는 카오산의 낭만을 맥주와 함께 즐기나 했더니 웬 거대한 쥐새끼가 튀어나와 깽판을 쳐 놓고 가는지 원! 아주 그냥 5센치짜리 바퀴벌레와 팔뚝만 한 쥐새끼가 콜라보

(협력)를 해도 유분수지, 세상에 할 게 없어서 약하고 여린 서른여섯 소녀를 대상으로 콜라보를 하고 난리다, 아주 그냥! 콜라보 하면 다 좋은 줄 알고! 콜라보 하면 멋있는 줄 알고! 힘든 하루였다. 시작과 끝을 먹는 걸로 조지다니. 하도 사 먹은 게 많아서 여행가계부 적는 칸이 모자라서 다음 날 자리까지 침범할 지경이다. 힘들게 가계부 정리를 다하고 뜨거운 샤워를 하니 한층 피로감이 가시는 듯하다. 시원한 에어컨이 있는 우리 방이 바로 천국은커녕 어서 빨리 이 감옥 같은 숙소를 빠져나가야 할 텐데. 샤워를 마치고 뽀얀 시트에 몸을 내동댕이쳐서 침대에 엎드린 나를 향해 음료수를 마시던 택이가 기겁하며 갑자기 소리를 친다.

"너 종아리에 이거 뭐야? 누구한테 맞았어? 웬 피멍이야?"

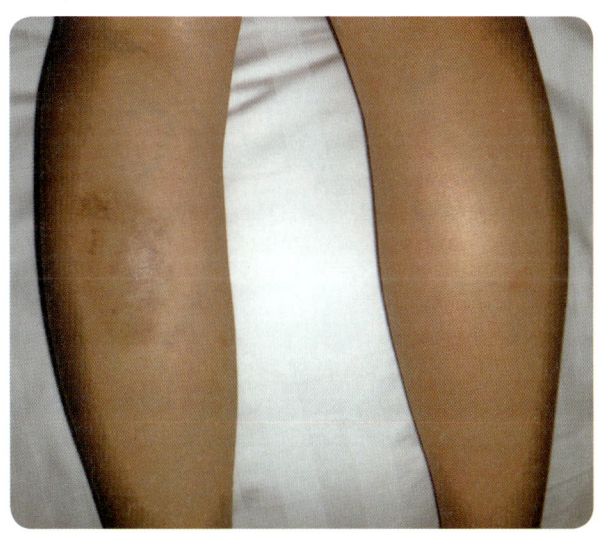

이런 젠장! 소녀의 부드러운 종아리에 피멍이라니! 내가 그만큼 살살 하라고 했는데 가녀린 여성의 종아리를 이 지경으로 만들어놓다니! 여행의 비타민 같은 소리 하고 있네, 여행의 암적 존재 같으니라고! 어쩐지 오늘 온종일 다니는데 왠지 종아리가 욱신거리더라니! 마사지 폭력의 피해여성은 그렇게 화병에 걸려 잠이 들었다.

레드불, 날개를 달아줘요

¶ 문득 눈을 떴다. 온 세상이 암흑이다. 침대맡의 스탠드 조명을 더듬더듬 찾아서 불을 켜 보니 9시 45분이다. 이게 아까 잠들었다가 너무 일찍 눈이 뜨여 밤 9시 45분인지, 숙면을 하고 나서 새로운 아침을 맞이하는 오전 9시 45분인지 알 길이 없다. 이런 거지 같은, 창살 없는 감옥 같은 숙소 같으니라고. 방문 열고 복도에 나가봐도 지금이 아침인지 밤인지 알 수가 없다. 복도에도 창문 따위란 없다.

"택아, 밖에 나가서 아침인지 밤인지 좀 보고 와."

눈이 반쯤 감긴 채로 슬리퍼 끌고 나갔던 택이가 잠시 후에 들어오더니 아침이라고 알려주었다.

날이 밝았군. 한참을 뒹굴다가 볕 한 줌 안 들어오는 이곳 창살 없는 감옥이 너무 답답하고 배가 고파서 방람푸 시장으로 나가보았다. 이 숙소는 사람을 밖으로 내보내는 신기한 재주가 있다. 우리는 튀긴 생선이 몹시 맛있어 보이는 집에 들어가 아침을 시작했다.

그런데 내 옆에 앉아있던 백인은 자기가 골라온 음식을 영 못 먹겠는지 죽을상이다. 음식을 이리 뒤집고 저리 뒤집고 한입 먹어봐도 도무지 이건 안 될 일인지 인상만 가득 쓴 표정이다. 불쌍하다. 그거 못 먹으면 나 줘도 되는데. 그 옆에서 게걸스럽게 먹고 있는 나의 모습과는 사뭇 비교되는 현장이다. 그대는 아무래도 건너편 맥도널드에 가는 게 현명해 보인다. 신 나게 생선튀김을 먹고 나온 나는 위장이 가득 찬 느낌이 도무지 들지 않아서, 바로 옆에 있는 식당으로 들어가서 한 상 더 먹었다. 여행자가 밥을 잘 먹고 다녀야 힘내서 여행하고 다니지, 건강 잃으면 다 소용없다. 아침 식사가 이걸로 끝난 줄 알았다면 그것은 경기도 오산. 두 군데 식당에서 변변한 식사를 못한 택이는 어제 갔던 국숫집의 면발이 그립다고 다시 가자고 했다. 그러하다. 우리는 아침 식사를 세 번 먹는 알뜰여행자. 방콕엔 먹으러 온 건지 어제부터 계속 먹기만 한다. 먹는 게 남는 거라지만

결국 똥으로 나오는 것을. 택이는 1일 3똥이라도 하지, 나는 이틀 걸러 한 번도 힘들게 나올 판인데 중간중간 한 번씩 터지는 쌍바위계곡의 비명과 그 냄새는 때로 사랑으로도 극복이 안 될 때가 있다.

그런데 어제 짜이디 마사지 이후로 몸의 상태가 급격히 안 좋아지고 있다. 견디기 힘든 더위 때문일까? 아니면 창살 없는 감옥 같은 방의 기운 때문일까? 아니면 내 종아리에 피멍이 들도록 몸의 기와 혈을 무시한 마사지 때문일까? 그것도 아니라면 아침을 3번이나 먹어서 그런 건가? 소화도 안 되고, 온몸에 힘이 빠지고 정신이 몽롱해졌다. 점점 서 있기도 힘들어지면서 이러다 쓰러지는 건 아닌가 싶어서 무서워졌다. 택이가 나를 부축해서 서둘러 숙소로 돌아오자마자 구급약 봉지를 주섬주섬 찾아서 그 안에 있는 사혈 침을 꺼내 열 손가락을 다 찔러 피를 냈다. 발가락도 다 찔러서 피를 냈다.

피가 조금 나오면 다시 찔러야 하기 때문에 조금 겁이 나고 아프더라도 침이 제대로 살을 찌를 수 있게 최선을 다했고, 그 결과 피는 아주 그냥 옹달샘 솟듯 넘쳐흘러 휴지를 몇 번이나 갈아치우며 피를 짜냈는지 모른다. 막 짜! 막 짜! 침이 제대로 다 찔러졌는지 피는 쉽사리 멈추지 않았다. 한 30분간을 지혈하고 나서는 온몸에 힘이 풀린 나는

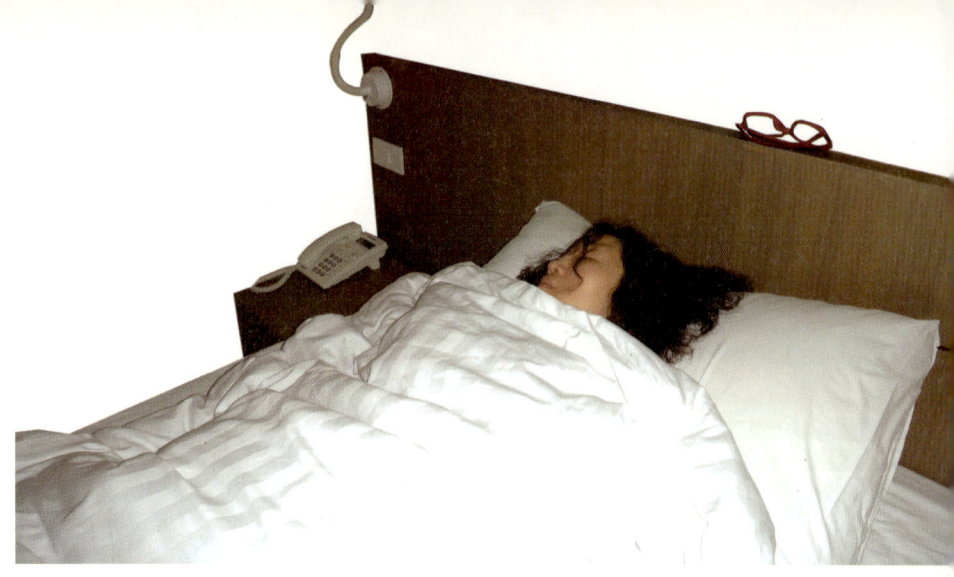

그만 침대에 실신하고 말았다. 한낮의 카오산에서 주연이는 혼절하고야 말았다. 했다네,
했다네, 혼절했다네.

그렇게 한참을 자고 나서 눈이 떠졌다. 햇볕 한 줌 들어올 창 따위는 없는 밀폐형 락앤
락 같은, 창살 없는 감옥 같은 방이다. "택아, 밖에 나가서 낮인지 밤인지 좀 보고 와."

나는 대략 7시간의 폭풍 숙면을 취한 것으로 드러났다. 아까 대낮의 실신 상태와는
사뭇 다른 느낌이다. 이것은 폭풍 숙면의 힘인가, 열 손가락 열 발가락 빨간 피의 힘인
가, 어제 마셨던 레드불의 힘인가. 그 힘의 원천은 모르겠으나 나는 원기가 급격하게 회
복됨을 느끼고 있다. 확실히 몸에 기와 혈이 막힌 느낌이 날 때는 사혈 침으로 열 손가
락, 열 발가락을 찔러서 피를 빼는 게 가장 직방의 효과를 준다. 원기회복도 이런 빠른
회복이 없다. 비도 부슬부슬 내리고, 열 손가락 열 발가락을 다 따고, 덕분에 원기는 회
복되었지만, 아까 혼절해서 폭풍 수면을 취했더니 말똥말똥 잠도 오지 않고 이거 참 애
매하게 됐다. 택이는 하루종일 시름시름 앓던 나를 간호하느라 잠도 못 자고 고생을 해
서 뜨거운 물에 샤워를 하더니, 이제 눈 좀 붙여야겠다며 이불 안으로 들어갔다. 들어간
지 3초 만에 코를 골고 있다. 좋은 숙면이다.

한편, 이 약사는 어떠한가? 아까 혼절하기 전까지만 해도 시름시름 앓으며 곧 생사를

달리할 것처럼 다 죽어가는 소리 하더니 지금은 다른 사람의 몸에 빙의를 했나 싶을 정도로 몸이 방방 뜨고 있는 것이 몸이 근질근질하고, 뭐라도 해야겠는데 뭘 해야 할지 모르겠다. 레드불은 어제 마셨는데 지금 약발이 나타날 수도 있나? 택이는 잠들었지만, 이 약사는 말똥말똥 하다못해 청춘의 에너지가 불끈 솟아오르는 것이 아무래도 이대로는 안 되겠다. 카오산의 밤을 즐기러 나가야겠다. 지금 방에서 이러고 있을 때가 아니다. 나는 서둘러 노트북을 켜고 검색창에 키보드를 두드린다.

"카오산에서 가장 잘 나가는 클럽이 어디인가요?"

"더 클럽이요. 거기가 물도 좋고 분위기도 좋아요."
"더 클럽 가세요. 카오산 한가운데에 있고 간판도 커서 찾기도 쉬워요."
"더 클럽 좋다 그래서 여자 넷이 갔는데요, 1시간 동안만 놀고 나오자며 들어갔다가 다음 날 새벽 4시까지 놀고 왔어요."

레드불, 날개를 펼쳐줘요.

'더 클럽'은 우리 숙소에서 지척의 거리에 있었기 때문에 방에서 나간 지 5분 만에 도착했다. 입구부터 들썩들썩 거리기 시작하는데 지금이 바로 그 유명한 '심장이 바운스, 바운스' 하는 적절한 타임이 되겠다. 클럽 입구에서 간단한 소지품 검사와 함께 나는 청춘의 열기로 가득 차 숨조차 쉬기 힘든 더 클럽 안으로 들어갔다. 음! 난리가 났네, 난리가 났어.

한때 나의 육체는 시들고 멍들었지만 지금 이 순간, 난 우주에서 가장 뜨거운 여성! 난 오늘 이곳에서 육체와 영혼을 불 싸지르기로 한다. 내 심장이 터질 때까지! 과도한 무도로 인해 다리에 힘이 풀려 바닥에 주저하지 않을 때까지, 이러다 죽겠다 싶을 때까지 나는 이 신 나는 음악에 몸과 쏘울을 바쳐 흔들어대리라. 바닥, 긴장해. 좋은 열정이다. 그것은 의지의 차이! 이미 수많은 언니 오빠들은 양동이째로 알코올을 들이켜 온몸이 충혈된 상태! 좋아! 기다려! 나 지금 칵테일 받아서 마시고 있다! 기다려~! 나 간다! 나는 과연 대낮의 카오산에서 혼절했던 그 여인이 맞는가?

오른쪽 오빠는 벌써 멘탈이 육체를 이탈한 것으로 보인다. 살살 마시질 그랬어! 왼쪽 언니들의 함성은 지구를 뚫을 기세다. 언니들 파이팅이다!! 하지만 나는 지금부터 시작하겠다! 칵테일 2잔으로 청춘에너지 충전한 나는 대낮의 혼절을 뒤로하고, 내 청춘 카오산에서 불 싸지르다 죽겠다는 강력한 의지로 약 2시간을 무아지경 속에서 뮤직에 몸을 맡기게 되었다. 내 앞쪽에 5인조 태국팀이 있었는데, 우리는 어느새 클럽 절친이 되어 매우 심하게 놀고 있다. 여기저기서 내게 말을 걸어오지만, 난 이미 무아지경! 말리지 마! 레드불이 날개를 달아준 몸이여! 나는 멈출 수 없는

기차! 브레이크 없는 하이브리드 카! 현장의 열기를 사진으로 찍지 않으면 이 한밤중에 나 혼자 클럽 가서 청춘을 불태웠다는 것을 그 누구도 믿지 않을 것 같아서 나는 음악에 몸을 맡기는 와중에 인증용 셀카를 요리조리 찍어대기 시작했다. 나와 함께 춤을 추던 태국팀이 내가 자꾸 셀카를 찍자, 자기들이 찍어주겠다며 내 디카를 굳이 달라고 한다. 이것들, 수심 5미터까지 방수되고 16:9의 대화면을 자랑하며 컴팩트한 사이즈를 자랑해서 호주머니 속에도 쏙 들어가며, 다섯 가지 색상 중 가장 구하기 힘들다는 핫핑크색 내 디카 들고 튀는 날에는 눈알이 터져, 알아? 레드불이 달아준 날개 보이지? 자, 그럼 이제부터 날 막 찍어! 찍도록 해! 막 찍어! 어서 찍어!

믿고 건네준 준 카메라에는 얼굴은 벌겋게 달아올라 빨간 대야가 됐고, 턱은 2개로 접어졌고, 사진은 뿌연 먼지들로 가득 차있고, 사진 하단은 커다란 손가락과 팔뚝이 존재감이 드높여주셨고, 가열찬 댄스로 인한 겨땀에 촉촉이 젖은 파란색 원피스의 암홀이 울고 있는 내가 저장되어 있었다. 이런 아름다운 사진을 찍어주다니 감사하다. 손목, 팔목 다 써가며 찍어주는 그대들의 열정에 감사하다. 우리는 더욱더 가열차게 놀아보자!

아저씨는 차를 찍고, 나는 아저씨를 찍고!

¶ 지난밤, 알 수 없는 폭발적인 생기 덕분에 혼자 클럽을 다녀온 나는, 집에 전화 안 하고 난생처음 외박하고 들어왔던 17년 전 어느 날 새벽과 데자뷔를 느끼며 숙소로 살금살금 들어와 침대에 그대로 기절을 했다. 역시 숙면에는 기절만큼 좋은 게 없다. 밤새 숙면을 취한 김용택 님은 내가 간밤에 혼자 클럽 가서 청춘을 불태우고 놀고 왔다고 하니까 안 믿는다. 역시 현대사회는 증거주의의 원칙이므로 디카에 담아온 사진을 고스란히 김용택 님에게 감상시켜 주었다. 후후! 놀랍지? 김용택 님은 나의 새벽 클럽 인증샷을 두 눈으로 확인하더니 정말 그 새벽에 혼자 클럽에를 갔느냐며 기절초풍 일보 직전이다. 세상이 얼마나 험한데 혼자 그런 데를 가냐며! 갈려면 자기를 깨워서 데리고 갔어야지, 무슨 일이라도 생겼으면 어쩔 뻔 했느냐며 갑자기 흥분을 하기 시작한다. 침착해! 침착해! 간밤에 아무 일도 일어나지 않았고, 남이 주는 음료수 같은 거 마시지 않고, 완전히 건전하면서도 나의 쏘울과 한국에서 클럽 못 간 한을 다 풀고 왔으니 다시 태어난 느낌이라며, 사람이 이렇게 가뿐할 수가 없다며, 그렇게 흥분할 일은 아니라며, 하지만 앞으로는 어딜 가면 꼭 출필곡반필면(出必告反必面) 하겠다는 다짐을 수차례 하고 나서야 택이의 흥분을 가라앉힐 수가 있었다. 쳇! 좀 자야겠다면서 3초 만에 폭풍 코골이를 한 사람은 어디 갔노?

오늘은 드디어 이 감옥 같은 방을 떠나 씨암(Siam) 쪽에 있는 숙소로 이동하는 날이라서 우리는 서둘러 보따리를 싸고 두 번째 숙소로 도망쳤다. 그런데 여기도 불길한 기운이 들기 시작했는데, 여자의 불길한 예감은 언제나 적중을 해버리지. 우리가 예약한 트윈룸은 3층인데 엘리베이터가 없어! 캐리어가 28킬로인데! 로비를 지나서 객실 쪽으로 나가면 휑해! 야외야! 방콕의 열기가 이곳에 모인 느낌이야! 공동욕실을 써야 하는데 우리 방이랑 멀어! TV도 없어! 택이는 깊고도 슬픈 한숨을 크게 내쉬고는 28킬로짜리 캐리어를 들고 1층부터 3층까지 파이팅을 외치며 올라간다. 택이 얼굴 혈관이 터질 것 같다. 1층에 세탁기가 있어서 밀린 빨래를 하고 2층에 있는 건조대에 빨래를 널어야 하는데 다른 여행자의 팬티 3장은 나에게 자신감을 주었다. 나도 팬티 3장과 브래지어 2장을 살포시 걸어두고 나왔다.

숙소 근처에는 쇼핑몰이 밀접한 번화가가 있어서 사지는 않아도 너무 구경하고 싶어서 팬티를 걸어둔 후, 씨암센터에 가보기로 했다. 이 번화가에는 육교가 하나 있는데 이 위에서 아래로 내려다보면 각종 블로그나 태국 여행 책에서 쉽게 볼 수 있는 알록달록한 방콕 택시와 여러 자동차가 빽빽하게 서 있는 모습을 찍을 수 있다. 우리도 육교를 건너 씨암센터로 가다가 그냥 발길을 잠시 멈추고 한번 찍어보았는데 아쉽게도 핫핑크색 택시도 한 대뿐이고, 무채색의 승용차와 작은 오토바이들이 너무 많아서 예쁜 그림이 안 나와서 그냥 지나갔다.

씨암센터에 들어오니 너무 시원하고 쾌적한 환경에 도무지 밖에 나가기가 싫어졌다. 한여름에 동남아를 여행한다는 것은 땀과의 전쟁이다. 여행하면서 가장 최우선의 가치를 둔 것은 바로 에어컨과 와이파이로, 이 두 개만 해결이 되면 정말 아무것도 바랄 게 없다 싶을 정도로 여름의 동남아에서 에어컨 없이 견딘다는 것은 매우 비인간적인 일이다. 어차피 오늘 갈 데도 없는데 우리는 이 안에서 맘껏 구경하고, 맘껏 먹고 대형 쇼핑몰의 장점을 최대한 이용해보기로 했다. 어두컴컴한 밤이 되면 나가야지! 한여름의 방콕은 온통 세일의 물결이었다. 난리가 났다. 패션피플 이최주연이 이런 장면을 보고도 허벅지를 찌르지 않고 무심한 듯 걸어가는 모습에 과연 김용택 님이 감탄을 한다. 나에게 이런 모습이 있는 줄은 정말 몰랐다나? 훗! 나 한다면 하는 여자거든. 순간의 탐욕으로 우리 여행경비를 써버리는 그런 무모한 여성은 아니야. 날 믿으렴. 푸드코트 가서 택이가 좋아하는 라면 먹고, 교자 먹고, 입이 심심하다 싶으면 아이스크림 막 사 먹고 놀다 보니 금세 저녁이 되어버렸다.

쇼핑몰 피서를 마치고 숙소로 돌아가는 육교로 올라갔는데 아까 내가 자동차를 찍던 그 자리에서 백인 아저씨가 형이상학적인 자세로 사진을 찍고 계신다.

아저씨, 사진 잘 나올 것 같나요? 아저씨의 포즈만큼 멋있는 사진 많이 찍으시길 바래요. 아저씨는 방콕의 차들을 찍고, 나는 아저씨의 뒷모습을 찍는다. 우리는 모두 방콕으로 여행을 온 이방인이며, 누군가를 바라보며 사진을 찍고 있다는 공통점이 있다.

말 없는 불가사리를 패대기치고 싶어!

❡ 확실히 공동욕실을 쓰는 건 매우 불편했다. 싱가포르는 워낙 숙박비가 비싸서 어쩔 수 없는 선택이라고 쳐도, 숙박비가 싸고도 다양한 방콕에서 이곳을 선택한 것은 아무래도 잘못한 거 같다. 그리고 앞으로 생기는 일련의 사건들을 종합적으로 분석해보았을 때 우리가 묵고 있는 이곳 랍디는 나와는 맞지 않는 숙소임이 확실해졌다. 어쨌거나 아침 식사도 해야 하고 씨암 파라곤(Siam Paragon)도 구경하고 자뚜짝 주말 시장을 가야 하는 오늘의 일정을 소화해내기 위해서 씻고 나오니 대략 오전 10시 정도가 되었다. 씨암 파라곤은 정말 큰 쇼핑몰이었고, 나의 눈을 호강시켜주는 많은 브랜드가 있었다. 내가 가장 사랑하는 안나수이 코스메틱(Anna sui cosmetics) 매장이 이곳 방콕까지 온 나를 환영한다며 손짓을 하네. 이브 생 로랑(Yves Saint Laurent)의 아찔한 슈즈와 카바스 백이 나에게 손짓을 하고, 프라다(Prada)의 인디언 핑크빛 고운 가방도 손짓을 하네. 샤넬(Chanel)의 노란 향수병들이, 라코스테(Lacoste)와 Gap이 70% 세일을 한다고 나에게 손짓을 하네. 끌로에(Chloe)의 코발트 블루색 토드백이 나를 좀 들어보라며, 푸치(Pucci)의 환상적인 드레스가 자길 좀 입어보라며 손짓을 하네. 모두 모두 나에게 손짓을

하네. 하지만 난 아웃렛과 창고정리 및 팩토리세일을 사랑하는 여자! 너희들의 손짓을 모두 거부하겠어!

우리는 푸드코트에서 식사를 하고 나와 수족관으로 가보았다. 가격이 비싸기도 했지만 우리는 이미 꽝장한 냐짱에서 놀라운 수족관을 구경하고 왔지 않느냐며, 물고기 구경은 그걸로 됐다며, 우리가 언제부터 해양수산물에 이렇게 관심이 많았느냐며, 수족관은 패스하고 저기 포토존에서 사진이나 찍고 가자고 했다. 정중앙에 있는 포토존에 자리가 딱 비었고 양옆으로 다른 관광객들이 사진을 찍고 있었다. 나는 카메라를 택이에게 건네고 지금 뛰지 않으면 아무래도 정중앙 자리를 쟁취하지 못할 거 같아서 다다다다 포토존을 향해 뛰었다.

만국의 여행객들이 가득한 관광대국에서 나비처럼 날아서 개구리처럼 큰 대(大) 자로 자빠지는 한 여인을 본 적이 있는가? 바닥은 무엇 때문에 그리 부드러워 나를 공중으로 부양시키는가? 나는 언제 한 번이라도 양손이 날개인 것처럼 양팔 벌려 붕 날아서 큰 대 자로 바닥에 내동댕이쳐진 적이 있던가? 레드불이 달아준 날개는 어디로 갔는가? 눈 깜작할 사이에 벌어진 공중부양 후 바닥과 뽀뽀하고 있는 나는 대략 50억 개 정도의 시선을 느낄 수 있었고, 차마 얼굴을 들 수 없어서 머리를 파묻고 지금 이 순간, 세상이 정지되었으면 좋겠다. 세상아, 멈추어버리렴. 『MAN IN BLACK』에서 윌 스미스(Will Smith)가 외계인들이랑 만나서 신 나게 얘기하고 나서, 그 장면을 본 지구인들의 기억을 지워버리기 위해서 무슨 기계로 빛을 팡 쏘면 지구인들은 언제, 무슨 일이 있었느냐며 아무것도 모르고 제 갈 길 가는 장면 많이 나오잖아요. 나 지금 그 기계가 너무너무 필요해! 누가 그거 있으면 나 좀 빌려주시기…. 날 좀 살려주시기…. 윌 스미스 형, 그거 어디 가면 구할 수 있나요? 얼마면 되나요? 나는 머리를 파묻고 시름시름 앓으면서 어떻게 하면 그걸 구할 수 있을지 고민하고 있는데, 누가 나를 쳐다보고 있는 느낌이 들어 고개를 들어 보니 택이가 아닌 웬 외국인 청춘이 나를 빤히 지켜보고 있다.

이봐, 총각! 여기 있는 사람들 다 나보고 비웃고 있었지? 그지? 그지? 나 공중부양하고 착지할 때 사람들이 막 스마트폰으로 나 찍고 그랬지? 이봐, 총각! 나 많이 떴나?

높이 높이 떴나? 얼마만큼 떴나? 10점 만점에 몇 점이나 나왔나? 내가 막 국제적으로 부끄러워서 눈에 눈물이 그렁그렁 맺히고 있는데 총각은 나에게 손을 뻗어 나를 일으켜주었다. 그리고는 내가 지금 머릿속으로 생각한 걸 다 들은 것처럼 열다섯 청춘이 21살 연상의 여인을 달래주고 있다.

"괜찮아. 어서 일어나. 여기 있는 사람 아무도 너를 못 봤어. 정말이야. 부끄러워하지 말고 일어나. 다친 곳은 없니? 울지 마. 내가 장담하는데 여기 있는 사람 아무도 너를 못 봤어. 넌 그냥 아무렇지도 않은 듯 일어서서 다시 사진을 예쁘게 찍으렴!"

아, 어린 시키가 어디서 이런 아름다운 매너를 배웠을까? 수업시간에 배우나? 이 무슨 감동적인 사랑의 하모니인가! 서른여섯 자빠진 한국여성과 열다섯 건장한 청년 사이에 하트 뿅뿅이 샘솟으려고 하자 바로 그 순간, 택이가 달려와 내 손을 잡는다. 지금 서른여섯 아저씨가 열다섯 청춘한테 질투하고 있는 거야? 아니, 그럼 내가 발라당 자빠지는 순간 카메라고 뭐고 다 팽개치고 나에게 달려왔어야지, 이건 뭐 내가 공중부양하는 순간부터 착지하는 순간까지 치밀하게 다 찍어대는데 이건 뭐 종군기자가 따로 없네! 김용택 기자네, 기자야! 어쨌거나 현재 좌 청년, 우 택이 뭐 이런 상황이다. 나는 두 남성의 손을 꼭 붙잡고 일어나긴 했지만, 도저히 부끄러워서 고개를 들 수가 없다. 열다섯 청춘은 아무도 나를 보지 못했다고 위로해주었지만 난 알아. 이곳 모든 사람들, 심지어 지금 여긴 저 위층까지 다 뚫려있기 때문에 저 위에 있는 사람들까지 내가 발라당 자빠지는 것을 모두 감상했다는 것을. 애써 태연한 척 일어서서 머리를 정리하고 옷을 툭툭 털고 괜찮은 척했지만, 안 되는 건 안 되는 거다. 공중부양은 공중부양이고 어차피 발라당 넘어졌으니 더욱더 사진은 찍고 가야 한다. 나의 공중부양 충격이 컸는지 아무도 포토존으로 오지 않고 주위에서 서성거리면서 사진을 찍고 간다. 택이는 나를 힘겹게 달래주고 역사적인 씨암 오션 월드 (Siam Ocean World) 앞에서의 기념 샷을 완성해주었다.

내 옆에 있는 불가사리의 웃음이 참으로 해맑다. 포즈는 더욱더 역동적이고 행복해 보인다. 근데 나는 왜 저 웃고 있는 불가사리를 패대기치고 싶지? 서둘러 씨암 파라곤(Siam Paragon)을 도망치듯 나온 우리는 자뚜짝 시장으로 가기 위해 BTS 역으로 향했다.

쾌속 BTS를 타고 모칫 역에 내렸는데 눈앞에 보이는 광경이 내 목을 조여오고 있다. 날도 미친 듯 더운데 이 많은 사람들 좀 보소. 안 그래도 더워서 쓰러질 지경인데 저 인파를 헤치고 자뚜짝 시장으로 갈 생각을 하니, 아…! 갑자기 뒷골이 팍 당긴다. 자뚜짝 시장은 너무 규모가 커서 쇼핑할 때 그냥 마음에 든다 싶으면 그 자리에서 사야지, 더 싼 집 없는지 돌아다니다가, 더 싼 집 없어서 원래 집 찾아가는 순간 헬 게이트는 열린다. 그 집 찾다가 하루해가 다 가고, 하루해는 다 갔는데, 결국 그 집은 못 찾는 불상사가 펼쳐진다. 방향감각 뛰어난 여행자라면 모를까, 나 같은 인간은 절대로 못 찾는다. 다른 사람들 여행기를 보면 여기서 새 파는 데를 봤다는데, 나는 이번이 자뚜짝 시장 세 번째인데 새 구경도 못 했다. 저번에는 가구 파는 데가 있었는데 오늘은 가구 파는 데도 못 찾겠다. 절대적으로 어딜 찾겠다는 생각은 하지 말고 발길 가는 대로 가야지. 자뚜짝 시장의 명물은 아무래도 먹거리인 거 같다. 더운 길거리에, 수많은 인파 속에서 걸어가면서 구경하는 건 생각보다 힘든 일이다. 그래서 중간 중간 시원한 음료수도 사 먹고, 디저트음식도 사 먹는 건 몸을 위해서라도 매우 바람직한 듯하다. 태국은 길거리에서 과일을 사 먹으면서 다닐 수 있어서 참 좋다. 나는 특히, 한국에서 먹기 힘든 망고를 이곳에서는 저렴하게 많이 먹을 수 있기 때문에 과일장수만 보면 아주 그냥 망고만 죽으라고 먹었다. 여름에는 정말 과일만 한 보약이 없다. 구아바 구아바~ 망고를 유혹하네~. 망고를 유혹할 만도 하지. 자기는 그렇게 맛이 없으니 이렇게 맛있고 탱탱한 망고를 유혹할 만도 해! 망고 한 봉지 먹고 어슬렁거리면서 구경하고 있는데 저 앞에 코코넛 주스가 우리 레이더에 걸렸는데 어떡합니까? 지금 먹으러 갑니다. 시원한 코코넛 주스를 원샷 원킬한 다음, 구경은 계속된다. 저번에는 희귀한 안나수이 비매품을 발견해서 미친 듯 기뻐했던 적이 있는데, 오늘 발길 닿는 곳에는 그런 보물 따위는 없다.

방콕이 오늘도 참 덥다. 흐르는 땀 때문에 구경을 해도 하는 거 같지 않고 이대로 간다면 실신할 거 같은 위협을 느낀 우리는, 어느새 시장구경을 하고 있는 것이 아니라 에어컨이 있는 밀폐된 공간을 매의 눈으로 찾고 있었다. 마침내 문을 열고 들어가야 하는 밀폐된 식당을 하나 찾았다. 문을 열고 얼굴만 빼꼼히 넣어보니 천정에 에어컨이 2대, 저기 벽 쪽에 에어컨이 2대! 합이 4대가 쌩쌩하고 돌아가고 있음을 확인한 우리는 빛의 속도로 식당으로 들어와 자리를 잡았다. 우리는 여기서 심신의 휴식을 취하기로 한바, 메뉴는 그다지 중요하지 않았지만 그중에서 맛있어 보이는 메뉴 2가지와 얼음 빙수를 주문했다. 음식은 최대한 천천히 나왔으면 좋겠다. 아무래도 우리는 방콕에 먹으러 왔나

보다. 먹는 거란 좋은 거지, 수지맞는 장사잖소. 빈속으로 태어나서 수만 그릇 먹었잖소.

나는 자리에 앉았지만, 과도한 더위 탓에 집 나간 영혼이 도무지 집에 들어올 생각을 하지 않는다. 아들아, 돌아오너라. 팬티 빨아났다는 어머니의 외침처럼 정신아, 돌아오너라. 에어컨에 빙수 시켜놨다.

식당에서 원기를 조금 회복한 우리는 다시 자뚜짝 구경을 했다. 싸다고 덮어 놓고 사다 보면 저렴한 품질에 큰 실망을 하게 되니 이게 꼭 필요한 건지, 이 가격에 이 정도면 괜찮을까 하는 상식선의 고민은 반드시 해보고 사야 한다. 지금 우리는 극심한 더위와 열기에 이런 뇌 작용이 일어날 리 없다. 아무 생각이 없다. 다리가 움직여서 끌려가는 거지 결코 내가 걷고 있는 게 아니다. 너무 돌아다녔더니 다리가 아파서 이제 씨암으로 돌아가려는데, 사람들이 많이 모여 있길래 무슨 공연이 있나 하고 우리도 슬쩍 끼어보기로 했다.

길 가운데에서 어떤 아저씨가 마술을 보여주고 계셨는데 아무리 봐도 재미도 없고, 감동도 없고, 스릴도 없다. 구경하는 사람들의 표정을 관찰해보니 이 사람들의 표정이 나와 크게 다를 바 없다. 세상 사람 다양하다 해도 느끼는 감정이 비슷한 걸 보니 '위 아더 월드'이다. 아저씨! 마술이 너무 재미없어요! 재미없어 죽을 지경이에요! 관객들의 표정을 아저씨는 보지 않는다. 본인 할 일만 하고 있다. 그래도 다음 마술은 신기하겠지, 재미있겠지 싶어서 한 10분을 서서 구경했는데 계속 재미없어! 근데 아저씨의 표정은 너무 진지해! 본인이 대단히 유명한 사람이라는 걸 강조하는 듯한 저 증명서 같은 종이는 카오산에서 가짜학위 만들어주는 업자한테 가서 만들어온 건 아닐까 하는 생각마저 들었다. 관객의 평가는 냉정했다. 공연이 끝나도 박수가 별로 안 나온다. 나도 안쳤다.

BTS를 다시 타고 씨암 역으로 가서 저녁쯤에 열린다는 오픈마켓을 구경해보러 갔다. 씨암 역에는 과연 젊은 청춘들이 많이 모여 있는데 정말 벼룩시장이 있나 싶어 흥분해서 다다다다 뛰어 내려갔다. 오늘 오전에 국제적인 부끄러움을 경험했기 때문에 이번에 다다다다 뛸 때는 보다 안정감 있게 주의하며 뛰어갔다. 낮에는 안 나오고 해지는 저녁 6시쯤부터 하나둘씩 문을 연다는 노점상들인데 매우 짧은 인도에 많은 노점상들이 있었고, 품목은 주로 의류, 잡화, 화장품 등 여성을 위한 것들이었다. 눈요기하기에 매우 재미있고, 가격도 저렴한 편인데 그만큼 질도 좀 떨어지는 편이다. 원피스는 우리 돈 1~2만 원이면 살 수 있었지만, 절대 쉽지 않은 패션피플 이최주연이 봤을 때 박음질과 재단과 마무리가 매우 형편이 없어서 2만 원도 아까울 지경인 옷도 꽤 있었다. 하지만 한국에서는 볼 수 없는 독특한 원단패턴의 옷들이 많아서 잘 보고 사면 앞서 가는 패션피플이 될 수 있을 만한 품목도 꽤 많았다. 매의 눈을 가진 이라면 아주 저렴한 가격에 그 누구도 갖고 있지 않을 레어템을 가질 수 있는 씨암 역의 미니 나이트 마켓이다.

내가 이 거리를 걸으면서 놓친 게 하나 있었는데 바로 인형 머리가 달린 머리띠였다. 머리띠에 바비인형 같은 머리만 달랑 딱 달린 것이 매우 경악스러운 디자인이다. 매우 내 패션 취향에 딱 들어맞는 거라서 아 저걸 사야지 하고 생각했는데 왠지 이 거리에 조금만 더 걸으면 똑같은 걸 더 싸게 파는 상인도 있을 거 같아서 찾아봤는데 없는 거다. 그래서 다시 그 집에 가서 사려고 돌아갔는데 없어! 인형 머리 달린 머리띠 파는 업자가 없어졌어! 못 찾으니까 더욱더 사고 싶어져서 그 길을 대략 4번을 왕복했는데도 그 인형 머리띠 팔던 노점을 찾는 데 실패했다. 그 사이에 보따리 싸서 집에 갔나? 차라리 보따리 싸서 집에 간 거라면 그게 더 위안이 된다. 보따리도 안 싸고 그 자리 그대로 장사하고 있는데, 4번을 왕복해도 못 찾은 내 탓이라면 이런 방향감각 상실로 이 세상 우째 살아갈 끼고! 앞으로 여행은 우찌 할 끼고! 참 나! 그 인형 머리 달린 머리띠는 또 어떤 좋은 주인 만나서 주위 사람들을 경악하게 만들고 있을까? 부럽다. 이름 모를, 인형 달린 머리띠의 주인이여. 날 대신해 마음껏 세상을 경악시켜주길 바래! 패션피플은 외롭기 마련이야. 이거내! 그 외로움을! 햇볕의 자취가 싹 사라지고 어둑어둑한 밤이 될수록 노점상 거리는 더욱더 인산인해를 이루면서 정말 발 디딜 틈이 없어졌다. 수많은 액세서리와 가방, 신발, 비키니, 특이한 원피스, 예쁜 치마들이 여심을 흔든다.

오픈마켓을 둘러보다가 마사지샵이 갑자기 나타났다. 택이가 마사지하면 환장을 하는데 왜 하필 이 마사지샵 간판 앞에서 우리 둘은 오늘 무척 많은 거리를 돌아다녔고, 심한 더위로 몹시 힘든 하루를 보냈다는 걸 생각하게 되는 걸까? 그래, 지금 우리에게 필요한 건 일개 끼니 따위가 아니라 시원하고 조용한 곳에서의 휴식이다. 우리는 간단히 1시간 전신마사지를 받으면서 잠시나마 평온을 가져야겠다. 지금 이 순간, 이 평화와 이 평온이라면 저녁 끼니 따위는 없어도 좋다.

는 개뿔, 마사지 마치고 배가 너무 고파서 숙소 근처의 작은 슈퍼에 들어가 컵라면 4개 사서 게눈 감추듯 먹어치우고, 다음 날 1.5배 부은 얼굴을 상상하면서 잠들었다는, 아름다운 밤입니다, 여러분!

배신의 아이콘, 방콕

¶ 방콕 와서 한 거라고는 먹은 거밖에 없는데 벌써 내일이면 비행기 타고 푸껫 가는 날이다. 헐! 이래도 괜찮을까? 우리가 여행 잘하나 못하나 시험 치는 것도 아닌데 괜찮지 뭘. 오늘의 일정은 꽤 세련되었다. 오전에는 방콕에서의 만찬인 MK 수키를 즐기고, 오후에는 숙소에서 진행하는 차이나타운 여행에 합류하고, 저녁에는 택이의 전자공학과 후배가 운영하는 마사지샵에 들러 택이 후배와 저녁 식사를 함께하기로 했다. 그리고 마지막으로, 커다란 쿠션이 잔디밭에 뒹굴고 있는, 사진만 봐도 넋이 나가는 스프링 썸머라는 카페를 가는 것으로 오늘 일정이 완성된다. 방콕 와서 오늘처럼 세련된 스케줄은 없었기 때문에 아침부터 기분이 매우 좋다.

오랜만에 근사한 식당에서 심하게 맛있는 환상적인 식사를 했더니 몸보신 하는 느낌이다. 앞으로 좋은데 많이 가야지, 길거리 음식이나 자꾸 먹어서 될 일이 아니다. 약속시간을 지켜 오늘 차이나타운 투어를 할 친구들과 스태프들이 다 모였다. 친구들과 여럿이 다니는 여행은 또 다른 재미를 준다. 차이나타운은 과연 대륙의 남다른 면모를 과시하며 사람도 많고, 물건도 많고, 음식도 많고, 모든 것이 많다. 이것저것 구경만 하더라도 몇 시간이 금방 흐를 것 같은데, 30분 뒤에 이 자리로 모이자고 하는 스태프의 발언은 모두를 경악게 하였다. 헐! 차이나타운에서 30분 자유시간이 말이 되느냐며! 시계를 보니 2시 20분이길래 "How about Three Thirty?"라고 한 마디 던졌는데 1초도 안 돼서 8명의 투어 친구들이 여기저기서 "That's Great! Very nice! That's cool! That's a good idea!"라며 탄성을 지르기 시작한다. 서른여섯 평생을 통틀어서 외국인들에게 이렇게 심한 호응을 받아보긴 처음이다. 왠지 갑자기 뿌듯해지면서 네 단어로 내가 지구라도 구한 듯 의기양양해졌다. 고맙다 애들아, 호응해줘서. 우리는 일제히 흩어져 신 나게 차이나타운을 구경하기 시작했다. 상품이 많아서 눈요기하기엔 아주 그만이었다. 여기저기 구경도 하면서 시원한 음료수도 한 잔씩 사 먹고 나는 맘에 드는 안경테와 작은 반지를 하나 샀다. 볼 거 천지, 살 거 천지, 싼 거 천지인 차이나타운에서 쇼핑할 때도 자뚜짝

시장과 마찬가지로, 덮어놓고 사다 보면 현금 바닥나는 건 순간이므로 정신 바짝 차려야 한다.

3시 반이 되니 정말 한 명도 빠짐없이 약속한 그 장소에 모두 모였다. 우리는 모두 약속을 잘 지키는 착한 사람들이다. 이제 밖으로 나가 스태프가 툭툭 3대를 잡고서 툭툭 기사에게 행선지를 말하는데, 툭툭 기사의 표정이 별로 안 좋다. 스태프들이 태국 사람이니 바가지를 씌울 수가 없으니! 매연 가득한 길거리에서 질주하는 툭툭을 타면서 우리들의 해맑은 웃음소리가 도로를 즐겁게 만들어주고 있다. 그런데 흑인 아이가 탄 툭툭 뒷좌석이 몹시 좁아 보인다.

흑인 아이가 자리를 많이 차지해서 그 옆의 여자아이가 힘들 거라는 건 경기도 오산이고 몹시 즐거워하는 백인 여성 뒤에 보이지 않는 한 여성이 고통스러워하고 있다. 지금 저 툭툭에는 무려 3명이 타고 있다. 잠시 후에 우리는 중국 사원 앞에 도착했다. 안에 들어가니 럽디의 스태프 한 명이 다 같이 기념촬영을 하자며 모이라 한다. 우리는 막 즐거워서 다 함께 모여서 사진을 찍기로 했는데 너도나도 자기 카메라를 스태프에게 건네면서 자기 카메라로도 찍어달라고 부탁을 했다. 나도 질세라 내 카메라를 건네고 다 함께 사진을 찍는데, 건네진 카메라가 대충 7개였다. 똑같은 자세로 일곱 번을 찍어야 했지만, 다들 본인 카메라에도 이 즐거운 장면이 남을 거라는 생각에 뜨거운 태양 아래서도 흐르는 땀을 견디면서 사진을 찍기에 이르렀다. 6장까지 성공적인 촬영 끝에 이제 내 카메라로 찍기만 하면 된다. 스태프가 드디어 내 디카를 들고 찍는데 뭔가 잘 안 되는 눈치다. 그래서 내가 재빨리 뛰어가서 누르는 버튼을 다시 한 번 알려주고 다시 원래 자리로 돌아와서 스마일~ 하는데, 또 촬영이 잘 안 된다며 뭐라고 하길래, 나는 또 다다다다 뛰어가서 버튼 위치를 재차 상기시켜 주고 제자리로 돌아왔더니, 사진을 같이 찍어줘야 할 친구들이 덥다며 모두 대열에서 이탈하고 각자 자기 갈 길을 가는 게 아닌가?

헐! 님들…. 이러시기 있기 없기?
자기들 사진 다 찍었다고 이럴 수 있는 거야? 헐!
님들, 실망임….

나는 님들 카메라로 찍을 때 뜨거운 햇살 받으면서 참아가며 사진 찍어줬는데, 님들 이럴 수 있는 거야? 투어 친구들도 원망스럽고 그 쉬운 똑딱이로 사진 하나 못 찍어주는 스태프가 원망스럽다. 하아! 힘이 쏙 빠진다. 럽디와 나는 아무래도 인연이 아닌 거 같다.

오늘 저녁엔 방콕에서 작은 마사지샵을 운영하며 사는 택이의 전자과 후배를 만나 저녁 식사를 하기로 했다. 택이 후배는 쌀라댕 역 근처에서 마사지샵을 운영하고 있는데, 우리가 역에 도착해서 전화하면 우리를 마중하러 나오기로 했다. 쌀라댕 역에 도착한 우리는 후배와 마침내 연락이 닿아 후배를 만나서 후배가 운영하는 마사지샵에 가보았다.

번화가가 아닌 도로에 있는 작은 마사지샵이지만 안에 들어가 보니 이미 손님들로 꽉 차서 자리가 없을 정도였다. 작은 테이블에 앉아서 후배와 이런 저런 얘기를 나누는 동안에도 손님들이 들어왔다가 자리 없다고 예약을 하고 가는 정도였으니 나는 이 후배가 너무너무 부러워졌다. 일단 외국에 나와서 생활한다는 자체도 대단해 보이는데, 타국에 나와 자기만의 가게를 잘 운영하고 있는 삶이 몹시 놀랍고, 거기다가 운영도 매우 잘 되고 손님이 많으니 굉장히 대단해 보이고 부러웠다. 택이와 내가 언젠가 이 친구에서 이렇게 외국에 나와서 사는 게 정말 대단해 보인다고 말했더니 이 친구는 우리에게,

"제 눈에는 한국에서 살아가는 형, 누나가 더 대단해 보여요."

뭔가 굉장히 의미심장하면서 심오한 뜻이 담긴 대답에 난 한참이나 멍해졌다. 그리고 왠지 서글퍼졌다. 우리는 후배가 추천하는 쌀라댕 역 근처 한 식당에 들어가서 맛있는 저녁 식사를 했다. 후배가 이거저거 알아서 유창한 태국 말로 주문을 하는데 와! 정말 멋있는 거 있지. 사람이 태어나서 이렇게 외국에서도 살아보고 폭넓게 살아봐야 하는데, 나는 갇힌 개구리처럼 쳇바퀴처럼 살고 있으니 몹시 이 친구가 부럽다. 오늘이 방콕의 마지막 밤이고 내일 오전에 에어 아시아 타고 푸껫으로 들어간다고 하니까, 이 친구는 방콕에 산 지 5년이 넘었는데 아직 그 유명한 푸껫에 한 번도 못 가봤다고 한다.

환상적인 리조트와 해변이 있는 푸껫을 태국 사는 네가 왜 한 번도 가지 않았냐고 물어보니, 이 친구의 대답이 또 걸작이다. "뭐 아등바등 살아야 휴가를 가야겠다, 좀 쉬어야겠다, 생각이 들 텐데 이곳 방콕에서 사는 게 워낙 여유롭고 뭐에 쫓기듯 살지를 않으니 어디 휴가를 가야 할 이유가 별로 없어요."

머리를 한 대 맞은 것처럼 멍해진다. 부럽다. 미치도록 부럽다. 감정노동자, 인간 이최주연이 불쌍해지면서 서글펐다. 사람들이 비수처럼 꽂는 못된 말들 때문에 내 마음은 이미 만신창이. 그래서 나는 말할 일 없고 컴퓨터로 일해서 밥 벌어먹는 사람들이 제일 부러웠다. 그리고 나도 이 아이처럼 껍질을 깨고 무언가 자기 혁명을 이루어야겠다는 생각이 들었다.

여행 오기 전에 방콕을 공부하면서 발견한 주옥같은 사진 한 장이 있었다.

바로 이 사진인데 이런 레스토랑이 방콕에 있다는 걸 발견하는 순간, 나는 그만 영혼을 빼앗기고 말았다. 이 사진을 처음 본 것은 여행준비를 할 때 보았던 방콕여행 가이드북이었는데, 신기한 것이 이 레스토랑의 사진을 양 페이지에 걸쳐 대문짝만 하게 실어놓고는 여기에 대한 정보는 단 한 글자도 안 적어놓은 것이다. 여행자의 탐구정신을 시험하는 거야, 뭐야? 나는 할 수 없이 사진을 묘사하는 검색어로 여기를 찾기 시작했다. '방콕 잔디밭 있는 레스토랑', '방콕 마당에 방석 있는 카페', '레스토랑인데 야외에 커다란 방석이 널브러진 카페', '방콕 방석', '방콕 잔디밭 카페' 등등의 수많은 검색 끝에 여기가 스쿰빗 지역에 있는 'Spring Dining room'이라는 곳을 알게 되었다. 내 저곳에 반드시 가보리라! 미션을 클리어 하리라! 반드시 미터기로 간다는 약속을 확실히 받고 우리는 한 택시에 몸을 실어 이 레스토랑의 주소와 지도를 보여주며 일단 출발했는데, 레스토랑까지 가는 길은 결코 쉽지 않아서 레스토랑에 전화를 몇 번이나 걸어서야 겨우 찾아갈 수 있었다. 택시비에 50바트를 더 주고 내리려는데, 이놈의 기사가 소리를 고래고래 지르며 자기가 이 레스토랑을 찾는 데 힘들었으니 돈을 더 달라는 것이었다. 너무 짜증이 나고, 있는 정 없는 정 다 떨어질 지경이다. 잔돈이 없어서 식당에 들어가 택시 기사가 웃돈을 요구해서 잔돈을 좀 바꿔달라고 했더니, 직원이 미안해하며 50바트만 주고 오라며 잔돈을 바꿔주었다. 나도 그 생각과 같아 50바트를 주니 기사가 태국말로 온갖 욕을 다하고 있다. 아까 더해준 50바트를 더하면 총 100바트를 더 준 거고, 폰도 우리 거니까 전화비도 우리가 다 낸 건데 저 지랄을 하는 걸 보니 인간말종은 세계 어딜 가나 서식하고 있다는 생각이 들었다. 우리 옆에 레스토랑의 안전가드가 있으니 더 이상 반항하지 못하고 쌩하고 가버리는 택시를 바라보면서 나는 심신이 몹시 지쳤다. 사랑하는 방콕에 정이 뚝 떨어지는 순간이다. 정이 떨어질 때 떨어지더라도 내가 그토록 오고 싶어하던 Spring dining room에 어쨌든 도착했으니, 제발 야외석에 앉을 수 있는 행운을 간절히 바라며 레스토랑으로 입장을 했다. 스태프는 야외석에 자리가 없으니 일단 실내석에 앉아있으면 야외석에 자리가 나는 대로 우리를 안내해주겠다고 해서 순진한 나는 또 그 말을 곧이곧대로 다 믿고 실내석에 앉았다. 택이와 나는 식사를 주문하고 야외석 자리가 나기만을 기다리기 시작했다. 오늘 저 멋진 야외석 쿠션베드에 누워 밤하늘을 바라보며, 별이 쏟아지는 밤하늘을 보며 낭만을 즐길 수 있다면 이 정도는 감수하겠어.

우리는 스파게티와 와인 한 잔씩을 시켜놓고 바깥에 자리가 나기를 눈이 빠지도록 기다렸다. 음악이 감미로운지 어떤지도 모르겠고 나의 눈은 오직 바깥만을 향해 있다. 어젯밤, 전화예약은 따로 받지 않고 일찍 오는 수밖에 없다는 직원과의 통화에 야외석 선점에 실패한 우리는 무작정 기다리는 수밖에 없다. 10분, 20분이 흘러도 소식이 없다. 30분이 지나면 밖에 있는 저 인간들이 떠나갈까 쳐다보아도, 아름답고 낭만적인 야외석에 앉아있는 인간들은 일어날 생각을 하지 않는다. 저 사람들은 처음부터 일어날 줄 모르는 사람들일지도 모른다. 1시간이 지나간다. 스파게티 그릇이 비워진 지 오래다. 그릇을 좀 놔두면 좋겠는데 그릇이 비워지자마자 레스토랑 직원이 그릇을 싹 치워버렸다. 테이블이 휑해지면 또다시 뭘 시켜야 한다는 압박감에 나는 와인을 거의 마시지 않고 입만 살짝살짝 대고 있었다. 기다림의 마지노선 1시간 30분을 향해 시계는 달려간다. 좀 있으면 자정이 될 것이다. 우리가 1시간 반을 기다리는 동안 저 야외석에서 일어선 팀은 한 팀도 없다. 저 밖에 있는 팀들도 단단히 벼르고 온 것 같다. 내 오늘 이 야외석을 차지한다면 레스토랑이 문 닫는 그 순간까지 일어나지 않을 거라는 대단한 각오를 하고 온 사람들처럼. 기다림이 2시간이 넘어가도 일어나는 팀이 없다.

그래, 내 주제에 무슨 이런 고급레스토랑이냐! 어차피 방콕은 처음부터 우리에게 호의적이지 않았어. 공항 택시부터, 우리를 살갑게 맞이한 5㎝짜리 바퀴벌레부터, 오! 형그리에서 나를 식겁하게 한 그 회색빛의 쥐새끼부터, 아까 그 택시까지 방콕은 나에게 몹시 공격적이고 적대적이었어. 그래, 내가 무슨 부귀영화를 누리겠다고 지금 여기서 찌질하게 굴고 있는 건지! 우리 여행은 이곳이 아니더라도 아주 아름다웠고, 앞으로도 아름다울 거야! 오늘 여기서 비참한 최후를 맞이할 순 없다고! 더군다나 우리는 내일, 환락의 마실이자 꿈과 낭만의 마실, 푸껫으로 가잖아! 그 무엇도 부러워하지 않아도 돼. 자! 인제 그만 미련을 버리자. 이렇게 애써 위안 삼으려고 노력했지만, 효과는 없었다. 나는 택이에게 그만 일어나자며 자리를 떴다. 금방이라도 눈물이 왈칵 쏟아질 것만 같다. 너무 분하고 억울하고 세상이 싫다. 나도 야외방석에 앉아 밤하늘의 별을 보면서 남자친구와 달콤한 낭만을 즐기고 싶었단 말이다. 하지만 너희들은 단 1분도 그런 시간을 내게 허락하지 않았지, 야속한 사람들아. 카페에 대한 기대가 너무 컸기 때문에 그 실망감은 이루 표현할 수 없을 만큼 크다. 어서 이 개똥 같은 기분이 물로 씻기듯 없어졌으면 좋겠다.

아무리 그래도 그렇지, 너무하잖아. 무려 2시간을 기다렸는데도 왜 한 명의 인간도 안 나가냐고? 생각할수록 우울감이 물밀 듯이 밀려온다. 방콕은 우리에게 너무 비호의적이다. 멀리서 온 장기여행자의 소원 하나 정도는 들어줄 수 있는 방콕이어야 하잖아! 아무리 좋게좋게 생각하려고 해도 이번 여행에서 방콕은 나에게 너무 적대적이다.

한국의 내 방에서 글을 쓰고 있는 지금 이 시각에, 나의 소울메이트인 소 약사님 내외분이 방콕으로 휴가를 가 계신다. 소 약사님 내외분이 오늘 밤, 나의 한이 서린 이 레스토랑의 야외석에 도전하러 가시는 역사적인 순간이다. 두 분에게 영광이 있으라!

태국 사람들의 불심은 거부감이 들지 않아서 좋다.

Lampang
Vientiane
Mae Tuen
Wildlife Sanctuary
Udon Thani
Sakon Nakhon
Phitsanulok
Khon Kaen
Savannakhet
Roi Et
Nakhon Sawan
Thailand
Nai Mueang
Si Sa Ket
Nakhon Ratchasima
Suphan Buri
Bangkok
Pattaya
Cambodia

푸껫

더러운 4인조 부비부비

　방콕 하늘을 날아오른 지 50분 만에 우린 푸껫에 도착했다. 푸껫은 대중교통 인프라가 매우 취약해서 택시나 버스가 별로 없기 때문에 공항에서 각지로 이동하는 가장 알뜰한 방법은 바로 미니버스를 이용하는 것이다. 공항에 도착해서 곧바로 미니버스 티켓을 구입하여 우리나라의 봉고와 비슷한 미니버스에 탑승하면 중간에 여행사에 내려서, 각자 가야 하는 호텔 이름을 불러주면 가까운 순서대로 호텔 바로 앞에 내려준다. 그렇게 우리는 푸껫에서의 첫 숙소, 아카파통 호텔(Acca patong ―)에 도착하였다.

　숙소는 기대 이상으로 깨끗하고 좋은 시설과 친절한 서비스로 방콕에서의 악몽을 저 멀리 떨쳐버리게 해주었다. 내 기준에서는 숙소가 여행의 질에 상당히 큰 영향을 미치기 때문에 꼼꼼하게 심사숙고해서 골라야 하는 필요성이 있었다. 이렇게 깨끗하고 좋은 숙소를, 거기다가 수영장까지 이용할 수 있는 숙소를 1박에 3만 5천 원 정도에 예약하고 왔으니 그 기쁨을 말로 다 표현할 수가 없어 눈물이 나네! 대형쇼핑몰과 시장도 아주 가까워서 과일이나 주전부리를 사 먹기에도 더없이 좋은 위치였다.

　시원하게 샤워를 하고 호텔을 나오니 어느새 시간은 저녁 5시가 넘었다. 배도 고프고 뭔가 군것질을 좀 하고 싶었는데 숙소에서 가까운 곳에 반잔 마켓이 있다. 반잔 마켓은 채소나 과일, 생선 등을 파는 건물형 재래시장인데, 하이라이트는 저녁이 되면 나타나는 노점상들이다. 우리가 갔을 때 벌써 노점들이 하나둘씩 나와서 장사를 시작하고 있었다. 찐 옥수수, 닭튀김, 태국 국수, 만두, 태국 가정식 반찬, 음료수, 생선구이, 초밥, 파타이, 과일, 꼬지, 오징어구이 등등 온갖 먹거리가 다 있고 가격이 매우 저렴해서 우리 같은 budget traveller에게는 적은 돈으로 배부르게 먹을 수 있는 천국 같은 곳이다.

　푸껫은 이미 행복한 여행지가 되고 있다. 이 천국 같은 반잔 마켓에서 무려 2시간을 보냈다. 수많은 먹거리를 구경하고, 치맥도 먹고, 1인당 만 원이 안 되는 가격으로 저녁 식사, 디저트 및 알코올 섭취까지 마쳐주었으니 2시간은 오히려 짧은 게 아니었나. 분수 가에 앉아서 맛있게 음식을 먹고 있는데 개 한 마리가 나에게 어슬렁거리며 다가오고 있다. 난 개를 좀 무서워해서 순간 얼음이 되어버렸는데, 이 개가 나를 바라보는 눈빛은 인생 통틀어 보아왔던 눈빛 중에 가장 불쌍하고, 갈구하는 눈빛이다. 내가 먹고 있던 한 마리의 튀김생선과 한 조각의 닭튀김과 한 숟가락의 팟타이와 시원한 콜라를 개는 강하게 갈구하며 나와의 거리를 1미터를 유지한 채 부동자세로 서 있다. 아~ 어쩌란 말이냐, 트위스트 추면서. 너에게 이 생선을 주면 생선가시에 걸려서 급사할지도 모르고, 난 개 념 없는 철없는 여행자, 개를 급사시킨 동물 학대 여행자로 잡혀갈지도 모르는 일. 10초 가 지나면 저 멀리 가버리려나, 20초가 지나면 가버리려나 하며 인고의 세월을 버텼으나, 이놈은 내 앞에서 아무 말도 없이 그렁그렁한 눈빛으로 나를 벌써 2분째 응시 중이다. 2분이 이렇게 길게 느껴져 보긴 또 처음이다. 계속 버티다가는 이놈이 나를 공격할지도 모른다는 일종의 위협감을 느낀 나는 지금 도망가겠다는 의지를 이놈이 눈치채지 못하게 먹던 음식을 비닐봉지에 주섬주섬 넣고 정중동의 자세로 그 자리를 벗어나는데 성공하였다. 그리고는 노천시장의 시멘트바닥을 찾아 아까 덜 먹었던 생선구이랑 닭튀김을 신 나게 먹고 태국 맥주로 입가심을 한 후, 시원한 트림과 방귀를 뱉어내고 자리를 일어선다. 개시키 때문에 사람이 밥을 못 먹다니, 나쁜 개시키.

RIED CHICKEN.

반잔마켓은
가격이 매우 저렴해서
우리 같은
budget traveller들이
적은 돈으로
배부르게 먹을 수 있는
천국 같은 곳이다.

　알코올로 알딸딸해진 기분으로 고개를 돌려보니 바로 맞은편에 대형쇼핑몰 정실론이 보였다. 정실론은 무슨 성리학 이론을 집대성해놓은 책 이름 같지만, 각종 먹거리 장터와 대형 마트가 입점한 빠통 지역의 최대 쇼핑몰이다. 정실론 안에는 멋진 고급 레스토랑과 수많은 상점이 있고, 공짜로 분수 쇼도 보고, 시원한 쇼핑몰 안에서 더위도 피할 수 있어서 너무 좋더라. 우리는 살벌하게 시원한 이곳에서 천국이 있다면 여기라며 행복한 마트 장보기를 했다. 호텔방으로 돌아와서 마트 쇼핑의 전리품을 풀어제끼고 망고도 먹고, 시원한 싱하 맥주도 마시고, 대빵 요구르트로 입가심을 해주니 세상을 다 얻은 것 같다. 하얀 침구는 또 얼마나 뽀송뽀송한지! 한국의 집에는 에어컨이 없기 때문에 이 차가운 기운을 몸에 축적해 놓으면 대구 가도 덜 더울 거 같아서 세상에서 가장 빵빵하게 에어컨을 켜놓고 달콤하고도 서늘한 휴식을 만끽한다. 배부르게 먹고, 뽀송뽀송한 침대 위에서 TV 보는데 난 정말 이럴 때가 제일 좋다. 여기가 빠통이다 보니 바깥에서는 밤 10시가 넘었지만, 비트 넘치는 푸껫의 밤이 나를 툭툭 친다.

　자유로운 영혼 이쳐, 지금 뭐하시나? 여긴 꿈과 환락과 유흥의 마실, 빠통이라고! 너지금 방에서 할 일 없이 TV 볼 때냐? 바깥을 봐! 이 얼마나 뜨거운 밤이냐! 심장이 바운스 바운스 하는 이 신 나는 밤을 모른 체하고 침대에서 잠들어 버리겠다고? 미친 거아니야?

베란다 너머로 들려오는 강력한 비트가 내 안 들리는 바는 아니다. 하지만 나에게는 한 가지 두려움이 있었다. 약 7년 전에 푸껫으로 가족여행을 왔을 때, 빠통 거리를 걷다가 키 큰 트랜스젠더들이 있어서 너무너무 신기해서 바라봤는데, 걔네가 같이 사진 찍자고 우리를 막 부르길래 좋다고 냅다 달려가서 사진을 찍고 나니 갑자기 돈을 달라는 것이 아닌가. 나는 사진 같이 한번 찍었다고 무슨 돈을 주냐며 못 주겠다는 의사를 표시하니 예쁜 미소의 언니는 온데간데없고, 굵은 목소리의 위협적인 오빠 목소리에 생명의 위협을 느껴 100바트를 삥(?) 뜯긴 안 좋은 추억이 있어서 내게 빠통 거리는 무서운 동네다. 그런 동네가 내게 놀자고 손짓을 하는데 이걸 나가보나 말아야 하나 고민하다가 한 번 사는 인생 이렇게 허비할 수는 없다 싶어 택이와 함께 살짝 동네 분위기만 보고 들어오자는 계획으로 용기를 내어 환락과 유흥의 거리, 밤에 피는 흑장미 빠통 거리로 나가보기로 했다.

호텔을 나서자마자 동네는 비트감 넘치는 음악과 수많은 사람들이 거리를 채우고 있었다. 방라로드로 들어서니 이미 이곳은 환락의 정점! 내 비록 평소 음주 가무를 사랑하는 소녀라 하여도 지금 내 눈앞에 펼쳐지는 장면들은 도화지같이 새하얀 멘탈을 가진 순수한 영혼의 소유자인 나에게 culture shock(문화 충격)! 방라로드 양쪽으로 테이블 위에서 몹시 농염한 옷을 입은 언니들이 요염한 댄스를 선보이시고, 저쪽에는 전면 유리로 된 윈도 안에서 러시아 언니가 매우 거시기한 자세로 봉을 타며 섹시한 댄스를 추고 있다. 신기하고도 놀라운 장면은 계속되는 가운데, 많은 사람들이 모인 곳이 있길래 가보았더니, 키가 190은 돼 보이는 화려한 언니들이 관광객들과 정답게 포토타임을 가지고 있었다. 아, 몇 년 전 나를 당혹하게 만들었던 익숙한 언니들이다. 하지만 지금의 광경은 예전의 그것과는 사뭇 달랐으니, 사진 찍는 가격이 100바트 정액제로 이미 알려진 듯, 사람들은 사진을 찍고 쿨하게 100바트를 언니들 가슴팍에 꽂아주는 아름다운 공급과 수요의 법칙을 내게 보여주었다. 음, 처음부터 그렇게 겁먹을 일은 아니었나 보다!

　환락의 끝 방라로드에는 바(bar)가 많았는데 바로 그때, 시끄럽고 신 나는 음악이 나오는 오픈 바에서 술로 달아오른 몸을 음악에 맡기고 반은 정신을 놓고 리듬을 타는 관광객 무리의 모습이 내 레이더에 포착되었다. 아무리 음주와 가무를 좋아하지 않는 택이지만, 저기서 잠깐 맥주나 한잔하고 들어가자는 나의 제안을 택이도 뿌리칠 수는 없었다. 우리는 문도 없는 그 바에 가서 어색하게 자리를 잡고, 바텐더에게 비어 2잔을 주문한다. 택이는 내 옆에서 시원한 비어를 홀짝홀짝 마시며 어색해하고 있지만, 나의 멘탈과 나의 바디는 이미 흥에 겨워 흐느적거리는 외국인 무리에게 빙의 된 상태! 어쩔 것이여~ 지금 혼자 뻘쭘하게 걸어가서 모른 척 저들과 비빔밥 섞이듯 한번 섞여봐? 어쩔 것이여~? 바 언니들은 나의 술이 올라가 있는 테이블 위에서 봉 타고 있는데, 나만 이렇게 쭈구리처럼 맥주만 마시고 쓸쓸하게 호텔로 돌아갈 것이여, 어쩔 것이여? 라며 인간적인 고뇌로 머리가 터질 것 같은 순간! 이미 과도한 알콜 드링킹으로 멘탈이 반쯤은 이탈해버린 한 여성과 나의 갈구하는 눈빛이 10점 만점으로 딱 마주친 것이 아니냐! 그녀는 내게 다가와 외쳤다. What are you doing there? Come on! Come on!

　하악하악! 이것은 나의 입에서 나는 소리가 아니여! 바운스 바운스하고 있는 내 심장은 이미 1,500g 두 근 반이여! 나는 반취한 여성의 도움으로 자연스럽게 춤 무리를 향해 돌진할 수 있었고, 그때부터 나의 댄스를 향한 강한 고삐는 풀어졌다. 고삐 풀린 우리 망아지 무리는 시간이 갈수록 격렬해졌고, 곧이어 동남아 무리도 합류하여 광분한 댄스를 추기 시작했으니, 이제는 지나가는 관광객들이 우리가 춤추고 있는 bar 앞에서 사진을 찍으며 우리를 구경하기 시작했으며, 테이블 위가 별 볼 일 없어진 봉 타던 언니들이 아예 아래로 내려와서 우리 망아지 무리와 함께 뒤섞여 더러운 부비부비를 하기에 이르렀다. 오! 밤에 피는 흑장미, 푸껫이여! 이 한 몸 여기서 불살라 한 줌 재로도 남지 않을 때까지 부비부비를 추겠노라! We are the world! We are the dancers!

　아주 그냥 환장을 하고 음악에 몸을 맡겨 댄스를 추는데, 저만치서 구경하던 인도여성도 시동을 거는데 이건 뭐 댄스의 화신이여! 위로 아래로, 좌로 우로 튕겨주는 골반이 우주 최강이여! 따라 할 수 있는 레벨이 아닌 인도 언니를 앞세워서 우리는 정말 숨넘어갈 때까지 미친 듯이 놀았다. 광분한 우리를 보고 지나가던 사람들도 바 안으로 하나둘씩 들어오면서 분위기는 더욱더 후끈 달아오른다. 2시간 동안 무아지경에 빠져 리듬과 비트와 음악에 몸을 맡겨버렸다. 나도 한때 동성로의 클럽 가를 전전하던 아름다운 시절이 있었으나 시간은 누구도 피해 갈 수 없어 더 이상 클럽에 출입할 수 없는 안타까운 시절이 오고 말았고, 음악과 댄스를 향한 갈망을 가슴속 깊이 숨기고 살아야 했던 서른 여섯의 여성은 빠통 방라로드에서 회춘을 맞이하니 인생은 이렇게나 즐거운 것이었다. 한국 가면 인도 언니처럼 섹시 댄스를 좀 배워야겠다.

누가 피피 섬을 에메랄드빛이라 하였나

¶ 푸껫에 오면 요트투어를 너무너무 하고 싶었다. 요트를 살 수는 없어도, 럭셔리한 요트 타고 바다 한복판에서 멋진 생음악도 들으면서, 작열하는 태양 볕을 온몸으로 받으며 썬탠도 하고, 선상 위의 스테이크와 쌉싸름한 와인과 디저트도 먹고, 배부르고 잠이 오면 폭신한 매트 위에서 잠도 잘 수 있는 환상을 선사해주는 요트투어. 그런데 여행사로 전화를 걸어보았더니 내일은 요트투어 일정이 없고 피피 섬 투어만 있다는 것이다. 하롱베이 투어 때 만난 방콕팀이 피피 섬은 너무나 아름답기 때문에 꼭 가보라는 얘기가 기억나서 투어 신청을 하긴 했는데, 영 흥미가 안 간다.

아침 7시에 호텔 앞에 도착한 픽업 차량을 타고 어디론가 실려간 곳은 선착장과 붙어있는 여행사 건물이었는데, 약간의 간식과 생수, 멀미약이 준비되어 있었다. 아침부터 비가 부슬부슬 내리는 흐린 날씨가 걱정스럽다. 가이드의 투어 설명을 들은 후, 우리는 간식과 생수를 주섬주섬 챙겨서 배를 타러 갔는데 너무너무 멋진 보트와 요트들이 선착장에 정박하여 있는 것이 아닌가! 어머, 나 저 하얀 배 타고 싶어요! '제발 저 크고 멋진 하얀 배 타고 가게 해주세요!'라고 매우 간절히 기도했으나, 우리가 탈 배는 고막이 나갈 것처럼 시끄럽고, 파도에 그대로 퉁퉁 퉁겨져 온몸으로 그 충격을 다 받아내야 하는 스피드 보트였다. 한 30분 정도 타고 가면 나오는 피피 섬일 줄 알았는데

섬 모양이 P자와 닮아서 **피피 섬**이라고 하는데 디카프리오가 나오는 『더 비치(The Beach)』의 촬영장소로 유명해진 곳이다.

30분이 웬 말이냐며, 1시간째 퉁겨지는 충격을 온몸으로 견디면서 가고 있다. 아, 이런 배인 줄 알았으면 예약도 안 하는 건데, 멀미약을 먹고 왔는데도 구역질이 나고 괴로워서 죽을 지경이다. 날도 찌뿌둥한데 기분까지 찌뿌둥해지고 있다. 1시간이 지나서 마침내 피피섬에 도착을 하긴 했는데 난 구역질이 너무 나서 바닷가 구석으로 들어가 구토를 좀 하고 나서야 속이 안정되기 시작했다. 피피 섬은 섬 모양이 P자와 닮아서 피피 섬이라고 하는데 디카프리오가 나오는 『더 비치(The Beach)』의 촬영장소로 유명해진 곳이다. 바닷물과 경치가 너무 아름다워서 방콕팀들도 반드시 가 봐야 할 곳이라며 강력히 추천했건만 하늘에 해가 없어! 물빛이 흐리멍덩해! 에메랄드빛 피피 섬의 바다는 온데간데없고, 바람까지 불어서 추워죽겠네, 젠장!

아무리 그래도 그 고통스러운 배를 한 시간이나 타고 이곳까지 왔는데, 바다에 안 들어가 보는 건 너무 억울하여서 나는 원피스를 홀라당 벗고 바닷속으로 뛰어들어갔다. 피피 섬의 바닷물은 그냥 흔한 바닷물과 다른 느낌이 들었다. 물이 막 부드럽다고 해야 하나, 쫀득하다고 해야 하나? 해수온천을 하고 나오면 몸이 매끈매끈해지는데 꼭 그런 온천물처럼 몸이 부드러워졌다. 온도도 온천물이면 얼마나 좋을 텐데 하늘이 잔뜩 흐리고 바람까지 불어대니 바닷물이 너무 차가워서 턱주가리가 딱딱 부딪힌다. 하지만 어떻게 예약해서 온 피피 섬인데 좀 춥다고 여기서 포기하면 안 돼! 더 놀아! 더 헤엄쳐! 난 정말 온 힘을 다했다. 조금만 더 놀다가는 한여름에 저체온증으로 졸도할 것 같은 생명의 위협을 느낄 때까지 최선을 다했다. 극한점을 감지하는 순간 나는 바로 뛰쳐나왔다. 어우~! 춥다! 피피 섬이 추워! 흐릿한 날씨가 불안 불안하더니 이제는 폭우가 내리기 시작한다. 그래! 어차피 에메랄드빛 찬란한 피피 섬의 바다를 보여줄 수 없다면 폭우야 내려라! 아주 그냥 배를 뒤집어 삼킬 듯 폭우야 내려버려라!

이깟 폭우는 아무것도 아니라는 듯 배는 바다 한가운데 멈추었고, 스태프들은 바다에 나가 놀라며 구명조끼 하나씩을 나누어주었다. 이야! 이 사람들 패기가 보통이 아니야! 좋아! 이판사판이여! 어쩌면 폭우가 내리는 바다에서 수영하는 게 더 신 나고 재미있을 것 같다! 비야, 막 내려! 오지 말라고 해도 너라는 아이는 더 힘차게 내릴 거 아니냐? 피할 수 없다면 즐기라고 했겠다! 나는 구명조끼를 받아 바다에 퐁당 뛰어들어 막 놀았다. 택이도 퐁당 들어왔다. 막 놀아! 비는 계속 올 테지! 디카프리오가 촬영한 날은 햇볕 가득하고 구름 한 점 없는 매우 화창한 날이었나 봐.

　미친 듯 놀다 보니 어느새 비가 그쳤다. 역시 신은 없는 게 확실한 게 내가 아까 '비야 내려라, 이판사판이다. 막 내려라!' 했더니 비 그치는 것 좀 보게. 바닷물에 우리를 방목해놓은 스태프들은 약 30분 후에 우리를 걷어서 배에 태우고 어디론가 또 가기 시작했다. 시끄럽게 바다 위를 튕기던 스피드 보트는 잠시 후 해안가에 우리를 내려주었는데 밥 시간이 왔도다. 날씨와 무지막지한 스피드 보트 때문에 망한 거 같은 오늘 투어는 아무래도 먹는 걸로 끝내야겠다는 강한 의지가 불끈불끈 솟아올랐다. 물놀이를 해서 그런지, 아까 피피 섬에서 토해서 그런지 배가 너무 고파서 나는 접시에 음식 탑을 만들어서 먹어댔다. 역시 먹는 게 남는 거다. 밥 시간이 끝나니 우리는 또 어딘가로 실려간다. 스피드 보트를 다 쓰러져가는 통통배로 만들어달라고 기도나 해볼까? 그럼 이게 아까 선착장에서 봤던 그 호화 절정의 하얀색 크루즈 배로 바뀌려나? 원래 헛소리는 더울 때 나오는데 꼭 날씨의 영향을 받는 건 아닌가 보다. 잠시 후, 우리는 어떤 외딴섬으로 실려 와서 방목되는데 비는 그쳤지만, 여전히 하늘은 몹시 삐쳐있다.

　해변의 수많은 파라솔은 대여료가 400바트라는데 햇살 한 점 없는 꼬물꼬물한 날씨에 파라솔 빌릴 일이 있나? 감사해요, 성난 하늘이여. 스태프들은 여기서 1시간 동안 우리를 방목하겠다는 공지를 한 후, 양손 가득히 뭘 들고 배에서 내린다. 난 그들을 소리 없이 뒤따라갔다. 필경 저들의 양손에 들려있는 것들은 우리를 위한 식량일 거야. 내가 선점을 해야지. 나의 예상은 10점 만점에 10점. 스태프들은 분주히 움직여 커다란 테이블을 만들고, 그 위에 방금 가지고 온 봉지를 풀어헤쳐 각종 과일과 음료수, 과자 등의 간식을 진열하기 시작했다. 진열이 완성되자마자 마치 나는 원래 지금 바다에 들어가려고 했는데, 마침 간식이 여기 있길래 지나가면서 한입 먹으러 왔다는 듯 간식의 초구를 당겼다. 내가 주섬주섬 먹기 시작하자 그때야 눈치챈 다른 사람들도 간식 테이블로 모여들어 하나둘씩 먹기 시작했다. 오늘 피피 섬 투어는 먹는 걸로 끝내야겠다는 가열찬 의지는 야무진 실천력으로 이어져 이 정도라면 그 무엇도 못해낼 게 없겠다는 자신감으로 발전하였다. 내가 간식 테이블을 한번 스치면 여백의 미가 살아나는 마법이 생겨났다. 그럴 때면 난 바다로 들어가 스노클링을 하면서 바닷가 물고기들과 '캅쿤카, 캅쿤캅(감사합니다)!' 놀이를 하며 행복한 시간을 보내다가, 이쯤 되면 간식 테이블이 리셋 되었다 싶어지면 다시 슬쩍 바닷물에서 나와 간식 테이블로 가서 싹 청소를 해주는 치밀함을 보이는 나란 여자. 이 섬을 마지막으로 피피 섬 투어가 끝이 났다. 그 무시무시한 스피드 보트를 타고 다시 선착장으로 돌아오는데 똑같이 엄청난 충격을 온몸으로 견뎌냈지만, 아까와는 달리 집으로 돌아간다는 희망이 있었기에 버틸 수가 있었다. 이래서 사람이 꿈과 목표, 희망이 있어야 하나 보다.

투어는 우리 숙소까지 데려다 주는 것으로 끝이 났는데, 택이랑 나랑은 방에 들어오자마자 기절을 했다. 누가 먼저랄 것도 없고 어디랄 것도 없이 침대에 내동댕이쳐져서 정말 죽은 듯이 잤다. 피피 섬 투어는 잘못된 선택이었음을 자책하면서 정말 누가 잡아가도 모를 정도로 깊이 잠을 잤다. 눈 떠보니 어느새 밤이 되었는데 나도 고생했지만, 나보다 더 고생한 택이를 위해서 오늘 저녁 식사는 정실론으로 가서 택이가 좋아하는 초밥을 먹기로 했다. 정액제인 이곳은 1시간 15분 동안 마음껏 먹을 수가 있어서 75분 동안 미친 듯이 폭풍 드링킹을 할 준비는 완료되었다. 출동하기만 하면 된다. 회전식 초밥이 눈앞에서 빙빙 돌아가고, 자리마다 즉석 샤부샤부를 해 먹을 수가 있고, 맛있는 튀김도 원 없이 먹을 수 있는 이곳에 오니 택이가 아주 그냥 좋아죽는다. 음식이 아주 맛있는데다가 초밥을 접시색깔에 구애 받지 않고 먹을 수 있으니 행복 안 할 수가 있느냔 말이다. 거기다가 김치도 있어! 좋아! 막 먹어! 그동안 우리는 얼마나 신경을 써가며 제일 싼 파란색 접시만을 골라 먹어야 했나! 구차했던 세월아, 안녕! 우리는 오늘 1인당 초밥 20개는 먹겠다는 가열찬 의지의 한국인이다. 몹시 힘든 하루를 끝낸 우리를 위로해주기 위해 찾았던 초밥집은 대성공이었다. 피피 섬 투어는 개시레기였으나, 몹시 아름다운 이 밤! 시작은 미미했으나, 끝이 창대하구나!

폐를 관통하는 감동의 미학, 두앙짓 리조트

오늘은 푸껫에서의 두 번째 숙소이자, 이번 여행에서 가장 고급스러운 숙소인 두 앙짓 리조트로 옮기는 날이다. 가장 두려운 것은 여기서 두 번째 숙소인 두앙짓 리조트 까지 이동하는 일이다. 툭툭업계 사람들이 이곳을 장악해서 버스나 택시가 운영 못 하도 록 강압하고 있다는 이야기를 이미 접했기 때문에 나는 이 동네깡패 같은 툭툭이 매우 싫었다. 호텔 픽업 차량 가격을 물어보니 600바트라고 한다. 아! 10분 거리에 2만 4천 원 이라니. 화장실 다녀온다던 택이는 두앙짓 리조트까지 200바트라는 툭툭의 시세를 알아 왔다. 사실 캐리어 끌고 두앙짓까지 걸어가면 10분 정도밖에 안 걸리지만 우리는 결코 그 럴 수 없다. 푸껫의 땡볕은 보통이 아니다. 5분만 걸어도 길거리에서 졸도할지도 모르는 살벌한 땡볕이므로 무거운 캐리어를 끌고 어디를 간다는 것 자체가 상당한 압박감으로 다가왔던 것이다. 그래서 이번이 처음이자 마지막이라고 생각하며 할 수 없이 툭툭에 캐 리어를 싣고 두앙짓 리조트로 가기로 했다. 제발 멀기를~ 제발 10분 이상 가 주기를 간 절히 바랐건만, 내 기대와는 달리 툭툭 탑승 3분 만에 우리는 두앙짓 리조트 앞에 멍청 하게 서 있다. 우리가 써버린 200바트는 툭툭 탑승요금이 아니라, 살을 다 태워버릴 것 같 은 엄청난 화력의 땡볕과 그 땡볕을 27킬로그램에 해당하는 캐리어를 끌고 가야만 한다 는 것에 대한 두려움의 대가라고 생각하니 오히려 마음이 가벼워지며, 200바트로 그 땡 볕과 무거움을 우리 것이 아니게 만들었으니 오히려 싸게 먹었다는 부정의 긍정화가 이 루어졌다. 좋게좋게 생각해야 정신건강에 이롭지, 안 그러면 머리만 아프다.

로비에 들어서면 살벌한 에어컨 바람이 나를 맞이할 줄 알았는데 안타깝게도 로비 는 오픈된 공간이어서 햇볕을 피할 수 있을 뿐, 더위를 피할 수는 없었다. 나는 바우처 를 로비 직원에게 당당하게 내보이며, 어서 시원한 내 방을 달라는 강렬한 눈빛을 직 원이 알아채기를 간절히 바랐다. 어서 내 방 키를 달라고! 우린 시방 몹시 지쳐있는 두 마리의 짐승이랑께! 이 숙소는 이번 여행 전체를 통틀어서 가장 고급스럽고, 가장 큰 숙소이다. 리조트 입구에서 로비까지 이어지는 거리도 상당하다. 이렇게 고급스럽고 멋지면서 격조가 남다른 리조트를 1박에 6만 4천 원이라는 매우 환상적인 금액으로 2박을 예약하고 왔다. 수영장이 무려 3개나 있고, 넓은 잔디밭도 있고, 45일 자유여행을 떠나온 budget traveller로서는 너무 사치스러운 숙소이지만 가격이 안 사치스럽잖아! 너무 미니호텔만 다니면 진정한 휴가로서의 시간을 갖지 못할까 봐 큰 맘 먹고 예약하고 온바, 이 리조트에 묵는 시간만큼은 어떤 투어도 하지 않고, 어떤 일정도 넣지 않고, 오로지 몸이 원하는 대로 리조트에서 휴양하리라 마음먹고 온 숙소라서 기대감은 이미 성층권을 이탈해 우주로 향하고 있었다.

체크인 절차를 기다리고 있는데 한 남자직원이 나에게 오더니 "너의 방을 업그레이드해 주려고 해. 괜찮겠니?"라고 말하는 것이다. 뭐라고? 왜 내 방을 업그레이드해 주려고 하지? 무슨 이유로? 나의 미모에 반했나? 별별 생각이 약 2초간 좌뇌를 거쳐 우뇌로 통과했지만, 이 상황에서 만약 내가 '왜 내 방을 업그레이드해 주는 거야? 왜? 왜?'라고 묻는 순간, '아! 니들 방이 아닌가? 잠깐만. 아이고! 내가 잘 못 봤네, 너희 방이 아니네.' 하고 룸 업그레이드는 남의 일이 되어버리고, 제 발로 굴러들어온 복을 내 발로 내치는 건 아닌가 싶어서, 난 서슴없이 "Sure!"를 외쳤고, 그 남자는 "OK!"를 외치며 뭐라 뭐라 적힌 종이를 내밀며 서명을 하라고 했다. 샤샤샥! 난 어떤 주저함도 없이 멋진 내 사인을 휘갈겼다. 그리고는 남자는 잠시 기다리라며 컴퓨터에 뭘 입력하고 있었다. 택이와 나는 순한 양처럼 얌전히 기다리다가, 갑자기 불안한 기운이 나를 엄습했다. 분명히 룸 업그레이드라고 했는데 이거 돈 더 내라는 거 아냐? 그런 거야?

10년 전 어느 날, 개털 같은 내 머리카락을 볶으러 한 미용실에 들렀을 때이다. 머리 만지는 분이 내 개털을 이리저리 보더니 "호갱님, 머리카락이 많이 상해서 지금 너무 심각한 개털의 상황에 이르렀으니 단백질 좀 넣고, 영양 앰플도 좀 넣어드릴게요!" 하는 것이다. 이 얼마나 친절하면서도 고객의 개털을 내 개털과 같이 긍휼히 여겨 고객을 배려하는 미용사인가! 나는 그 친절함과 배려심에 너무너무 감동해서 정말 눈물이 앞을 가릴 뻔했다. 그 눈물이 피눈물이 될지는 절대 모른 채. 무사히 머리 손질을 끝내고 카운터에서 계산을 하려고 "얼마예요?"라며 물으니, 직원은 6만 원이라던 파마 비용과는 달리 14만 원이라는 영수증을 내게 디밀었다. "아~, 저 아까 파마한다고 했던 사람이에요. 오늘 파마 6만 원이라고 하시던데요?" 하니까, 이 다정한 직원은 사슴 같은 눈빛을 내게 발사

하며,

> "호갱님, 오늘 파마는 6만 원 맞으시고요, 단백질 4만 원에, 영양앰플 4만 원 더해서 총 14
> 만 원 맞으세요."

언제부터 돈이 존칭을 받는 존재가 되었는지 모르겠으나, 금액은 '14만 원'이 '맞으시
고' 말할 때는 공짜로 해주는 것처럼 좀 넣어준다더니 각각 4만 원의 가격이 청구되었
고, 그럴 거면 단백질은 4만 원이고 영양 앰플 추가금액 4만 원인데, 머릿결에 도움이 많
이 되니 한번 해보시는 건 어떠냐고 말했어야 앞뒤 문맥이 일맥상통하며, 그것이 상도의
며, 그것이 인간의 도리인 것을, 국어 시간에 졸아서 공부를 안 했는지 문맥을 알 리가
없으며, 도덕 시간에 수업 튕기고 매점에 만두를 사 먹으러 갔는지 상도의는 그저 3글자
로 이루어진 한글 그 이상 그 이하도 아니었을 테지, 이 시베리아에서 귤 까먹다가 귤도
얼고, 네 입도 얼고 손도 얼었을 상상바야!

강산이 변하는 10년이 지나도 뇌리에 너무나 강력하게 인지되어 잊혀지지 않는 이 일
화가 갑자기 생각나서, 나는 또다시 불안 공포 초조한 시간을 맞이하게 된다. 내 분명
영어를 놓은 지 10년이 지나도 그 말을 못 알아들을 리가 없는데, 분명히 룸 업그레이드
라고 말했지만, 그것이 공짜라는 발언은 단 한 번도 없었으니 뭔가 일이 벌어지기 전에
사건을 막아야 한다는 신념이 발동! 나는 급히 엉덩이를 박차고 카운터의 직원에게 다
가가 떨리는 심장을 부여잡고 거의 애원하듯이 말했다.

> "저기… 아까 저 남자직원이 나한테 말이야. 룸 업그레이드해 준다고 해서… 뭔 종이를 갖
> 고 와서 서명하라길래 내가 서명했는데, 저기…. 그거 공짜 맞아? 돈 더 내야 하는 거면…,
> 나 룸 업그레이드 따위 필요 없어. 아간 몰라서 그랬어… 확인 좀…, 해줄 수… 있겠니?"
> "어머, 그래? 그럼 내가 지금 확인해줄게. 음…. 일단 너의 방은 업그레이드 된 것이 맞고,
> 추가청구는 없어. 넌 돈을 더 내지 않고, 너의 방은 업그레이드 되었단다. 즐거운 여행 되
> 길 바래."

이얏호! 요를레휘~~!

벨보이는 친절하게도 우리들의 무거운 캐리어를 기꺼이 들어주고 리조트 이곳저곳을 설명해주면서 우리가 묵을 방까지 안내해주었다. 힘든 내색도 없이 우리를 안전하고 편하게 데려다 준 마음에 감동을 한 것도 있지만, 기대하지 않은 룸업그레이드를 받아서 기분까지 좋아져 생전 안 주던 팁을 벨보이에게 안겨주자, 벨보이는 매우 감사해 하며 돌아갔다. 이 팁이 돌아가야 할 사람은 사실 공짜로 우리 방을 업그레이드해 준 그 남자직원이어야 하는데 이미 늦었고, 우리 둘은 지금 몹시 믿을 수 없는 광경 앞에 멍하니 서 있다.

오우, 이런 아름다운 변이 있나? 정녕 이 독채가 우리 방이란 말이지. 이건 뭐 신혼여행객들이 묵을 법한 방이야! 눈앞에 보이는 이곳이 정녕 우리가 2박을 하게 될 방이란 말이지! 이 새소리 지저귀는 아늑한 곳에서! 이 조용하고 고급스러운 이곳에서! 나는 고만 정신을 잃을 뻔했다. 방문을 열어젖히자 This is toll gate to heaven! 내가 아무래도 전생에 나라를 구했나 보다. 이 고급스러우면서도 우아한 동양적인 인테리어를 보라! 무려 햇살이 가득 들어오는 샤워룸이 양쪽에 하나씩! 캐리어와 각종 짐을 보관할 수 있는 커다란 벽장! 고풍스러운 화장대와 태국적인 미니베드까지! 오, 지저쓰! 우리는 아주 환희와 행복에 겨워 온갖 탄성을 지르고 싶었지만, 이 평화롭고 아름다운 곳에서 옆집에 방해되면 안 되기 때문에 아주 작은 목소리로 탄성을 지르고 방에서 춤을 추고 생난리를 피우기 시작했다. 행복에 겨워서 아무 생각이 나질 않고 언제나 그랬듯 에어컨 파워를 눌러놓고 뽀송뽀송한 하얀 침구 위에 지친 몸뚱이를 내동댕이칠 때! 에어컨 공기까지 럭셔리해! 만끽해! 다시 오지 않을 이런 호사를 마음껏 만끽해버려!

살벌한 에어컨 바람으로 뜨거워진 몸을 식히고 TV도 켜서 보고, 온 방을 누비며 행복해하다가 문득 이 리조트에 3개의 수영장이 있다는 생각이 나서 얼른 수영복을 입고 수영장으로 향했다. 수영복만 걸친 채 방에서 나가 바로 수영장으로 걸어가는 이 기분도 최고다. 수영장은 수심이 1.5미터여서 1.66미터인 내가 수영하기엔 약간 깊은 감도 없

진정 이곳이 우리가 묵을 리조트란 말입니까? 이런 호사를 누려도 된단 말입니까?

잖아 있었지만, 엄청난 수량과 넓은 면적에 나는 한 마리 자유로운 영혼이 되어 온 수영장을 누비고 다녔다. 빠통의 시끄러운 음악 소리는 온데간데없고 지지배배 울리는 새소리만 가득한 이 평화롭고 아름다운 리조트여! 배신의 아이콘, 방콕과는 차원이 다른 평화로운 휴양의 시간을 내게 선사해주는 푸껫이여! 널 사랑해~, 하하하!

흐린 날씨 때문에 이글거리는 태양이 없어 수영하기에는 더할 나위 없이 좋다. 피부가 탈 걱정도 없고, 찝찝한 선크림을 안 발라도 되고, 배영을 해도 눈이 부시지 않아서 좋다. 이것은 진정 순도 100%의 휴양과 릴랙스가 아닌가! 선베드에 누워 헤드폰을 통해 들리는 신 나는 노랫소리! MP3에서 들려오는 2NE1의 「내가 제일 잘 나가」를 듣고 있으면 정말 우주에서 내가 제일 잘 나가고 있는 것 같은 자신감이 충만해져서 기분이 매우 좋아서 발에 스프링이 달려있으면 하늘로 튕겨 날아갈 것만 같다.

내가 제일 잘 나가, 내가 봐도 내가 좀 끝내주잖아, 네가 나라도 이 몸이 부럽잖아
어떤 비교도 난 거부해 이건 겸손한 얘기, 가치를 논하자면 나는 Billion dollar baby
뭘 쫌 아는 사람들은 다 알아서 알아봐
아무나 잡고 물어봐 누가 제일 잘 나가? 내가 제일 잘 나가

수영장에서 두 시간 정도 놀고 나니 체력적으로 한계가 드러나 방으로 돌아와 침대에 누웠는데 정말 아이스크림이 사르륵 녹듯 침대 위에 몸이 녹아들어 가 아주 달콤한 낮잠에 빠졌다. 눈 뜨니 저녁이다. 우리는 숙소를 나와 빠통 비치를 바라보며 빠통으로 걸어나갔다. 가는 길에 맛있는 로티도 사 먹고. 택이와 나는 바닷물을 별로 안 좋아해서 우리 숙소가 빠통 비치에 위치해 있긴 해도 숙소에 이미 멋지고 넓은 수영장이 있기 때문에 빠통 비치에 들어갈 생각은 전혀 안 든다. 벌써 10년이 지나긴 했지만, 그때 참혹한 쓰나미가 몰려와 다 쓸어버린 곳이 바로 지금 우리가 서 있는 빠통이라고 생각하니 마음이 아파 오기도 하고 약간 무서운 마음도 가시지 않았다. 그때가 크리스마스이브였는데 우리나라의 일부 몰지각한 기독교인들은 예수님이 탄생한 크리스마스에 경건하게 기도하지 않고 집 밖으로 나가 놀러 가서 그런 사고를 당했다고 말하던, 그 추악한 모습이 아직도 기억에서 사라지지 않는다.

　뜨거운 태양이 이글거리던 낮에 해변을 가득 채웠던 관광객들은 모두 돌아가서 파도 소리만 시원하게 들리는 빠통 비치에 쓰나미의 아픔은 사라지고 이제 낭만과 평화가 다시 돌아왔다. 빠통 비치를 걷다 보면 쓰나미 발생 시 대피경로를 알리는 표지판이 군데군데 있어서 그때보다 경계와 준비를 단단히 하고 있어 보였다. 앞으로는 그런 대형참사가 생기지 않기를 간절히 바라면서 우리는 방라로드로 들어가 푸껫과 그다지 어울리지 않는 스파게티와 피자로 저녁 식사를 했다. 뭐 딴 이유는 없고 방라로드를 걷다가 저렴한 식당으로 얻어걸린 게 스파게티집이었다. 그래도 오랜만에 스파게티와 피자를 먹으니 신선해서 좋았다. 가볍게 저녁 식사를 하고 우리는 정실론으로 가서 마트 쇼핑과 디저트를 즐겼다.

　오늘 밤에는 꼭 가야 할 곳이 있다. 푸껫에 처음 도착한 날, 방라로드에서 클럽의 한을 풀었으나 알고 보니 부족했나 봐. 오늘은 그래서 풀 메이크업을 하고 그날 밤에 청춘을 활활 불태웠던 봉 잡고 춤추는 언니들 가게 바로 옆에 있는 시덕션(Seduction)에 가보기로 했다. 시덕션! 이름에서부터 벌써 분위기를 풍기듯 방라로드에서 꽤 핫 하다는 클럽인 것이다. 클럽을 그다지 즐기지 않는 택이지만, 청춘은 있을 때 활활 불태워야 한다는 나의 굳은 의지를 꺾기에는 나의 눈빛과 각오가 너무 강렬해서 차마 그 뜻을 굽히지 못하고, 나와 함께 오늘 밤, 이곳 방라로드에서 두 번째로 청춘을 활활 불태워 재가 될 때까지 즐겨보기로 하였다. 언니들! 즐겁고 아름다운 밤 되길 바래! 우리는 옆집 시덕션에서 뜨거운 밤을 보낼 거야!

시덕션에 입장했을 때 시각이 거의 밤 11시 정도가 되었는데 스태프들이 입장객들과 림보게임을 재미나게 즐기고 있었다. 어차피 날 아는 사람은 여기에 없어. 택이와 나는 이곳 방라로드에서 완벽한 이방인이지. 나는 1그램의 거리낌도 없이 림보게임에 바로 끼어들어 가 놀기 시작했다. 첫 단계는 아주 쉬워서 몸을 힘들게 무리하지 않고도 장대 밑으로 샤샤샥 들어가서 내가 매우 유연하고 섹시한 여성인 줄로 착각을 하게 되었다. 하지만 장대가 점점 아래로 내려갈수록 이 빌어먹을 쇠말뚝 같은 몸 때문에 유연성이라고는 1센치도 찾아보기 힘들어지면서 나는 점점 숨소리가 거칠어지기 시작했다. 방콕 시암 파라곤에서 앞으로 발라당 넘어지면서 국제적인 부끄러움을 경험했다면, 이번에는 림보 하다가 지나치게 나 자신을 섹시한 여성으로 착각한 나머지, 이 정도는 충분히 넘길 수 있다며 허리를 과도하게 접다가 뒤로 발라당 넘어지는 국제적인 부끄러움과 망신을 경험할 수 있었다. 방콕에서 앞으로 발라당, 푸껫에서 뒤로 발라당. 이 얼마나 아름다운 균형인가! 나는 매우 당당하게 일어나 아무 일 없었다는 듯 내 자리로 돌아가 알코올 도수 충만한 칵테일을 들이켠다. 부끄러워서 민망해하는 모습이나 과장연기 따윈 없었다. 나의 이 '쏘 쿨'함에 매력을 느꼈던 걸까? 스태프는 친히 나에게 와서 한 번 더 기회를 주겠다고 했다. 설마 나한테 반해서, 내가 너무 섹시하고 핫 해서 기회를 한 번 더 주는 건 아니겠지? 그렇다고 막 수줍어하며 절대 사양할 내가 아닌 거 알지? 나 그런 여성이야. 굉장히 쉬운 여성이지. 나는 또 그렇게 뚜벅뚜벅 무대로 걸어가! 중요한 건 자신감이지. 의지의 차이야. 아무 일 없었다는 듯 또 림보를 막 해! 쇠말뚝 같은 몸인데 일단 막 허리를 접어! 한번 발라당 뒤집어진 거 두 번 못 뒤집어질까? 오! 신기해! 역시 중요한 건 자신감이자, 의지의 차이인 걸까? 쇠말뚝 같은 허리가 이번에 정말 발라당 잘 뒤집어져서 림보를 통과하는 것이 아니겠어? 역시 난 허리가 발라당 잘 굽혀지는 섹시한 여성이었던 것이 틀림없군. 그렇게 아름다운 림보게임을 마치고 난 다시 자리로 돌아가려는데, 게임을 진행하는 직원이 갑자기 나에게 클럽 이름이 새겨진 티셔츠를 선물이라며 주는 거라! 참나! 될 놈은 뭘 해도 된다더니 푸껫은, 그리고 시덕션은 나에게 무한 기쁨을 주었어! 방콕에서는 되는 게 없더니 푸껫에서는 뭘 해도 다 돼! 푸껫에서의 감회를 적는 이 페이지에서는 느낌표만 대체 몇 개인지! 모든 게 감동이자 굉장해!

그렇게 나는 시덕션의 기념 티셔츠를 선물로 받고 자리로 돌아가서 다시 알딸딸한 알코올을 마시기 시작한다. 나는 참 술을 안 마신 제정신에도 이렇게 잘 노는 여성이니, 알코올 섭취 게이지가 올라가면 대체 어떻게 놀지 참으로 기대되는 아이다. 림보게임도 이제 끝이 났고 클럽뮤직의 음향이 점점 커지면서 분위기가 한층 달아오르기 시작한다. 서른여섯 먹은 여성이 림보게임으로 몸에 무리가 와서 거칠어진 숨소리를 고르고 있을 때, 이 여성의 눈에 보이는 지금 클럽의 모습은 몹시 화려하고 심장을 쿵쾅거리게 하는 흥분감을 가져다주고 있다. 며칠 뒤면 이제 두 번째 나라 태국땅도 떠나서 세 번째 나라 말레이시아로 갈 거야. 즐길 수 있을 때 마음껏, 미친 듯이 즐겨야 한다. 나는 몹시 배가 고픈 한 마리 하이에나가 되어 오늘 밤도 숨이 가파르게 차오를 때까지 즐겨야겠다.

푸껫에 버스가 있지 말입니다

¶ 어제 사랑과 정열을 바치며 청춘을 활활 불태웠는데 아니 덜 태웠나? 왜 아침에 눈이 뜨지는 거지? 난 최선을 다했는데. 그렇게 놀고도 이렇게 아침에 눈이 뜨이는 것은 호텔 조식을 맛나게 먹을 기회를 놓치지 않게 해주는 푸껫의 배려인가, 우리 몸이 우리에게 주는 배려인가? 리조트가 워낙 넓어서 식당에 아침 식사를 하는 사람들로 매우 분주했지만, 그깟 분주함이 대수랴. 우리는 자리가 없는 와중에서도 열심히 음식을 담아서 매우 뻔뻔하게 합석을 요구했는데, 또 다 같은 여행객이라 흔쾌히 우리를 앉게 해주신 5살짜리 백인 아기와 8살짜리 아기의 누나에게 감사한다. 아침 식사를 하러 왔는데 세수도 안 하고 머리 부스스한 채로 왔다는 건 공공연한 비밀, 우리들의 비밀. 방에 돌아와 보니 거울 앞에 웬 판다 한 마리가 경악스럽게 서 있네!

오늘은 우리가 무엇을 해볼 거냐면? 대중교통의 무덤, 대중교통의 헬 게이트인 푸껫에서 '버스'를 타보는 것이다. 리조트에서 조금만 걸어나가면 빠통 비치 해변에 버스정류장이 있다는 고급정보를 한국에서 사전입수해온바, 그곳에는 버스정류장의 표지판도 없어서 모르는 사람은 그곳이 버스정류장임을 알 수가 없다고 한다. 우리는 내일 푸껫 타운으로 이동을 하는데, 그곳까지 이동할 방법은 버스가 아니라면 가히 그 가격은 헬 게이트가 열리는 수준. 환상과 낭만의 푸껫에서 헬 게이트가 열려서야 되겠는가? 그래서 푸껫의 버스를 타고 내일 우리가 묵을 숙소로 사전답사를 해보기로 한다. 어우! 이 푸껫의 타들어 가는 땡볕에 25킬로짜리 캐리어를 끌고, 위치를 몰라 이곳저곳을 헤매게 되는 일은 절대적으로 발생해서는 안 될 일이다. 생각만 해도 식은땀이 난다.

리조트를 나온 지 3분 만에 나타난 푸껫의 버스정류장. 저기 저 커다란 차가 바로 푸껫의 버스라는 거겠지? 버스라고 적혀있지 않아도, 행선지가 적혀있지 않아도 저건 무조건 버스야!

"아저씨, 이거 푸껫 타운 가나요?"

간대! 막 가! 이건 푸껫 타운으로 가는 푸껫의 대중교통 파란 버스! 나는 너무나 기쁘고 들뜨고 설레어 막 방방 뛰었다. 푸껫 타운까지 가는 이 버스의 가격은 단돈 20바트! 800원! 엄청 싸! 툭툭의 압박으로 택시도 없는 이 푸껫에서 버스를 타다니 이런 기특한 여행자를 보았나! 비행기를 처음 타는 설렘보다 더한 기분으로 버스투어를 시작한다. 아, 신 난다, 신 나! 버스 안은 에어컨이 없기 때문에 창문을 다 열어놓고 시원한 바람이 들어오게 해 놓았다. 에어컨이 없으면 어때? 여행자의 발이 되어주는 버스를 단돈 20바트에 푸껫 타운까지 갈 수 있는데! 4명밖에 없던 버스는 사람들이 하나둘씩 자리를 채워서 나중에는 정말 빈틈 하나 없이 꽉 차게 되었다. 버스를 타고 다녀보니 대사관도 보이고, 학교도 보이고, 사람들이 사는 집도 보인다. 물론 푸껫이 유명한 관광지이고 휴양지이긴 하지만, 그래도 사람 사는 곳인데 학교 없다는 게 말이 안 되지. 하지만 워낙에 리조트나 식당이 즐비한 거리만 보다가 저기 보이는 학교가 너무 신기하고, 심지어 그 학교 안에서 운동회가 열리고 있었다. 버스에서 내려서 학교 안으로 들어가고 싶었지만 무모한 도전을 하지 않기로 했다. 지나친 호기심으로 오늘 일정이 꼬이는 수가 있다.

그렇게 빠통 지역을 벗어나서 버스는 계속 달린다. 센트럴을 지나 대략 20분 정도 더 가서 우리는 마침내 푸껫 타운에 도착했다. 이곳은 휴양지 푸껫과는 매우 다른 모습을 지닌 곳이었는데 2층의 오래된 중국풍 건물이 유적으로 남아있었다. 푸껫 타운 탐방은 내일 하고 우리는 일단 이 버스정류장과 매우 가깝다는 우리가 내일 묵을 숙소를 찾아보기로 했는데 정말 1분 만에 찾을 수 있었다. 오픈한 지 얼마 안 된 작지만 깨끗한 숙소였다. 숙소 바로 앞이 버스정류장이니까 여기서 다시 빠통이나 센트럴로 갈 때도 편하고, 무엇보다 여기서 버스를 타고 푸껫 버스터미널까지 갈수 있으니 너무너무 잘되었다. 우리는 내일모레 이곳에서 푸껫 버스터미널로 가서 핫야이행 야간버스를 타야 하기 때문이다. 모든 것이 계획대로 착착 진행되고 있어. 좋아! 푸껫 타운의 우리 숙소 사전답사는 이제 끝났고, 다시 우리는 버스를 타고 센트럴 페스티벌 센터로 가보자. 살면서, 여행하면서 버스를 타는 것이 이렇게 신 나고 재미있던 적은 없었다. 20바트로 우리에게 이 커다란 행복감을 선사해준 푸껫 버스여! 널 사랑해.

드넓은 센트럴 안에서 시원한 에어컨 줄기에 달궈진 몸도 식히고, 시원한 아메리카노로 목도 축이면서 정신을 잃고 구경하다가 문득 시계를 보니 저녁 5시가 다 되어간다. 푸껫 버스가 일찍 끊긴다는 고급정보 또한 우리는 갖고 있으므로 세월 가는 줄 모르고 놀다가는 빠통까지 무시무시한 툭툭을 타고 가야 하는 헬 게이트가 개봉박두! 구경은 내일 와서 하고 지금은 서둘러 빠통으로 돌아가야 한다. 그런데 버스를 암만 기다려도 안 오길래 정말 버스가 끊긴 건 아닐까 노심초사 불안, 공포, 초조에 시달리던 바로 그때, 저 멀리서 파란색 버스가 온다! 버스가 오는구나! 우리는 행여나 우리를 못 보고 버스가 그냥 지나치면 큰일이기 때문에 일찌감치 저 멀리서 오는 버스에 양팔 벌려 신호를 했다. 아저씨! 우릴 태우고 가요! 여기 2명이요! 아저씨 우리를 버리고 그냥 가기 있기 없기? 우리는 성공적으로 버스 탑승에 성공했다. 센트럴을 출발한 버스는 정류장을 거치면서 사람들이 많이 타더니 빠통도 가기 전에 만차가 되어 정면으로 앉을 수 없어 측면으로 앉아야 할 정도가 되었다. 아저씨, 오늘 장사 대박이에요! 버스 안은 마치 전 세계의 민족이 다 모인 것 같다. 푸껫 현지인은 물론이고, 일단 대한민국 2명, 저쪽에 중국 혹은 대만인으로 보이는 단체, 백인 관광객 4명, 그리고 저 한쪽에는 종교인으로 보이는 하얀 옷과 하얀 모자를 쓰고 긴 수염을 기르고 있는 남자 3명, 중동인으로 보이는 아랍계 사람들 2명, 그리고 흑인 여성 2명. 역시 국제적인 휴양지 푸껫의 명성답게 전 세계 사람들이 이 버스 안에 다 모인 걸 보니 정말 재미있고 신기하다. 내일은 푸껫에서의 마지막 여행지, 푸껫 타운으로 이동하는 날이기 때문에 오늘 밤은 청춘을 불사르지 않고 편안하고 정숙한 분위기 속에서 리조트에서의 평화로운 마지막 밤을 보내리라. 마치 내 집에서 노는 것처럼 침대 쿠션에 등을 기대고 과자 먹고 맥주 마시면서 티비를 볼 수 있는 이 여유로움과 평화로움. 그 무엇도 부럽지 않고, 그 어떤 곳보다 평화로운 이 순간이 영원하면 좋겠다.

푸껫 같지 않은 푸껫 타운

❧ 오늘은 리조트에서 마지막 날이기 때문에 나는 세수만 하고 수영복을 주섬주섬 챙겨입고 썬타올이랑 MP3랑 수경을 챙겨서 다다다다 수영장으로 뛰쳐나갔다. 아! 지지배배 새소리 가득한 이곳을 진정 오늘 떠나야 한단 말인가! 눈물이 앞을 가릴 때 가리더라도 상쾌한 아침물놀이를 마친 나는 뜨거운 샤워로 몸을 녹이고, 택이와 함께 여유로운 아침 식사를 했다. 오늘은 어제보다 사람들이 좀 적은 편이어서 앉을 자리가 꽤나 많이 보인다. 든든하게 조식을 먹고 방으로 돌아와 정리해둔 짐들을 챙겼다. 국경을 넘는 날도 아닌데 오늘 아침은 왠지 긴장이 된다. 언제나 이동할 때는 긴장과 설렘이 동시에 찾아온다.

사전답사로 인해 일사천리로 푸껫 타운에 무사히 내려서 우리는 벌써 치노텔에 들어와 있다. 숙소는 매우 깨끗했지만 바로 옆에 라농 시장이라고 불리는 건물이 있는데, 이곳에 생선가게가 있어서 호텔방만 나서면 생선냄새가 나서 좀 거시기하다. 그래도 하룻밤만 자고 갈 것이기 때문에 크게 개의치 않으리. 우리는 짐을 대충 치워놓고 숙소 근처

에서 배를 든든하게 채운 후, 푸껫 타운의 명물이라는 올드 타운으로 구경을 가보기로 했다. 올드 타운은 2층짜리 옛날건물이 많은 차이나타운 같은 곳이었다. 옛날에 중국인이 이곳에 와서 정착한 동네인데 그때 살았던 2층짜리 집들을 개조하지 않고 그대로 보존하고 있어 역사적인 가치가 있는 동네라고 한다. 이곳의 건축물들은 중국풍과 포르투갈풍이 혼합되어 있다는데 빠통 지역의 현대적인 리조트나 호텔만 보다가 이곳에 오니 푸껫에 이런 곳이 다 있나 싶은 게 무척이나 놀랍다. 특히, 탈랑로드에는 특이하게 생긴 이국적인 건축물이 양옆으로 늘어서 있는데 건물들이 다 2층으로 줄 맞춰있는 모습이 귀엽다. 아! 여긴 푸껫이 아닌 거 같아. 푸껫의 땡볕은 생각보다 강력해서 너무 뜨겁고 습해서 조금만 걸어도 숨이 차서 헉헉 소리가 난다. 하지만 어제까지 호사스러운 휴식을 취했으니 힘내서 좀 더 걸어보자.

이렇게 예쁜 핑크색의 건물이 나에게 오라고 손짓을 한다. 핑크색뿐만 아니라 다음 블록에는 노란색, 파란색 건물이 예쁘게 단장을 하고 날 좀 보소 하며 손짓을 하네. 건물이 참 예쁘고 아담해 보이는데 궁금한 건 저 안에 사람이 지금 살고 있느냐는 것이다. 실제로 살고 있다면 하루하루가 마치 동화 속 주인공 같은 삶일 거 같다. 몹시 중국답고 몹시 유럽답고 몹시 동화 같은 이 한적한 거리. 다만, 땡볕만 없다면 얼마나 행복할까? 그때 내 시선이 고정되는 한 가게를 발견했다. 가게인지 집인지 알 수는 없으나, 일단 너무너무 귀엽고 오래돼 보이는 작은 집이 내 눈을 사로잡았는데, 이 집 안에는 요정들이 살고 있을 것만 같다.

이것 좀 보세요! 너무 운치 있는 창문과 그 위에 바깥을 내다보게 만들었을 것 같은 두 개의 창. 문 바로 앞에 나와 있는 작은 테이블과 나무 밑동으로 만들어진 의자, 한켠에는 작은 화분들 속에서 자라나고 있는 푸른 식물들. 아! 정말 어떻게 이렇게 사랑스러울 수가 있는지! 이 귀여운 건물들이 굳게 문이 닫혀있지 않고 활짝 열려있어서 그 안에서 집주인이 우리를 막 반겨주었으면 하는 바람이 생겼다. 이 귀여운 집들의 주인은 하나같이 귀여워서 막 애교가 철철 흘러넘치고 우리를 보고는 반갑다며 와서 차라도 한 잔 마시고 가라면서 손짓할 것만 같다.

푸껫에서 박물관에 오게 될 줄이야! 푸껫 타이후아 박물관(Phuket Thaihua Museum)은 주석채굴을 위해 중국에서 푸껫으로 이주한 중국 사람들이 자녀들에게 중국어를 가르치기 위해 만든 학교였는데, 지금은 이주민들의 역사를 기록하는 박물관으로 이용되고 있다. 걷다가 발견한 곳이라서 큰 기대는 안 했는데 생각보다 꼼꼼하게 잘 정비되어 있었다. 옛날 사진으로 이주 당시의 중국인들의 생활상이 고스란히 남아있었는데 몹시 생동감이 있어서 보는 이로 하여금 이해도를 높여주었고, 당시 주석 채굴하던 모습도 볼 수 있었다. 그리고 이곳이 예전에 학교로 이용되었기 때문에 당시에 사용되던 교과서와 학생들의 활동상도 나와 있어서 휴양지로만 알고 있던 푸껫에 대한 나의 관념에 큰 신선함을 안겨다 주었다. 그런데 1인당 8천 원이면 입장료가 약간 비싼 면이 있다. 이 박물관 주위에 역사적으로 의미가 있거나 오래된 건물들의 위치를 번호로 매겨서 위치를 안내해놓은 지도가 있었는데, 푸껫의 강렬한 땡볕은 여행자를 쉽게 지치게 하여서 그곳까지 다 가볼 엄두가 도저히 나지 않았다.

박물관을 나와서 카페에 들어가 뜨거운 몸을 식힌 후, 사전답사가 그 얼마나 아름다운 준비인지를 깨달은 우리는 푸껫 버스터미널에 한 번 가보기로 했다. 내일 밤에는 푸껫 버스터미널에서 핫야이행 버스를 타고, 핫야이에 도착하면 다음 행선지인 말레이시아 페낭으로 넘어가는 버스를 타야 하기 때문에 오늘도 사전답사를 해두면 내일도 일사천리로 진행될 거라는 확신이 우리에게는 있다. 똑똑한 여행자는 400원짜리 썽태우를 타고 푸껫의 신 버스터미널에 도착했다. 과연 새로 지어서 깨끗하고 좋아 보인다. 될 수 있으면 푸껫에서 밤늦게 출발하는 버스를 타야 핫야이에 아침에 도착하지, 너무 일찍 도착하면 핫야이 버스터미널에서 노숙을 해야 하는 불상사가 생길 수도 있기 때문에 밤 9시 45분 핫야이행 야간버스 VIP석으로 2장을 예매하려고 했더니 예매는 안 되고 내일 와서 표를 사야 한다고 했다. 그러지 뭐.

오늘 저녁은 정실론 마트에서 공수해온 뽀글이(?)다. 역시 라면은 한국산이 최고여! 택이는 분주히 움직이면서 라면 두 봉지를 요리해내기 시작했다. 우선 봉지라면을 열지 않은 채로 4등분 한 다음, 윗부분을 조심스럽게 찢어낸 후, 수프를 뜯어서 면 위에 흩뿌린 뒤, 끓인 물을 봉지 안에 넣고 봉지를 고무줄로 꽁꽁 묶어냈다. 우리 방에는 물 끓이는 포트가 준비되어 있었고, 내 머리 묶는 고무줄로 봉지라면을 칭칭 동여맸다. 그런데 끓는 물이 들어간 이 뽀글이를 지탱해줄 무언가가 필요했는데, 이곳 치노텔은 마치 우리가 뽀글이를 해먹을 것을 예상이라도 한 듯 두루마리 화장지 상자가 준비되어 있었다. 그 안에 봉지라면을 넣으니 이건 뭐 원래 이 상자의 용도가 봉지라면 전용인 것처럼 딱 맞다.

대략 5분 후에 우리는 라면을 섭취하기 시작했는데 아무래도 수출용 라면은 내수용 라면과 맛이 다른 게 아닐까 싶었다. 택이랑 나는 라면 세 봉지를 순식간에 해치워버렸다. 라면이 있는 대한민국에서 태어나 행복해요.

셜록, 아이린 애들러, 그리고 배신의 야간버스

¶ 원래 어젯밤에는 숙소 바로 옆에 있는 라농 시장에 갔어야 했다. 라농 시장은 자정쯤에 문을 열어서 다음 날 아침 10시쯤이면 문을 닫는 야시장인데 어제 우리가 실신한 게 밤 11시쯤이었다. 지금은 아침 9시 반. 이놈의 잠 때문에 라농 시장을 끝내 못 가보고 푸껫을 떠나야 한다. 아니 야시장이면 밤 9시 정도에 시작해야지 자정 개장은 심한 면이 있다. 사람이 밤에 잠이 오는데 잠을 자야지, 이거 원. 혹시나 싶어서 택이를 깨워 옷을 주섬주섬 걸치고 가보니 역시나 파장이다.

아침부터 이미 푸껫의 땡볕이 작렬하기 시작했다. 이렇게 빨리 시작 않아도 되는데 푸껫의 태양은 마치 한국의 그것과는 다른 것처럼 남다른 강도로 이글거리고 있었다. 오늘 밤에는 여행경보 4단계 중 2등에 빛나는 여행제한지역 핫야이로 가야 한다. 센트럴 가서 마사지 받고 근처에 유명한 스파게티집이 있다고 해서 거기 갔다가 호텔에서 짐 찾아서 핫야이 가는 버스터미널로 가는 것이 오늘 일정 되겠다. 이젠 뭐 푸껫에서 자유자재로 버스를 타고 다니는 기특한 여행자가 되었다. 이보다 더 쾌적할 수 없고 시원할 수 없는 센트럴 갔다가, 센트럴이랑 가깝다는 스파게티집 찾아가다가 땡볕에 머리 가죽 다 벗겨지는 줄 알았다. 그래도 맛은 있어서 단 한 줄기의 면발도 남기지 않고 접시를 싹 비웠다. 하지만 이 맛을 보기 위해 그 뜨거운 길을 걸어야 하는 대가를 치러야 한다면 굳이 여기는 안 와도 될 것 같다. 아니 좀 더 솔직히 말하자면, 이런 평범한 스파게티를 맛보기 위해 그늘 한 점 없는 땡볕을 걸어서 온다는 건 미친 짓이야! 하지 마! 오지 마!

그냥 동네에서 대충 사 먹어! 오지 마!

　핫야이행 야간버스 출발시각은 밤 9시 45분이지만 썽태우가 저녁 5시쯤이면 운행이 끊기기 때문에 숙소로 돌아온 우리는 짐을 찾아서 정류장에 서 있는 썽태우에 탑승했다. 사전답사의 힘으로 오늘도 일사천리다. 푸껫 버스터미널2로 달리고 있는 썽태우 맞은편에는 푸껫 현지인으로 보이는 아주머니가 한 분 앉아계셨는데, 다른 여행자들은 툭툭이나 택시를 타고 비싼 돈을 주고 터미널로 많이 가는데, 우리는 단돈 20바트만 내고 터미널까지 가니까 매우 현명하고 영리한 선택이라고 칭찬해주시고 즐거운 여행 하라며 덕담까지 해주셨다. 맞아요, 아주머니! 저도 그렇게 생각해요! 저희들의 기특함을 알아주시니 몹시 감사드립니다! 열심히 공부한 덕택이죠. 아주머니께도 언제나 행운이 함께하길 바랍니다.

　버스터미널에 도착하니 오후 5시다. 버스가 올 때까지 대략 4시간 40분이 남았다. 폭신폭신한 의자도 없지만 버텨야 한다. 택이랑 나랑은 버스터미널로 들어가 일찌감치 우리가 탈 버스가 들어오는 9번 플랫폼으로 가서 벤치에 앉아 가방도 내려놓고 반 노숙준비를 시작했다. 지난겨울, 내 영혼을 통째로 흔들어버린 '셜록' 시리즈를 봐야겠다. 베니와

함께라면 시간은 빛의 속도로 날아갈 거야. 하도 많이 봐서 대사를 외울 정도가 되어버린 시즌2의 에피소드 1- A Scandal in Belgravia부터 시작이다. 셜록! 왓슨 선생! 아이린 애들러! 앞으로 네 시간을 잘 부탁해! 이젠 해가 쏙 들어가고 아주 어둑해진 밤이 되었다. 버스는 계속 들어오고 많은 사람들은 자기가 타야 할 버스를 타고 하나둘씩 없어지고 있다. 9시가 넘어가자 보던 노트북과 아이패드를 덮고 우리는 짐을 재정비하고 버스가 오기만을 눈이 빠지게 기다렸다. 9시 40분이 되도 오라는 버스는 안 오고 불안, 공포, 초조가 다시 나를 에워싸기 시작했다. 버스 시각이 9시 45분이면 40분쯤에는 도착을 해서 사람들이 버스에 탑승해야 하는데 버스가 안 오다니, 이게 지금 말이 되는 상황이냔 말이다. 주위를 둘러보니 완전히 깜깜한 밤이 되었고, 터미널 안쪽으로 들어가 보니 버스표를 파는 창구도 다 문이 닫혔다. 불도 꺼졌다. 우리는 핫야이에 가야 하는데! 설마 우리 버리고 버스가 가버린 건 아닐까? 그러면 안 돼. 제발 그런 일이 생기면 안 돼. 지금 이곳에는 몇 명만 자리를 지키고 있는데 제발 내가 상상할 수 있는 나쁜 일이 생기지 않기를 간절히 바란다. 나는 불안해서 도저히 자리에 앉아 있을 수 없어서 다른 플랫폼을 쭉 훑어보는데 바로 그때! 우리가 타야 할 버스번호 775-2번이 뜬금없는 18번 플랫폼에 서 있는 것이 아닌가!

아니 이 사람들이 9번 홈에 온다고 했으면 9번 홈으로 와야지, 왜 얼토당토않게 18번 홈에 와가지고 사람을 이렇게 불안 공포 초조하게 만드느냔 말이다!! 내가 18번 홈을 못 보고 계속 9번 홈 앞에 앉아 버스 오기만을 기다렸으면 어쩔 거야? 택이랑 나랑 하염없이 9번 플랫폼에서 오지도 않는 핫야이행 버스를 기다리다가 결국

버스는 오지 않고, 이 무섭고 어둡고 깡패라도 나올 것 같은 이 터미널에 둘만 덩그러니 남아서 상상하기도 싫은 공포에 몸서리를 쳐야 했을지도 모르는 일! 그렇다면 완전

난장판이 됐을 내 여행을 이 사람들이 물어낼 거야? 그런 것도 아니면서! 나는 온갖 생각이 다 들고 갑자기 서러움이 몰려와서 눈물이 왈칵 쏟아졌다. 눈물이 왈칵 쏟아져도 일단 저 버스를 놓치면 끝이기 때문에 바리바리 가방을 챙겨서 775-2 버스로 우리는 달려갔다. 버스 좌석도 확인하고 큰 캐리어는 짐칸에 놓고 우리 자리로 올라가서 각자 배낭은 다리 사이에 꼭 끼워 넣었다. 그나마 위안이 되는 건 이층 버스의 로망은 2층 자린데 우리 자리가 2층이었다. 제기랄! 정말 누구한테 하소연할 사람도 없고, 화는 머리끝까지 나고 조금 전까지 온몸을 감쌌던 공포는 사라졌지만, 너무너무 서럽고, 슬프고, 내가 정말 무슨 부귀영화를 누리겠다고 이 여행길에 올랐는지 갑자기 나를 또 자책을 하고! 눈물이 막 절로 흐른다. 설움의 눈물이 흐르고, 공포가 사라진 안도의 눈물이 흐르고, 억울한 눈물이 흐르고. 옆에 앉은 택이가 그래도 나를 꼭 안아주고 흐르는 눈물도 닦아주었다. 택이가 안아주면 세상에서 가장 큰 위안이 된다.

외교통상부가 여행가지 말라는 핫야이

❡ 버스터미널에서의 기다림과 불안, 공포, 초조의 시간은 우리를 몹시 지치게 하였기 때문에 버스에 타자마자 준비해 온 담요와 목베개, 수면안대를 장착하고 우리는 곧 곯아떨어졌다. 핫야이는 이슬람 분리주의자들과 관련한 테러가 꽤 수차례 일어난 지역이고, 얼마 전에도 대낮에 호텔 쇼핑몰에서 폭탄테러가 일어났다고 하니 불안감은 더욱 컸다. 또한, 물가가 싸서 싸게싸게(?) 유흥을 즐기려는 사람도 많다고 한다. 그 유흥이 맥주와 오징어, 땅콩을 즐기는 유흥은 아니겠지. 실제로 외교통상부 홈페이지에는 여행 유의, 여행자제, 여행제한, 여행금지 순으로 발령되는 여행경보 4단계가 나와 있는데 우리가 가는 핫야이는 2등에 빛나는 여행제한지역이다. 가급적 여행을 삼가고, 긴급 용무가 아닌 한 즉시 귀국해야 하는 여행제한지역에 우리는 지금 제 발로 가고 있다. 아, 불안하도다. 정말 피하고 싶은 핫야이지만 푸껫에서 페낭으로 들어가는 비행편을 찾는 게 쉬운 일이

아니었다. 그래서 핫야이에 도착하는 새벽 4시부터 페낭행 버스표를 파는 여행사가 문여는 아침 8시까지 딱 4시간만 아무 일 없으면 된다는 생각으로 우리는 가고 있다. 사실 새벽 4시부터 아침 8시까지는 아무리 테러범이라고 해도 잠은 자겠지 싶고, 그 시간에는 끈적끈적한 유흥을 목격할 일도 없을 것 같았다.

몹시 안락하게 자고 있는데 벌써 핫야이에 다 왔단다. 택이와 나는 짐들을 잽싸게 챙겨서 버스에서 내려보니 과연 핫야이 터미널이다. 새벽 4시인 지금은 한밤중처럼 깜깜해서 버스터미널 대합실의 딱딱한 나무벤치에 앉아 날이 밝기만을 기다릴 수밖에 없다. 핫야이는 위험한 지역이므로 어디 돌아다니다가 무서운 사람들한테 걸리기라도 하면 큰일이기 때문에 우리는 나무벤치에 앉아 경계태세에 돌입했다. 아이패드나 노트북 꺼낼 생각도 하지 마. 아침이 어서 빨리 왔으면 좋겠다. 버스 안에서 편하게 잠잘 때가 좋았는데 한참 맛있게 자고 있을 시간에 대합실에 덩그러니 앉아있으려니 엉덩이도 아프고, 태국이지만 새벽은 매우 쌀쌀했다. 담요를 몸에 둘둘 말아서 어서 태양이 뜨기를 기다렸다. 오늘 무사히 페낭까지 입성할 수 있기를 간절히 바라면서. 그리고 여행 중반을 넘어선 이 시점에서 아무런 사고 없이 말레이시아 여행과 싱가포르, 그리고 마지막 여행지 발리까지 아름다운 여행이 계속되기를 바라면서 나는 나무벤치에 앉아 꼼짝도 안 했다.

서서히 동이 트는가 싶더니 대낮처럼 갑자기 세상이 환해졌다. 7시가 되자마자 우리는 터미널을 나와서 길 건너편의 여행사들을 훑어보았다. 여행사마다 가격이 다를 수도 있기 때문에 대략 세 군데의 여행사를 들러 출발시각과 가격을 알아본 후, 출발시각이 8시 30분으로 가장 빠르고 가격도 저렴한 곳에서 페낭 가는 버스표를 구입했다. 아침이 밝았으므로 배가 고파진 우리는 여행사에 캐리어와 짐을 맡겨놓고 터미널 바로 앞에 모여있는 리어카 노점상으로 가보았는데, 이렇게 이른 시간에 노점상에서 아침 식사를 하는 사람이 꽤 있었다. 아침부터 딱딱한 음식이나 면 요리는 좀 부담스럽겠다는 생각이 들었는데 닭죽이 보였다. 달걀도 하나 들어가 있고 쪽파 썬 것과 닭고기가 올려진 닭죽, 백숙. 우와! 닭죽 한 그릇에 천원이라니! 이런 감동이 있나? 하지만 가격은 감동이라도 맛이 감동이 아닐 수도 있기 때문에 나는 몹시 조심스럽게 첫술을 떠보았다. 아, 이런 젠장…! 이건 영락없는 닭죽이야! 이건 영락없는 백숙이라고! 이렇게 맛있고 부드럽고 따뜻한 닭죽이 단돈 천 원이라니! 간도 딱 맞아! 죽이라서 막 쭉쭉 넘어가! 이렇게 맛있는 닭죽이 공포의 도시 핫야이에서 우리를 맞이할 줄이야! 정말 너무 따뜻하고 맛있는 닭죽을 아침부터 먹으니 속이 완전 든든하고 따뜻한 게 들어가니까 몸도 편안해지는 것이 너무 너무 좋았다. 태국을 떠나는 이 마당에 태국이 우리에게 주는 마지막 선물이라고 생각할게. 아! 참으로 맛있구나. 맛있는 아침 식사를 하고 여행사로 돌아와 대략 20분을 앉아서 기다리니 마침내 미니버스가 여행사 앞에 도착했다. 이제 정말 태국이 마지막이라는 생각이 드니까 약간 서운하기도 했지만, 그것보다는 난생처음 가 보는 말레이시아에 대한 설렘이 더 크다.

버스에 캐리어와 배낭을 싣고 버스는 곧 출발했다. 미니버스는 몇 군데에 들러서 여행객을 한 명, 한 명씩 태워서 나중에는 빈자리 하나 없이 꽉 차게 되었다. 좌석 사이가 매우 좁아서 나의 폐소 공포증이 시작되어 숨쉬기가 조금씩 힘들어지고 있었다. 만차가 된 미니버스는 달리고 달려 곧 태국의 국경에 도착했다. 난생처음 육로로 국경을 넘어보는 재미있는 경험을 하게 된 우리는 눈에 보이는 것 하나하나가 신기하다. 우리나라도 통일돼서 기차 타고 유럽 한가운데에 가 있을 날이 내가 살아있을 때 왔으면 참 좋겠다.

여기는 태국의 국경이자 출국장이다. 가방을 가져가야 할 것 같은데 기사님이 짐은 가져갈 필요 없고 여권만 있으면 된다고 했다. 신기해! 공항에서 출국수속 밟을 때는 가방

검사까지 다 하는데 육로로 출국할 때는 그런 게 필요 없나 보다. 우리 차례가 돼서 여권을 내밀었더니 출국 담당하시는 분이 여권을 이리저리 보더니 도장을 쾅쾅 찍어서 내게 건네주었다. 쉬운데? 이렇게 쉽게 날 보내주시네? 생각보다 너무 간단하고 시시한 출국수속을 하고 나서 길을 따라 쭉 나오니 아까 우리가 탔던 그 미니버스가 우리 앞에 딱 정차해 있었다. 우리를 태웠던 운전기사님이 이제는 차 안에 있는 모든 짐을 다 가지고 내려서 저쪽에 보이는 건물로 들어가라고 했다. 저기 보이는 곳은 이제 말레이시아 땅이고 말레이시아 입국수속을 하는 입국장이다. 이야! 신기하다. 배낭은 메고 캐리어는 택이가 끌고 우리는 기사님이 알려준 대로 말레이시아 입국장으로 성큼성큼 걸어갔다. 걸어서 말레이시아 땅을 밟고 있다니 이런 느낌 너무 좋아! 신선하고 새롭고 가슴

설레는 이런 느낌 좋아! 몇 분 전까지 우리는 태국땅을 밟고 있었는데, 지금은 말레이시아로구나! 육로로 국경을 넘는 기분이 바로 이런 것이로구나. 택이와 나는 여권을 제출하고 짐 검사까지 다 마친 후에 입국장을 빠져나왔다. 수월하게 금방 끝났다. 육로로 국경을 넘는다는 것이 몹시 궁금했는데 출국과 입국 모두 생각보다 너무 간단하게 끝나서 시시한 느낌이 들 정도이다. 이제 우리는 말레이시아에 들어왔습니다. 우리는 미니버스에 짐을 싣고 다시 올라탔지만, 운전기사 아저씨도 엄연히 지금 우리와 함께 국경을 넘는 건데 이 아저씨는 어디서 출입국 수속을 밟았을까? 이 버스는 어디로 가서 어디로 나와서 지금 여기 있는 거지? 몹시 궁금했지만 알 길이 없다. 어쨌든 이제는 말레이시아다. TV에서만 보던, 여행기에서만 읽던 그 말레이시아가 지금 내 눈앞에 있다.

페낭

알고 보니 동양의 진주

입국장을 빠져나온 미니버스는 쾌속질주를 한다. 여전히 버스 안은 몹시 좁아서 숨쉬기가 너무 힘들고 숨이 탁 막히면서 무언가가 내 몸을 조여오는 압박감으로 몹시 견디기 힘들어졌다. 아, 정말 미쳐버릴 것만 같았다. 제발 빨리 이 좁은 곳에서 벗어나서 탁 트인 공기를 마시고 싶다. 비행기는 넓어서 그런지 갇혀있어도 괜찮은데, 이렇게 여러 명이 가득한 좁은 공간에 있으니 정말 숨이 막혀 죽을 것 같은 고통이다. 제발 빨리 페낭에 데려다 주세요. 가능한 한 빨리.

미니버스는 우리를 페낭의 츌리아(Chulia) 거리에 내려놓고 휑하니 사라져버렸다. 푸껫의 땡볕이 T.O.P라면, 페낭의 땡볕은 칸타타. 정말 눈앞이 캄캄하다. 작렬하는 오후 2시의 땡볕에 숙소를 어떻게 찾아간단 말인가? 아! 정말 여행을 시작한 이래 가장 절망적인 순간이다. 페낭의 땡볕은 정말 무서울 만큼 이글이글 타오른다. 무섭다. 지금 이 그늘에서 한 발짝이라도 나간다면 저 아스팔트 위에서 열사병으로 이생과 작별을 고할지도 모른다는 공포감이 들었다. 우리가 버려진 곳은 'banana travel agency'라고 적혀있는 가게였는데, 주인아저씨로 보이는 분이 절망하고 있는 우리를 보고 안으로 들어와서 잠시 쉬고 가라고 했다. 다년간의 여행경험으로 미루어보아, 이렇게 작업 들어오는 걸 보니 분명히 자기 여행사에서 어떤 투어나 여행상품, 혹은 숙박업소를 우리에게 매우 강한 의지로 들이댈 것으로 예상된다. 하지만 지금은 제발 사람이 숨 쉴 수 있는 그늘만 내게 준다면 바가지 관광상품 구매는 물론이거니와 내 영혼까지도 팔 수 있을 것 같은 심정이었다. 일단 이곳에서는 적어도 땡볕은 피할 수 있기 때문에 여기서 좀 휴식을 취하다 보면 정신이 돌아올 것 같다. 과연 여행사 안에서 잠깐 멍하니 앉아있으니 집 나갔던 내 영혼이 돌아오는 느낌이 들었다. 에어컨은 없었지만, 땡볕이 없는 그늘에서 휴식할 수 있다는 그 사실 자체가 축복이다. 이쯤 되면 각종 투어나 숙소를 소개하면서 우리에게 호객행위를 할 때가 되었는데 아저씨는 본인 할 일만 계속하고 계신다. 오히려 우리에겐 신경도 안 쓰신다. 그랬다. 아저씨는 처음부터 우리에게 어떤 호객할 의도도 없었는데 내가 세상 살면서 불신만 가득한 인간이 되어 아저씨를 매도한 것이다. 아저씨 미안해요. 저도 제가 이런 인간이 될 줄은 몰랐어요. 미안해요. 아저씨의 인간적인 배려와 호의로 그늘에 앉아 30분 동안 멍을 때리다 겨우 돌아온 영혼을 붙잡고,

이제는 숙소를 찾아 나서야 할 때. 우리를 잡아먹을 듯한 열기가 살벌하게 엄습해오는 이 시점에, 온몸에 육수가 줄줄 흐르는 이 시점에 스마트폰만 만지작거리는 택이의 모습에 나의 분노게이지는 한계치를 뚫고 성층권을 뚫어나갈 기세였다. 아무리 시도 때도 없는 스마트폰질이라지만 40도가 넘어가는 땡볕 아래 숙소를 찾아가야 하는 이 암울한 상황에 스마트폰질이라니 이건 정말 해도 너무 한 거잖아! 나의 분노게이지는 그만 폭발해버렸다. 헤어져! 지금부터 각자 따로 여행하고, 발리 출국장에서 만나는 걸로 하고 지금 당장 헤어져! 하지만 택이는 평정심을 잃지 않고 나의 흥분을 가라앉히며 침착하게 말한다.

"주연아, 이것 좀 봐! 우리가 예약한 숙소가 여기에서 걸으면 5분 거리에 있어. 내가 지금 구글맵을 띄워서 숙소 주소를 치니까 이렇게 나왔어! 이걸 좀 보라고!"

아, 아…!

택이는 혼자 바닥에 쪼그리고 앉아 스마트폰으로 여기에서 숙소까지 가는 길과 거리를 검색하고 있었던 것이다. 스마트폰 따위는 없고, 그나마 있는 휴대폰도 여행에는 무용지물이었던 피처폰 소유자인 나는 스마트폰으로 호텔도 검색하고, 목적지도 검색하고, 교통편도 검색해서 이동하는 최신 여행 트렌드와는 완전히 동떨어진, 뒤처져도 한참을 뒤처진 여행자였던 것이었다. 그런 내가 신식 문명의 이기를 최대한 이용하여 우리의 여행을 윤택하게 해주고 있는 택이를 탓하다니! 내가 죽일 년이다. 내가 나쁜 년이야. 24시간 스마트폰 하려무나, 마음껏 하려무나, 평생 하려무나, 자유여행의 개척자시여! 택이에게 스마트폰 평생 까임방지권을 선물하고 배낭을 다시 메고, 캐리어를 질질 끌며 땡볕을 향해 나아간다. 단 1분도 서 있기 힘든 이 땡볕을 그래도 걸을 수 있었던 것은 4분만 걸으면 우리의 숙소가 기적처럼 나타날 것이라는 확신 때문이다. 땡볕에도 표정이 있을 수 있다는 것을 평생 처음 깨닫는 순간이었다. 예상했던 4분과는 달리 2분 정도 걸으니 우리들의 페낭 3박을 지낼 숙소가 드디어 눈앞에 나타났다.

감격스러워 눈물이 앞을 가릴 지경이다. 결론적으로 이 숙소는 핫야이에서 탔던 버스가 페낭에 도착하는 곳에서 도보 2분 거리에 있고, 3박에 9만 원 정도의 저렴한 가격에다가, 여행자가 필요한 모든 것이 있는 여행자 거리에 있는 환상적인 곳이란 말이지. 숙소에는 엘리베이터가 없었다. 순간 캐리어 운반 담당자인 택이의 표정이 다시 하얗게 질리는 모습을 나는 보고도 모른 척하며, 방 키와 와이파이 패스워드를 받고 2층에 있는 우리 방으로 드디어 입성했다. 지금 이 순간 우리에게 필요한 건 오로지 살벌하게 차가운 에어컨 공기뿐. 실내온도를 가장 낮게 맞추어놓고 어서 빨리 이 방이 차가운 공기로 가득 차 입에서 연기가 나기를 희망한다! 속이 허할 때 먹으려고 아껴놓았던 초코바가 아주 그냥 처참한 몰골이 되었다.

1시간 동안 강력한 에어컨 바람을 쐬니 겨우 정신이 차려진다. 이제 한국에서 가져온 외화현금이 거의 바닥칠 때가 되었다. 태국 바트화는 오늘 아침 핫야이에서 페낭행 버스표 값과 아침 식사와 간식비로 한 톨도 안 남기고 다 썼고 US dollar가 대략 200불 정도, 싱가포르 달러가 300불 정도 남아있다. 말레이시아  화폐가 하나도 없어서 남은 미화를 들고 나가서 환전상이 나타나면 말레이시아 링깃으로 모두 환전을 해야겠다. 이대로의 추세라면 쿠알라룸푸르에서 첫 현금인출을 하게 될 것 같다. 우리들의 시티 계좌에는 아직 200만 원이 고스란히 남아있지. 든든하다.

꼬치 시식으로 길거리 샤브샤브 체험을 마치고, 페낭의 중심이라고 불리는 꼼따 (komtar)로 가보았다. 꼼따는 60층의 매우 높은 건물로 페낭 어디에서도 이 높은 꼼따를 볼 수가 있다. 안에는 쇼핑몰과 사무실이 있고, 주위에 쇼핑몰도 밀집해 있으며, 무엇보다 페낭의 모든 버스가 집결하는 교통센터가 위치해 있다. 이곳을 통하면 페낭의 모든 곳을 갈 수 있기 때문에 페낭 여행을 하면서 이곳을 거치지 않았다면 여행을 하지 않았다고 해도 과언이 아니라고 어떤 블로그에 적혀있었다. 그래서 아무 볼 일 없어도 왠지 꼼따에 가봐야 할 것 같았다. 꼼따는 우리 숙소에서 도보로 20분 정도면 도착할 수 있는 곳이라서 버스를 타지 않고 이곳저곳 구경도 하고 동네 분위기 파악도 하고 눈으로 익힐 겸 슬슬 걸어갔다. 또한, 첫 말레이시아 여행지로써 페낭의 느낌도 받아보기 위함이니 이미 땡볕은 걷어진 초저녁이 되었으므로 문제 될 것은 없지. 유네스코 지정 역사문화유산의 도시에 빛나는 페낭에는 오래된 건물이 많았는데 특히, 건축연도가 건물 위에 적혀진 경우가 꽤 많다. 1895년, 1907년, 심지어 지은 지 200년이 넘은 건물도 있었고, 쇼핑몰이나 관공서를 제외하고는 거의 2층 건물로 이루어져 있어서 페낭 어디서나 60층짜리 꼼따를 볼 수가 있다. 꼼따로 들어가는 입구 쪽에 쇼핑몰이 있길래 에어컨 바람 쐬면서 꼼따 가려고 쇼핑몰을 들어서자 Korean Food라고 적혀있는 현수막 아래 한국 라면과 고추장이 산처럼 쌓여있다. 페낭 사람들이 고추장도 먹나 보다. 꼼따에서

유심칩을 하나 사서 택이 스마트폰에 장착했다. 앞으로 10일 동안의 말레이시아 여행에 많은 활약 부탁드립니다.

　유심칩 사서 좋아서 폴짝폴짝 뛰는 택이를 데리고 숙소로 돌아오는 길에 근사한 호텔을 하나 발견했다. 한자로 '연경숙사'라고 적혀진 이 호텔은 왠지 모를 고급스러움이 풍겨졌고, 연경숙사 옆에는 '연경주점'이라는 빈티지하고 클래식한 분위기가 우리를 끌어당기는데 도저히 이 집을 그냥 지나칠 수가 없었다. 여행하면서 한 번도 이런 유혹을 느낀 적이 없는 면에서 페낭에서의 만찬은 이곳 연경주점에서 즐겨봐야겠다. 이미 시간은 오후 6시를 넘어가고 있었지만, 페낭의 열기는 식지 않아 아직도 몸에 땀이 흐르고 있는 가운데 연경주점의 문을 여는 순간, 아 이곳은 헤븐! 시원한 공기보다 더 나를 매혹시킨 것은 매우 클래식하면서도 정갈하고 깨끗한, 그리고 고급스러움이 폴폴 풍기는 연경주점의 내부였다. 식당이 이 정도면 연경숙사의 내부는 어떨지 너무너무 궁금해져서 하루쯤 연경숙사에서 숙박해보고 싶지만, 우리는 이미 3박을 한국에서 예약과 결제를 마친 치밀한 녀석들이기에 그럴 수가 없다.

환상적으로 시원한 공기와 함께 우아한 벨벳 소파에 자리를 잡고 저렴하면서도 우리 입맛을 만족시켜줄 음식은 과연 뭘까 고민하고 있는데, 저쪽 테이블에서 한 서양인 커플이 연경주점 스태프에게 음식이 환상적이라며 오늘은 아주 즐거운 저녁이 되어서 그대들에게 감사한다며 치어스를 외치고 있다! 원래 아는 사이인가? 아니면 처음 왔는데 너무 맛있어서 감동해서 저렇게 난리인 걸까? 뭐 어떤 이유에서든지 일단 이 집 식사가 맛있다는 거 아냐? 맛있다는 게 중요하잖아. 택이도 이곳이 몹시 마음에 드나 보다. 페낭에서의 만찬을 이곳 '연경주점'으로 낙찰한 것은 매우 현명한 결정이었다. 나는 평소 매운맛을 좋아해서 매콤한 스파게티를 주문했는데 맛을 보니 과연 아까 백인 노부부가 주방장을 불러 음식이 매우 멋지다고 칭찬한 게 결코 연기가 아닌 진심이었음이 확실해졌다. 이건 정말 내가 먹어본 스파게티 중에 가장 맛있는 것이었고 이 순간은 정말 감동의 도가니가 아닐 수 없다. 택이는 볶음밥을 시켰는데 이것도 우리 입맛에 딱 맞고 간도 딱 좋은 것이 외관만 번지르르한 줄 알았는데 내실까지 번지르르하다니, 이런 알이 꽉 차서 정말 먹을 게 많은 청어같이 맛있는 존재 같으니라고! 땡볕의 공포로 다가온 페낭이 우리에게 조금씩 마음을 열어주고 있는 느낌이다.

조지타운에는 볼 게 많아도 너무 많다

¶ 몇 년 전에 말레이시아 홍보 광고가 TV나 신문에 나오기 시작했을 때 광고 모토가 Truly Asia, Malaysia였다. 되게 환상적이고 편안한 음악이 배경음악으로 깔리고, 자연경관이 되게 아름답고, 미소 가득한 말레이시아 여인이 환하게 웃으면서 나를 바라보던 그 말레이시아 홍보광고. 그 광고를 본 전 세계인이 말레이시아에 홀딱 반한 것이다. 무슨 얘기냐면 Truly Asia, Malaysia, 이 모토가 세계인의 마음을 움직여서 그 광고가 세계의 전파를 탄 이후 말레이시아의 외국인 관광객이 급증했다고 한다. 나만 홀딱 반한 게 아니었어. 말레이시아가 어떤 나라인지 사전지식은 조금 가지고 있어야 그 나라에 대한

이해의 폭과 깊이가 커지는 법. 말레이시아는 택이나 나나 생전 처음 와 보는 나라이다. 내가 말레이시아에 관해 아는 것이라고는 지미 추(Jimmy Choo)가 말레이시아 사람이라는 것뿐이기 때문에 말레이시아에 대해서 조금 알아보았지. 학이시습지(學而時習之)면 불역열호(不亦說乎)아!

말레이시아는 말레이 반도에 있는 나라라서 이름이 말레이시아다. 우리나라는 한반도에 있는 나라라서 한국. 말레이시아는 다민족 국가였다. 놀랍다. 그걸 이제껏 모르고 살았던 나의 무지가 더욱 놀랍다. 말레이시아는 16세기부터 포르투갈, 네덜란드, 영국, 일본의 지배를 받았는데, 이 식민지 시절에 주석광산이나 고무농장의 노동자로서 많은 중국인과 인도·파키스탄인이 유입되어 다민족 국가가 되었다. 국토에 산지가 많고 인구밀도가 매우 낮아서 정부가 국민들한테 애 많이 낳으라고 광고한단다. 종교는 이슬람이고, 수도는 쿠알라룸푸르. 보르네오 가구 할 때 그 보르네오 섬이 말레이시아에 있는 섬이다. 한때 말레이 원주민과 식민지 시절에 이주해온 중국 사람, 인도 사람들 사이에 보이지 않는 갈등이 있었지만, 지금은 서로를 인정하고 배려하면서 친하게 잘 지낸단다. 대통합의 아이콘이 되었다. 이 사람들은 이렇게 친하게 잘 지내는데, 이놈의 작은 땅덩어리는 단일민족인데도 불구하고 서로 못 잡아먹어서 난리다. 한쪽이 다른 한쪽을 잡아먹으면 만족하려나? 아, 배부르다 하면서 좋아하려나? 통일이 되면 좋겠지만, 통일이 안 돼도 서로 싸우지 말고 친하게 지내면 얼마나 좋노? 뭐 그렇게 친하게 지내면 자연스럽게 통일도 되겠다. 통일돼서 우리나라 아주 강해져서 동네 대장이나 해 먹었으면 좋겠다. 말레이시아 얘기하다가 한반도 통일로 이어지는 이 거시적 관점이라니!

이로써 말레이시아에 대한 간략한 소개와 생각을 끝내고, 오늘 일정에 대해 고찰해보겠다. 우리는 오늘 페낭의 조지타운을 탐방해볼 생각인데 시청과 성 조지 교회, 카피탄 클링 모스크, 콴인텡 사원, 스리 마리암만 사원, 페낭 박물관과 페낭 여행의 정점인 페낭 힐에 가볼 예정이다. 적고 보니 4종교를 아우르는 대통합적인 일정이다.

숙소에서 나와 큰길로 나가는 길에 인도음식점이 있어서 여기서 오늘 아침을 먹어볼까 한다. 택이랑 나랑은 인도에 가보지는 않았지만, 화덕에 구운 난과 매콤한 카레를 좋아한다. 말레이시아에 정착한 인도인들이 만든 난의 맛은 과연 어떨까? 안타까운 것은 난을 화덕에 굽지 않고 대형 프라이팬에 굽고 있었다는 것. 그래도 뭐 괜찮아. 맛만 있으면 되지. 우리는 버터난 2개랑 인도 전통 디저트 음료 라씨를 2잔 시켰다. 이야! 라씨가 참 맛있어. 버터난도 어찌나 쫄깃쫄깃하고 맛있는지, 뭘 어떻게 만들었길래 프라이팬에 구워도 이렇게 맛난 것이야? 화덕 난보다 더 맛있어! 정말 맛있게 버터난을 먹고, 시원한 라씨까지 먹으니 여기가 인도인지, 싱가포르인지, 말레이시아인지 알 수가 없지. 여기는 민족 대통합의 현장, 말레이시아란다.

맛있는 식사를 하고 나오면 바로 앞에 버스정류장이 있다. 우리는 오늘 여기서 CAT을 타고 조지타운을 여행할 예정이다. CAT은 Central Area Trangit의 약자로, 일종의 무료 셔틀버스이다. 페낭이 역사도시이다 보니 도심 내에 차량 진입을 억제해서 도로정체도 막고, 세계적 문화유산도 보호하자는 차원에서 말레이시아가 만든 제도라고 한다. 버스 정면에 'Hop on free' 또는 'CAT Shuttle'이라고 적혀있는 버스를 타면 된다. 메뚜기처럼 폴짝 뛰어서 버스에 올라탔다가 내렸다가, 또 타고 싶으면 폴짝 버스에 올라타고,

또 내리고 싶으면 폴짝 내려서 가고 싶은 데 가고! 이 얼마나 아름다운 배려인가! 페낭을 여행 오는 여행자들에겐 정말 단비 같은 제도가 아닐 수 없다. 페낭의 땡볕을 피할 수 있게 완전히 시원한 에어컨 바람이 나오는 버스를 무료로 탈 수 있고, 거기다가 이걸 타면 페낭의 조지타운을 여행하면서 각종 관광지를 둘러볼 수 있으니 정말 감동을 안 할 수가 없다. 페낭! 널 사랑해. 우리나라 같으면 상상도 못할 일이다. 버스랑 택시회사에서 기를 쓰고 반대하고 데모했겠지. 그래서 우리나라의 백화점 셔틀버스가 베트남에서 달리고 있지 않은가! 학원버스랑 어린이집 버스, 회사 출퇴근버스는 왜 반대 안 하는지 모르겠다. 그것도 반대해야 일관성 있는 주장인 거 같은데.

오늘 우리들의 여행을 책임져 줄 튼튼한 두 다리! 오늘도 잘 부탁해. 즐거운 여행, 안전한 여행을 할 수 있도록 힘을 내서 열심히 다녀보자! 무쇠 팔, 무쇠 다리, 무쇠로 만든 로봇이 되어 저 무시무시한 땡볕을 샤샤샥 피해 가면서 즐거운 여행을 만들어봅시다!

페낭의 트라이쇼는 하나의 명물거리가 되어 관광객을 유혹한다. 건물 벽에 커다랗게 그려진 트라이쇼 그림은 관광객을 유혹한다기보다는 삶의 무게에 힘들어하는 할아버지의 노고가 느껴지는 그림이었다. 한 번쯤은 타보고도 싶었지만 1시간에 만 원정도 하는 가격도 가격이지만 저걸 타면 페낭의 견디기 힘든 더위와 열기가 고스란히 전달되기 때문에 굳이 타 보고 싶지는 않다. 우리에겐 너무너무 시원하고 돈도 안 내도 되는 CAT이 있다. 문득 몇 년 전 도쿄의 아사쿠사에 갔던 기억이 떠오른다. 거기에 이곳 트라이쇼와 같은 인력거가 있는데 15분에 3,000엔이었다. 1시간이면 만2천 엔 = 15만 원이다. 갑자기 식은땀이 나네.

이번에는 진짜 트라이쇼가 나타났다. 우와! 트라이쇼에 달려있는 작은 우산까지 똑같아! 트라이쇼에 앉아있는 약간 지쳐 보이는 운전사의 모습도 똑같아! 정말 아까 그 건물에 그려져 있는 그림을 누가 그렸는지 모르겠지만, 현실감 100%의 살아있는 그림이다.

CAT의 시원한 에어컨 공기를 만끽하면서 이거 타고 한 바퀴 돌고 다시 숙소로 돌아갈까 싶을 정도로 실내는 쾌적하고 시원했다. 조지타운은 동양의 진주라 불리는 '페낭'을 둘러보기 위한 가장 중심이 되는 지역으로 페낭 섬의 주도로서, 조지타운을 '페낭'이라고 하기도 한다. 시 전체가 유네스코 문화유산으로 지정된 지역으로 역사적인 건축물과 문화 명소들과 더불어 영국 식민지 시대에 지어진 건물, 교회와 불교 사원, 힌두교 사원 등이 있어 동서양 문화 공존의 도시이다. 버스에서 내려서 가장 먼저 보이는 곳은 중국식 사원이었는데, 안에서 하얀 연기가 피어오르면서 향 타는 냄새가 진하게 올라왔다.

콴인텡(Kuan Yin Teng) 사원은 19세기 페낭으로 이주해 온 중국 이민자들이 지은 페낭에서 가장 오래된 중국식 사원인데, 자비의 여신 '콴 인'을 모시고 있어 콴인텡 사원이라고 한다. 가는 날이 장날인지 사원 내 작은 무대 위에서 공연이 펼쳐지고 있었다. 무슨 내용인지 알 수는 없지만, 패왕별희를 떠올리게 하는 분장을 한 배우들의 의상과 화려한 분장, 진지한 연기가 여행자의 눈길을 사로잡고 있다. 서양인들이 특히 관심 있어 했는데 서양인 눈에는 동양적인 색채가 짙은 이런 모습이 몹시 신기하고 재미있을 것 같다.

콴인텡 사원을 나와서 조금만 더 걸어가니 이번에는 이슬람 모스크인 카피탄 켈링 모스크가 나왔다. 카피탄 켈링 모스크(Kapitan Keling Mosque)는 페낭 최초의 모스크라고 한다. 내가 이제껏 여행한 나라 중에서 모스크를 볼 수 있는 나라들을 회상해보면, 나라별로 모스크의 모습은 조금씩 다르긴 해도 건물 위에 뾰족한 끝이 있는 둥근 돔이 얹혀져 있는 건 거의 비슷하다. 사원 바깥에는 푸르른 잔디밭이 매우 싱싱하게 펼쳐져 있었다. 관리 열심히 하는 거 같다. 사원 안에는 종교적 교육시설인 마드라사(Madrassah)가 있다는데 들어가 볼 수 없어 아쉽다. 우리나라에서 절이나 교회, 성당은 쉽게 볼 수 있는데 이슬람과 힌두교 사원은 그렇지 않아서 모스크와 힌두사원은 베일에 싸인 미지의 세계 같다. 안에서 코란 읽는 소리가 들려서 안을 구경해보고 싶었는데 마침 기도

시간이라며 여기도 못 들어간단다. 안타깝다. 6년 전에 터키를 여행하고 있을 때, 새벽 4시만 되면 들리던 코란 읽는 마이크 소리가 나의 단잠을 깨웠는데, 그 소리가 귀에 거슬리지 않고 오히려 친근하게 들렸었다. 그래서 한국에 돌아와서도 새벽에 코란 읽는 소리가 들리지 않자 그게 오히려 낯설게 느껴졌던 기억을 가지고 있기 때문에 지금 우리 귀에 들리고 있는 이 코란 소리가 옛 추억을 다시금 끄집어내서 나의 향수를 자극하고 있다. 모슬렘 여러분, 경건한 기도시간 되길 바래요. 안녕.

요기까지 돌아보다가 배가 고파서 근처 인도식당에서 간단하게 식사를 하고 나오는데 식당 앞에 세워진 배달 오토바이를 보고 깜짝 놀랐다. 우리만 배달의 민족인 줄 알았는데 아니야! 역시 사람이 이곳저곳 돌아다녀야 내가 세상의 중심이 아니라는 걸 깨닫는다. 인도음식 배달도 해줘! 최고야! 우리 집 근처에도 배달해주는 맛있는 인도음식점이 있었으면 좋겠다. 리틀 인디아에서 조금 더 걸어가면 이번에는 하얀색 건물의 성 조지 교회가 나온다. St. George Church 세인트 조지 교회는 1818년에 지어졌는데 말레이시아에서 가장 오래된 성공회 교회일 뿐만 아니라 조지타운에서 가장 오래된 기념물이라고 한다. 과연 유네스코 지정 역사도시 아니랄까 봐, 뭐 보이는 곳마다 역사적 건물이니 페낭을 여행하면 과거와 함께 내가 숨 쉬고 있는 듯한 착각이 든다. 우리는 비록 교인은 아니지만, 안으로 쓱 들어가 보았다. 사실 페낭의 땡볕으로부터 구원받고자 하는 소망이 있었다.

입구에 들어가던 바로 그때, 아무도 없을 줄 알았던 교회 안에서 흰옷을 입은 여인이 쓱 나타나는데 한여름에 심장마비 걸릴 뻔했다. 위메! 내 심장~. 위메! 여인은 누가 봐도 여행객 몰골인 우리를 친절히 맞아주며 작은 책자를 우리 손에 들려주면서 안에 들어가서 둘러보아도 된다고 허락해주었다. 감사해요. 나는 벌렁대는 심장을 가라앉히기 위해 서둘러 교회 안쪽으로 들어가 긴 벤치에 앉았다. 하얀 건물의 교회에 들어오니 일단 머리 가죽을 다 벗길 것 같은 강렬한 페낭의 땡볕을 피할 수 있어서 좋았다. 뜨거운 지역의 교회는 남달랐다. 다른 교회도 이런지 모르겠는데 시원하라고 교회 벤치바닥이 왕골로 만들어져 숭숭 뚫려있었다. 이건 아주 좋은 생각 같아. 오래 앉아있어도 항문질환이나 습진 걸릴 가능성을 현저히 낮추어주는 이런 왕골 교회 의자라니 매우 감동적이다. 문득 아까 입구에서 여인이 우리 손에 들려준 작은 책자를 바라보았다.

우리가 떠나온 목적이 바로 무섭고 살벌한 현실로부터 상처받은 우리 자신을 위로해 주기 위해 떠난 현실도피가 아니던가! 나의 일상을 들킨 것만 같아서 나는 갑자기 얼굴이 화끈거렸다. 내 안의 백팔번뇌를 어찌하오리까? 젠장! 사람 사는 거 다 비슷한가 봐! 똑같지는 않아도 누구에게나 백팔번뇌가

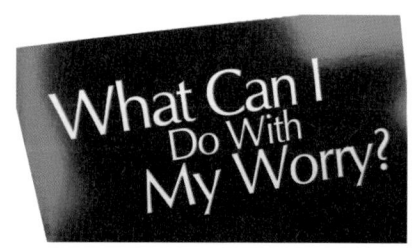

있나 보다. 택이와 나만 있는 이 조용한 교회 안에서 갑자기 온 세상 사람들이 친구들이 된 거 같은 동병상련이 느껴지면서 서른여섯 내 인생이 파노라마처럼 떠오른다. 잊고싶은 기억들은 결코 잊히지 않고 세월이 흘러도 생생하게 살아남아 나를 괴롭히고, 내인생을 내 뜻대로 사는 것이 왜 이렇게 힘에 부치는가에 대한 분노와 좌절감. 살아오면서 즐겁고 아름다운 시간이 얼마나 많은데, 왜 작은 불행과 작은 고통이 그것보다 더 큰아름다운 추억과 즐거운 인생의 기억을 갉아먹는지? 왜 사람들은 가만히 있는 나를 괴롭히고 고통스럽게 만드는 것인지? 왜 그런 사람들에 대한 징벌을 신은 내리지 않는 것인지? 신이 없기 때문이다. 그렇게 철학적 및 종교적 고찰을 하다가 나는 고만 잠이 깜빡 들어버렸다. 다소곳이 앉아서 고개만 살짝 떨구었는데 세상에! 눈떠보니 무려 1시간이나 깊은 잠에 빠지고 말았다. 페낭의 성 조지 교회(St.George Church)는 나에게 평화와 안식을 선사해 주었다. 내가 여행을 하다가 아무리 지쳐도 어떤 곳에 들어가 그곳이편하다고 잠든 적이 없는데, 어떻게 1시간이나 잠들 수 있단 말인가? 눈을 떠보니 저쪽 건너편 의자에 앉아있는 택이도 자고 있다. 헐! 땡볕을 피해 들어온 지친 우리에게 이런 평화와 안식을 주는 성 조지 교회, 널 사랑해.

교회에서 1시간의 숙면을 취한 후 나왔는데 1일 3똥을 실천하시는 김용택 님께 그분이 오셔서 나는 바깥 잔디밭에서 택이를 기다리기로 했다. 한참을 기다리고 있는데 잔디밭과 나무들 사이로 고운 소리를 내며 움직이던 새들이 있었다. 말레이시아는 자연과함께하는 나라라고 하더니 과연 새들이 지저귀면서 잔디밭을 활보하면서 울창한 나무위로 날아갔다가 온 성 조지 교회 앞 잔디밭에서 종횡무진이다. 그러더니 작은 담장에걸터앉은 내 쪽으로 저 멀리 새 한 마리가 사뿐히 앉아있다. 그런가 보다 했는데 이 새가 점점 내 쪽으로 다가오더니 나중에는 나랑 30㎝ 바로 옆까지 와있다.

이런 대담한 아이를 보았나! 내가 여기 앉아있는데도 내 옆으로 과감하게 총총 뛰어오더니 세인트 조지 교회를 바라보며 감상을 하고 있다. 자연과 함께 살아가는 현장 그 한가운데에 나와 이 아이가 있다. 내가 옆에서 '얘! 얘!' 불러봐도 미동도 안 하고 날 힐끔 바라보다가, 왼쪽도 힐끔 바라보다가 자기 할 일 하고 있다. 헐! 깜찍이 귀요미 새님 같으니라고!

　1일 3똥을 실천하고 오신 김용택 님의 손을 다시 잡고 우리는 걸었다. 거기서 딱 나타날 줄 모르고 걸어간 건데, 페낭 박물관이 짜잔 하고 우리 앞에 나타났다. 페낭 박물관의 입장료는 1링깃=우리 돈 370원이다. 싸도 너무 싸! 박물관이 저녁 5시에 문을 닫는데 지금 시각이 4시 20분이다. 아, 이렇게 안타까울 데가 다 있나! 그래도 40분을 볼 수 있기 때문에 어서 들어가서 박물관 구경을 하기로 했다. 박물관을 들어서는 순간! 하우젠보다, 위니아보다 더 시원한 바람이 요기 있네? 더위와 땀과 피로감에 지쳐 온몸이 너덜너덜해진 여행자에게 지금 이곳은 세상에서 가장 시원하고 상쾌한 낙원이다. 역시 페낭은 우리들의 친구야! 박물관 내부는 사진촬영이 금지되어 있다. 우리는 말 잘 듣는 착한 여행자이기 때문에 찍지 마라 하면 안 찍는다. 박물관 내부가 참 정갈하게 잘 되어있었다. 정말로 감동했다. 말레이시아의 역사, 페낭의 역사를 외국인이라도 알기 쉽게 잘 준비해놓아서 말레이시아를 처음 방문하고 말레이시아에 대해서 잘 아는 것이 없는 우리에게 새로운 견문을 알려주는 정말 지식의 장이 아닐 수 없다. 이곳에는 페낭에서 사용된 전통 무기와 의복, 중국의 영향을 받은 장신구를 비롯해 페낭의 역사를 나타내 주는 다양한 문헌들도 진열돼 있다. 우리는 이번에 말레이시아의 쿠알라룸푸르와 페낭, 말라카를 여행하게 되는데 그중에 페낭과 말라카는 2008년에 유네스코가 지정한 세계유산으로 선정된 도시다. 그러니 얼마나 역사적인 유산이 잘 보존되어 있을지 기대도 되고 많이 궁금했던 것이 사실이다. 그런 역사적인 도시에 와서 직접 눈으로 보고 체험해보니 유네스코가 아무 이유 없이 역사도시로 지정한 게 아니었다. 페낭은 곳곳에 역사적인 유산이 많이 산재해 있었고, 그것도 아주 좋은 상태로 보존되어 있었다. 이제껏 박물관을 구경하면서 재미있고 흥미롭다는 생각이 들기는 처음이다. 수많은 전시물 중 가장 기억에 남는 것은 바로 아편을 피우기 위한 침대였다. 사람을 피폐하게 만드는 아편을 편하게 피우기 위해 아편 전용 침대 위에서 초점 없는 눈동자로 아편을 피우는 남성들을 보고 있자니 무섭고 끔찍스러운 느낌까지 들었다. 중독이란 무서운 것이다. 페낭은 18세기 말 영국에 개방되기 시작하여 19세기 초에는 중국과 인도의 아편 무역 장소였다. 아편은 남용하면 사람을 피폐하게 만들고, 절제해서 사용하면 사람을 고통에서 해방시켜 준다. 양날의 칼을 가진 물건은 조심스럽게 사용해야 한다. 5시까지 꽉 채워서 관람하고 나왔는데 너무 잘해놓아서 페낭을 떠나기 전에 한 번 더 와야겠다는 생각이 들었다.

박물관을 나와서 바닷가를 따라 걷다 보면 콘웰리스 요새라는 곳이 나온다. 여기도 페낭의 다른 건물처럼 1786이라는 건축연도를 알려주는 숫자가 적혀있다. 콘웰리스 요새(Fort Cornwallis)는 1786년 페낭에 처음으로 상륙한 영국의 프랜시스 라이트 선장이 상륙한 지점에 세운 요새인데 시가지 북동쪽 바닷가 언덕 위에 있는 유적으로 성벽 위에 올라서면 우타라 해협을 볼 수 있다. 입구로 들어가 보면 이 요새를 지었다는 프랜시스 라이트(Francis Light) 선장의 동상이 가장 먼저 보인다. 페낭 사람들은 영국의 식민지배를 받아도 영국이 그렇게 싫지는 않은 모양이다. 아니면 영국 사람들이 페낭 사람들한테 아주 못되게 한 건 아닌가 싶기도 하다. 일본 식민지배를 받은 우리나라를 대입시켜 보자면 일본놈이 만든 건물 앞에 그 건물을 세운 일본놈 동상을 세웠다는 말이 되는데, 이게 우리로서는 어림도 없거니와 일부 친일파나 그 후손 및 그 지인들을 제외하고는 천인공노할 일 아니냔 말이다. 그런데 페낭 사람들은 자기들을 식민 지배했던 나라의 건축물과 그 동상까지 세워 놓은 모습이 내 눈에는 무척이나 신기해 보인다.

요새의 규모는 생각보다 매우 컸다. 잔디나 요새 건축물, 대포 같은 유물들이 매우 잘 보존되어 있었다. 돌 하나하나가 신기했고 여기가 이백 년 전에도 이 모습 그대로 있었다는 것을 상상해보고, 저 대포 앞에 수많은 병사가 있었을 거라는 상상을 해보고, 저 장창고에 각종 무기와 포탄이 들어가 있을 모습을 상상하니 역시 역사도시 페낭에서는 생각만 하면 과거 속으로 들어갈 수 있는 모험과 신비의 도시였다.

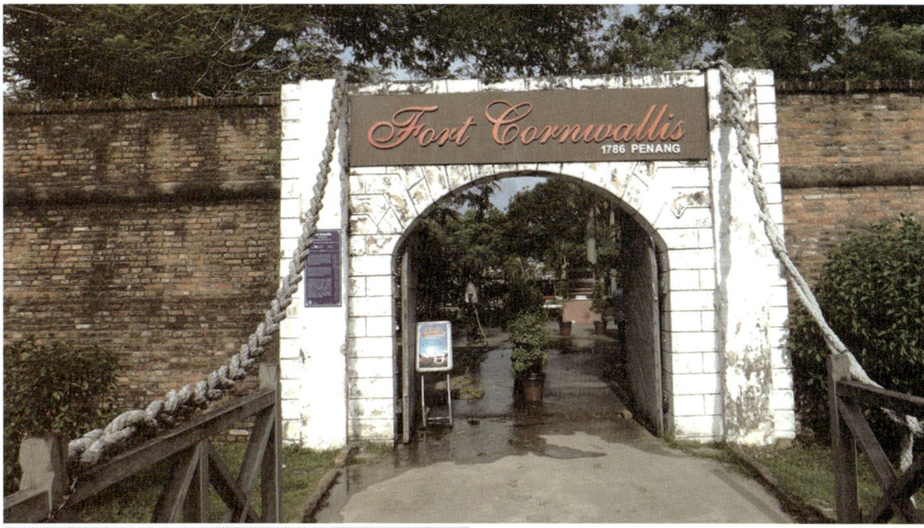
Fort Cornwallis
1786 PENANG

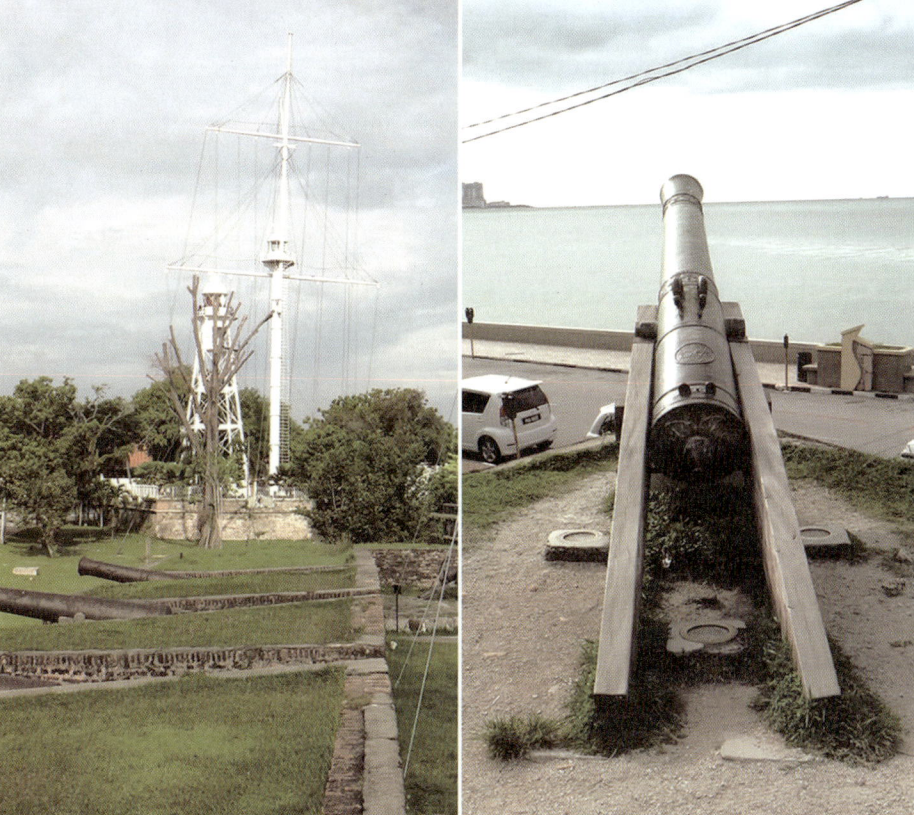

콘웰리스 요새를 다 구경하고 나온 우리는 숙소로 돌아가기 위해 버스정류장으로 갔는데 204번 버스가 서 있는 거다! 나는 204라는 숫자를 보자마자 택이 손을 잡고 미친 듯이 뛰기 시작했다. 버스, 가지 마! 기다려! 다행히 버스 기사님은 우리를 보고 출발하지 않고 우리를 기다려주었다. 나는 숨넘어가는 목소리로 버스 기사에게 물었다.

"아저씨! 이거 페낭 힐 가요?"

꺅! 좋아! 역시 페낭은 우리에게 몹시 호의적인 도시임에 틀림이 없다. 내가 204번을 보고 이렇게 환장한 이유는, 페낭에서 꼭 가보고 싶었던 페낭 힐 가는 버스가 204번이기 때문이다. 우리는 오늘 몹시 많은 곳을 돌아다녀서 이대로 숙소로 돌아가도 매우 알찬 하루였다며 서로를 기특해하면서 쉴 수 있었던 일정이었는데, 눈앞에 204번이 있으니까 아무것도 묻지도 따지지도 않고 버스에 몸을 실어서 페낭 힐까지 가고 있다. 이렇게 뿌듯할 수가 없다. 204번 버스는 조지타운을 나와서 이곳저곳을 들러 익숙한 꼼따를 거쳐 익숙하지 않은 길을 질주한다. 아파트를 지나서, 학교를 지나서, 사원들을 지나서 버스는 계속 질주한다. 그리고는 마침내 종점으로 보이는 곳에 우리를 내려주었으니 이곳이 바로 페낭 힐! 너무너무 오고 싶었던 페낭 힐! 낮에 와도 멋지고, 밤에 와도 멋지다는 페낭 힐! 페낭의 환상적인 야경을 볼 수 있는 바로 그곳, 페낭 힐!

페낭 힐은 해발 830m 높이의 언덕으로, 정상에서 페낭 섬 전체를 조망할 수 있는 곳이다. 페낭 힐에서 보이는 페낭의 모습이 매우 아름답고 장관이기도 하지만, 그곳에 올라가기 위해 탑승하는 퓨니큘러(Funicula)라는 케이블카가 있는데 이게 아주 신 나는 거다. 이 케이블카는 45도나 되는 경사를 오르내릴 수 있게 케이블카 자체가 45도 경사지게 만들어져서 페낭 힐 꼭대기까지 여행객을 실어나르는 교통수단인데 나는 꼭 앞자리에 가서 올라가는 스펙타클한 장면을 감상해보고 싶었다. 페낭 힐에 도착하자마자 우리는 완전히 흥분해서 얼른 입장권을 사서 퓨니큘러를 타러 올라가 보았다. 케이블카에는 20명 정도 탈 수 있는데, 우리는 너무너무 운이 좋아서 제일 앞자리에서 45도로 경사진 페낭 힐을 올라가는 모습을 실시간 관람할 수 있었다. 경사가 45도면 정말 엄청난 건데 이 엄청난 경사를 퓨니큘러가 쭉쭉 올라가는데 아주 그냥 힘이 넘쳐! 막 올라가! 나는 경사

15도만 되도 중력의 힘을 견디지 못하기 때문에 등산하는 걸 몹시 싫어한다. 대한민국 5천만이 등산복을 입고 다니는 추세에 발맞추지 않는 여성이다. 이런 환상적인 케이블카가 있다는 게 너무 신기하고, 눈앞에 펼쳐지는 45도의 경사는 무시무시할 정도이다. 그런데 케이블카가 꽤 속도감도 있다. 슉슉 올라가는데 이 무게를 견디면서 경사를 올라가려면 얼마나 많은 동력이 필요할지 걱정이 되었다. 남의 나라 동력을 내가 왜 걱정을 하고 있는지는 모르겠지만, 전 인류애적 관점에서 나는 걱정이 되었다. 케이블카를 타면서 난생처음 경험해보는 스릴을 계속 만끽하고 싶었는데, 그런 나의 욕망을 눈치챈 퓨니큘러는 맞은 편에서 내려오는 퓨니큘러를 선보인다. 오메! 이러다가 부딪힐랑가 몰라! 오메~! 내 심장!! 오지 마! 오지 마!! 이쪽으로 오지 마! 저리 가! 오던 길 다시 올라가!!

내 심장을 콩알만 하게 만든 반대편 퓨니큘러는 다행히 우리가 탄 차와 거의 비슷하게 만났을 때 정지를 했고, 우리가 올라가자 자기는 다시 자기 갈 길로 열심히 내려가기 시작했다. 오메! 내 심장! 이런 스펙타클을 보여주는 퓨니큘러 같으니라고! 널 사랑해. 이렇게 스릴 있고 마치 놀이기구를 타는 듯한 짜릿함과 교감신경 흥분을 극대화해주는 우리들의 퓨니큘러는 5분 정도로 끝내지 않고 무려 20분 정도나 우리를 즐겁게 해주었다. 아! 문화유산의 도시, 페낭에서 이런 스릴감과 극도의 교감신경 흥분상태를 누릴 줄이야, 난 정말 몰랐었네. 퓨니큘러는 전혀 지치지 않고, 힘들어하지 않으면서 쭉쭉 올라간다. 도착지에 거의 다다르니 45도의 경사가 더욱더 무시무시해 보인다. 여기서 장난치다가 발이라도 헛디디는 순간, 소풍은 아름다웠노라며 귀천하는 수가 있다. 조심해야 한다. 바깥으로 나가보니 아까 그 순간에 204번 버스가 내 눈에 보인 것이 운명이었을지도 모른다는 생각이 든다. 이 아름다운 페낭의 모습이 쫙 펼쳐지는 바로 이곳! 여기가 페낭 힐이다. 아! 정말 말레이시아의 첫 여행지 페낭이 이토록 나를 감동시키다니, 이 볼수록 매력 터지는 수줍은 소녀 같으니라고! 멋지게 펼쳐지는 페낭의 모습은 사뭇 감동적이기까지 하다. 페낭은 섬이다. 우리가 버스를 타고 와서 페낭이 섬이라는 느낌이 잘 없는데 저 건너편의 말레이시아 본토인 세베랑 페라이(Seberang Pera)와 이곳 페낭을 13.5Km 길이의 페낭 대교가 연결해주고 있기 때문이다. 저 페낭 대교 우리나라 회사가 만들었단다. 나는 우리나라랑 말레이시아가 이렇게 밀접한 관계인 줄 정말 몰랐다. 지미 추만 떠올릴 단순한 나라가 아니다. 말레이시아가 너무 다정해. 나라가 이렇게 다정하게 다가온 적은 터키 이후 처음이야. 페낭 힐에 올라오니 멋진 페낭의 전경뿐만 아니라 자그마한 박물관도 있었고, 이 높은 곳에 힌두사원과 모스크도 있었다. 굉장해! 이 꼭대기에 사원 짓느라 지긋지긋한 관절염과 근육통으로 고생하셨을 텐데 얼마나 힘들었을까? 그래도 그분들의 노고로 나 같은 관광객들은 이국적이고 색다른 종교의 색채를 느낄 수 있는 감동을 얻었으니 감사합니다. 두 군데 사원을 둘러보고, 높은 지역에서 누릴수 있는 신선한 저녁 공기를 폐 속 깊숙이 빨아 당기면서 택이와 나는 두 손 꼭 잡고 아래쪽으로 다시 내려왔다. 아까는 저녁이었는데 이제는 밤이 되어버렸다. 어두운 밤이 되니 저 아래 내려다보이는 페낭의 모습이 이제는 보석처럼 빛나고 있다.

역시 세상은 넓고 가야 할 곳은 많아! 밤이 되어 아름다운 야경을 뿜어내는 페낭은 정말 팔색조 같은 도시다. 조용하고 얌전한 소녀 같은 페낭인 줄 알았더니, 밤이 되니 이렇게 활기가 넘치고 심장이 힘차게 뛰는 운동선수 같다. 너무 힘차고 멋있는 페낭이다. 이렇게 아름다운 페낭을 모르고 살았던 36년이 허망하다. 앞으로 더욱더 많은 곳을 가봐야겠다는 의지가 불타오르고 있다.

어두운 밤이 되니 저 아래 내려다보이는 **페낭의 모습**이 이제는 보석처럼 빛나고 있다.

거니 드라이브는 이건희가 운전하는 곳이 아님

¶ 극락사(Kek Lok Si, 현지발음 켁록시)라는 불교 사원을 가보려고 버스 정류장에 나와서 버스를 기다리고 있는데 과일의 황제라고 불리는 두리안을 파는 아저씨가 계셨다. 두리안은 심한 냄새 때문에 반입도 안 되는 곳이 많은데 대체 이게 어떤 지옥의 맛이길래 그토록 구박을 받는지, 동남아시아 국가를 여러 번 여행했음에도 알 수 없는 두려움으로 한 번도 도전해보지 못한 두리안을 오늘은 왠지 먹어봐야겠다는 어떤 의무감이 들었다. 옆에서는 이미 페낭 현지인으로 보이는 두 여성이 두리안을 너무 맛있게 먹고 계신다. 내가 몹시 걱정스러운 표정으로 맛있게 두리안을 먹고 있는 두 여성을 바라보고 있으니, 한 번 먹어보란다. 택이는 약간 불안한 눈치다. 내가 평소 식탐이 워낙 강해서 다 먹지도 못할 걸 과욕 부리는 걸 알고 있는 택이는 순간의 식탐으로 두리안을 다 못 먹고 버릴 거라는 강한 예상을 하고 있다. 나도 한 번도 먹어보지 못한 두리안이라서 두려움이 앞서긴 하지만 지금 우리 앞에서 저렇게 여린 두 여성이 야무지게 먹고 있는 모습을 보니 나도 먹을 수 있을 것 같다. 설령 지옥의 맛이라 할지라도 두리안을 먹어보지 않고서는 두리안의 맛을 평가할 자격이 없다고 생각이 들어서 과감하게 하나를 먹어보기로 했다. 혹시 모르니까 두리안 중에서도 가장 작은 걸로 달라고 아저씨께 부탁했다. 가장 작은 두리안을 잡은 아저씨는 두리안 자르기 신이 붙은 것처럼 요기조기 샤샤샥 자르더니 먹기 좋은 크기로 잘라서 냄새가 나지 않도록 작은 플라스틱 통 안에 깔끔하게 넣어주셨다.

두리안은 껍질 때문에 무척 커 보였지만 껍질을 까고 손질을 하니 딱 요만큼만 나왔다. 앙! 나는 아무리 그래도 양이 많은 게 좋은데 작은 걸 달라고 해놓고서는 또 욕심을 부리고 있다. 아까 두리안을 먹던 두 여성이 엄지랑 검지로 두리안 조각을 잡고 입안에 쏙 넣는 것을 기억하고 나도 그렇게 두리안을 한 조각 잡아서 입안에 쏙 넣어보았다. 36년 내 인생 처음으로 두리안을 먹어보는 역사적인 순간이다. 택이가 걱정스러운 눈빛으로 나를 바라보고 있다. 나는 천천히 혀를 날름거리면서 두리안을 씹어보았다. 계속 씹어보았다. 약간 시큼하네. 또 계속 씹어보았다. 약간 고소한 맛도 들면서 시큼하기도 하면서 화장실 냄새 아주 살짝 나는데 맛있어! 오~, 맛있어! 한 조각을 다 먹은 나는 이내 한 조각을 더 꺼내서 먹었다. 의외로 내가 두리안을 두 조각 째 먹으니 택이도 궁금한지 자기도 한 조각을 꺼내서 먹어본다. 우걱우걱 씹고 있다. 택이는 큰 감흥이 없어 보인다. 한 조각을 힘겹게 먹고는 수도꼭지로 가서 손과 입을 씻는 택이. 난 벌써 세 조각 째 먹고 있다. 맛있어! 두리안이 맛있어! 과연 과일의 황제, 두리안이야! 역시 모든 건 겪어봐야 알지 괜한 두려움에 두리안을 몰랐던 36년의 세월아! 앞으로 동남아를 다시 찾게 되는 날이 오면 그때도 꼭 두리안을 먹어야겠다는 깊은 다짐을 하게 되었다. 플라스틱 통 안에는 아무것도 안 남았다. 나는 덤덤한 표정으로 수돗가로 가서 입과 손을 깨끗이 씻었다. 행여 입에서 구린내가 나면 어떡하나 우려가 되어 입 씻는 것도 폭풍 몰아치듯 씻고 가그린도 한 5번은 해댔다. 이 정도면 두리안의 냄새가 갔으리라 확신을 하는데 마침, 저 멀리서 오는 켁록시 가는 버스가 온다. 신 난다, 신 난다, 신 난다!!!

켁록시 사찰은 동남아시아에서 가장 큰 중국식 절로써 1890년 중국 이민자들이 건설을 시작해서 20년 뒤에 완공되었다. 말레이시아는 이슬람이 국교인데 페낭에는 역사적 이유로 유독 화교들이 많아 중국식 불교 사원이 보존되어 오고 있다고 한다. 저 위에 있는 극락사를 보고 있자니 저기까지 어떻게 걸어서 올라가나 걱정이 앞선다. 여기는 규모가 커도 너무 큰 면이 있다. 절 하나가 너무 크고, 그 큰 절을 보고 나와서 딴 데로 가보면 거기는 또 너무 높다. 너무 높아서 페낭 힐에서 봤던 퓨니큘라 같은 걸 타고 올라가야 한다. 그거 타고 올라가니 얼마나 높이 올라왔는지 페낭 시내가 또 펼쳐지는데 여기가 페낭 힐인 줄 알겠다. 아이보리색 높은 건물이 하나 있었는데 어찌나 높은지 계단을

오르고 올라도 끝이 안 보인다. 중간중간에 쉬면서 힘들게 올라가 보니 너무 높아서 고소공포증이 있는 나는 고만 현기증이 와버렸다. 그런데 마침 나의 동지가 한 분 계셨다. 중년의 서양여성이셨는데 본인도 고소공포증 때문에 도저히 밖에 나가서 바깥을 못 보겠다면서 고소공포증을 앓는 두 여인은 거의 꼭대기에 다다른 건물 안에서 와들와들 떨고 있고, 철없는 김용택님과 중년여성의 10대 아들만 저 밖에 나가서 멋있다고 사진 찍고 난리다. 사원 정상에 가면 자비의 여신 쿠안 인(Kuan Yin)의 사당이 있고, 옆쪽에는 엄청나게 거대한 여신의 동상이 세워져 있다. 역시 대륙의 기운이 깃든 곳은 세계 어딜 가나 규모가 엄청나다.

극락사 다 보는데 무려 2시간이 걸렸다. 그래도 괜찮아. 우리는 이제 식도락의 천국으로 갈 것이기 때문에. 꼼따로 돌아온 우리는 거니 드라이브로 가는 버스를 탔다. 어디서 내려야 할지 모르는 우리에게 버스에 같이 타고 있던 말레이시아 사람들이 거니 플라자 (Gurney Plaza) 쇼핑몰이 저기라며 내릴 곳을 친절하게 알려주었다. 말레이시아인들의 친절함은 터키인들과 비슷하다. 차이점이라면 터키인들은 정열적으로 가르쳐주고, 말레이시아인들은 차분하게 가르쳐준다는 것이다. 하지만 두 나라 사람들 모두 언제나 여행자에게 친절하다. 거니 플라자 쇼핑몰 앞에서 내린 우리는 쇼핑몰 안쪽으로 들어가 보았다. 오늘 우리들의 목적은 이 쇼핑몰이 아니라, 이 쇼핑몰 뒤쪽에 있다는 '거니 드라이브(Gurney Drive)다. 거니 드라이브는 이건희가 운전하는 곳이 아니라, 페낭 최고의 번화가이며 쇼핑의 천국이자 페낭 젊음의 거리인데, 밤이 되면 먹거리가 풍성한 포장마차 거리로 변신한다. 오늘의 공략포인트는 바로 밤에 피는 장미, 먹거리 포장마차 거리로 변신하는 거니 드라이브가 되겠다. 가격도 저렴하고 양도 푸짐하여 야식으로 즐기기에 환상적이라는 그 유명한 거니 드라이브가 어떤 곳인지 우리는 너무너무 궁금했다. 휘황찬란한 거니 플라자 쇼핑몰을 무표정하게 통과해서 바깥문으로 나와서 포장마차 거리가 과연 어디일까 미친 듯 헤매지 않아도 쇼핑몰 뒷문으로 나오면 사람들이 소복하게 모여 있는 곳이 바로 페낭의 명물, 거니 드라이브!

말레이시아 음식, 중국음식, 인도음식, 유럽음식, 심지어 태국음식 똠얌꿍도 있어!! 온갖 게 다 있어!!! 더불어
여러 가지 음료수와 과일, 빙수까지 정말 없는 게 없다!

　어머! 이 수많은 노점식당 좀 보세요!! 택이와 나는 흥분하기 시작했다. 각 상점마다 메뉴가 달랐는데 아 진짜 말레이시아가 다민족 국가인 것에 이렇게 감사할 수가 없다. 다민족 국가다 보니 온갖 음식이 다 있다. 말레이시아 음식, 중국음식, 인도음식, 유럽음식, 심지어 태국음식 똠얌꿍도 있어!! 온갖 게 다 있어!!! 더불어 여러 가지 음료수와 과일, 빙수까지 정말 없는 게 없다! 아, 뭐부터 먹어야 할지 몰라서 택이와 내 눈 돌아가는 소리가 다 들릴 지경이다. 우리는 이 수많은 메뉴를 최대한 많이 맛보기 위해서 음식을 하나 시켜 둘이 나눠 먹는 병법을 다시 구사해보기로 했다. 이 병법을 써야만 둘이 최대한 다양하게 많은 음식을 먹을 수가 있다. 말레이시아 가면 아쌈락사를 먹어보라길래 한 그릇 먹어봤더니 너무 맛없다. 우리 입맛에는 아니야. 우리는 두 손 꼭 잡고 온 동네를 다 휘저어 한 바퀴 돌아본 후 먹음직스러워 보이는 볶음국수와 샤부샤부처럼 해주는 음식 한 그릇을 들고 일단 착석해서 먹어보기로 했다. 뭐라도 한 그릇 먹고 또 다른 거 먹어보자는 이 강한 식탐! 이번에는 내가 고른 샤부샤부가 대성공이다. 정말 맛있어! 태국에서 먹었던 MK 수키만큼 맛있어! 여기는 싼데 거기는 비싸고, 근데 그거만큼 맛있어! 여기가 천국이겠지. 택이와 나는 서로 음식을 반반씩 먹고 두 그릇을 해치운 다음, 또 거니 드라이브를 불나방처럼 헤매기 시작했다.

　오늘만큼은 위장이 평소보다 5배는 커졌으면 좋겠다. 이 많은 음식을 하나씩 다 맛을 보고 싶은데 그러지를 못하니까 아쉬워서 미칠 지경이다. 평소 식탐이 심하지 않은 택이도 거니 드라이브의 이 환상적인 모습에 그만 넋을 잃고, 또 다른 메뉴 찾으러 갔는지 없어졌다. 평소엔 나보고 식탐을 자제하라고 그렇게 잔소리하더니 지금 그분은 사라지고 없다. '먹이를 찾아 떠난 하이에나'가 요기 있네? 잠시 후 택이는 양손 가득히 음식을 들고 왔다. 택이의 선택을 믿으며 우리는 사람들로 가득한 이곳에서 궁둥이 붙일 만한 곳을 찾아 음식을 먹기 시작했다. 이번에는 다양한 꼬지 음식 1그릇과 해물볶음이다.

맛있어! 싸! 간도 딱 맞아! 좋아! 우리는 눈 깜짝할 사이에 다시 두 그릇을 비웠다. 세 번째 여행을 떠나고 싶었다. 그런데 우리는 숨쉬기 힘들 정도로 너무너무 배가 불러왔다. 이럴 순 없어! 이 천국 같은 거니 드라이브에 우리가 드디어 입성했는데 둘이서 네 그릇이라니! 둘이서 네 그릇이라니… 배부르고 지친 하루를 보내고 방에 들어와 보니 왠지 텅 빈 방이 아련해 보인다. 페낭에서의 밤도 오늘이 마지막이다.

에어 아시아를 타면 박지성이 내 옆에 앉아있을까

¶ 아! 페낭에서의 짧은 3일간의 여행이 끝나고 오늘은 말레이시아의 수도인 쿠알라룸푸르로 간다. 페낭은 정말 대중교통이 끝내줘서 꼼따에서 공항으로 바로 가는 버스가 있어서 너무 편리하고 저렴하게 공항으로 갈 수 있다. 공항은 새로 지었는지 매우 깨끗하고 규모도 생각보다는 컸다. 출국 수속을 끝내고 출국장에서 비행기를 기다리는데 말레이시아가 이슬람 국가임을 다시 한 번 깨닫게 해주는 장면이 보였다. 출국장에 모슬렘들이 기도할 수 있는 방이 따로 있다는 것이다. 문 앞에는 기도실이라고 적혀있지만, 내 눈에는 '배려'라고 읽힌다. 잠시 뒤에 우리가 탈 비행기가 도착한 것을 보니 반가움을 금할 길 없다. 여행준비를 일찍 시작해서 루트도 빨리 결정되어 미리미리 예약해서 저렴하게 항공권을 구입했으니 정말 이번 여행에서 에어 아시아 항공은 빛과 소금과 같은 존재감을 자랑한다. 활주로로 나갔을 때 가히 페낭의 땡볕은 칸타타다운 면모를 자랑하며 그 열기가 이글이글 타올라서 땅을 녹일 것 같다. 비행기까지 걸어가는 짧은 거리에도 온몸이 익어서 땀이 막 줄줄 흘렀다.

파란색만 보면 은행간판이 생각나 마음이 막 설레고, 빨간색만 보면 에어 아시아가 생각나서 마음이 두근거린다. 두근거림은 언제나 좋은 것이지. 어서 우리를 쿠알라룸푸르로 데려가 주세요!

쿠알라룸푸르

민족 대화합의 현장

¶ 페낭에서 쿠알라룸푸르까지 1시간밖에 안 걸렸다. 쿠알라룸푸르 공항에는 LCCT와 KLIA의 두 가지가 있는데, LCCT는 Low Cost Carrier Terminal의 약자로 저가항공사의 비행기들이 이착륙하는 터미널이고, KLIA는 Kuala Lumpur International Airport의 약자인데, 저가항공사를 제외한 항공사들이 이착륙하는 터미널이다. 입국 절차를 마치고 KL 센트럴로 가기 위해 스카이버스를 타러 간다. 헤매지 않을까 걱정했는데 입국장을 나오니 바로 보였다. 페낭에서도 그랬던 것처럼 말레이시아는 대중교통이 매우 편리하게 잘 갖추어져 있어서 아주 좋다.

빨간색 티셔츠를 입고 있는 직원분들이 무거운 우리 가방을 들어서 짐칸에 넣어주는 친절함도 보여주셨다. 말레이시아는 우리에게 너무 호의적이다. 이제까지 여행에서 우리에게 비호의적이었던 곳은 방콕 한 군데뿐이고, 나머지는 다 기운이 좋아. 방콕도 내가 사실 이번에만 미워한 거지 다른 여행 때는 꿈과 낭만과 사랑을 주었던 아름다운 도시였는데 이번에는 왜 그렇게 우리에게 심술궂게 했는지 모를 일이다. 다음에 다시 찾아가면 그때는 폭풍 키스를 안겨주는 사랑스러운 방콕의 모습을 보여줘.

우리는 드디어 말레이시아의 수도 쿠알라룸푸르로 들어왔다. 창밖으로 보이는 건물이나 차, 지나가는 사람들이 모두 신기해 보인다. 달리던 스카이버스는 곧 KL 센트럴에 도착해서 어두컴컴하고 도둑놈 소굴같은 지하에 우리를 내려주었다. 짐을 들고 KL 센트럴 역으로 들어가 보니 교통의 요지라서 그런지 아니면 퇴근 시간이 다 돼서 그런지 몹시 혼잡했다. 너무 혼잡해서 우리는 서로를 놓치면 영영 못 만날 것 같은 두려움이 몰려와 아주 그냥 매미 두 마리 딱 붙은 것처럼 손 꼭 잡고 둘이 다니는데 평생을 이렇게 손 꼭 잡고 서로에게 의지하면서 살면 그 무엇도 두렵지 않을 것 같다. 이 혼잡한 KL 센트럴 역에서 뜬금없이 사랑의 화산이 분출되고 있다. 준비해온 지도와 숙소 찾는 방법을 정리해둔 메모를 보면서 LRT를 타고 매우 쉽게 숙소를 찾을 수 있었다. 오, 환상적인 위치야! 숙소의 예감이 좋아! 아, 쿠알라룸푸르! 드디어 우리가 왔어! 레게 맨션 간판이 보이자마자 나는 완전히 흥분해서 숙소 로비로 다다다다 들어갔다. 체크인을 하는데 직원이 어디서 왔느냐고 해서 한국에서 왔다니까, 요즘 자기들 숙소에 한국인 아주 많이 온다고 한다. 이야! 여기 인기 있는 호텔인데? 좋다고 소문이 났으니 한국인들이 많이 오나 본데, 한국인들이 또 등 돌릴 때는 확실하기 때문에 초심 잃지 말고 계속해서 친절하고 멋진 호텔로 남길 바래. 묵어보고 안 좋으면 한국 가서 여기 가지 말라고 소문낼 테다. 상대방은 아무 말이 없는데 혼자 속으로 협박하고 있는 여성아, 어서 방에 들어가서 짐이나 풀으려므나.

호스텔 옥상에 올라오니 DJ 박스에서 신 나는 음악이 흘러나오고 이미 다른 여행객들이 왁자지껄 놀면서 분위기가 화끈하다. 택이랑 나랑은 웰컴 드링크를 공짜로 2잔 받아서 야경이 제일 잘 보이는 자리에 착석했다. 왁자지껄 노는 서양 아이들은 자기들끼리 대화에 푹 빠져 이렇게 좋은 명당자리는 놔두고 딱딱한 의자에 앉아 모여 이야기한다고 정신이 없다. 호스텔은 3층짜리 건물이고 다른 빌딩보다 낮아서 뭐 보이겠나 싶었는데, 쿠알라룸푸르의 상징물인 KL 타워와 페트로나스 쌍둥이 빌딩(Petronas Twin Tower)이 한방에 보인다. 이야! 죽여준다, 죽여줘! 선베드에 누워 밤하늘을 바라보니 인생 참 멋지다. 하늘은 깜깜하지만 내 마음과 육체는 순백의 자유인이 되어 훨훨 날고 있다. 레게 맨션의 옥상에는 흥겨운 음악과 멋진 야경과 왁자지껄한 여행객과 편안한 베드와 넘치는 자유와 견딜 수 없는 낭만과 아름다운 한국인 커플이 있다.

선베드에 누워 밤하늘을 바라보니 인생 참 멋지다.
하늘은 깜깜하지만 내 마음과 육체는 순백의 자유인이 되어 훨훨 날고 있다.

고행의 바투 동굴

❡ 쿠알라룸푸르에서 맞이하는 첫 번째 아침이 밝았다. 1층 식당에서 빵을 6개 정도 구워먹은 후 시원한 샤워를 하고 나온 우리는 말레이시아의 수도, 말레이시아의 심장인 쿠알라룸푸르에 왔으니 말레이시아를 깊이 이해할 수 있는 국립 박물관을 가보기로 했다. 우리가 평소 이렇게 박물관을 사랑하는 사람들이 아닌데, 이번 여행을 하면서 다녀본 박물관들이 생각보다 너무 재미있고 유익하다는 것을 깨달았다. 배우고자 하는 열의가 활활 타오르는 여행자가 아닐 수 없다. 지나가는 사람들을 붙잡고 국립 박물관의 위치를 물어물어 갔는데 정말 모든 분들이 아주 친절하게 잘 안내해주셨다. 말레이시아는 동남아시아의 터키 같다. 친절해도 너무 친절해. 앞으로 대구에서 말레이시아 사람을 보면 아주 친절하게 안내해드려야지. 그런데 대구는 외국인 관광객이 많이 안 오고, 외국인들이 잘 모르는 도시라서 그런 날이 올지 모르겠다. 외국인들이 한국 어디에서 왔느냐고 물어 와서 우리가 '대구'에서 왔다고 하면 아무도 모른다. 서울, 부산까지는 아는데 대구는 절대 모른다. 대구라고 대답하는 그 시점에서 대화가 끊긴다. 앞으로 한국 어디에서 왔느냐고 물어보면 서울이나 부산에서 왔다고 해야겠다.

생각보다 쉽게 찾은 국립 박물관에 들어서 보니 역시 국립답게 규모가 꽤 컸고 내부도 상당히 세련된 모습이었다. 1963년에 개관한 이 박물관은 2층으로 되어 있고, 4개의 갤러리로 구분되어 있어서, 각 갤러리마다 문화, 예술, 민속, 자연 등의 주제로 말레이시아를 대표하는 역사적 유물과 물품이 전시돼 있다. 또한, 오랫동안 영국의 지배를 받았던 식민지시대의 자료도 풍부히 갖추고 있다. 페낭이 역사 문화유산도시이다 보니 페낭에 대한 코너가 따로 있을 정도였는데 우리가 가봤던 콘월리스 요새나 페낭 박물관, 여러 가지 유적지가 전시된 것을 보니 매우 반가웠다. 쿠알라룸푸르(Kuala Lumpur)는 '흙탕물의 합류'라는 뜻인데, 지리적 이점과 더불어 주석 생산의 중심지가 되면서 발전하기 시작했다고 한다. 다민족 공동체 국가인 말레이시아는 이슬람교가 국교이지만, 각 민족 고유의 종교를 인정하는 정책을 통해 민족 간 화합을 이루고 있다. 말레이시아를 이루고 있는 국민 하나하나의 노력과 관용이 없으면 불가능한 일이다. 어두운 방에서 말레이시아 어린이 2명이 앉아서 동영상을 감상하고 있어서 우리도 조용히 들어가 보았다. 말레이시아의 역사와 발전상에 대한 간략한 소개에 이어 중국인, 인도인, 말레이인, 유럽인 등의 여러 민족이 나와서 서로 안아주고 대화하며 우리는 모두 하나의 말레이시아 사람이라는 민족 대통합이 강렬한 메시지를 주면서 동영상이 끝이 났다. 어릴 때부터 사회와 국가에서 이런 메시지를 받은 아이들이 성장하면 어른이 되어서도 서로를 바라볼 때 왜 다른가에 대한 이질감에 앞서, 원래 우리는 같은 말레이시아 사람이라는 동질의식이 생겨서 민족 간 화합이 더욱 견고해지는 게 아닌가 싶다.

국립 박물관을 나온 우리는 근처에 국립 모스크가 있다고 해서 가볼까 싶었는데 이 강렬한 땡볕을 온몸으로 견딜 엄두가 도무지 나지 않아서 일단 KL 센트럴 역으로 들어갔는데, 바로 그때 저기 전광판에 'Batu Cave'라고 적혀있는 것이 아닌가! 우리는 페낭에서 204번 버스를 발견했을 때처럼 뒤도 안 보고 바투 동굴행 티켓을 2장 구매해서 얼른 열차로 올라탔다. 쿠알라룸푸르의 LRT나 모노레일은 너무나 쾌적하고 시원하고 저렴할 뿐만 아니라, 빠르고 안전해서 진정한 여행자의 발이 되어주었다. 쾌속질주를 하던 모노레일이 마침내 우리를 바투 동굴 역에 데려다 주었다.

바투 동굴(Batu Cave)은 쿠알라룸푸르에서 북쪽으로 약 13km 떨어진 곳에 있는 커다란 종유동굴로 순례자들의 고행 순례가 끊이지 않는 힌두교의 성지이다. 매년 1~2월에 열리는 타이푸삼 축제 기간에는 다채로운 행사와 더불어 많은 힌두교 순례자들의 고행 순례가 이어진다. 언젠가 TV에서 그 장면을 본 적이 있는데 너무 몸을 학대하는 장면을 보고 심하게 충격을 받은 적이 있다. 막 쇠꼬챙이 같은 걸로 몸을 뚫지를 않나, 피를 철철 흘리면서 계단을 올라가는데 정말 눈뜨고 보기 힘든 장면이었다. 우리가 이곳을 방문하는 지금이 고행 순례행사가 있는 1~2월이 아니라서 얼마나 다행인지 모르겠다. 바투 동굴 역에 내려서 조금만 걸으니 우리 눈앞에 어마어마한 장면이 우리를 맞이했는데 그 규모가 완전히 압도적이다. 사원의 입구에

서 있는 저 커다란 금색 동상은 2006년에 제막된 무르간신의 동상이라고 한다. 저 높은 계단은 총 272개라고 하는데 계단을 다 올라가면 동굴 안에는 1891년에 세워진 힌두사원과 여러 힌두신의 상이 모셔져 있다.

일단 심호흡이 필요하다. 나는 절대적으로 저 272개의 계단을 전투적으로 오르지 않을 생각이다. 계단 20개 오르고 2분 쉬고, 20개 오르고 2분 쉬는 것을 총 14번 반복할 예정이다. 그러면 무사히 272개의 계단을 모두 올라가서 힌두교 사원을 만나게 되겠지. 중도 포기할 일도 없어. 나는 이렇게 야심 찬 계획을 세우고 바투 동굴을 향해 계단을 오르기 시작했다. 역시 나의 치밀한 계획은 성공적이었다. 내가 20개짜리 계단을 2판 올라서 40개 정도 올라왔을 때, 저 밑에서부터 가열차게 이글이글 타오르는 의지로 올라오던 사람들 몇몇이 벌써 중도 포기하기에 이르렀다. 나보다 키도 크고 건장한 남성들이 포기하는 모습을 보니 나는 승리감에 조금씩 취하기 시작했다. 40개 정도의 계단이

결코 픽픽 쓰러질 숫자가 아닌데, 이 사람들은 아주 그냥 지금 당장에라도 숨이 넘어갈 것처럼 헉헉거린다. 여보게들! 쉬엄쉬엄 오게. 나 먼저 가네. 뒤를 돌아보니 얼마나 내가 높이 올라왔는지 아찔하기까지 하다. 아! 현기증 나네.

그런데 바로 내 왼쪽으로 고개를 돌리는 순간 나는 몹시 안타까운 장면을 목격하게 되었다. 생수 500ml짜리 두 묶음을 어깨에 지고 올라오던 인도인을 본 것이다. 이제 거의 계단이 다 끝나가는 마당이긴 한데 이 아저씨는 저 무거운 생수를 들고 여기까지 올라오면서 그 얼마나 지구의 중력을 원망했을까. 징그럽고 잔인한 고행을 보지 않아서 다행이라며 생각했는데 지금 내 눈앞에 보이는 이 아저씨의 모습이야말로 고행이다. 안 그래도 구릿빛 피부인데 아저씨의 표정은 그냥 흙빛이다. 여기까지 저 무거운 생수를 가지고 올라오면서 무슨 생각을 했을까? 이 정도면 사람을 아주 그냥 골로 가게 하는 고행이다. 아저씨의 표정과 피부색을 보라고. 이미 아저씨의 눈빛에는 생명이 없어 보인다. 아!

나는 그토록 피하고 싶던 고행의 현장을 목격하고야 만 것이다. 아저씨! 오늘 집에 들어가면 시원한 물에 샤워하고 완전 폭풍 수면 취하시길 바랍니다. 우리 존재 파이팅이에요. 나는 하나도 힘 안 들이고 272개의 계단 오르기에 성공했다. 계단을 다 올라가니 커다란 동굴 내부가 보였는데 천장이 정말 높았고, 종유동굴이다 보니 석회암의 기괴한 모습이 꽤나 인상적이었다. 그때 내 레이더에 기념품과 음료수를 팔고 있는 작은 상점이 포착되었다. 아, 저기 있는 수많은 음료수도 아까 그 인도아저씨처럼 사람들이 다 이고 지고 왔겠지, 생각하니까 뒷골이 꽉 당긴다. 하지만 그보다 더 충격적인 건 저 상점 앞에 있는 저 냉장고! 저건 어떡할 거야? 냉장고 보고 현기증 나기는 또 처음이다.

동굴 내부 왼쪽에 북과 피리 소리가 들리는 힌두사원이 보여서 가까이 가보았다. 2명의 힌두교 신자는 하얀 천을 아래에 걸치고 무언가 의식을 치르고 있었고, 그 옆에서 2명의 신자가 북과 피리를 연주하고 있었다. 그리고 4~5명의 힌두교 신자들이 사원 앞에서 기도를 하고 있었는데, 이들보다 더 나의 이목을 끈 것은 이들의 모습을 매우 인상 깊게 여기며 캠코더로 찍고 있는 한 모슬렘 여성이었다. 나는 이 장면이 몹시 감동적이었다. 너는 너의 신을 믿고, 나는 나의 신을 믿지만, 우리가 신을 믿는 그 경건한 마음은 같다는 종교적 융통성을 보여주는 아름다운 장면이 아닐 수 없다. 매우 구체적인 말레이시아 대통합의 현장에 우리는 서 있다. 서로를 인정해주는 이런 관용은 예수 천국 불신 지옥을 외쳐대는 장면과 사뭇 비교되는 모습이다.

내려가는 길은 쉬워야 하는데 계단경사가 심해서 올라오는 일 못지않게 힘이 든다. 다리가 막 덜덜 떨리고 힘이 풀리는 것이 아차 하다가는 계단에서 데굴데굴 굴러떨어질 것만 같다. 바로 그때! 두 번째 고행의 현장을 나는 목격하게 된다. 올라갈 때 목격한 고행이 그냥 커피라면, 내려가는 지금 내가 목격하는 저 고행은 T.O.P다. 중국인 관광객으로 보이는 4명의 남자들이 무거운 여행 캐리어를 끙끙대며 계단을 올라가고 있다. 땀이 흥건하다 못해 줄줄 흐르고 있다. 심지어 목에는 1킬로그램은 족히 넘어 보이는 시커먼 DSLR이 걸려있다. 계단을 오를 때마다 DSLR이 달랑달랑 거리면서 가슴을 친다. 저 고행을 보고 있자니 내 이마와 겨드랑이에 땀이 흥건해지는 느낌이다. 나는 내려가던 발걸음을 멈추고 그들을 바라본다. 무엇이 저들로 하여금 여행 캐리어를 들고 바투 동굴 계단을 오르게 하였나? 저들은 저 고행으로 과연 어떤 깨달음을 얻으려고 하는 걸까? 우리는 머리를 쥐어짜 내며 그 이유를 밝혀내고자 했지만 끝내 1g의 단서도 찾지 못한 채 계단을 내려와야 했다. 아직도 여전히 의문은 남아서 그들은 과연 동굴 위 힌두 사원을 보았을까?

바투 동굴을 알차게 구경하고 나온 우리는 깔끔하고 시원한 모노레일을 타고 KL 센트럴 역에 내려서 KL 기차역(Kuala Lumpur Railway station)을 구경해보기로 했다. 기차역은 1892년에 지어진 오래된 기차역인데 지금은 KL 센트럴 역으로 노선이 옮겨가서 여기는 옛날 기차역을 그대로 보존해서 하나의 관광지로 남아있다고 한다. 그런데 건물이 무지하게 크고 규모도 굉장했는데, 이게 1892년에 지어진 건물이고, 당시 이 기차역에서 말레이시아 전역은 물론이고 싱가포르랑 태국까지 연결되었다고 하니 정말 동네 최고 기차역이었나 보다. 우리나라의 1892년은 고종이 조선의 왕이었던 시절이고 조선이 패망해가던 시절이었다. 왕권도 약하고 일본과 서구 열강이 점차 조선을 압박해오며 몹시 혼란했던 그 시절에, 말레이시아에는 벌써 이렇게 현대적이고 대규모의 기차역이 건설되었다고 생각하니 쿠알라룸푸르가 얼마나 잘 나갔는지 상상이 간다. 1892년에 지었다고는 믿기 힘들 정도로 멀쩡하고 멋진 역을 놔두고 다른 데로 기차역을 옮긴 게 몹시 아쉽다.

기차역에서 도보로 3분 거리에 국립 모스크가 있다고 했는데, 우리는 갑자기 방향 레이더가 없어졌는지 도무지 못 찾고 계속 걷다 보니 센트럴 마켓이 나타났다. 오늘 지도를 안 갖고 나온 것이 큰 실수지만, 센트럴 마켓이라도 나타났으니 다행이다.

센트럴 마켓은 1888년 식민지 통치를 하던 영국인들이 처음 지은 시장인데, 건물 입구에 건축연도를 알리는 'Since 1888'이 적혀있다. 당시에는 시민들과 주석 광산의 광부들이 이용하던 재래시장이었는데, 지금은 다양한 기념품과 의류 등을 파는 종합쇼핑몰이 되었다. 배가 너무 고파서 2층 푸드코트에 갔는데 사람도 별로 없어서 붐비지 않아서 좋다. 푸드코트에 사람이 붐비면 멘탈이 금방 붕괴해서 음식을 먹어도 무슨 맛인지 모르겠고, 영혼 따로, 먹는 입 따로 그런 느낌이 든다. 그 중 한 가게가 우리를 매우 환대

하며 자기들 음식이 맛있으니 한번 먹어보라고 손짓을 한다. 손짓하는데 안 갈 수 없지. 메뉴는 나시고랭, 나시아얌, 사테이 등의 말레이시아 음식을 파는 곳이었다. 이런 반가울 데가 있나! 말레이시아에서는 말레이시아 음식을 먹어야 진리! 거기다가 지금 프로모션 기간이라서 세트로 하면 더 저렴하게 먹을 수 있다고 한다. 그렇게 찾던 말레이시아 꼬치 음식인 사테이(Satay)를 여기서 보다니, 일단 사테이 하나 시키고 볶음밥 한 세트도 주문했다. 직원분이 3분 계셨는데 어찌나 과잉 친절 안 하시고 정감 있던지, 사진을 좀 찍으려고 하니 갑자기 세 분이 막 내 카메라 앞으로 모이시면서 예쁘게 잘 찍어달라고 부탁까지 하신다. 이런 귀염둥이분들 같으니라고!

센트럴 마켓에 가면 마칸 마칸(Makan Makan)에서 말레이시아 음식을 먹어보세요! 싸고 맛있어! 친절해! 가식적이지 않아! 너무 배가 고파서 둘이서 4그릇을 먹었다. 역시 배부르게 밥을 먹으니 정신이 든다. 배가 터질 것 같지만, 등가죽에 붙는 것보다는 낫다.

14년 전이었다. 새로운 성분의 식욕억제제가 처방되기 시작했는데, 당시 약국장님과 나는 이 성분을 한 번도 복용해본 적이 없어서 이 약을 먹으면 몸에 어떤 변화가 생기는지 궁금해서 10알을 처방받아서 복용해보았다. 일종의 인체 약물실험이 되겠다. 약의 효과는 대단해서 정말 식욕이 딱 떨어지는 게 사흘 동안 2끼를 먹어도 배고픈 줄 모르겠는 거다. 그런데 그때부터 사람이 자꾸 짜증이 나고, 세상이 너무 부정적으로 보이고 화가 치밀어 오르는 것이다. 당시에는 이유를 몰랐는데 나중에 곰곰이 생각해보니 뭘 먹어야 하는데 식욕이 충족이 안 되니까 내 의지와 상관없이 짜증이 폭발했던 것이다. 그런데 이 약은 자살 충동을 높인다는 부작용도 보고되어 그 후로는 절대 먹은 일이 없다. 17년 전 내가 대학교 1학년 때의 일화도 있다. 아, 그런데 내가 대학신입생이던 시절이 17년이나 흘렀다니 세월 참…. 잠깐 눈물 좀 닦고. 점심시간이라 다들 밥 먹으러 나갔는데, 나는 과방에서 무슨 리포트를 쓰고 있었던 것 같다. 배가 고파서 짜장면 한 그릇을 배달시켰는데 이놈의 짜장면이 30분이 지나도록 안 오는 것이다. 사람이 지금 굶어서 죽어가고 있는데 짜장면이 안 오다니! 내 눈은 분노로 이글이글 타오르고 있었다. 바로 그때 과방으로 내 동기 미경이가 들어왔다. 미경이는 나한테 일상의 대화를 건넸는데, 정말 아무 이유 없이 미경이의 말 한마디가 너무너무 짜증이 나서 폭발 짜증을 내고 큰소리로 화를 냈던 적이 있다. 당연히 미경이는 어이가 없지. 이 사건도 후에 곰곰이 고찰과 분석을 한 결과, 나는 배가 고프면 몹시 신경질적인 인간이 되고 이성이 제대로 작동을 하지 않는다는 것을 깨달았다. 굶어서 하는 다이어트는 죽어도 할 일이 없다.

약간의 쇼핑과 구경을 하고 식사도 마치고 센트럴 마켓을 나오니 어두컴컴한 저녁이 되었다. 이대로 숙소로 돌아갈까 하다가 여기서 KL 타워가 그리 멀지 않다는 말을 듣고 버스를 타고 KL 타워로 가보기로 했다. 부킷 나나스 거리에 자리한 KL 타워는 쿠알라룸푸르의 랜드마크다. KL 타워나 KL 센트럴 할 때 KL은 Kuala Lumpur의 약자이다.

높이 421m에 지상 10층 규모의 이곳 KL 타워의 원래 용도는 방송 및 통신 시설이라고 하지만, 아무래도 관광객 입장에서 타워는 전망대로서의 기능이 더 커 보인다. 타워 전망대에서 바라보는 시내 풍경이 매우 근사하고 특히 날씨가 좋은 날에는 겐팅 하이랜드와 말라카 해협까지도 보인다고 하지만, 그래도 주경보다는 야경이 최고지. 저기 쌍둥이 빌딩이 반짝반짝 빛나고 있네. 내일 밤에는 너와 함께 하도록 할게. 저 보석 같은 조명들은 밤이 되어 더욱 빛을 내고 있고, 이 어두운 밤에도 도시는 꿈틀대며 살아 숨 쉬고 있다. 별들이 속삭이는 쿠알라룸푸르의 밤은 사랑스럽다. 수많은 조명 아래에서 다양한 인종이 아름다운 조화를 이뤄가며 이렇게 멋진 나라를 만든 말레이시아 사람들이 사뭇 더욱더 대단하다고 느껴지는 지금이다.

아름다운 야경을 꽤 오랫동안 구경을 한 우리는 전망대가 끝나는 시간까지 있다가 내려왔는데 너무 어두컴컴한 밤이라서 버스 타고 가기가 힘들어 보인다. 아무래도 택시를 타야 할 것 같은데 냐짱에서 만났던 혜정 씨가 쿠알라룸푸르에 가면 파란 택시를 타라고 했는지, 타지 말라고 했는지 도무지 기억이 안 나고 파란 택시만 기억이 난다. 타워에서 내려와 1층으로 오니 작은 택시 서비스 부스가 있었다. 행선지를 말레이시아말로 작은 종이에 적어주며 가격은 35링깃 정찰제라고 한다. 우리 돈 13,000원이다. 왠지 여기서 숙소까지는 꽤 먼 느낌이 들어서 택시를 신청했는데 순식간에 파란 택시가 우리 앞에 나타났다. 외부가 매우 깔끔하고 정갈하고 고급스러우며 기사도 매우 친절해 보인다.

우리는 택시부스 직원들에게 감사하다고 인사하고 파란 택시를 타고 숙소로 가는데 이런 젠장! 숙소까지 5분 만에 도착해! 이게 만 3천 원. 이런 젠장! 당했네, 당했어! 우리 숙소에서 KL 타워가 이렇게 가까운 줄은 난 정말 몰랐었네! 어쩐지 아까 택시를 타러 걸어갈 때 택시 부스 여직원이 택시기사를 바라보면서 하나 낚았다는 듯, 과도하게 큰 소리로 웃어대더니 내가 그 말로만 듣던 '호갱'이 되어 이 짧은 거리를, 한국에서 택시를 타도 3천 원이면 올 거리를 무려 만 3천 원을 눈뜨고 뜯기는 내가 바로 국제 호구! 저 여인의 호탕한 웃음은 '걸려들었구나!' 하며 성공한 낚시에 대한 자축의 웃음. 혜정 씨가 알려준 것은 파란 택시를 '타지 마라'였다는 것을 13,000원을 주고 나서야 깨닫다니. 사람이 머리가 좋아야지 안 그러면 손발이 고생할뿐더러 돈도 다 털린다. 오늘밤은 몹시 속이 쓰라린 우울한 밤이 되고 있다.

잘란 잘란 잘란 잘란, 으쓱 으쓱!

¶ 드디어 돈이 똑 떨어졌다! 돈이 없어! I need money! Show me the money! 아침 댓바람부터 숙소를 나와서 LRT 타고 은행 가서 현금을 뽑았다. 45일이 뭐 그렇게 긴 여행은 아니지만, 그래도 여행자금을 통장에 넣어놓고 다니니까 분실위험도 없고, 남의 나라에 와서 돈 뽑으니 재미도 있고, 너무너무 편리하고 안전해서 좋다. 성공적으로 현금을 찾으니 이렇게 마음이 든든할 수가 없다. 수중에 돈이 없으니 사람이 그렇게 소심해질 수가 없었다. 36년을 자본주의에서 살았으니 나는 너무나 자본주의에 철저히 적응된 인간이 되어버린 것. 자본주의에서 돈으로 안 되는 게 없지. 그게 바로 자본주의니까. No pain, no gain도 맞는 말이지만, 자본주의에서는 결국 No money, no gain. 이제 빳빳한 링깃도 챙겼겠다, 오늘의 여행을 아주 그냥 힘차게, 똑 부러지게 시작할 것이다. 우리는 오늘, 말레이시아인들이 독립을 외쳤던 메르데카(Merdeka) 광장으로 간다. 고고 씽 고고씽!

메르데카 광장

말레이시아가 역사적으로 영국으로부터 해방되
던 날, 온 말레이시아 사람들이 뛰쳐나와 이 광
장에 모여 '메르데카!'라고 외쳤다고 한다.

메르데카 광장은 1957년 8월, 말레이시아가 영국으로부터 독립하여 긴 영국식민지 세월을 청산하며 말레이시아의 독립 선언을 외친, 말레이시아인들에게는 매우 의미 있고 역사적인 장소다. 그날, 말레이시아가 역사적으로 영국으로부터 해방되던 날, 온 말레이시아 사람들이 뛰쳐나와 이 광장에 모여 '메르데카!'라고 외쳤다고 한다. 말레이시아어 메르데카(Merdeka)는 '독립'이라는 뜻으로, 우리나라가 1910년 3·1절에 온 국민이 거리로 뛰쳐나왔을 때, 1945년 일본 패망으로 조선이 해방되었을 때 온 국민이 거리로 뛰쳐나와 '대한독립만세'를 외친 것과 같다고 할 수 있다. 독립과 해방의 기쁨은 억압된 자만이 공감할 수 있다. 메르데카 광장 주변의 역사적인 건물들이 보이는 탁 트인 잔디밭에 서 있으니 정말 자유로움이 느껴진다.

이번에는 술탄 압둘 사마드(Sultan Abdul Samad) 앞으로 가보았다. 술탄 압둘 사마드 빌딩은 예전에 영국 식민지 행정부서로 사용되었으나, 지금은 말레이시아의 대법원과 고등법원, 건물 제일 우측에는 섬유 박물관으로 바뀌어 있다. 우리로 말하자면 조선 총독부 건물 정도 되겠다. 그 조선총독부 건물은 1945년 이후 국립중앙박물관으로 사용되다가 정확히 50년이 지난 볕 좋은 어느 날, 가루가 되어 흔적 없이 사라졌지. 야! 난 참 속이 시원하더라. 일제가 폭파되는 거 같은 느낌이 들어서 정말 속이 시원했는데 말레이시아 사람들은 식민지 시절 건물을 이렇게 재활용하는 걸 보니 우리와는 또 사뭇 사고방식이 다른 면이 있나 보다.

탁 트인 광장에서 멋진 건물들도 감상하면서 우리는 광장 왼쪽에 있는 시티갤러리로 갔다. 시티갤러리 앞에 그 유명한 'I♥KL' 조형물이 있다.

이 앞에서 사진 예쁘게 찍는 사람들도 많던데 난 도무지 어떤 포즈를 취해야 할지 몰라서 우물쭈물하다가 사진찍기를 기다리는 사람들의 눈치로 재빨리 내려와야 했다. 아, 사진 찍을 때 예쁘게 나오는 포즈를 미리미리 연습을 좀 해둬야겠어. 모델들의 파파라치 샷이나 길거리 샷이 멋지고 자연스러운 건 몸매가 예술인 점도 있지만, 평소 포즈도 연습하기 때문이다. 준비하는 자만이 기회를 즐길 수 있다. 시티갤러리 건물도 원래는 영국 식민지 시절인 1899년 영국이 세운 인쇄소 건물이었는데, 지금은 KL의 정보센터와 KL 유명 건물의 모형을 만들고 판매하는 가게로 운영되고 있다.

시티갤러리를 나온 나는 매우 흡족한 관람이었다며 그 기쁨을 춤으로 표현하고 싶었다. 음악이 없고, 조명이 없어도 난 흥만 있으면 쉽게 춤추는 여자. 지나가던 사람들이 우려에 깊은 눈빛으로 나를 바라봐주었다. 우리 민족은 본래 음주 가무를 즐기는 민족으로서 내가 알코올 분해효소가 부족하여 음주를 과히 즐길 수는 없으나 가무는 몹시 즐기는 생명체로서 오늘 메르데카 광장을 훑어보면서 말레이시아의 역사에 대해 생각하고, 시티

갤러리에서 역사와 경제, 나라의 관념 등에 대해서 좀 더 자세히 알 수 있었음에 대한 기쁨, 그리고 살벌하게 시원한 공기를 무료로 제공해주는 말레이시아에 감사하며 느끼는 그 기쁨을 춤으로 표현해보기로 했다. 택이는 이런 나의 똘끼(?)를 많은 세월 지켜봐 왔지만, 언제나 적응은 안 된다는 본인의 증언이 있었다. 피할 수 없으면 함께 추지 않겠니?

술탄 압둘 사마드 건물 안에 있는 섬유·의복박물관도 야무지게 관람을 마치고 나와서 지도를 펼쳐보니 여기서 좀 더 걸어가면 차이나타운이 나온다고 그려져 있다. 다만 이 작열하는 땡볕을 헤치고 가야 할 일이 막막할 뿐. 하지만 우리가 누구인가? 이미 푸껫의 땡볕도 물리치고, 페낭의 T.O.P.도 물리친 분지의 최고봉, 대구의 아들딸들이 아닌가! 청년의 기상을 품고 차이나타운을 향해 출발! 차이나타운을 찾아가는 길에는 오래되어 보이는 고풍적인 2층짜리 건물이 꽤 많이 보였다.

 이런 건물은 푸껫의 올드타운에서부터 볼 수 있었는데 이 또한 주석 때문에 이주해
온 중국인들이 남긴 건축양식이었다. 100년도 넘은 오래된 건물에 광학기기의 선두주
자, 니콘의 간판이라니 이게 바로 그 말로만 듣던 현재와 과거의 공존이 아니겠는가! 이
건 마치 30년 전 빈티지 드레스와 이쳐가 환상적인 조화로움을 뽐내며 아름다운 드레
스 샷을 연출하는 것과 비슷한 이치. 과거와 현재가 공존하는 패션의 절정! 어디서 뿌연
연기가 나더니 인산인해의 기운이 느껴지는 곳, 바로 차이나타운에 마침내 도착했다.
장하다, 대구의 아들딸들아! 뿌연 연기가 나는 곳은 중국 사원이었다. 안에 들어가 보니
사람들이 불 피운 향을 들고 절을 하고 있었다. 건강과 부귀영화와 그대들의 간절한 소
망이 이루어지기를. 차이나타운은 늘 사람들이 많고, 매우 시끄럽고 정신이 없지만, 활
기는 제일 넘치고 싼 물건이 많아서 뭘 주섬주섬 사게 된다. 안 그래도 빨래를 세탁 맡
겨놔서 입을 속옷이 없어서 발 동동 구르고 있었는데 잘 됐다, 팬티를 사러 가자! 순면
팬티가 3장에 2천 원이야. 싸! 막 사! 팬티 6장이 이렇게 큰 기쁨을 주다니 중국산 없으
면 세상을 우찌 살꼬? 오늘 밤에는 시원한 샤워를 하고 순면팬티를 입고 아주 쾌적한
수면을 취할 수가 있겠군. 쇼핑은 역시 즐겁단 말이야.

차이나타운의 복잡한 길을 조금만 벗어나면 오래된 2층짜리 건물들이 다시 나타나기 시작하는데 보는 재미가 아주 쏠쏠하다. 뭐 하는 건물인지 궁금도 하고, 얼마나 많은 사람들이 저 건물에서 살다가 스쳐 갔을까 싶은 궁금증이 생긴다. 잘란 술탄, 이름마저도 너무 멋지다.

한 나라를 여행하다 보면 몇몇 단어가 반복적으로 보여서 저절로 그 단어를 습득하게 되는 경우가 있는데, 말레이시아에서 많이 보이는 단어에는 잘란(Jalan)과 셀라맛 다탕(Selamat Datang), 테리마카씨(Terimakasih), 케다이(Kedai), 네가라(Negara) 등이 있었다. '잘란'은 길 혹은 도로라는 뜻이다. 그래서 골목 즈음에 Jalan ○○○○라고 적혀있으면 ○○○○길이란 말이다. '잘란'은 발음이 너무 귀엽고 앙증맞아서 '잘란 잘란 잘란 잘란 으쓱으쓱~!' 하고 노래를 부르고 싶은 충동이 생긴다. 말레이시아를 여행하면서 기분 좋다 싶으면 '잘란잘란 잘란잘란 으쓱으쓱!' 하고 노래를 부르면 더 신이 난다. 택이는 내가 이 노래를 부르기 시작하면 흥분되었음을 인지하고 이 흥이 광으로 변질되기 전에 나를 자제시켜준다. '셀라맛 다탕'은 환영한다는 말이다. 그래서 박물관이나 어딜 들어가면 대부분 입구에 저 말이 적혀 있다. '테리마카씨'는 고맙단 말이다. 음식점에서 밥을 잘 먹고 나오거나 길을 물었을 때 잘 가르쳐주거나, 아니 꼭 잘 안 가르쳐줘도 말레이시아 사람들은 친절하고 귀엽기 때문에 언제나 대화 끝에 '테리마카씨!'라고 불러준다. 동남아를 45일 여행하면서 그 나라 사람이 귀엽다고 느껴지기는 말레이시아가 처음이다. 배가 뽕 튀어나와서 귀엽고, 눈이 까맣고 커서 귀엽고, 친절해서 귀엽고, 아무튼 귀엽다. '케다이'는 가게, 상점이란 뜻이다. 음식점 앞에도 Kedai, 수퍼 앞에도 Kedai, 서점 앞에도 Kedai. 하여간에 뭐 파는 가게면 다 저 말을 붙일 수 있다. '네가라'는 국립(national)이란 뜻이다. 국립 박물관이나 국립 뭐뭐로 시작하는 곳에는 늘 저 말이 앞에 붙어 있다. 나이아가라 폭포가 아니다. 니가 가라 하와이도 아니다.

차이나타운을 한 바퀴 돌고 나서 이제 숙소로 돌아갈까 하고 돌아서는 바로 그때 입구부터 상당히 고풍스럽고, 중국답고, 빈티지하면서, 한약냄새 나는 이곳이 우리들의 시선을 사로잡았다. 恭和堂(공화당). 미국 공화당이랑은 상관없겠지. 이곳은 뭔가 장인의 향기가 가득해서 역사와 전통을 자랑할 것 같은 느낌 충만한 곳이다. 이 더운데 얼음 동동 빙수를 먹었으면 하는 마음 간절하지만, 저 멀리서부터 우리들의 코를 자극해 오는, 냄새만 맡아도 몸이 건강해 질 것 같은 한약 냄새가 우리를 강하게 유혹하고 있기 때문에 우리는 여기서 꼼짝할 수가 없다.

"이거 뜨겁냐?" - "뜨겁다."
"얼음 있나?" - "없다."
"얼마냐?" - "한잔에 2링깃."
"뭐냐?" - "몸에 좋은 거다."
"진한 거 한잔, 연한 거 한잔." - "오케이."

중국 스멜(smell)…. 한약 스멜…. 택이와 나는 착석해서 피가 되고 살이 될 것 같은 한약 음료를 매우 경건한 자세로 음용해보기로 한다. 뜨겁다고 했지만, 사람들이 쉽게 잘 꿀떡꿀떡 넘길 수 있게 많이 식어있어서 정말 다행이다. 온 얼굴에 땀이 줄줄 흐르는 열기의 한낮이지만 지금 내 코를 자극하는 이 한약 음료수가 너무너무 좋다. 집 떠나와 이렇게 몸보신을 하게 될 줄이야! 택이와 나는 그만 이 한약 음료수의 매력에 퐁당 빠지고

말았다. 택이는 태생적으로 한약을 좋아하기 때문에 그 감동은 남달랐다. 지금 이 한약 음료수가 내 구강으로 들어와 후두와 식도를 거쳐 한줄기 떨어져 내려갈 때, 이 한약들은 내 위와 간장을 거쳐 피를 통해 온몸을 돌 것이다. 아! 이 아름다운 맛을 어떻게 형용할 것인가! 식도를 느낄 수 있는 것은 비단 차가운 소주만이 아니었다. 원기가 충당된 몸을 가진 우리는 그 무엇도 할 수 있을 것 같아서 지도 보고 숙소까지 한 방에 걸어갔다. 이래서 플라세보(Placebo effect, 위약효과)가 엄청난 거다.

오늘은 정들었던 레게 맨션을 떠나 두 번째 숙소로 이동하는 날이다. 절대적으로 파란 택시는 눈길도 주지 않겠다는 강력한 다짐을 한 후, 미터기로 가 주겠다는 기사님을 믿고 우리는 두 번째 숙소로 향했다. 골목에 있는 숙소라서 전화를 몇 번 해서 도착했는데 쿠알라룸푸르의 기사님은 방콕 기사처럼 전화해서 힘들게 찾아왔다며 웃돈 따위 요구하지 않고, 미터기 요금만 받고 홀연히 사라지셨다. 내가 말레이시아를 안 좋아할 수가 없다. 두 번째 숙소에 체크인하고 가방만 내동댕이친 후 숙소와 매우 가까운 거리에 있는 알로 스트리트(Alor Street)로 가보았다.

이곳은 먹거리 야시장인데 밤이 되면 발 디딜 틈 없는 인산인해의 광경이 펼쳐진다고 한다. 5시가 조금 넘은 시각인데 식당들이 길거리에 하나둘씩 의자와 테이블을 내놓으며 세팅 중이다. 이런 분위기라면 파빌리온이랑 쌍둥이빌딩 보고 돌아오면 분위기가 장난 아닐 거 같은 게 심장이 벌렁거린다. 밤마다 여기서 아주 그냥 환상적인 식사와 주전부리를 해볼 생각을 하니 막 행복해! 행복해! 바로 그때! 우리들의 코와 심장과 폐를 관통하는 환상적인 향기가 나는 곳이 있었으니 육포가게다. 홍콩 갈 때마다 사 먹었지만, 너무 비싸서 딱 1장만 사서 눈물을 흘리며 아껴 먹던 비첸향 육포가 생각났다. 어찌나 도톰하고 노릇노릇하고 아름답게 구워냈는지 여길 지나치면 평생을 후회할 것 같다. 가격도 싸! 그래서 난생처음 굉장히 말랑말랑하고 즉석에서 구워주는 육포 3장을 사봤다. 과연 싼 게 비지떡이라는 조상님의 말씀이 진리인지 확인해볼 좋은 기회다. 육포냄새 맡다가 숨넘어갈 것 같다. 1장을 아끼고 아껴먹던 찌질했던 세월아, 이제 안녕! 나는 겹쳐진 3장의 육포를 햄버거 먹듯 한방에 씹어 먹는 당찬 기운을 보인다. 3장을 씹는데 그 부드러움이 이루 말할 수 없⋯. 오우! 이건 천상의 맛이야. 숯불에 구워서 노릇노릇 익은 윤기가 좔좔 흐르며 그 부드러움이 몽쉘통통에 견줄 만한 아름답고도 장엄하기까지 한 이 천상의 맛을 가진 돼지고기 육포는 하나의 예술작품이라고 나는 규정지었다. 비싼 비첸향 보고 있나?

육포 햄버거를 도도하게 씹어먹으며 우리는 쿠알라룸푸르의 최대 쇼핑가인 파빌리온(Pavilion)으로 향했다. 파빌리온까지 걸어가는 길에 해가 져서 찬란한 쇼핑몰들의 조명들이 생명력 넘치는 쿠알라룸푸르로 만들어 주고 있는 듯하다. 수많은 인터넷과 가이드북에서 보던 바로 그 장면, 바로 파빌리온이다.

위용이 대단해! 말레이시아 아니랄까 봐 파빌리온의 한가운데 지미 추(Jimmy Choo)가 딱! 내가 구두를 매우 사랑하는 슈어홀릭(Shoeholic)이긴 해도 당신은 너무 비싸서

아직 내 구두장에 들어올 수는 없구나. 먼 훗날, 너와 나의 합의점이 생기는 그때 우리는 만나도록 해. 그때까지 지미 추, 안녕! 웅장한 파빌리온 앞에는 언젠가 뉴욕에 가면 꼭 가보겠노라고 벼르던 세포라가 요기 있네? 세포라에는 정말 다양한 화장품이 멋들어진 조명과 인테리어 속에 아주 도도하게 진열되어 있었지만 싸지도 않고, 프로모션도 없고, 내가 평생 사랑하다 죽을 안나수이(Anna sui)도 없다. 여행자의 지갑을 닫아주어 감사하다. 주변에는 대형 쇼핑몰과 브랜드 로드샵이 꽉 차 있었다. 저녁이 되니 더욱더 많은 사람으로 이 거리가 채워진다. 도심의 화려함을 사랑하는 나는 이런 분위기가 너무너무 좋다. 환상적인 세일로 아름다운 구두와 가방, 드레스를 가득 담은 무거운 쇼핑백이 양손에 가득히 쥐어져서 이대로는 도저히 못 들고 가겠다며 근처 멋진 바에 들어가서 깔끔한 칵테일을 한잔하면서, 야경과 바깥구경을 하면서, 오늘 쇼핑한 내용을 수다로 풀어내는 아름다운 장면을 잠시 상상해보았다. 아신발쿰.

화려한 쇼핑몰을 뒤로하고 마침내 말로만 듣고, 사진으로만 보던 바로 그 페트로나스 쌍둥이 빌딩(Petronas Twin Tower)이 굉장히 웅장하고, 화려하고, 멋있고, 튼튼한 모습을 자랑하며 우리 앞에 나타났다. 어머 깜짝이야! 페트로나스 쌍둥이 빌딩은 1999년에 개관한 88층의 쌍둥이 빌딩인데, 언뜻 보면 금속으로 지어진 것처럼 보이지만, 사실은 콘크리트 건물로, 외벽만 스테인리스강과 유리로 장식했다고 한다. 『트랜스포머』나 『아이언맨』 보는 것처럼 완전 고철 덩어리처럼 보였는데 콘크리트라니 놀랍다. 지상부터 6층까지는 쿠알라룸푸르 최대의 쇼핑몰 수리아(Suria)가 있고, 건물 한쪽에 페트로나스 본사가 있다. 페트로나스는 말레이시아의 국영 석유회사이름인데 이 건물 주인이다. 역시 석유와 관련된 건 부의 향기가 넘쳐흘러서 석유회사는 건물 하나도 급이 다르다.

2020년에 선진국에 합류한다는 비전2020 계획을 상징하는 건물인데 말레이시아 회사에서 짓지 않고 한국이랑 일본이 지었다는 것은 아이러니다. 아이러니하거나 말거나 나랑 상관없고, 지금 눈앞에 펼쳐진 이 어마어마한 건물을 좀 보고 있자니 현기증이 살짝 나려고 한다. 무쇠 팔, 무쇠 다리, 무쇠로 만든 로봇으로 변신할 것 같은 저 차가운 외모! 페트로나스 타워의 외관이 너무나 웅장하고 화려하고 높아서 사람들은 타워 전체 모습을 찍기 위해 너도나도 바닥에 누워서 타워를 찍고 있다. 우리도 한번 누워서 찍어보았다. 과연 누워서 찍으니까 겨우 타워 전체 모습을 찍을 수는 있었는데, 타워 모습보다 바닥에 드러누운 수십 명의 관광객들의 모습이 더욱 시선이 가네. 타워 안으로 들어가 보니 정말 엄청나게 넓은 쇼핑몰이었다. 여길 다 구경하려면 하루도 모자랄 것 같아 보인다. 그 많은 브랜드 중에 저기서 미우미우(miu miu)가 아름다운 자태를 뽐내며 딸기 우유색 마드라스 백이 '날 좀 보소~ 날 좀 보소~' 하고 도도하게 앉아있다.

건물 뒤편에는 매우 넓은 호수와 공원이 조성되어 있어서 시민들이 산책도 하고, 데이트도 하고, 가족끼리 즐거운 시간도 보낼 수 있는 있다. 우리도 멋진 조명과 함께 화려한 분수 쇼를 보기 위해 작은 계단에 자리를 잡았다. 음악과 함께 한밤중이 펼쳐지는 아름다운 분수 쇼는 쿠알라룸푸르에서의 밤을 더욱더 행복하게 만들어주는데, 택이와 나는 말레이시아를 여행하게 된 것이 얼마나 다행스러운 일이냐며 감탄만 하고 있다. 아름다운 곳이다. 아름다운 사람들이 아름답게 살아가고 있는 말레이시아, 이곳은 너무 평화로운 곳이다.

말레이시아를 여행하면서 사람들이 소리치거나 싸우는 모습을 한 번도 본 적이 없다. 약국에 있으면 하루에 12번도 더 고함소리를 듣는다. 약 왜 빨리 안주냐, 저기는 400원인데 여기는 왜 500원 받느냐, 배 불렀는갑지,

한 알 먹고 안 나으면 당신이 책임져라, 약 설명할 때는 안 듣고 설명 안 해줬다고 고발하 겠다, 그거 싫으면 돈 내놔라 등등 열거하자면 또 스트레스받는다. 12번도 더 많은 고함 을 들으면서도 그저 '예 예~.' 하고 맞춰주는 게 내 일이다. 약리학적 지식은 별 쓸모가 없다. 약값 깎아주는 약사를 사람들은 가장 좋아하는 거 같다. 지친 심신을 이끌고 온 이방인을 말레이시아가 어루만져 준다. 나를 알지도 못하면서, 나를 본 적도 없으면서 나를 말레이시아가 안아준다. 갑자기 코끝이 찡해오네. 넓은 공원은 어두운 밤을 밝혀 주는 조명이 있어서 한밤중에도 조깅을 하고 있는 사람들이 꽤 있었다. 이어폰 귀에 꽂 고 시원한 밤 공기를 마시며 하루를 마무리하는 저 여유가 너무 부럽다. 이렇게 사람들 이 많이 모이는 넓은 곳에 고성방가하는 사람 없고, 길바닥에 쓰레기 하나 없는 이들의 질서가 부럽다. 아름다우면서도 뼈에 사무치게 부러운 밤이다. 평화로운 시간을 보내다 보니 어느새 시간이 훌쩍 가버려서 밤 11시가 다 되어간다. 버스도 끊긴 시각일 거 같아 서 우리는 서둘러 나와 택시를 타고 숙소가 있는 알로 스트리트로 다시 돌아갔다.

자정이 다 되어가는 이 시각의 알로 스트리트는 정말 활기가 넘치다 못해 인산인해를 이루고 있다. 길 양쪽에 식당에서 내놓은 테이블이 가득 차고 그 테이블은 사람들로 가 득하고, 도로는 차들로 가득 차서 정말 길을 걷는 것조차 힘들었다. 흥에 겨워 밤이 깊어 가는 줄도 모르고 이 거리는 더욱더 열기로 가득 찬다. 생명력이 꿈틀대고 있는 이곳에 서 늦은 저녁 식사를 하려는데 너무 많은 주전부리에, 수많은 해산물 식당에, 인도음식 점에 어디다 눈을 둬야 할지 눈이 팽팽 돌아가고 있다. 그때 트럭 위에 과일을 올려놓고 파는 여성분이 힘찬 목소리로 지나가는 사람들에게 과일 조각을 나눠주면서 먹어보고

맛없으면 그냥 가라는 멘트를 날려주시는데 이런 모습은 우리나라 재래시장에만 있는 줄 알았는데 아니야! 국제적이야! 맛없으면 돈 안 받는다잖아!

난 동남아시아에서는 망고가 가장 맛있는 과일인 줄 알았는데 이렇게 또 맛있는 과일이 있는 줄 정말 몰랐었네! 이름은 '허니 잭프룻(Honey Jackfruit)'이라고 하는 과일인데 정말 꿀이 들었는지 너무너무 달콤하고 씹히는 질감이 정말 환상적이다. 마음 같아서는 한 3팩 사고 싶었지만, 평소 과도한 식탐으로 음식 남기는 불상사를 많이 겪은 택이는 나의 손목을 잡으면서 한 팩만 사라며 제동을 걸어준다. 감사하다. 한 팩 샀는데 정말 눈 깜짝할 사이에 해치워버렸다. 태국의 망고, 터키의 체리, 그리스의 살구, 그리고 우리 엄마의 블루베리 말고도 세상에 이렇게 맛있는 과일이 존재했었다는 사실은 나를 큰 충격에 빠트렸다. 고개를 돌려보니 이 과일의 원래 외관을 보게 되었는데 딱 생긴 게 못생긴 하마 얼굴 같다. 튼튼한 줄기가 손잡이같이 달려있었는데, 도둑이나 치한을 때려잡을 때 저걸로 머리를 한 대 툭 치면 딱 좋을 것 같다. 때려잡을 때는 반경을 크게 잡고 온몸에 힘을 한곳에 모아 풀 스윙을 해주어야 제대로 원샷원킬 할 수 있겠다. 양쪽에 늘어선 수많은 식당과 거리음식들이 우리를 유혹하는데 난 정말 배가 너무너무 커서 이 집 가서 한 그릇, 저 집 가서 한 그릇, 허니 잭프룻 한 팩 먹고 다른 집에 가서 국수 한 그릇, 입가심으로 연속 3장 육포 햄버거 이렇게 먹어주면 아주 좋을 것 같은데, 세상에 이런 과일 없다며 눈 뒤집혀서 허니 잭프룻 한 팩을 한달음에 마셨더니 벌써 배가 부르다. 그래도 그냥 가면 섭섭하니까 무척이나 맛있어 보이는 이름 모를 생선구이를 한 마리 주문했는데, 바삭하게 구워진 생선을 소스에 찍어 먹으니 참으로 맛이 있다.

놀라운 음료수를 하나 발견했다. 이것은 보리로 만든 숭늉 음료수인데 가격도 싸! 막싸! 어쩌나 시원하고 맛있는지 더운 날씨에 이거 한 잔만 먹어봐! 아주 그냥 더위가 싹 가시는데 온몸을 수분으로 촉촉하게 적셔주는 '배일리'! 오늘 먹은 이 보리숭늉 배일리를 알고 나서는 난 이후 여행지인 말라카와 싱가포르에서까지 계속 이 음료수를 마실 수가 있었다. 오! 페낭부터 말레이시아가 우리를 환대해주더니 그 융숭한 환대가 끝이 아니었어. 우리는 사랑에 그만 빠지고 말았구면. 이제 남은 밤은 여기 있는 이 사람들에게 넘겨주고 우리는 숙소로 들어가서 시원한 샤워와 달콤한 휴식을 좀 취해야겠다. 그럼 독자 여러분도 오늘은 요기까지 읽고 맛있게 주무세요. 우리도 꿈나라로 고고씽! 안녕은 영원한 헤어짐은 아니겠지요? 다시 만나기 위한 약속일 거야.

여행이란 지도에 나와 있는 그곳이 정말 거기에 있는지를 확인하러 가는 것이 아니라, 자기만의 길을 만들기 위해 떠나는 것이라고 누군가 말했다.

💬 PS. 생선 한 마리로는 성에 안 차서 숙소 돌아가는 길에 인도음식점에서 버터난 3장이랑 카레 한 봉지 사 들고 즐겁게 숙소로 돌아가고 있는 서른여섯 이최의 뒷모습이 보이고 있습니다.

전화위복

¶ 오늘 밤에는 무려 두 달 전에 예약해놓은 트레이더스 호텔(Trader's ―) 33층에 있는 스카이 바(Sky bar)에 갈 거다. 스카이 바는 환상적인 분위기에서 시원한 맥주를 마시고, 전면 유리창으로 쌍둥이 빌딩이 보이는 폭신한 좌석에서 환상적인 시간을 가질 수 있는 곳. 한 달 전에 예약하지 않으면 창가 좌석에 앉을 수 없다는 바로 그곳은 저녁 8시에 예약이 되어있는데, 그 전에 할 일이 없다. 가이드북을 보니 쿠알라룸푸르 외곽에 '겐팅 하일랜드(Genting Highland)'라는 카지노 겸 테마파크가 있는데, 날씨가 서늘해서 놀기도 좋고 카지노, 호텔, 레스토랑, 케이블카, 테마파크, 리조트 등이 한꺼번에 다 있는 말레이시아의 라스베이거스라고 한다. 가보자, 꿈과 희망이 넘치는 겐팅 하일랜드로!

우리의 작고 귀여운 모노레일은 매우 안전하고 빠르게 우리를 KL 센트럴 역으로 데려다 주었다. 겐팅 하일랜드행 버스가 정류하는 곳으로 다다다다 뛰어가서 버스 시간을 보니 3분 전에 버스가 떠났고, 다음 차는 1시간 뒤에 있었다. 아! 시간이 금인데 방금 지나간 그 버스를 잡을 수만 있다면 얼마나 좋을까? 1시간을 넋 놓고 기다리고 있으려니 너무 지루하기도 하고 버스 매연이 매캐해서 우리는 2층 맥도날드에 가서 세트메뉴를 시켜서 와구와구 먹었다. 패스트푸드는 패스트하게(빨리) 먹어야 진리! 우리는 룰루랄라 휘파람 불면서, 발걸음은 매우 가볍게 다시 버스정류장으로 내려갔다. 벌써 겐팅 하일랜드행 버스가 딱 와 있다. 이런 반가울 데가! 이다지도 서둘러 일찍 와 주었구나. 우리가 어서 표를 사서 착석해줄게, 잠시만 기다려주렴, 이쁜 아이야.

"지금 출발하는 겐팅하일랜드행 버스 티켓 2장 주세요!"

표가 없대! 난 순간 귓구멍이 막혔나 싶어서 귀를 좀 후비고 나서 정확한 영문법에 입각하여 다시 한 번 매표소 창구직원에게 또박또박 말을 했다.

"Bus tickets to Genting Highland departing at 1:30 p.m. for 2 persons, please."

믿기 어려운 두 번째 대답이 창구 너머에서 들려온다.

"No tickets 1:30 p.m. It's sold out. You can buy the next bus ticket."라며 매표소 창문에 붙어있는 2:30 p.m.을 가리킨다. 이런 젠장! 지금 눈앞에서 버스가 으르렁거리면서 우리를 태우려고 안달 나 있는데, 30분이나 남았는데 버스표가 없다니 말이 되냐고! 이런 내 처지는 아랑곳없이 우리 옆에 서 있는 버스에 사람들이 하나둘 올라타고 있다. 눈앞에 버스를 못 타는 상황이라니! 시간을 돌릴 수 있다면 뭐라도 할 수 있을 것만 같았다. 꿈과 희망의 겐팅 하일랜드는 온종일 놀고 뽕을 뽑고 와야 하는 곳인데, 지금 차 타면 왕복 3시간을 허비해서 1시간 놀고 올 수 있다. 아아…! 정말 이번 여행을 하면서 가장 절망적인 순간이다. 아까 도착했을 때 바로 예매만 했어도 이런 변이 일어나지 않았을 텐데 평소 예약과 예매를 생활하던 그 여성은 어딜 가고, 한낱 배고픔에 눈이 멀어 미련퉁이처럼 표가 매진되는지도 모르고 천하 태평하게 버거만 우걱우걱 씹어먹던 여자만 미련하게 서 있느냔 말이다. 벽에 머리라도 박고 싶은 자책의 낭떠러지로 떨어지고 있는 내 손을 택이가 잡아주었다. 이깟 일로 뭘 그렇게 자책하느냐며, 겐팅 하일랜드 안 가면 어떠냐며, 어제 그 많은 곳을 다닐 수 있게 네가 얼마나 준비를 착실히 많이 했느냐며, 이제 그만 그 눈물 그치라며 나를 위로해주었다. 택이의 위로는 마법이다. 택이가 내 옆에서 내 편들어주고 위로해줄 때는 세상을 다 얻은 것처럼, 천군만마를 얻은 것처럼 든든하고, 없던 힘이 샘솟고, 세상이 다시 핑크빛으로 보이기 시작한다. 넘어진 아이가 툭툭 털고 일어나듯 나는 택이의 손을 꼭 잡고, 눈물을 훔치며 퉁퉁 부은 눈을 깜박거리며, 이제 괜찮아졌다며 눈물을 거두었다. 사랑하는 택이는 내 영혼의 안식처이어라. 무거워진 발걸음은 가볍게 바뀌어 우리 둘이는 두 손 꼭 잡고 KL 센트럴에서 모노레일을 타고 페트로나스 쌍둥이 빌딩이 있는 수리야(Suria) KLCC로 갔다. 하루종일 구경해도 시간이 모자란다는 수리야에서 마음껏 구경하고, 수족관에 가서 피라니아도 보고, 뜬금없이 보석 관람회에 들어가서 보석도 구경하고, 드넓은 공원에서 산책도 하고, 우리나라에서 망한 로티보이 가서 번도 사 먹고, 푸드코트 가서 맛있는 저녁 식사를 하

고 나오니 금세 저녁 7시 반이 되었다. 됐다! 지금 가면 된다. 수리야에서 스카이 바(Sky bar)가 있는 트레이더스 호텔까지는 걸어서 갈 수 있는 가까운 거리였다. 나는 몹시 흥분된 마음으로 트레이더스 호텔로 향했다. 환상적인 야경을 볼 수 있는 창가 자리에 제발 무사히 예약이 되어 있기를 간절히 바라고 또 바라는 지금, 33층으로 올라가는 엘리베이터 안에서 내 심장박동소리가 다 들릴 지경이다. 스카이 바와 나는 여러 통의 이메일을 주고받으면서 바로 오늘 저녁 8시에 예약을 서로 약속해놓은 상태인데, 사람 일이 언제나 그렇듯, 막상 일이 닥쳤을 때 계획대로 진행되지 않으면 어떡하지 하는 불안감이 생긴다. 특히, 여행하면서는 더욱더 그러하다. 제발 그런 일은 일어나지 않기를 33층으로 올라가는 엘리베이터 안에서 나는 간절하게 기원한다. 제발 계획대로만 되라고, 이변은 없으라고! 얼굴 모르는 사이지만 오늘 밤 8시에 나에게 창가 자리를 주기로 약속한 거 제발 잊지 마! 말레이시아, 널 사랑해! 사랑한다고! 내 사랑에 대한 보답을 해! 하라고!

조건없는 사랑 따윈 이 세상에 없어!

　스카이 바는 이런 나의 사랑을 정확한 약속을 지키는 것으로 보답해주었다. 캬! 죽여준다. 택이는 너무 감동한 나머지 이미 영혼이 집을 나갔다. 실내에는 어두운 조명과 더불어 매우 세련되고 멋진 음악이 흘러나오고 있고, 바 한가운데에는 널찍한 수영장도 있다. 사람들은 조그만 목소리로 이야기하는데 각각의 테이블이 모두 즐겁다. 나는 여기 같은 트렌디 바나 라운지에 가면 나오는 음악이 너무 멋지더라. 뭔가 몽환적이면서도 세련의 극치를 달린다고나 할까? 그런 음악만 모아둔 앨범이 있으면 지금 당장에라도 구입해서 세상 조용한 새벽에 내 방에서 들으면 정말 좋을 것 같다. 우리는 스태프가 안내해주는 자리로 가보았는데 아, 깜짝이야! 스태프가 안내해준 우리 자리에서 보이는 광경이다. 숨이 딱 맞을 것 같다. 엄청나. 저 아름다운 쌍둥이빌딩도 엄청나고, 이 엄청난 야경을 볼 수 있는 이곳도 엄청나! 세상에 내가 이런 자리를 예약했다니 정말 이번 여행에서 가장 잘한 일이라며 자화자찬 중이고, 택이도 이렇게 엄청난 야경을 볼 수 있는 명당일 줄은 상상도 못했다며 흥분해있다. 쿠알라룸푸르의 마지막 밤을 이렇게 환상적으로 보내게 되다니! 이렇게 좋은 자리를 준 스카이 바를 생각하면 아주 비싼 술을 시켜야 하나 싶어 다른 테이블을 둘러보니 너도나도 맥주다. 안도감과 동질감을 느끼며 우리도 맥주를 홀짝이며 이 아름다운 밤을 만끽하기로 한다. 이 순간 세상에서 가장 멋지고 세련된 여성이 된 듯한 착각까지 불러일으키는 음악이 흐르는데 천장이 높고 오픈된 곳이라서 음악이 울려 퍼지며 이곳에 있는 우리 모두를 몽환과 신비로움에 빠지게 하여주었다. 택이가 저 너머 보이는 야경사진을 찍어서 페이스북에 올리니 댓글 단 사람들이 탄성을 자아내고 있다. 겐팅 하일랜드의 꿈과 희망이 산산이 부서진 오늘을 스카이 바가 환상과 꿈의 세계로 바꾸어주었다.

아, 여보게! 정신 차려, 이 친구야!

❡ 오늘은 말레이시아의 세 번째 여행지이자, 마지막 여행지인 말라카로 가는 날이 되겠다. 미터기를 켜고 TBS까지 가 주시겠다는 택시기사님을 숙소 앞에서 만나 쾌적한 택시를 타고 빠르고 편하게 도착했다. TBS(TERMINAL BERSEPADU SELATAN)는 버스터미널인데 공항으로 착각할 만큼 실내가 넓고 쾌적하고, 깨끗하고, 시원하고, 공항처럼 버스 스케줄을 나타내주는 전광판까지 있었다. 이곳에서 출발하는 버스를 타면 세계 그 어디라도 갈 수 있을 것 같고, 세계 모든 고속버스가 여기에 다 올 것만 같다. 우리가 탈 버스가 오후 2시 30분 차라서 승강장 입구에 앉아 버스를 기다리고 있는데 2시 20분쯤 버스가 한 대 들어오길래 나는 그게 말라카 가는 버스인 줄 알고 택이를 일으켜 버스에 짐도 싣고 자리에 앉아 출발의 설렘을 만끽하고 있는데, 갑자기 여자의 촉이 발동한다. 순간, 이게 말라카 가는 버스인지 확인을 하고 싶어진 것이다. 버스에 오르는 사람들에게 우리가 가진 표를 보여주었더니 아니래! 말라카 가는 버스 아니래!! 버스출발시각은 2시 반인데 지금 2시 27분이야! 택아, 어서 내려! 우리는 등에 흘러내리는 한줄기 식은땀을 느끼며 빛의 속도로 버스에서 튀어나왔다. 버스회사도 똑같고 출발시각도 2시 30분이라고 적혀 있길래 당연히 말라카 가는 건 줄 알고 아무것도 묻지도, 따지지도 않고 뜬금없는 버스에 올라타서 뻔뻔하게 앉아있는 꼴이라니, 정신 차려, 이 여자야! 빛의 속도로 버스에서 내리니 바로 뒤편에 우리가 타야 할 말라카행 버스가 출발준비를 하고 있다. 29분이야! 1분 남았어! 기사 아저씨 지금 나랑 눈 마주친 거에요! 우리 놔두고 그냥 가면 안 돼요! 제발 기다려요! 택아, 서둘러, 허리 업! 어서 우리 캐리어를 버스에 실어버려! 부릉부릉!

스카이 바에서 보이는 **야경**은 너무나 아름다워서 아무 말이 안 나온다.

말라카

다들 이불 개고 밥먹어

창밖에 야자수만 보이던 고속도로를 달린 지 2시간 만에 건물이 하나씩 보이더니 창 너머 'Melaka Sentral'이라고 적힌 말라카 버스터미널에 도착을 했다. 순간의 방심으로 하마터면 못 올 뻔한 말라카! 2008년 유네스코 지정 세계문화유산에 빛나는 도시, 말라카! 왔도다, 왔도다, 말라카에 왔도다! 여기서 Rapid 17번 버스를 타면 우리 동네로 간다고 했다. 여행을 하면 숙소가 있는 곳이 곧 우리동네가 된다. 17번 버스를 찾는 도중에 터미널 안에 말레이시아 여인들이 자주 쓰고 다니는 투둥(Tudung)을 파는 간이상점이 보였다. 난 이슬람 국가인 말레이시아에 오면 저걸 꼭 사서 써보고 싶었는데, 뜻밖에 비싸서 그동안 맘속으로만 원하던 투둥을 내가 딱 원하는 가격대로 팔고 있는 것이다. 투둥 파는 아저씨한테 제일 싼 걸로 하나 달라고 해서 드디어 나도 말레이시아 여인에 빙의할 수 있게 되었다. 말레이시아 사람들과 더욱더 가까워지는 느낌이 들어서 좋았다. 내가 투둥을 딱 쓰고 너무나 감격스러워 택이에게 사진을 좀 찍어달라고 하고 있는데, 지나가던 투둥 쓴 말레이시아 여인들이 나를 보면서 웃는다. 17번 버스 기사님, 우리를 존커 가(Jonker Street)로 데려다 주세요! 갑시다, 어서 갑시다!

17번 버스는 가이드북에서 많이 봐온 낯익은 교회 앞에 우리를 내려 주었다. 여기가 말라카를 검색하면 가장 많이 보이는 네덜란드 광장 혹은 시계탑 광장이다. 우리도 어서

저 관광객들처럼 예쁜 건물 앞에서, 예쁜 분수 앞에서 V자를 그리며 사진을 찍고 싶다. 어서 숙소를 찾아가서 짐 내려놓고 놀러 나오자. 숙소가 있는 골목 초입에는 길고 커다란 용이 공중에 날고 있는 듯한 조형물이 설치되어 있었는데, 중국분위기가 물씬 나는 것이 이 동네가 차이나타운인가? 우리 숙소가 있는 이 동네는 Jonker Walk Street라고 하는데 골동품 가게, 기념품 가게, 각종 여행자 숙소와 카페, 술집, 음식점 등이 모여있는 여행자 거리다. 숙소의 위치가 환상적이라서 정말 너무나도 금방 나타나 주어서 고마울 지경이다. "Jonker Hangout Hostel at Melaka!" 드디어 내 눈앞에 존커 행아웃 호스텔이! 새벽 3시 반에 프로모션 하는 홈페이지를 클릭하여 반값에 3박을 예약하고 온 그 존커 행아웃! 거기다가 세계적인 카페 체인그룹 '하드락'이 바로 옆에 딱! 주위에 많은 카페와 음식점이 딱! 바로 앞에 말라카 강이 딱! 말라카 여행은 아직 시작하지도 않았고, 말라카의 수많은 숙소가 있음에도 나는 여기보다 더 좋은 숙소는 없다며 입에 침이 마르도록 칭찬을 하면서 호텔 로비에 들어섰다. 아담한 로비에서 환한 미소로 호텔직원들이 우리를 몹시나 반갑게 맞이해주었다. 아! 고단한 여행자는 우리를 맞아주는 호텔직원의 아름다운 미소 한방에 박카스 10병을 원샷한 것보다 더 효과 좋은 피로회복을 경험하며 건네받은 열쇠를 들고 배정받은 우리들의 방으로 올라갔다. 다행히 이곳은 엘리베이터가 있다! 막 타! 4층까지 막 올라가! 페낭부터 시작된 엘리베이터 없는 숙소의 악몽은 쿠알라룸푸르를 거쳐 세 군데 연속으로 계속되었으나, 말라카의 존커 행아웃이 그 악몽에서 우리를 깨워주었다.

우리 방은 4층이었는데 과연 기대했던 만큼 몹시 깨끗하고 널찍해서 마음에 들었다. 멋진 창문도 있고, 바깥에는 테라스가 있어서 한밤중에 이곳에서 시원한 맥주를 마시면서 바로 앞에 흐르는 말라카 강을 구경한다면 매우 멋진 밤을 보낼 수 있으리라. 하얀색과 민트블루로 채색된 깨끗한 방은 소녀의 감성을 자극하여 방 내부를 이렇게 페인트 칠해 놓으면 그 방에서 들어올 때마다 말라카를 여행하는 느낌이 들 것 같다. 말라카에 대해서 들은 것도, 아는 것도 하나 없었는데 이번 여행에서 가장 기대되고, 가장 가보고 싶고, 가장 설렌 곳이 바로 이곳 말라카이다. 무척 마음에 드는 숙소를 반값에 예약하고 온 뿌듯함도 있지만, 그것이 말라카에 빨리 가고 싶다는 생각을 만들기에는 부족하다.

무엇이 말라카를 나를 그토록 잡아당겼는지 지금부터 차근차근 알아가 봐야겠다.

말라카는 400년간 서구열강의 식민 지배 속에서도 매우 아름답게 피어난 한 송이 장미 같은 도시이다. 14세기에 수마트라 섬에서 온 파라메스바라가 이곳에 이슬람 왕국을 건설하면서 최초의 왕조가 탄생했다. 지리적 조건 때문에 동서무역의 중계지로 번창하여 수백 년간 말라카는 아시아에서 제일가는 무역항으로 번성했다고 한다. 1511년에 포르투갈이 이슬람 왕국을 멸망시키고 아시아 최초의 유럽 식민지로 만들어 향료 무역의 독점과 그리스도교의 선교 기지로 삼은 후, 1641년 네덜란드, 1824년에는 영국의 소유가 되었다. 이러한 각국의 쟁탈사는 결과적으로 말라카에 많은 역사적 유산을 남겨서 작은 마을이던 말라카는 2008년 유네스코 세계문화유산으로 지정되면서부터 세계적으로 유명해지기 시작했다. 식민지배의 영향으로 말레이, 포르투갈, 네덜란드, 영국의 흔적에 이주 중국인들이 말레이 사람들과 결혼해서 생긴 '페라나칸'의 문화까지 더해져 이색적인 문화유산의 도시, 말라카가 여행을 떠나기 전부터 우리에게 어서 오라고 손짓을 하고 있었다. 내가 말라카를 찾기 전에 이미 말라카가 우리를 부르고 있었다.

숙소 앞에는 말라카 강이 흐르고 있다. 강 가장자리에 있는 카페나 음식점, 미니숙소들이 이곳을 더욱 낭만적으로 만들어주고 있었다. 아무리 생각해도 우리의 여행을 배후에서 누가 조종하고 있는 것 같다. 어떻게 가는 곳마다 이렇게 다 로맨틱하고, 우리를 반갑게 맞이해주고, 도시들이 다 사랑스러우냔 말이다. 물론 다 로맨틱하고 다 사랑스러우면 재미없기 때문에 방콕 하나 정도는 우리를 배신해줘야 재미가 있지.

네덜란드 광장에는 화려한 꽃으로 장식한 여러 대의 트라이쇼를 볼 수가 있다. 각 트라이쇼마다 음향기기를 설치해놓아서 여기저기서 노랫소리가 흐르면서 관광객을 유혹하고 있다. 처음에는 꽃장식이 너무 촌스러웠는데 자꾸 보니까 정 들더라. 말라카는 작은 도시라서 웬만한 유적지나 박물관은 걸어서 다 갈 수 있기 때문에 우리는 트라이쇼를 타보지는 않았지만, 타는 것보다 이렇게 옆에서 바라보는 것도 꽤 즐거운 일이다.

숙소 앞에는 말라카 강이 흐르고 있다. 강 가장자리에 있는 카페나 음식점, 미니숙소들이
이곳을 더욱 낭만적으로 만들어주고 있었다.

아까 존커 행아웃에서 체크인을 할 때 호텔직원이 말라카 리버 크루즈 할인쿠폰을 4장 준 게 있어서 배를 타러 가보기로 했다. 말라카 리버 크루즈는 해양박물관 앞에서 출발하여 강을 거슬러 올라가 왕복 40분 정도가 소요되는 뱃놀이인데, 해가 뉘엿뉘엿 넘어가고 있는 초저녁인 지금 크루즈를 타면 너무 어둡지도 않아서 좋을 거 같다. 쉬엄쉬엄 강가를 걸으면서 강가에 있는 호텔도 구경하고, 사람들도 구경하고, 작은 카페와 고풍스러운 미니호텔들도 구경하면서 걷다 보니 어느새 선착장에 도착했다. 나는 들뜬 마음으로 티켓 2장을 달라고 했는데 지금 운행을 안 한대. 밤 11시 반까지 운행한다고 알고 왔는데, 직원이 뭐라고 설명은 하는데 나는 도무지 무슨 말인지 못 알아먹겠다. 어쨌든 지금은 못 탄다고 해서 다른 관광객도 아쉬움에 발길을 돌려야 했다. 아쉽긴 하지만, 지금 못 타면 내일 타러 오면 되지. 우리는 여유롭고 관용 있는 여행자이므로. 발길을 돌려 가려는데 저 높이 우주선이 발사될 거 같은 어떤 조형물이 보인다.

"저게 뭐지, 택아?"

마치 로켓이 발사될 거 같기도 하고, 우주로 날아가는 우주선 같기도 하고 신기한 모양이다. 문화유산의 도시 말라카에 우주박물관이 있나 싶어서 저 높이 우뚝 솟은 건물을 따라가 보았다. 가까이 갈수록 타워는 더 크고, 더 높아 보여서 마침내 그 타워가 다

보이기 시작할 때쯤에는 머리를 직각으로 젖혀야 전체높이가 다 보일락 말락 한 거대한 타워가 눈앞에 나타났다. 이게 뭐지? 등대인가? 저 위를 바라보니 뭔가 달려있는데 뱅글뱅글 도는 것 같기도 하고 점점 아래쪽으로 내려오고 있는 느낌이다. 느낌인 줄 알았는데 가까워질수록 아래쪽으로 내려오고 있음이 확실해졌고, 점점 내려올수록 우주비행체 같은 형체가 보이기 시작했다. 여기 우주박물관인가? 내려오고 있는 저건 대체 뭐야?

오메! 사람이 타고 있다. 저 안에 사람이 타고 있어! 우주인이여, 뭐여? 우주선같이 생긴 게 뱅글뱅글 돌면서 마침내 바닥까지 내려오니 그제서야 움직임이 멈추어졌다. 전면 유리로 되어있어 뱅글뱅글 돌면서 저 위까지 올라가면 말라카가 한눈에 다 보일 것 같이 생긴 이게 대체 뭔가요? 그러하다. 우리 눈앞에 보이는 우주선같이 생긴 이건 저 꼭대기까지 올라가서 말라카의 전망을 바라볼 수 있는 회전식 고층 전망대 메나라 타밍 사리(Menara Taming Sari) 되겠다. 막 얻어걸러! 좋아! 설마 이것도 우리가 표 사러 가면 운행 끝났다고 우리를 거부하는 건 아니겠지? 택아, 타러 가자! 이런 건 마치 입장료를 내고 들어가는 놀이동산 안에나 있음 직한 설치물인데, 길가에 이렇게 멋지고 스펙터클 한 전망대가 있다니, 우린 흥분되었다. 우리는 쉽게 후끈 달아오르는 여행자들이다. 이야! 신 난다! 역사문화의 도시에서 스펙터클을 즐길 수 있다니! 뭔가 과거와 미래가 혼재하는 듯한 환상의 하모니를 느끼며 우리는 표를 사서 안으로 들어가 보니 아까 봤던 그 우주선이 출발준비를 하고 있었다. 우리 놔두고 올라가기 전에 냉큼 우주선 안으로 들어가서 자리를 잡았다. 아! 너무 흥분돼. 신 나! 잘란잘란 잘란잘란, 으쓱 으쓱! 잘란잘란 잘란잘란, 으쓱 으쓱!

올라간다, 올라간다! 뱅글뱅글 돌면서 올라간다!! 세상에 이런 회전식 전망대가 있을 줄이야! 정말 굉장해!! 대단해!!! 약간의 고소공포증과 폐소공포증이 있는 나는 우주선이 점점 위로 올라갈수록 온몸에 힘이 팍 들어가면서 표정은 웃고 있지만, 한 손으로는 행여나 떨어질까 의자를 꽉 붙잡고 있다. 이렇게 긴장하면 몸의 근육이 수축되어서 너무 피곤해진다. 심하면 몸살까지 올 수가 있는데 극복해야 한다. 극복을 하고 이 전망대가 주는 환상적인 전망을 마음껏, 평화롭게, 웃으면서 즐길 수 있으려면 어서 이 상태를 극복해야 한다. 누가 대신해 줄 수 없고, 바로 나 자신이 이겨내야만 하는 것이다. 점점 더 위로 올라가는 우주선 안에서 나는 최대한 침착을 유지하려고 애썼다. 이 전망대는 결코 떨어질 일이 없고 우리는 무사할 거야. 여기는 절대적으로 폐쇄된 공간이 아니고 시원한 에어컨 바람이 배출되는 구멍이 어딘가는 있을 거야. 구멍이 있으니까 우리가 숨을 쉴 수 있는 거 아니겠느냐고. 여긴 절대로 폐쇄되지 않았어. 옆에서 택이가 내 손도 꼭 잡아주니까 이 우주선이 떨어질 거라는 걱정은 점점 없어지고 있다.

유리창 너머로 해상왕국의 위엄을 떨치던 말라카 해협과 갈색 지붕 집들이 보이기 시작했다. 정말 장관이다. 우주선은 점점 더 위로 올라가고 있다. 뱅글뱅글 돌기 때문에 360도로 말라카를 볼 수 있게 만든 멋진 아이디어는 과연 누가 냈을까? 도시마다 이런 게 있으면 아주 좋겠다는 생각이 들었다. 조금 전까지는 갈색 지붕집들이 시야를 가득 채웠는데, 돌고 있는 우주선은 또 다른 말라카의 모습을 우리에게 보여주고 있다. 아까 우리가 말라카 리버 크루즈를 타러 갔던 그 해양박물관도 보이고, 말라카 시내로 굽어 들어가는 말라카 강도 보인다. 어머, 세상에! 우리 숙소가 보이지는 않지만, 위치를 짐작할 수 있을 만큼 말라카가 선명하게 보이고 있다.

고소공포증과 폐소공포증이 있는 여성은 어딜 가고, 아주 그냥 신이 난 서른여섯 먹은 소녀가 택이를 부르면서 저것 좀 보라며 즐거워하고 있다. 인간 이최주연은 해내고 말았다. 영원은 아닐지라도 지금 이 순간, 소녀를 조여오던 공포증은 온데간데없이 사라지고 우주선이 떨어지면 혼자 살겠다고 의자를 꼭 잡고 있던 손은 자유를 만끽하며 훨훨 날고 있다. 인간 이최주연이 극복해낸 것인지, 아름다운 말라카의 전망이 물리쳐준 것인지는 알 수 없지만, 소녀를 괴롭히던 두 가지의 공포증은 현재 이 우주선 안에 없다. 소녀는 즐거워하고 있다. 만끽하고 있다. 세상에 이렇게 멋진 전망대를 난 본적이 없다. 전면이 투명하게 되어 있으니 내 눈앞에 모든 것을 볼 수 있고, 360도로 회전하고 있으니 내 뒤에 있는 말라카의 모습도 모두 볼 수 있고, 높이 올라가니 더 넓게 볼 수 있는 이 우주선 전망대가 문화유산의 도시 말라카에 있다니! 우주선 전망대, 메나라 타밍사리(Menara Taming Sari)는 정말 너무 멋진 곳이다. 말라카 와서 이거 안타면 춘천 가서 닭갈비 안 먹은 거랑 똑같고, 대구 가서 막창, 똥집 안 먹는 거랑 똑같고, 전주 가서 비빔밥 안 먹는 거랑 똑같고, 베트남 가서 쌀국수 안 먹는 거랑 똑같고, 면세점에서 안 나수이 안 사는 거랑 똑같다. 메나라 타밍사리에 심한 감동을 하고 나온 우리는 숙소로 간다. 첫날인데 무리하면 안 된다. 해도 뉘엿뉘엿 넘어가고 있고 지나친 탐구정신으로 멀리 갔다가 택시 안 오면 숙소에 우째 가노? 발 동동 구르면서 똥줄 타는 일이 발생할 수 있으므로 과욕을 부리지 말아야 한다. 걷고 있는데 저기 빨간 부스안에 있는 공중전화에서 뗄렐렐레~ 뗄렐렐레~! 전화가 왔다. 나는 냉큼 달려가서 전화를 받았다.

"여보세요? 네. 네, 저 주연이에요. 아, 예. 저희는 여행 잘 다니고 있습니다. 아까 터미널에 내려서 버스 타고 숙소까지 잘 왔어요. 방금 메나라 타밍사리 타고 왔는데 너무너무 재미있더라고요. 그리고 아까 리버 크루즈 타러 갔는데 운행 안 한다고 해서 배 못 탔어요. 밤에 타면 야경이 되게 멋있다니까 내일 타러 가려고요.

말라카 어떠냐고요? 몰라요, 아직. 그런데 우리 동네 되게 아기자기하고, 시계탑 광장 거기 되게 분위기랑 운치 있어요. 박물관도 가보고 싶고, 리버 크루즈도 해보고 싶고, 동네 여기저기 막 돌아다니고 싶어요. 택이는 아픈 데 없이 잘 있어요. 좀 있다가 우리 동네 구경 좀 하다가 저녁 먹고요, 밤에 보는 말라카 강이 예쁘다 그래서 강변 산책 좀 하려고요.

박물관은 내일 가게요. 내일 박물관도 가고, 세인트폴 교회도 가고, 술탄 궁전도 갔다가, 산티아고 요새도 갈 거에요. 내일 날씨가 안 더워야 안 힘들 텐데 걱정이에요.

돈은 아직 있어요. 아마 싱가포르 가기 전까지 돈은 충분할 거 같아요. 네, 네. 걱정하지 마시고요, 좋은 소식 있으면 또 전화 주세요, 네, 네. 들어가세요."

상황극이 끝났다. 연말에 연기대상 줄 사람 없으면 이 약사한테 전화 주세요. 만족스러운 1인 상황극을 마친 주연이에게 택이가 감탄하며 박수를 보낸다. 그동안 봐왔던 그 어떤 상황극보다 하이퀄리티인 오늘의 작품에 사뭇 놀란 눈치다. 자연스럽게 걸으면 시계탑과 멜라카 그리스도 교회(Christ Church Melaka)와 스타디어스(Stadthyus)와 박물관이 있는 네덜란드 광장이 나온다.

말라카 관광의 중심이자 상징물인 이곳은 네덜란드 광장(Dutch Square)이라고 불리는데, 사진의 왼쪽에는 영국 빅토리아 여왕에게 헌납하기 위해 건설된 빅토리아 분수와 시계탑이 있고, 중앙에는 1753년 네덜란드 양식으로 지어진 말라카에서 가장 오래된 멜라카 그리스도 교회가 자리 잡고 있는데 현재도 예배가 이뤄지는 교회라고 한다. 오른쪽의 붉은 건물은 동양에서 가장 오래된 네덜란드 건물인 스타디어스가 있는데, 이곳은 1641년에 건설된 네덜란드 주지사의 저택으로 현재는 말라카 왕국 시절부터 식민시절까지의 역사적 자료를 전시한 역사박물관으로 사용되고 있다. 저녁이 되어 네덜란드 광장 주변으로는 조명이 하나둘씩 켜져 낮과는 또 다른 광장의 모습이 나타나는데, 여전히 꽃장식을 한 트라이쇼들에서 흘러나오는 음악이 광장을 활기차게 채워주고 있다. 이곳 네덜란드 광장의 모습은 꽤 오랫동안 이 모습 그대로였는데, 말라카의 역사박물관

가보면 오래전부터 분수대와 시계탑, 교회, 스타디어스가 함께 있는 이곳 광장을 연대별로 찍어놓은 사진이 있는데, 정말 하나도 안 변하고 똑같이 이 자리에 오랫동안 계속 있었다는 것을 알 수 있다. 그 사진을 보고 난 후에 다시 이 광장에 와보면 내가 지금 과거에 있는지, 현재에 있는지, 미래에 있는지 순간 혼란스럽다. 200년 전에도, 300년 전에도 이 건축물들은 지금 이 자리에 똑같이 있었겠지만, 여기를 오가던 사람들은 수없이 바뀌어서 지금은 한국에서 온 한 소녀와 택이가 앉아있다. 여기에 오래 앉아 있다 보면 그 옛날 사람들의 숨소리가 들리지는 않을까? 택이와 나는 한참을 빅토리아 분수 앞에 앉아있다. 말라카의 첫날은 호텔방이 아닌 곳에서 말라카의 향기와 말라카의 분위기와 말라카의 색깔을 느끼고 싶다. 방보다 네덜란드 광장 한가운데 이렇게 앉아있는 것이 더 아늑하고 포근한 느낌이 든다.

이제 사람들은 거의 다 돌아갔고, 광장은 쓸쓸해졌고, 화려한 조명이 반작이는 트라이쇼들 만이 광장을 지키고 있다. 택이랑 광장에 앉아 여행 준비이야기도 하고, 무릎베개해서 잠도 자고, 다가오는 서른일곱은 어떻게 대처해야 할지, 다음 장기여행은 6개월쯤이 어떨지, 6개월이면 유럽이나 북아프리카 쪽이 좋을 것 같은데 살림이 거덜 나지는

않겠는지, 그렇다면 3개월 정도로 다녀오면 덜 거덜 나겠는가? 내일은 뭐할까, 어딜 갈까, 돈은 얼마 남았나, 마흔이 되면 마흔 기념여행을 떠나는 것이 어떻겠는가, 50살이 돼서 푸껫 빠통 거리에 가서 봉 잡고 춤추는 언니들과 놀면 다시 회춘할 수 있겠는가? 우리 오늘 점심은 언제 먹었나, 먹긴 먹었나, 지금 배가 고픈데 현재 시각은 몇 시인가, 저녁을 먹어야 할 때가 지나지 않았는가에 관해 얘기를 하다 보니 정말 금방 깜깜한 밤이 되어버렸다. 그렇다! 저녁을 먹어야 한다. 말라카는 마약인가요? 왜 사람 혼을 쏙 빼놓는지 저녁 먹는 것도 깜빡 잊게 하면서 말라카에 흠뻑 취하게 하나요? 윤후보다 맛있는 먹방을 자랑하는 김용택 님이 있는데 왜 말라카는 우리를 놓아주지 않나요? 이래가지고 될 일이 아니다 싶어서 얼른 자리에서 뭐라도 좀 먹어야겠다며 식당을 찾아다녔다. 밤 10시가 넘은 시각이라서 문 닫은 가게가 많았지만 그래도 몇 군데 식당은 문을 열고 있어서 다행히 밥은 먹을 수 있었다. 밥을 먹고 나와도 이대로 숙소로 돌아가기가 너무 아쉬운 느낌이 들었다. 아까 못 탔던 리버 크루즈가 생각이 나서 배는 못 타도 말라카 강변을 걸으면서 택이랑 두 손 잡고 오붓하게 데이트나 해볼까 싶어서 우리는 말라카 강변 쪽으로 걸어가 보았다. 강변은 작은 카페와 바, 미니숙소들과 2층의 낮은 건물들이 즐비했는데, 그곳에서 새어나오는 빛들과 말라카 강을 비추어주고 있는 가로등이 합해져 낭만적인 분위기를 연출해주었다. 이따금씩 카페에서 새어나오는 행복한 웃음소리는 이곳 말라카가 평화로움과 아늑함을 품고 있는 도시임을 알려주는 것 같다. 우리는 밤이지만 너무나 눈부시고 아름다운 말라카 강변을 그렇게 걷고 걷는다. 다리가 아픈 줄도 모르겠다. 저쪽에서 배가 하나 보이는데 배에서 무슨 소리가 들리는데 가만히 듣고 보니 우리한테 무슨 말을 하는 것 같다. 깜짝 놀라서 가까이 가보니 이미 배 안은 많은 관광객들로 가득 차 있었는데, 뱃머리에서 여자직원이 우리에게 "Last cruise! Last cruise!"라며 어서 오라고 손짓을 하는 것이 아닌가! 택이랑 나는 빛의 속도로 배에 올라탔다. 마침 배 제일 앞쪽에 우리 둘이 앉을만한 자리가 딱 비어있다. 정말 이런 행운이 다 있나 싶다. 이렇게 우연하고도 기쁘게 한밤중의 리버 크루즈를 타게 되다니 역시 밥 먹고 나서 강변을 산책하기를 잘했다면서 택이와 나는 손뼉을 치며 기뻐했다. 페낭으로 시작해 쿠알라룸푸르를 거쳐 말라카로 이어지는 말레이시아 여행은 우리에게 과분한 사랑을 주는 거 같다.

배가 출발하면서 '다들 이불 개고 밥 먹어'로 유명한 보니 엠의 'Rivers of Babylon'이 울려 퍼진다. 이 노래는 독일 혼성 4인조 그룹인 보니 엠이 1978년에 히트 친 노래인데, 그 가사는 우리가 흥겹고 신 나게 어깨를 들썩이는 멜로디와 분위기와는 사뭇 달라서 구약성서에 나오는 매우 슬픈 137절을 인용한 내용이다. 가사를 모르고 이 노래를 들으면 너무 흥겹고 신 나는 멜로디와 분위기에 잘란잘란 잘란잘란 으쓱 으쓱 하기 쉽다.

By the rivers of Babylon, there we sat down. Yeah we wept, when we remember Zion.
바빌론 강가에서 우리는 앉아 있었죠. 그래요, 우리는 자이온을 생각하면서 울었어요.

When the wicked carried us away in captivity Required from us a song
Now how shall we sing the lord's song in a strange land
악한 사람들이 우리를 붙잡아놓고 우리에게 노래를 하래요.
지금 우리가 낯선 이곳에서 어찌 노래를 부를 수 있나요

Let the words of our mouth and the meditation of our heart
Be acceptable in thy sight here tonight
그냥 입에서 흘러나오는 말과 우리들의 마음만을 오늘 밤 여기 당신 앞에 바칩니다

By the rivers of Babylon (dark tears of Babylon)
바빌론 강가에서 (바빌론의 어두운 눈물이여)
there we sat down (you got to the sing a song) 우리는 앉아 있었어요 (노래를 불렀어요)
Yeah we wept (sing a song of love) 그래요 우린 울었어요 (사랑의 노래를 불렀죠)
when we remember Zion. (yeah yeah yeah yeah yeah) 자이온을 생각하면서요

By the rivers of babylon (rough bits of Babylon) 바빌론 강가에서
there we sat down (you hear the people cry) 거기에 앉아 있었어요(사람들의 통곡이 들려요)
Yeah we wept,(they need their God) 그래요 우리는 울었어요(그들은 그들의 신이 필요해요)
when we remember Zion. (ooh, have the power) 자이온을 기억하며 (오~ 힘이 필요해요)

구약성서에 나오는 이 구절의 작자는 성가대였는데 포로로 끌려가게 되었다. 바빌론 병사들이 성가대였던 작자에게 신 나는 찬송가 하나 불러보라고 하니, 지금 하프를 잡은 손이 병신이 되더라도 너희 앞에서 노래를 부르지 않겠다는 매우 비장한 내용이다. 이 슬프면서 비극적인 구약성서 137절의 내용을 따서 만든 노래가 바로 Rivers of Babylon이다. 보헤미안 랩소디(Bohemian Rapsody)처럼 노래 분위기랑 가사랑 완전 딴판인 곡인데, 지금만큼은 가사를 생각하지 않고 흥겨운 분위기와 멜로디만 즐기면서 이 아름다운 말라카 강에서의 리버 크루저를 좀 만끽해보려고 한다.

까만 밤, 은은한 조명과 불빛으로 가득 찬 말라카 강은 그렇게나 아름답고 조용했다. 배에는 많은 관광객으로 꽉 차 있었지만, 우리는 모두 말라카의 강과 아름다운 조명에 넋을 잃었고, 이 고즈넉하면서도 낭만적인 분위기에 취해 그 누구도 시끄럽지 않고 조용히 이 순간을 만끽하며 감상하고 있다. 배 안에는 흥겨운 노래가 흐르고 있고, 우리는 모두 행복하고, 말라카의 밤은 너무 아름답다. 밤의 말라카 강을 아름답게 해주는 것은 강 양쪽에 늘어서 있는 건물들과 강 군데군데 걸쳐져 있는 예쁜 다리들, 누가 그려놓은 지 알 수 없는 그림들, 그리고 아름다운 사람들. 배는 바다와 강이 만나는 초입 부분에서 시작되어 말라카 시내를 관통하면서 올라갔다가 다시 원래 왔던 곳으로 되돌아간다. 그리고 중간마다 사람들이 타고 내릴 수 있도록 정박을 해주는데, 우리는 돌아오는

길은 걸어서 아름다운 말라카의 밤을 즐겨보고 싶어서 배가 유턴해서 정박하는 곳에서 내렸다. 말라카의 밤은 매우 아름다워서 이곳에서 시간이 멈추어 버렸으면 좋겠다. 식민지배의 아픔 따위는 없어 보인다. 전통과 역사와 평화와 사랑이 속삭이는 말라카만 있을 뿐이다. 뭐랄까? 말라카는 순백의 도화지같이 청순하고 깨끗한 아이 같다. 속세에 찌들어 때 묻은 나도 말라카에 있으면 순수했던 16살로 돌아갈 수 있을 것만 같다. 그러나 과연 내 16살은 순수했는가에 대한 대답은 노코멘트 하는 걸로.

존커 스트리트, 그리고 리버 크루즈

¶ 숙소 로비에는 그 유명한 카야잼이 있었다. 싱가포르에 가면 꼭 먹어보라던 카야토스트를 존커 행아웃 호스텔에서는 마음껏 먹을 수가 있으니, 구운 식빵에 카야잼을 듬뿍듬뿍 발라서 6장을 먹으면 배가 부르다. 3일을 머무르는 동안 매일매일 카야토스트를 미친 듯이 먹어서 싱가포르에서 쓸 돈이 심하게 굳어지는 현장이다. 페낭에서는 카야가 들어있는 호빵을 많이 사 먹었고, 오늘 이곳 말라카에서는 카야토스트를 블랙커피와 함께 마시니 그 달콤한 맛이 참 감미롭다. 싱크대에서 우리가 사용한 그릇을 깨끗하게 씻어두고 출동해보자! 오늘은 우리 동네를 탐방해보려고 한다. 우리가 모르는 보석들이 군데군데 박혀있을 것 같다.

이 거리에는 모두 2층으로 된 낮은 건물들이 일렬로 늘어서 있는데 푸껫의 올드타운, 페낭의 츌리아 거리에서 보았던 것과 비슷한 모양이다. 아침이지만 벌써 태양이 우리를 잡아먹을 듯이 이글거리고 있다. 신발이 녹지는 않을까 싶을 정도의 열기다. 강인한 대구분지의 아들딸들아! 울지 말고 강해져라. 숙소에서 먹고 나온 빵조각은 결코 우리의 위장을 만족시켜주지 못했는데, 약간 고풍스러우면서도 전통과 역사가 한눈에 느껴지는 빨간색 건물이 눈에 들어왔다. 간판에 'Famosa Chicken Rice ball'이라고 적힌 것을 보니 대표 메뉴가 파모사인가 보다. 식당 입구에는 닭과 오리가 대롱대롱 걸려있었는데 우리는 자리를 잡고 파모사를 주문해놓고 식당 내부를 둘러보았다. 바깥에서 보는 것과는 달리 안쪽이 매우 넓었는데 잠깐 둘러보니 가게 안의 인테리어나 분위기가 심상치 않다. 계단을 통해 2층으로 올라갈 수도 있었다. 너무 넓었다. 음식점이라고 해서 들어오긴 했는데 무슨 고택에 들어온 느낌이고, 영화세트장에 들어온 느낌이다. 택이와 나는 주문한 음식을 얼른 먹고 이 식당을 차근차근 좀 둘러보기로 했다. 음식 맛도 맛이지만, 보는 재미가 아주 쏠쏠하다. 역시 유네스코가 지정한 역사 문화유산의 도시는 음식점 하나도 남달라서 음식점인데 영화세트장 같기도 하고, 옛날 중국의 어느 한 저택에 들어와 있는 느낌도 든다. 여기 어디에 저 마차를 끌어주는 마부가 있을 거 같다.

조금 더 안쪽으로 들어가 보니 전통복장을 입고 사진을 찍을 수 있게 해 놓은 곳이 있다. 가격도 1인당 5링깃으로 매우 저렴한 편이다. 그런데 아무도 없다. 옷도 입혀주고 머리장식도 해주고 분장도 해줘야 하는데 아무도 없으니까 우리 둘이 알아서 옷 입고, 알아서 장식 달고, 알아서 사진찍기에는 너무 불편하고 어려운 일이기 때문에 포기했다. 직원을 부를 수도 있었지만, 완전 바빠 보여서 여기 사진 찍게 옷 좀 입혀달라고 말을 건네기가 무서웠다. 거기다가 안 그래도 더운데 옷 입었다가 벗었다가 하면 온몸에 육수가 뚝뚝 흘러내릴 거 같은 두려움도 조금 있었다. 계단을 걸어가서 2층으로 가보았다.

2층은 식당으로 이용하지 않고 옛날 모습을 그대로 보존하고 있는 것 같았다. 군데군데 옛날 사진도 걸려있는 것을 보니 이 건물은 식당을 하기 위해 만든 건물이 아니라 예전에는 사람이 살던 집을 이제는 역사의 흐름과 변화에 발맞추어 식당으로 개조해서 사용하고 있는 건물로 보인다. 이 고택은 꽤 잘 보존되어 있어서 살아있는 박물관 같다. 이런 식당은 밥값 말고도 입장료를 받아도 되겠다는 생각이 들 지경이다. 우연히 들어온 식당에서 박물관보다 더한 고택의 생생함을 체험할 수 있어서 뜻밖의 선물을 받은 느낌이 들었다.

음식점을 나와 최대한 태양과의 마찰을 줄이기 위해 건물에 바짝 붙어서 걷기 시작했다. 걷다 보니 저 마당 안쪽에 삼두박근을 자랑하는 천진난만한 어린이의 동상이 우리의 시선을 사로잡길래 한번 들어가 보았다. 간판에는 'Taman warisan dunia'이라고 적혀 있었는데, 말레이시아 말을 알 리가 없는 우리는 문명의 이기를 이용하여 번역기를 돌려보니 세계문화유산공원이라는 뜻이다. 스마트폰과 아이패드가 있으니 우리는 그 무엇도 두렵지 않아! 어디든 갈 수 있고, 어떤 말이라도 번역할 수 있지.

우리들의 시선을 끌었던 그 동상 앞에 바짝 다가와 보았다. 동상 주인공의 이름은 Datuk Wira Dr. Gan Boon Leong이고, 미스터 유니버스(Mr. Universe), 미스터 아시아, 미스터 말레이시아, 미스터 말라카, 4개 부분을 섭렵한 말레이시아 보디빌더의 아버지라고 적혀 있다. 아버지라고 적혀 있는데 얼굴은 완전 동안이다. 보디빌더의 아버지에게 죄송한 말이지만 나는 자연스러운 근육이 좋지, 저렇게 근육이 튀어나올 거 같이 과장되고 울퉁불퉁한 몸이 싫다. 일해서 생긴 옴팡진 근육이 아니라 단백질 먹고, 닭가슴살 먹고 인위적으로 키운 근육은 난 싫어용! 몸은 올챙이배처럼 톡 튀어나온 앙증맞은 바디라인을 가진 택이가 딱 적당하고 좋은 것 같다. 우리 사랑 푸르게, 푸르게!

말라카의 거리는 참 정답고 예스럽다. 유적지만 예스러운 것이 아니고 가게 하나하나도 예스럽고 정감이 간다. 빈티지하다. 무겁고 시커먼 카메라를 가진 사진작가들이 이곳에 오면 정말 훌륭한 작품들이 많이 나올 것 같다. 나는 수심 5미터까지 방수되고 16:9의 대화면을 자랑하며, 컴팩트한 크기를 자랑해서 호주머니 속에도 쏙 들어가며, 다섯 가지 색상 중 가장 구하기 힘들다는 핑크색 디카가 충분하지만, 이렇게 아름다운 도시라면 훌륭한 장비와 훌륭한 기술을 가진 사진작가의 손에서는 내가 찍은 사진과는 완전히 다른 하나의 작품이 나올 것 같아서 이 정도밖에 못 찍어주는 내가 좀 아쉬워지는 면이 있다.

하마터면 이곳을 지나칠 뻔했다. 가게 전면이 화려하지도 않고, 무엇을 파는 곳인지 물건도 잘 안 보였지만 평소 슈즈를 지대하게 사랑하는 슈어홀릭(shoeholic) 이 약사의 눈에 'shoemaker'라는 글자가 보이는 순간, 본능적으로 상점 안으로 들어가게 되었다. 수제화를 만드나 본데? 조심스레 들어가 보니 가게 안쪽에서 구두를 만들고 있는 두 분이 계셨다. 잠시 구경을 좀 해봐도 되겠느냐고 양해를 구했더니, 구경은 얼마든지 해도 좋다며 친절하게 맞이해주셨다. 진열대를 보는 순간, 아! 감탄사가 저절로 나왔다. 이곳은 보통 수제화를 만드는 곳이 아니라 전족에 씌우는 신발을 만드는 곳이었다.

중국에는 여성 학대의 상징인 전족의 풍습이 있었다. 발이 작은 여성이 아름답다는 근거 없는 미의 기준은 변태적 성적 욕구를 가진 남성들이 만들어낸바, 악습도 전통이라며 그 비참한 제도에 본인의 발을 구겨 넣어서 나중에는 차마 사람의 발이라고 할 수 없는 형상을 갖게 되는 전족. 제대로 걸을 수도 없는 발을 만들어서 여인이 남성으로부터 도망가지 못하게 만들겠다는 취지에서 비롯된 전족은 여인을 남성의 소유물로 만들고자 하는, 극도의 남성우월주의 표현이다. 이런 변태적 우월주의는 전족을 한 여성들에게 금련, 향련이라는 말로 온갖 찬사를 보내며 남성 본인들의 변태적 남성우월주의는 감추고 여성들의 고통을 미화하기에 이르렀으니, 여성들은 더욱더 자신의 발을 구겨 넣게 된다. 송나라 유학자 주희는 전족예찬론자로 전족이 천하를 다스리는 기초라고 주장했고, 명나라 때 오승원의 판타지 소설『서유기』를 보면 전족을 한 관음보살이 등장하고, 청나라 사람 방현은『품조』라는 책에서 전족을 감상하는 요령은 물론, 여성의 발을 18급으로 분류하고 전족을 한 여인이 사다리, 계단, 다리, 가마를 오르내리는 여성의 자태를 감상하는 방법과 그에 대한 품평까지 남길 정도였다. 당시의 전족은 높은 지위의 상징이고 여성이 부잣집 사람과 결혼할 수 있는 방법이 되어서, 여성들은 남성들이 만든 이 역겹고 놀라운 제도에 묶여 자신의 발도 묶고, 자신의 딸의 발까지 손수 묶어주게 된다. 그 경악스럽고 비참한 전족을 위한 신발을 만드는 가게라니! 여러 생각이 오고 가지만, 이 신발을 만드는 사람들을 결코 비난할 생각은 없다. 이 사람들은 지금은 없어진 전족을 하는 여인들을 위한 신발을 만드는 것이 아니며, 이 신발을 만듦으로 인해서 전족을 계승 혹은 전파시킬 의도는 더더욱 없어 보인다. 이제는 전족을 하고 다니는 여인은

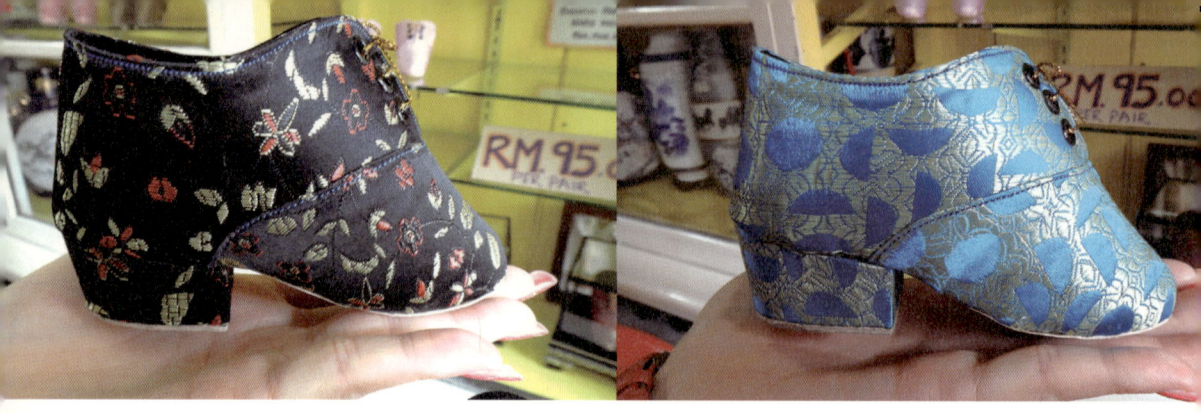

없을 테니 말이다. 다만 그 옛날의 악습이 만들었던 창조물이기는 하지만, 하나의 예술 작품으로써 이 신발들을 정성스럽게 고운 재료로 과거를 현재에 다시 되살리고 있는 장인들의 모습을 볼 수 있었다. 난 그렇게 이해하고 싶었다.

그 옛날 여인들의 발이 얼마나 작았는지 내 손바닥 위에 올라와도 손바닥을 다 덮지 못하는 정도로 신발은 작다. 가죽으로 된 구두 바닥을 보면 이 구두를 만든 사람의 이름과 상호, 주소, 모델명이 낙인되어 있다. 구두에 사용되는 재료의 소재와 가죽의 질, 그리고 작품의 난이도나 작업시간에 따라서 가격이 책정되는데, 저렴한 것은 우리 돈 3만 원대부터 비싼 건 수백만 원까지 다양하게 있었다. 구두 자체는 너무나 아름답고 여러 가지 색상의 실크로 만들어진 구두들이 진열대에 올라와 있는 모습을 보니 한 켤레쯤은 기념으로 사고 싶기도 했지만, 이걸 사게 되면 구두의 아름다움보다 구두에 들어갈 전족의 모습이 자꾸 나를 괴롭힐 거 같아서 무거운 마음으로 구두를 내려놓았다.

　마을을 걷다가 매우 아기자기한 집들이 옹기종기 모여있는 곳이 있었는데 이 가옥들은 나무로 지은 붉은 지붕의 전통가옥촌 '깜퐁모텐(Kampung Morten)'이다. 우리나라 한옥처럼 깜퐁은 말레이시아의 전통가옥인데 바닥이 지상에서 1~2m 높이에 있고 천장이 높다. 이렇게 하면 비가 많이 와도 물에 잠기지 않고 통풍이 잘돼 위생적이라고 한다. 실제로 사람이 사는 곳이었는데, 몇 군데는 관광객도 이런 말레이시아 전통가옥을 이용할 수 있도록 게스트하우스로 운영하는 곳도 있었다. 조식도 제공한다고 적혀있었는데 말라카 여행을 준비하면서 이런 곳이 있는 줄 알았다면 좋았을 텐데.

　걷다 보니 또 사원이 나왔다. 사원만 벌써 3번째다. 안에는 누구나 들어갈 수 있게 되어있는데 몇몇 말레이시아 사람들이 기도를 하고 있었다. 사실 말레이시아를 여행하면서 내가 가장 혼란스러웠던 것은 도대체 말레이시아 사람들은 어디 있느냐는 것이었다. 중국 사람은 중국 사람이고, 인도 사람은 인도 사람이고, 영국 사람은 영국 사람인데 중국 사람처럼 생겼는데 말레이시아 사람이고, 인도 사람처럼 생겼는데 말레이시아 사람이고, 영국 사람같이 생겼는데 말레이시아 사람인 것이다. 나는 페낭부터 시작된 말레이시아 여행을 하면서 수없이 만난 말레이시아 사람들에 대한 정체성을 이해 못 하고 있었던 것이다. 하지만 말레이시아 여행이 끝나가고 있는 이 시점에 나는 조금씩 이해를 하기 시작하고 있는 것 같다. 숙소로비에서 우리를 반갑게 맞이해주던 그분은 중국 사람이 아니라 말레이시아 사람이다. 카레 집에서 버터난만 주문한 우리에게 맛보라며 무료로 카레를 담아주던 그분은 인도 사람이 아니라 말레이시아 사람이다. 편협했던 나의 세계관을 말레이시아가 조금씩 넓혀주면서 나에게 가르침을 주고 있다. 난 그저 춤추고, 놀고, 먹고, 쉬고, 수영하고, 자고, 마시다 돌아오는 여행을 기대했는데, 말레이시아는 그것들에 더해서 내 생각의 웅덩이를 더 크고 더 깊게 만들어주고 있다.

작열하는 태양을 피해 가며 다닌다고 다녀도 너무 뜨거운 열기는 사람을 지치게 하였다. 아무리 대구분지의 아들딸이라고 하여도 견디기 힘든 더위에는 어디 들어가 좀 쉬는 게 상책이다. 3/15의 성공률을 자랑하던 맛집 리스트는 갈기갈기 찢어서 버린 지 오래다. 그 이름도 시원한 오션 카페(Ocean cafe)가 나타났기 때문에 냉큼 들어가서 후끈 달구어진 몸을 좀 식혀야겠다. 벽에는 각국 사람들이 이곳 음식 맛있다는 칭찬을 적은 쪽지로 도배가 되어 있었다. 나시레막도 맛있고 만두도 맛있는데, 양도 많이 주고 간도 딱 맞는 게 우리 입맛에 그만이라며 중계동에서 온 김창식 씨가 적어놓은 한글도 있다. 나시레막도 좋아하고 만두도 좋아하는데, 지금 우리에게 필요한 건 내장까지 얼려버릴 정도로 차가운 음식이다.

"아저씨, 세상에서 제일 차가운 빙수 두 그릇 만들어주세요!"

요즘 빙수값이 만원이 넘는다는데 단돈 3천 원으로 이렇게 맛있는 빙수를 먹을 수 있는 행복을 선사해주는 말라카, 널 사랑해. 오션 카페. 이름 기억해놓고 내일 여길 다시 꼭 찾아오겠다는 다짐을 100번 정도 하고, 오장육부와 대뇌 전두엽까지 시원해진 이 냉기를 온몸에 담아서 우리는 다시 길을 걷는다.

걷다 보니 다시 네덜란드 광장이다. 스타디우스(Stadthyus) 역사박물관에서 티켓을 구입하면 여러 박물관을 한꺼번에 관람할 수 있는데 지금 시각을 보니 왠지 시간 안에 박물관을 다 관람 못할 것 같다. 대부분의 도시에서도 마찬가지지만, 박물관은 오후 5시경이 되면 폐관하기 때문에 박물관 투어는 내일 하고 대신 여기까지 왔는데, 아트갤러리 들렀다가 폐관시간이 따로 없는 유적지인 폴 교회와 산티아고 요새를 둘러보기로 했다.

여러 개의 박물관은 건너뛰고 저 언덕 위에 있는 세인트 폴 교회를 보기 위해서 올라가는데 아주 그냥 죽을 지경이다. 언덕 때문에 숨넘어가겠는데 태양과 나 사이에는 아무것도 없어! 이 길 끝에서 세인트 폴 교회가 '서프라이즈!' 하고 안 나타나기만 해봐라. 아 제발 이 언덕이 없어져 버렸으면 좋겠다. 언덕도 없어지고, 이글거리는 태양도 없어졌으면 좋겠다. 얼음 비나 내려버려라! 아주 그냥 먹구름에 온 동네가 어두컴컴해지도록 장대비가 쏟아져버렸으면 좋겠다. 전통가옥 캄풍은 땅 위로 올라가 있으니 집이 잠길 염려도 없으니 아주 그냥 집중호우가 쏟아져버려라! 나의 간절한 기원에도 불구하고, 비는커녕 태양은 더욱더 나를 잡아먹을 듯 이글거린다. 언덕은 땅이기 때문에 안 움직여야 하는데 이상하게 조금씩 경사도를 높이면서 움직이고 있는 것 같다. 언덕이 지금 나에게 도전을 하고 있어! 사람이 지금 죽을 판인데 이것들이 움직여서 경사 높이는 거 좀 보게! 과도한 땡볕은 사람의 이성을 마비시켜 언덕이 움직이고 있다는 망상을 내게 심어주기에 이르렀다. 어서 나타나거라, 교회야. 내가 기독교 신자도 아닌데 이렇게 힘들게 올라가는 의미가 있나? 다시 내려갈까 싶었지만, 어차피 요새도 가야 하고 술탄궁전도 가야 하는데 피할 수 없다면 올라가라. 힘차게 올라가라! 무쇠 팔, 무쇠 다리, 무쇠로 만든 여행자가 되어 어서 올라가라!

아이고, 나 죽겠네. 눈앞에 교회가 나타나자 나는 재빨리 그늘을 찾아 심신의 안정을 찾아야만 했다. 오메! 진짜 숨넘어가겠다. 아니 그런데 왜 이렇게 교회를 힘든 곳에 만들어놔서 사람을 이렇게 못살게 구는 건지 알 수가 없다. 터키 카파도키아에 가니까 완전 무슨 돌로 만들어진 절벽을 뚫어서 교회를 만들어놓지를 않나, 지하를 파서 들어가기도

힘든 곳에 만들어놓지를 않나. 앞으로는 좀 쉬운데 교회를 만들어놓지 말입니다. 세인트 폴 교회(St. Paul's Church)는 1521년 가톨릭이 국교인 포르투갈 사람들이 세인트 폴 언덕 위에 예배당으로 만들어놓은 곳인데, 말라카가 네덜란드인의 지배를 받게 되면서 부터는 귀족들의 묘소로 사용되었고, '세인트폴 교회'란 이름도 이때부터 불렀다고 한다. 교회 앞에 서 있는 하얀 동상은 프란시스 사비에르(Francis Xavier)라는 사람인데, 인도를 거쳐 일본에 도착하여 최초로 가톨릭을 전파한 사람이라고 한다. 중국에 가톨릭 전파를 위해 들어가려 시도하였으나 뜻을 이루지 못했고, 그를 계승한 사람이 바로 그 유명한 마테오 리치다. 이 언덕에서 다시 아래로 내려가면 말라카 산티아고 요새가 자리 잡고 있다.

멜라카 산티아고요새(Porta de Santiago)는 말라카 해협이 한눈에 내려다보이는 세인트 폴 언덕(St. Paul's Hill) 아래쪽에 남아 있는 성벽이다. 포르투갈 군대가 쌓은 성채로 1511년에 말라카를 점령한 포르투갈군이 네덜란드군과의 전투에 대비하여 만들었는데 네덜란드가 이겨서 말라카를 차지하고, 이 요새는 허물어져 지금은 성채의 문과 대포만이 남아 있다. 문 위쪽에는 네덜란드 동인도회사의 문장을 새겨 넣음으로써 '내가 이겼소'라는 걸 알려주고 있다. 산티아고 요새 주위에는 대포가 여러 개 있었다. 페낭의 콘웰리스 요새에도 대포가 많더니 여기도 대포가 많네. 세상에 대한 불신으로 가득 찬 나는 이 대포가 진짜 대포인지, 가짜로 만든 플라스틱 대포인지가 궁금해서 살짝 만져보았다.

오메! 내 손!! 마이 핸즈!!! put your hands up!!!!

말라카의 작열하는 태양이 후끈 달궈놓은 대포는 지금 당장 이 위에 쥐포를 올려놓으면 아주 잘 구워지면서 불이 붙을 것 같은 따뜻한 온도를 유지하고 있었다. 대포는 주연이가 가진 세상에 대한 지나친 불신에 대한 경종을 울리고 있다. 대포는 진짜 대포였다.

산티아고 요새를 나와서 왼쪽으로 고개를 돌리면 과거 술탄이 살던 궁전을 복원한 말라카 문화 박물관이 있다. 일렬로 쭉 늘어선 갈색 목조건물로 되어있는 문화 박물관에 들어가면 술탄 왕조의 역사, 문화 자료가 전시되어 있다. 2층의 목조 건물이라서 박물관 안은 신발을 벗고 들어가야 한다. 1층에는 인형들로 어떤 상황을 재현해놓은 곳이 많았는데, 마네킹마다 번호가 앞에 표지되어 있고 번호마다 어떤 사람들인지 설명이 나와 있어서 하나하나 읽으면서 보면 무척 재미있다. 1층에는 마네킹 재현상황이 많이 있었고, 2층에는 계급이나 성별, 상황에 따른 다양한 의복이 전시되어 있었다. 그런데 또 여기도 나의 시선을 잡아끄는 전시물이 있었다. 무슨 상황에서 이 사람들이 이렇게 칼을 들고 날아오르고 있는지는 알 수는 없으나, 나비처럼 날아서 벌처럼 쏘고 있는 두 남자 너머로 이 장면을 몰래 엿보고 있는 한 여성이 있다.

여인의 염탐. 이건 보는 것도 아니고, 안 보는 것도 아니여. 저렇게 뚫어져라 쳐다볼 거면 손은 왜 올리나요, 수줍은 여인이여. 손을 올렸으면 눈을 가려야지, 손가락은 왜 벌리나요, 수줍은 여인이여.

　말라카 술탄 궁전도 무사히 관람을 마치고 나오니 우리는 오늘 너무 **빡빡한** 도보여행을 하고 있는 것이 아닌가 싶다. 아니, 유적지가 막 띄엄띄엄 떨어져 있어야지, 여기는 옹기종기 붙어있어서 온 김에 다 볼 수 있게 되어있어서 안 보려야 안 볼 수가 없다. 아직도 가볼 만한 박물관이 대여섯 개는 더 있었지만, 여기서 너무 몸을 혹사하면 힐링하러 왔다가 킬링 되는 불상사가 생길 수가 있으므로 오늘의 역사여행은 이쯤에서 마무리하기로 했다. 더워도 어지간히 더워야지, 이건 뭐 사람 혼을 쏙 빼놓아서 길가에서 덩실덩실 춤추게 만드는 이게 정상적인 더위는 아니다. 술탄 궁전을 나오면 대형쇼핑몰이 여러 개 있다. 예쁘다 예쁘다 해주니까, 유적지나 박물관도 걸어서 다 갈 수 있는데 쇼핑몰까지 같이 모여 있는 말라카를 내가 안 사랑할 수가 없다. 오늘은 더 이상 우리들의 몸을 혹사시키지 말고 시원한 쇼핑몰에 들어가 맛난 거나 먹으면서 탱자탱자 놀기로 했다. 쾌적하게 놀다 보니 2시간이 훌쩍 지나가 버렸다.

　어젯밤에 경험한 감동적인 말라카 리버 크루즈를 오늘 한 번 더 타기로 했다. 원래 똑같은 거 두 번 않는데 말라카의 리버 크루즈는 한 번만 타기에는 너무 아쉽다. 매표소에 가니 어제 초저녁과 같은 불상사는 없어서 존커 행아웃에서 받은 리버 크루즈 할인쿠폰을 적용받아서 싸게 탈 수 있었다. 존커 행아웃은 안 그래도 50% 싸게 예약하고 온 곳인데 예쁜 짓만 해주니 여행자로서 너무 즐겁고 행복하다. 두 번째 타는 말라카 리버 크루즈이지만, 처음 타는 것처럼 무척 기대되고 설렌다. 오늘도 배에는 흥겨운 노래가 사람들의 귀를 즐겁게 해준다. 신 나는 말라카 리버 크루즈를 떠나보아요!

  밤에는 밤이라서 아름답고, 초저녁에 타는 리버 크루즈는 밤에 보지 못한 말라카의
또 다른 모습들을 우리에게 보여주고 있다. 노래는 흥겹고, 눈은 즐겁고, 마음은 신 난
다. 강변에는 수많은 카페와 음식점, 미니호텔들이 있는데, 밤에만 아름답고, 밤에만 운
치가 있을 줄 알았던 카페는 늦은 오후에도 여전히 낭만적이고 멋있다. 저기 앉아서 여
유롭게 책도 읽고 음료를 마시고 있는 네 명 가족의 모습이 참으로 부럽다. 같은 여행자
의 입장인데 저들의 여유가 부러운 걸 보니 나는 아직도 마음의 짐을 한국에 다 내려놓
고 온 것이 아닌가 보다. 같은 여행자라면 저들이 부러울 수가 없는데, 그냥 저들의 모습
이 여유가 있어 보이고 평화로워 보이는 게 참 부러운 지금이다. 마음속의 번뇌를 던져
버려야 나도 온전한 평화를 누릴 수 있을 것 같다.

말라카 강변의 건물들은 여행자를 가만히 놔두지 않는다. 까만 밤에는 예쁘고 낭만적인 조명으로 여행자를 유혹하더니, 밝은 오후에는 까만 밤에 가려져 있던 화려한 그림으로 장식된 자신들의 모습을 뽐내며 여행자들에게 자기 좀 보라고 유혹한다. 똑같은

그림이 하나도 없다. 젓가락과 면을 그려놓은 저 집은 국수를 파는 가게구나, 오렌지와 칵테일을 그려놓은 저 집은 분위기 좋은 카페구나, 채소와 쌀을 그려놓은 저 집은 맛있는 음식점이라는 상상을 할 수 있지만, 건물의 용도와 상관없이 말레이시아의 전통 옷을 입고 있는 여인, 격투기를 하고 있는 모습, 머리에 화려한 치장을 한 여인들의 모습은 말레이시아를 좀 더 뽐내고 싶은 말라카 사람들의 목소리이다. 리버 크루즈를 하면서 그림 감상을 할 줄이야!. 기대하지 못했던 것들을 말라카는 자꾸 우리에게 주려고 한다. 주기만 해도 기쁜 마음을 가진 말라카는 아름다운 도시이다. 연인들의 도시이자, 화목한 가족의 도시이자, 사랑의 도시이자, 예술의 도

시이다. 리버 크루즈를 하면 말라카 강 양쪽을 이어주는 여러 개의 다리도 만날 수가 있는데, 다리는 각각의 특징을 살려서 다양한 모양의 아름다움을 뽐내고 있다. 이슬람 모스크에서 볼 수 있는 무늬로 장식된 다리도 있고, 예쁜 꽃무늬가 가득한 다리도 있고, 투박하게 생긴 다리도 있다. 한 번으로는 부족할 만큼 여행자에게 많은 것을 보여주는 말라카 리버 크루즈는 정말 추천할 만하다.

오늘도 우리는 다시 강변을 거슬러 올라가 걸어서 숙소까지 가려고 리버 크루즈를 왕복하지 않고 끝까지 간 중간기점에서 내렸다. 말라카 네덜란드 광장으로 들어가는 초입

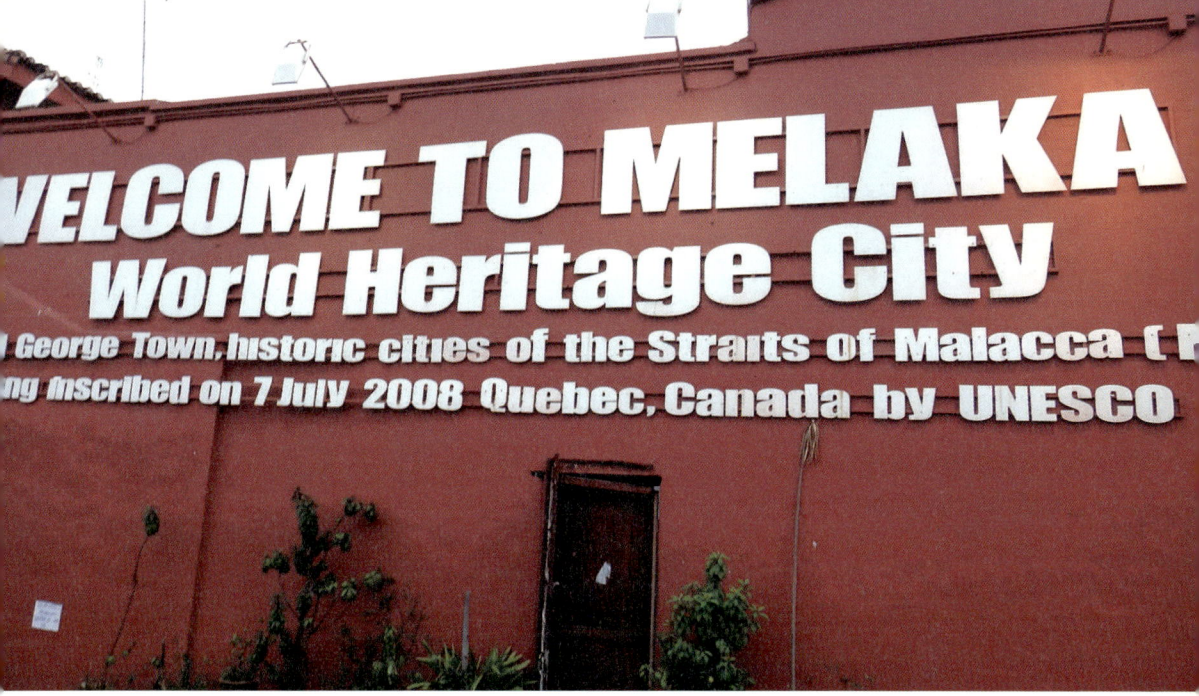

부분에 있는 이 건물의 용도는 모르겠지만, 건물 벽면에 적혀있는 하얀 글자와 붉은 벽면의 색깔은 너무 멋진 조화를 이루고 있고 여기를 찾아오는 사람들을 맞이하는 이 장면은 언제 봐도 참 멋있다.

　말라카 강은 여전히 아름답다. 조금씩 어두워지니 강을 비추는 가로등도 하나둘씩 켜지고 다시 환상적인 야경을 자랑하는 말라카의 강이 준비되고 있다. 카페로 들어가서 우리는 시원한 아메리카노를 한 잔씩 주문을 했다. 과연 역사문화유산의 도시 말라카 아니랄까 봐 작은 카페 하나에도 이렇게 옛 모습의 흔적을 가지고 있다. 우리는 여기서 많은 외국인 관광객을 만날 수 있었는데 모두가 즐겁고 평화롭다. 너도 즐겁고, 나도 즐거운 말라카. 오늘이 말라카에서의 마지막 밤일뿐더러 사랑하는 말레이시아에서의 마지막 밤이다. 내일은 새로운 도시 싱가포르에 가지만 10일 동안 말레이시아를 여행하면서 과분한 사랑을 받은 느낌에 이 나라를 떠나기가 참 너무 아쉽고 서운하다. 여행 35일째를 맞이하는 오늘까지 아무런 사고도 없이 안전하게 잘 다니고 있다. 집 떠나온 여행자는 언제 어디서나 조심하면서 안전하게 여행 다녀야 한다. 그게 부모님과 자신을 위하는 길이다. 집 밖에 나왔다고 방종하거나 오버액션 하면 훅 가는 건 한순간이기 때문에 평소 본인이 새는 바가지라고 생각이 든다면 여행 떠나기 전에 바가지를 잘 수리해서 새지 않게 만든 다음에 떠나야 한다. 35일 동안 바가지에서 물이 안 샜는지 모르겠다. 모든 여행이 끝나고 집으로 돌아가서 여행했던 하루하루를 다시 곱씹어보면 내가 그때 물이 샜는지 안 샜는지 객관적으로 평가할 수 있으리라.

오늘 밤에도 숙소로 그냥 들어가기가 허전해서 한밤중의 존커 거리(Jonker walk street)를 걸어보자. 밤 산책이 참 고즈넉하고 기분이 좋더라. 그러다가 택이가 사족을 못 쓰는 맛사지 가게가 하나 나타났다. 택이의 눈이 반짝하고 있음이 느껴진다. 가격도 저렴하고 수고한 택이의 발을 위로해주고자 마사지가게로 앞장서서 들어가니 뒤에서 따라오는 택이가 좋아서 덩실덩실 춤이라도 출 기세라는 것은 안 봐도 동영상이다. 벌써 밤 10시라서 지금 마사지가 가능하냐고 물으니 기꺼이 해주신다고 하시니 좀 죄송한 마음이 든다. 이분들도 마감하고 집에 가서 편안하게 쉬고 싶으실 텐데 괜히 여행자의 욕심으로 집에 못 가게 막는 거 같아서 말이다. 택이의 발은 건장한 중국계 말레이시아 분께서 마사지해주셨다. 그런데 이 분이 한 시간 동안 얼마나 열심히 마사지를 해주시는지 1시간 내내 거친 숨소리가 새어 나올 정도였다. 택이는 이제까지 받아본 세상의 모든 발마사지 중에서 가장 힘 있고 시원했다며 마사지를 해주시는 분께 너무 감사해 했다. 택이가 마사지를 받는 동안 나는 지루해서 마사지 가게 안을 왔다갔다했는데 아주머니가 내 다리를 보시더니 깜짝 놀라신다. 사실 내 오른쪽 다리는 모기들한테 뜯겨서 만신창이가 된 상태이다. 나는 모기한테 물리면 아주 단단하게 부어오르기 때문에 지름 3㎝에서 5㎝짜리 부어오른 자리가 내 오른쪽 다리에 지금 13개가 자리 잡고 있었다. 미친 모기들이 내 왼쪽 다리는 물지 않고 오른쪽 다리만 물어 제쳤는데 신기한 게, 이게 하루에 13개를 다 물린 거면 내가 있던 위치를 탓하겠지만, 거의 보름 동안 물려서 생긴 이 영광의 상처들이 모두 오른쪽에만 생긴 것이다. 내 오른쪽 다리에는 뭔가 색다른 피가 흐르고 있는지 이것들이 오른쪽만 주야장천 물어대고 있다. 만신창이가 된 나의 다리를 보더니 매우 걱정스러운 눈빛으로 뭐라 뭐라 하시면서 서랍에서 뭘 꺼내시더니 내게 건네준다. '뭐여, 선물이여? 나한테 이걸 지금 바르라는 거여, 뭐여? 공짜여, 뭐여?'

아주머니가 말씀하시길 이거 바르면 여기 지금 난리 난 만신창이가 깨끗하게 싹 없어진다고 한다. 약간 약장사 냄새가 나서, 머리 아프면 이마에 발라도 되느냐 하니까 그건 안 된단다. 영 만병통치약은 아닌가 보다. 포장 온 데를 뒤져봐도 성분명이 안 나와 있으니 이게 뭔지 알게 뭐여? 멘톨이나 들었겠지. 그래도 남의 불쌍한 다리를 보고 어떻게라도 도움을 주시고자 하는 마음에서 비롯된 물건판매가 아닌가 싶어서 그냥 사서 발라보았다. 시원하면서 후끈한 게 멘톨이랑 캡사이신이 들어있음을 감지한 이 약사는 아주머니의 귀여운 웃음이라는 플라세보 효과를 더해 어서 빨리 퉁퉁 부어오른 다리가 가라앉기를 바라본다. 아침부터 온종일 다녀서 몸은 피곤하지만, 마음만은 부자가 된 것 같은 말라카에서의 마지막 밤이 지나가고 있다. 숙소로 돌아가는 길은 매우 조용하다. 거리의 가로등만이 우리를 바라보고 있는 거 같다. 안전하게 숙소까지 잘 들어가라고 우리를 밝혀주고 있는 것만 같다.

엄마 같은 존커 행아웃

¶ 오늘은 싱가포르로 떠나야 하는 날인데, 어제 존커 거리에서 시간을 보내느라 박물관 여행을 하나도 못했다. 1층 로비에서 간단한 아침 식사를 한 후, 9시부터 미친 듯이 박물관을 돌아다녔다. 땡볕 따위 굴하지 않으리라는 강인한 자세로 폭풍 박물관 투어를 마치고 숙소에 돌아오니 12시 반이다. 이렇게 정신없이 박물관을 다녀보긴 또 처음이다. 오전에 맡겨놓은 우리들의 캐리어를 받고 배낭을 다시 둘러맨 우리는 사흘 동안 친절하고 따뜻한 배려에 감사하다는 인사를 건네며 돌아서려는데, 존커 행아웃은 떠나는 여행자의 마음에 마지막까지 훈훈하여 말라카의 역사유적 사진들이 담긴 엽서를 선물이라며 우리에게 건넨다. 정말 너무 고맙다. 숙소가 한 번도 집처럼 포근하거나 다정한 느낌을 받은 적이 없는데 3일을 보낸 이곳 말라카의 존커 행아웃은 감동적이기까지 하다. 이곳에 오기 전부터 내 마음을 사로잡고 우리들의 마음을 잡아끈 존커 행아웃은

숙소를 떠나는 여행자에게 끝까지 따뜻한 손을 놓지 않았다. 이 따뜻한 배려의 마음을 잊지 말아 주세요. 훗날, 오늘의 기억을 잊지 않고 다시 여기를 찾게 될 때, 그때는 우리가 당신들에게 따뜻한 사랑을 베풀어 드릴게요.

말라카 버스터미널로 가는 버스 안에서 코발트블루의 교복을 입은 여학생 두 명이 다정하게 대화를 나누고 있었다. 학생 때가 인생에서 가장 풋풋한 시절인 것 같다. 떨어지는 낙엽만 봐도 눈물이 떨어진다고 하지만, 두 여학생은 떨어지는 낙엽만 봐도 웃음이 터지는 유쾌한 아이들이다. 하얀색 양말에 하얀색 운동화가 너무 단정하고 예뻐 보인다. 청춘이란 저렇게 수줍게 시작하는 것이다. 그리고 서른여섯이 되면 환락의 고향, 빠통 거리에서 더러운 4인조 부비부비를 하며 청춘을 불태우게 되지.

잘란잘란 잘란잘란, 으쓱 으쓱!

싱가포르

빈센트 반 고흐의
별빛 흐르는 클락키

Woodlands

Seletar

Pulau
Tekong

Changi

rong

Bedok

Pulau
Brani

Pulau
Bukom

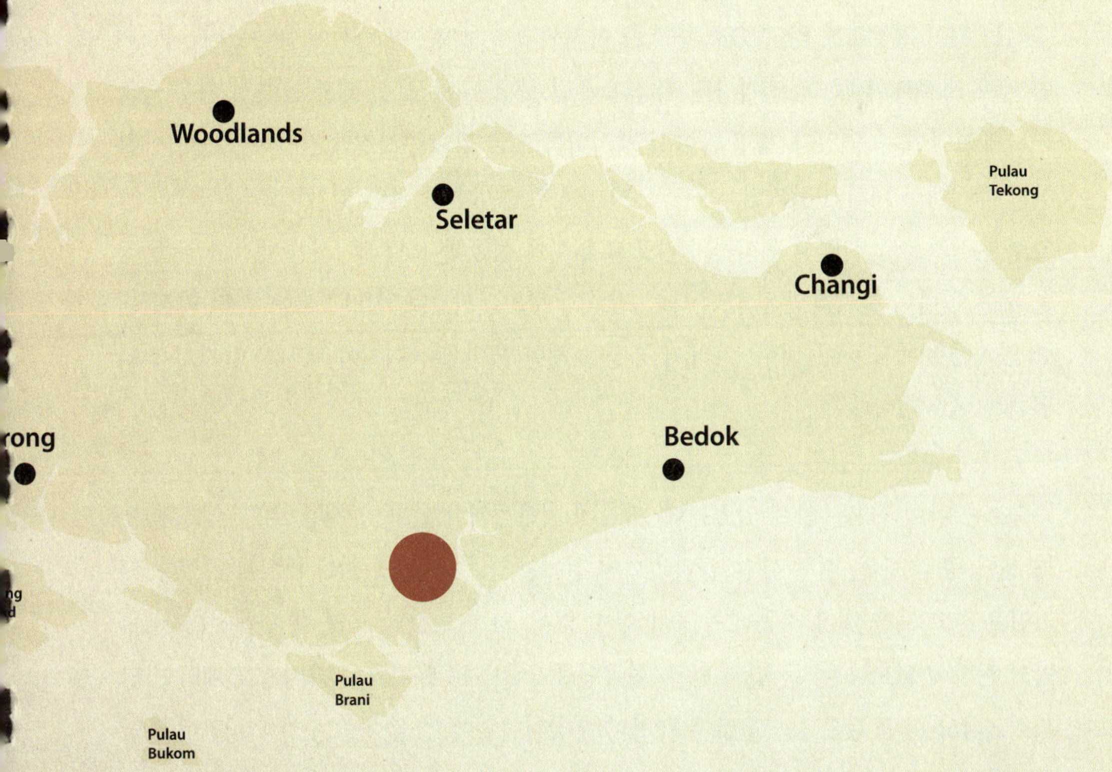

¶ 저번에 태국에서 말레이시아로 넘어갈 때 육로로 국경을 넘는 경험을 한번 해봐서 그런지 오늘도 말레이시아에서 싱가포르로 육로 출국을 했는데, 한번 해봤다고 신기한 느낌이 별로 없다. 우리는 작은 버스정류장에 가방과 함께 떨구어졌다. 외롭다. 이런 떨구어지는 느낌.

지나가는 택시 한 대를 세워서 "미터? 미터?"를 외쳤다. 지난 여행지였던 말레이시아에서는 택시가 미터로 가는 법이 별로 없었고, 늘 어디를 이동하려면 택시 탑승 전에 가격을 흥정해야 했기 때문에 물어본 것일 뿐인데, 이 샹샹바 같은 택시기사가 화를 막 내기 시작한다. 당연히 미터로 가는데 그런 거 왜 묻느냐고, 여기가 말레이시아인 줄 아느냐고 말이다. 헐…! 님아! 아무리 그래도 그렇지, 난생처음 부푼 꿈을 안고 싱가포르를 찾아온 여행객에게 첫 대면부터 그렇게 화를 낼 일은 아니지 않나요? 내가 뭐 싱가포르가 개시레기라고 욕을 했나, 기사 양반한테 욕을 하기를 했나? 그리고 말레이시아가 뭐 어때서? 어서 숙소로 가서 짐 풀고 심신의 평화를 찾아야 하는 것이 급선무이기 때문에 우리는 깊이 생각하지 않고 숙소 주소를 아저씨에게 보여주며 택시에 올라탔다. 아저씨는 매우 프로페셔널한 운전기사인 척하더니 길 못 찾아서 몇 번 뺑뺑 돌아서 겨우 숙소 근처에 도착할 수 있었다. 뺑뺑 돌아서 택시비를 조금 깎아주시길래 감사하다는 인사를 하고 택시에서 내리긴 했지만, 이 짧은 시간에 만원이라니! 과연 싱가포르의 대단한 물가를 온몸으로 느끼면서 우리는 싱가포르 입성에 성공했다. 말레이시아 택시는 늘 흥정을 해야 한다며 불평불만을 하던 내가 갑자기 부끄러워진다. 싱가포르는 흥정 따위 필요 없지만 비싸도 너무 비싸! 차라리 흥정을 해야 했던 말레이시아 택시가 갑자기 그리워지는 이 시점이다.

숙소는 차이나타운 안에 있었는데, 코앞에 지하철역이 있고, 안시앙 로드, 맥스웰 호커 센터, 중국 사원, 힌두 사원, 클락키까지 걸어서 갈 수 있는 최적의 위치에 있었다. 체크인을 하고 돈을 내야 하는데 수중에 돈이 없어! 하루 방값밖에 없네? 하하하! 지금 1박의 돈밖에 없으니 이 돈 먼저 받고, 현금인출기에서 돈 뽑아와서 나머지 결제하면 안 되겠느냐고 사슴 같은 눈망울로 부탁하니 훈남직원들이 안 들어줄 수가 있나? 이 훈남들은 어찌나 부드럽고 친절한지 막 갔다 오래! 가장 가까운 현금인출기는 클락키에 있다고 막 알려줘! 거기 갈 차비는 있느냐며, 1박 할 이 돈으로 차비도 하고, 밥도 먹고, 갔다 와서 3박 돈 한꺼번에 내도 된대! 이야~~ 이런 국제적인 인심과 눈물겨운 인류애를 보았나! 그래. 아까 그 택시기사와의 첫 대면이 나의 싱가포르 여행을 망치지는 않는구나. 아직 여행은 시작도 하지 않았어. 택이랑 나는 엘리베이터가 없다는 훈남직원의 안내를 들으며 계단을 올라 2층 방으로 올라갔다. 캐리어를 담당하는 택이는 엘리베이터가 없다는 말을 가장 무서워한다. 싱가포르 숙소가 하도 비싸서 싼 거 찾는다고 찾은 게 1박에 거금 9만 원짜리 이 방인데, 이제까지의 숙소 중 가장 비싼 방임과 동시에 가장 작고 불편한 방이 되겠다. 1박에 6만 4천 원을 주고 숙박했던 그 광활한 대지 위의 아름다웠던 푸껫의 리조트, 두앙짓이 생각나는 이 시점이다. 어쨌든 지금은 무거운 배낭을 벗어 내리고 클락키에 있다는 현금인출기를 찾으러 고고! 고고!

클락키에 조금씩 가까워질수록 화려하고 다양한 색채의 조명으로 뜨거워진 분위기와 함께 심장을 살짝살짝 터치하기 시작하는 음악 소리가 우리를 흥분시킨다. 여기가 바로 싱가포르의 밤에 피는 장미, 클락키! 오오! 역시 동남아시아의 매력은 밤에 피는

장미야. 냐짱의 세일링 클럽도, 푸껫의 빠통도, 방콕의 미니마켓도, 페낭의 거니 드라이브도, 말라카의 야간 크루즈도 모두 모두 밤에 피는 장미가 아니었던가! 아~, 지금 이곳 클락키에서 저 화려한 조명 속에 흐느적거리는 인파에 파묻혀 오늘 밤도 청춘을 불태우고 싶지만, 우리는 지금 돈 한 푼 없는 거지가 아닌가! 일단 흥분을 가라앉히고 돈 찾으러 가자. 사람이 수중에 돈이 없으면 얼마나 정신적으로 궁핍해지는지 모른다. 어서 가자, 히비고! 현금인출기를 찾아서 히비고!! 신 나는 음악 소리와 흥에 겨워 어깨를 들썩이는 인파를 헤쳐서 우리는 마침내 현금인출기 앞에 다다랐다. 아! 마치 사막에서 오아시스를 발견한 것 같은 이 반가움을 이루 말로 표현할 수가 없다. 나는 재빨리 현금인출기에 카드를 넣었다. 어서 빨리 현금을 만지고 싶다. 현금카드를 인출기에 넣자 너무나도 반가운 화면이 나를 반긴다. "한국어는 여기를 눌러 주십시오."

우리는 지금 현금이 있는 든든한 여행자임. 세상 부러울 것 없음. 방값도 낼 수 있음. 이제 그 무엇도 두렵지 않음. 주머니가 든든해진 우리는 클락키의 후끈 달아오른 분위기를 모른 척할 수가 없어서 잠시 클락키 분위기탐방을 해보기로 했다. 오우! 클락키는 싱가포르의 밤에 피는 장미! 뿌리칠 수 없는 치명적인 매력! 아름다운 조명과 환상적인 음악은 이곳을 찾은 사람들을 더욱더 신명 나게 만들어준다. 완전히 세련되고 멋진 바들이 너무너무 많고, 멋진 바 안에는 멋진 사람들이 너무너무 많았다. 이 화려하고 세련된 클락키에 꾀죄죄한 웬 거지 두 마리가 어슬렁거리고 있다. 괜찮아! 우리는 여행객이잖아. 만약에 이곳이 한국이라면 이곳에 오기 전에 프라다를 신을까, 펜디를 신을까 고민하며 거울 앞을 왔다갔다했겠지. 캔디얌얌을 바를까, 안나수이 400번을 바를까? 아무래도 뜨거운 밤에는 매혹적인 400번이 죽여주겠지. 백은 펜디(Fendi)가 좋을까, 디올(Dior) 쁘띠백이 좋을까를 고민하다가 결국 미우미우(Miu Miu)를 들겠지? 그리곤 마지막에 안나수이 클래식(Anna sui classic)을 몸에 뿌리고 난 화려한 외출을 할 거야. 아신발쿰.

수많은 바와 퍼브(pub)를 뒤로하고 바깥으로 나오니 싱가포르 강이 흐르는 클락키의 야경이 더욱더 화려했고 마천루처럼 높이 솟은 금융가 빌딩이 승천하고 있는 싱가포르의 기상을 자랑하듯 그 웅장함이 더해진다. 싱가포르의 칠리크랩은 패스해도, 클락키의 이 다리 위에서의 야경은 패스할 수가 없다! 이 아름다운 클락키의 다리는 마치 퐁네프의 다리를 연상하게 하였다. 내가 순수했던 영혼의 소유자였던 여고 시절에 감상했던 영화『퐁네프의 연인』들이 사랑을 나누었던 그 퐁네프의 다리 위에서 보이는 저 화려한 조명들과, 그 조명들이 까만 강물에 반사되어 보이는 모습은 황홀함이다. 나는야 레오 까락스와 아무런 이유도, 목적도, 조건도 없는 끈적끈적한 사랑의 불장난을 나누는 줄리에트 비노슈!

오, 신이시여! 정녕 이 사진을 제가 찍었단 말입니까? 수심 5미터까지 방수되고 16:9의 대화면을 자랑하며 컴팩트한 사이즈를 자랑해서 호주머니 속에도 쏙 들어가며, 다섯가지 색상 중 가장 구하기 힘들다는 118g짜리 핫핑크색 내 디카로? 클락키의 밤은 내가 너무나 사랑하는 화가 반 고흐의 「아를의 별이 빛나는 밤」을 연상시킨다. 별이 흐드러지게 쏟아지는 그 밤, 까만 강물에 비친 수많은 별들의 모습이 지금 내 눈앞에 펼쳐지는 이곳이 바로 고흐가 있었던 아를은 아닐까? 클락키는 퐁네프의 다리가 있는 아를이다. 사랑하는 반 고흐님이시여! 그날, 아를의 밤도 이렇게 찬란하게 빛나고 있었습니까? 반 고흐님도 그날 밤, 지금의 나처럼 이 아름다운 광경에 그만 넋을 잃고 무아지경 속에서 붓을 캔버스 위에 춤추게 하였습니까? 아마 지금 이 어딘가에서 고흐가 캔버스에 붓을 춤추게 하고 있을지도 모른다는 생각이 들었다.

싱가포르에 가면 싱가포르 패스를!

¶ 좁고 불편하지만 에어컨은 잘 나오는 편이고, 나무로 된 2층 침대가 삐걱거려서 내 몸무게를 지탱하지 못해 침대가 부서져서 1층에서 잔다는 이유 하나만으로 아무 잘 못 없는 택이가 나한테 깔리는 불상사가 생기면 어쩌나 싶었는데 다행히 아무 일도 없었다. 우리는 성공적으로 싱가포르에 입성했고, 현금인출기에서 돈 뽑아서 방값 채무도 다 상환했고, 오늘은 수륙양용 오리배도 타고, 지붕 없는 이층 버스도 타고, 밤에는 클락키에 가서 야간 크루즈도 야무지게 하고, 아 기다리고 기다리던 플라이어도 타볼 생각이다. 싱가포르를 체험하러 출동하기 전에 싱가포르에 대한 고찰을 잠시 해야 할 시간이다. 싱가포르를 방문하기 전에 내가 가진 싱가포르에 대한 지식은 다음과 같다.

1. 벌금이 무지하게 많고 비싼 나라이다. 길거리 가다가 침 뱉으면 100만 원, 지하철에서 장난으로 비상벨 누르면 500만 원! 화장실 물 안 내리면 15만 원! 무단횡단하면 5만 원!

2. 잘산단다. 1인당 국민소득 5만 6천 불! 한국 2배 반! 내가 싱가포르에 태어났으면 지금보다 2배 반은 더 많이 벌어서 잘 먹고 잘 살고 있겠다는 생각.

3. 죽여주는 옥상 수영장이 있는 멋진 호텔이 있고, 1박에 40만 원 한다는 것.

하지만 싱가포르 여행을 준비하면서 싱가포르에 대한 새로운 지식을 주워담아 지적 풍부함이 더해졌으니 지금부터 내가 한번 읊어보리다.

싱가포르는 섬으로 이루어진 도시 국가로, 1819년 영국이 무역거점으로 개발하기 시작해서 영국의 식민지가 되었으며, 19세기 초 유럽인·인도인·말레이인들이 유입되었다. 해상 동서교통의 요지에 자리 잡고 있어서 자유무역항으로 번창해서 돈 많이 벌었다는데 그것도 한때고 19세기 이래로는 내리막길이었다고 한다. 1963년 말레이연방·사바 사라와크와 함께 '말레이시아'를 결성하였으나, 싱가포르의 정치인들이 비말레이계의 단결과 지지를 호소했다는 이유로 말레이시아연방으로부터 추방을 당하여 1965년 8월 9일 독립하였다. 당시 싱가포르는 주거, 교육, 실업률, 경제력, 뭐 하나 잘 되는 게 없어서 독립 이후 경제발전을 국가의 최우선 목표로 잡고, 국가주도, 외자주도의 개발정책과 정부의 적극적인 시장개입을 통해 눈부신 경제 성장을 이루었다. 국가가 주도는 했으나, 국민을 탄압하지 않은 면에서 한국의 그것과는 큰 차이점이 있다. 싱가포르가 물가는 높아도 사는 데 문제가 없는 것이 정부에서 주택문제를 해결해주기 때문이다. 국민연금에 해당하는 CPF(Central Provident Fund, 중앙적립기금)와 90%에 달하는 국유지의 비율이 싱가포르 국민의 안정적인 주택공급에 가장 기본이자 핵심요소가 된다. 이 CPF는 우리나라의 국민연금이랑 비슷한 건데 국민이 납부하는 국민연금을 담보로 주택자금 융자를 하고, 이를 통해 90%의 싱가포르 국민은 공공주택에 살고 있다. 우리나라 국민연금은 내가 생각했을 때 일종의 국민수탈제도로, 강제로 징수한 연금을 국민 위해서 일은 안 하고 어디 투자해서 막대한 손실만 보고 있는 바닥 뚫린 장독이라고나 할까? 200조가 넘는 돈을 갖고 불리지는 못할망정 갉아먹고 있으니, 내가 늙어서 꼬부랑 할머니 됐을 때 국민연금이 나를 과연 먹여 살려주느냐? 개소리. 나도 내 집이 있으면 지금처럼 빠듯하게 살지 않아도 되고, 월급의 60%를 저금하지 않아도 되고, 여가와 자유를 지금보다 훨씬 더 누리면서 인간답게 살 수 있을 텐데 그놈의 집 때문에 오늘도 일하고 내일도 일하고 모레도 일하고 글피도 일해야 하는, 이 쪼인트 있는 삶이여! 목적의식 분명한 삶이여!

요 정도선에서 싱가포르에 대한 간단 정리를 마치도록 하겠다. 감사합니다.

눈 떠보니 아침 7시다. 싱가포르에서 맞는 첫 아침은 식빵이다. 정수기 옆에 커다란 냉장고가 있었는데 그 안을 열어보니 각자 사놓은 음료수들과 음식에 소유자의 이름이 적혀진 메모가 붙여져 있다. 이건 스티브, 저건 나카무라, 그건 김창식 씨의 것이니까 먹지 말란 말이다. 이야! 요거 괜찮다. 우리도 오늘 저녁에 맛있는 음료수 잔뜩 사 가지고 와서 이름 붙여놔야지! 토스터에 구운 빵과 뜨거운 커피로 싱가포르에서의 아침을 즐기고 있는데, 투숙객들이 하나둘씩 모여들기 시작하더니 빵이 기하급수적으로 줄어들고 있다. 나는 빵을 입에 물고, 테이블에는 노트북을 켜놓은 채로 여기는 임자가 있는 자리임을 강조해놓고 재빨리 방으로 튀어 들어가 택이를 깨웠다.

"일어나! 지금이 아니면 아침을 먹을 수 없어! 대한의 아들아, 일어나라! 지금은 닥치고 빵을 해치워버려야 할 때! 적들이 몰려온다! 떨쳐 일어나 어서 빵을 먹으러 가도록 하여라!"

택이는 빛의 속도로 방에서 나왔지만, 이제는 빵을 먹으려면 줄 서야 한다. 지금 택이 앞으로 4명 서 있고 빵은 대략 10장 정도 있다. 택이가 위태롭다. 어서 빵을 채워줄 직원이

나타나야 할 텐데! 작가 고솜이 님은 몹시도 우아하고 맛있고 풍족하게 싱가포르에서의 아침을 즐기시던데, 지금 대한의 아들딸들은 일종의 전투태세로 아침 식사를 맞이하게 생겼다. 호커센터에서 만국의 음식을 즐겨야 할 이때, 라쿤카야 토스트와 맛있는 커피를 마셔야 할 이때! 독일팀, 일본팀, 중국팀, 영국팀, 호주팀과의 한판 전쟁에서 우리는 승리를 해야 한다. 택이는 빵 줄을 서 있고, 나는 테이블에 여기는 두 사람이 앉고 있는 자리임을 강조하기 위해 커피 두 잔을 채워서 테이블 위에 올려놓고 직원을 찾아 헤매다가 드디어 저기 한 사람이 보인다.

"저기 있잖아요, 아침 식사 해야 하는데요, 저기 빵이 별로 안 남아서요. 배고파요!"라며 나는 매우 불쌍한 눈빛으로 직원에게 말했다. 택이의 주린 배를 위하여 나는 이렇게 열심히 총알 장전을 위해 동분서주하고 있는 것이다. 거사를 이루었다고 생각한 나는 몹시 뿌듯한 마음으로 택이에게 다가가서, 곧 빵이 리필될 것이니 여기서 절대 포기하지 말고 절대적으로 빵 10장을 사수해서 오라는 명령을 내린 뒤, 나는 다시 유유히 화분이 있는 테이블로 돌아와 앉았다. 내가 할 일은 이제 다 했으니 남은 건 택이의 인내와 10장 득템뿐! 택이는 임무수행도 100%를 자랑하며 빵 10장을 득템해 왔다. 우리는 잼을 야무지게 발라 따뜻한 커피와 함께 따뜻하다 못해 땀이 흐르는 아침 기온에 감동하며 맛있게 아침 식사를 마칠 수 있었다. 외쳐보자, 싱가포르에서의 아침을!

성공적인 아침을 마친 우리는 썬텍 시티(Suntec city)로 가서 싱가포르 패스 티켓을 살 것이다. 썬텍 시티는 홍콩부자 11명이 홍콩의 중국반환을 앞두고 이 많은 돈을 어쩔까 고민하던 중 싱가포르가 세금혜택도 줄 테니 자기 나라에 빌딩 하나 지으라며 제안을 해서 세워진 빌딩이란다. 어쩐지 건물의 규모가 남다르더니 부의 향기 가득한 곳이었어! 이 건물 한국회사가 지었다는 이야기가 있습니다. 그래 봤자 나와 아무런 상관도 없지만. 'Singapore Sightseeing Pass'라는게 있는데, 이게 뭐냐면 수륙양용 차량을 타고 싱가포르 도심을 구경할 수 있는 Duck tour + 아시아 최대 회전 대관람차 Singapore Flyer 탑승권 + 2층 버스 무료탑승권 + Hippo River 탑승권 + 5개 박물관 무료입장권을 한 방에 해결해주는 건데 이틀 동안 사용할 수 있고 가격이 68 싱가포르 달러다. 우리가 싱가포르 3일을 체류하는데 이걸 사면 이틀 동안 뽕을 뽑을 수 있는 대신에 센토

사나 쥬롱새 공원에 갈 시간은 없어진다. 우리는 센토사와 쥬롱새를 버리고 싱가포르 패스를 선택하기로 했다. 가격대비 최고의 패스다. 싱가포르 패스를 구입해서 나오면 우리를 태우려고 오리배가 딱 서 있었다. 오매! 저 웅장함, 저 귀여움, 저 당당함! 싱가포르 패스의 첫 번째 미션, Duck Tour를 시작해보겠노라! 어서 가자고 나에게 윙크하는 오리배야 안녕! 길거리를 달리다가 갑자기 물에 쏙 들어가서 막 헤엄치는 배가 되는 트랜스포머와 같은 역동적인 변신으로 나를 깜짝 놀라게 해주렴.

오리배는 관광객을 태우고 싱가포르 거리를 유유히 달리기 시작했다. 플라이어에도 갔다가 시청에도 들르며 싱가포르의 다양한 모습을 구경시켜 주는 오리배였지만 사람들은 어서 빨리 길 위를 달리는 오리배가 거짓말처럼 강으로 퐁당 들어가는 마법의 순간을 기다리는 것 같았다. 우리 모두 We are the world! 저 멀리 강이 보이기 시작하자 사람들이 환호하기 시작했다. 어서 빨리 강물 속으로 퐁당 들어가 보란 거지! 물에 안 가라앉고 정말 마법같이 배로 변해서 물 위에 둥둥 뜨나 어서 한번 보잔 말이지!

모두가 기다리고 고대하던 귀여운 오리배가 물속으로 퐁당 들어가는 순간, 오리배에 타고 있던 우리가 모두 '꺅!' 하며 소리를 질렀다. 다들 신기해 죽는다며 연신 카메라를 누르기에 바쁘다. 길 위를 달리던 오리가 물속으로 들어가면서 바퀴는 안으로 쏙 들어가고 물갈퀴가 안에서 나오는 것인지 정말 신기하다. 그래도 우리는 금방 적응을 해서 바다 위를 유유히 떠다니는 오리배를 타고 바깥에 펼쳐지는 풍경들을 감상하기에 바쁘다. 바다로 나온 오리배는 과일의 황제인 두리안 모양을 따서 만든 에스플러네이드(Es-planade)도 보여주고, 싱가포르의 엄청난 금융 빌딩 숲도 보여주고, 기대되는 플라이어도 보여주고, 한낮의 여유로운 클락키도 보여주고, 싱가포르의 상징 머라이언도 보여주고,

온갖 걸 다 구경시켜주더니 내가 그렇게나 가고 싶어했고, 하룻밤만 자면 안 되겠니, 지금 안 가보면 언제 또 가보겠니 하면서 1박을 고대했으나, 1인당 여행경비의 1/10을 차지하는 하루 숙박비 48만 원에 허벅지를 찌르며 수많은 블로그와 사진으로 대리만족을 했던 바로 그 마리나배이 샌즈 호텔(Marina bay sands —)까지 보여주고 있다.

너무 가고 싶어서 수영장 사진은 한 1,000장 정도 본 거 같고, 객실 사진 253장 정도, 외부사진 332장 정도 본 거 같다. 56번 정도 침을 질질 흘리고 나니 이미 나는 Marinabay Sands의 수영장을 다녀온 거나 다름없을 정도가 되었다. 이건 뭐 간접체험이 직접체험을 만들어준다. Marinabay Sands hotel에 직접 다녀오시고 수많은 사실적인 사진들을 블로그에 올려주시고, 한 소녀의 간절한 소망을 사진으로 직접 체험한 듯한 효과를 주시어 487,593원을 굳게 해 주신 수 많은 블로거 분들께 감사할 따름이다. 그래서 우리는 차이나타운의 저렴하면서도 위치가 너무 편하고 좋은, 김 수한무 거북이와 두루미, 삼천갑자 동방삭, 치치카포 사리사리 센타, 워리워리 세브리캉, 우두셀라 구름이, 허리케인의 담벼락, 서생원의 고양이, 고양이는 바둑이, 바둑이는 돌돌이만큼은

아니지만 이름이 긴 5 footway inn project in chinatown 1에 머무르게 된 거지. 그래도 그렇게 가고 싶어했던 호텔을 눈앞에서 이렇게 보고 있으니 기분이 좋다. 저 위에 있는 사람들은 우리를 바라보고 있겠지? 우리는 그렇게 서로를 바라보고 있구나. 수영 재밌게 잘하고 즐거운 시간 되길 바란다. 센토사 섬과 쥬롱새 공원은 생각도 나지 않는다. 그래도 시간적 여유가 하루만 더 있었으면 쥬롱새 공원은 꼭 가봤으면 했는데 끝내 못 간 게 많이 아쉽다. 오리배 타고 싱가포르 온 동네를 다 구경한 느낌이 들었는데 착한 오리배는 바다에서 다시 올라와서 바퀴로 부릉부릉 길을 달려 우리가 처음 탔던 썬텍 시티로 데려다 주었다.

싱가포르 패스 티켓은 여행자가 탈 수 있는 티켓과 갈 수 있는 박물관 티켓이 한꺼번에 연결되어 있기 때문에 길게 늘어뜨려질 정도이다. 긴 티켓을 보고 있자니 어서 다른

티켓도 써버리고 싶은 생각이 불끈불끈 든다. 우리는 오늘 종일 싱가포르 패스로 뽕을 뽑기로 한 날이기 때문에 선텍 시티로 돌아오자마자 이번에는 2층으로 된 시티투어 버스를 타고 또 싱가포르 동네를 한 바퀴 돌아다니기로 했다. 시티투어 버스는 hopping bus기 때문에 메뚜기처럼 자기가 타고 싶은 곳에서 타고, 내리고 싶은 곳에서 내릴 수 있는 버스라서 교통비도 줄이면서 가고 싶은 관광지에도 갈 수 있는 아주 유용한 버스이다. 아까보다는 태양이 좀 진정된 거 같아서 1층의 시원한 에어컨 바람을 쐬던 택이와 나는 2층으로 올라가 보았는데 야외에서 만나는 싱가포르는 너무 싱그러웠다. 벌금이 심해서 그런지 싱가포르가 참 깨끗하다. 길도 깨끗하고 잔디도 깨끗하고 심지어 깨끗한 길 위를 다니는 차들도 깨끗하다. 세차 안 해도 벌금 매기나? 그렇다면 나는야 벌금으로 한 달 월급 탕진할 여자.

광각렌즈를 이용한, 무게 3킬로는 족히 나갈 거 같은 카메라로 찍은 듯한 장면을 내가 118g짜리 똑딱이로 이루어내었다. 대단한 장면이다. 뭔가 역동적이면서도 현대적이며, 앞으로 더욱더 전진해나가는 싱가포르의 미래를 그려낸 장면이라고나 할까. 그런데 아까 Duck tour 할 때도 많이 보였던 건데 전봇대도 아닌 것이 길에 군데군데 기다란 탑 같은 게 6미터 높이로 서 있고 그 탑들을 철 구조물 같은 것들로 길게 이어져 있다. 처음엔 아무 생각 없이 지나쳤는데 자꾸 눈에 보이니까 이게 뭔가 궁금해졌는데 나의 궁금함은 김용택님이 시원하게 풀어주었으니, 지금 우리가 달리고 있는 이 도로가 아마 F1의 경기장으로 쓰이지 않을까 한다는 김용택 님. 그러하다! 이게 F1을 위한 설치물이었다! 대단해! 길이 얼마나 잘 닦여있으면 수십억 들어가는 F1 경기장을 따로 만들지 않고 이 길 그대로 F1 경기장으로 쓴단말이냐? 돈도 아껴, 공간도 아껴, 시민들은 길거리에서 F1을 구경할 수 있다니 정말 이건 너무 멋진 발상이다. 놀랍도다! 몇 년 전 영암에서 열렸던 F1 경기에 너무너무 가고 싶었는데 입장료가 너무 비쌌다. 그런데 누가 입장권을 반값에 판다고 해서 살 뻔했는데 알고 보니 주최 측에서 공짜로 막 뿌린 티켓이었다. 그 사건 이후로는 우리나라에서 열리는 F1은 제값 주고 티켓을 절대 사면 안 되겠다는 편견이 생겨서 F1 경기를 관람하러 간 적이 없지만, 난 극도의 스피드를 즐길 수 있는 F1에 너무너무 가고 싶어하는 여성이란 말이다. 그런데 이곳이 바로 F1의 경기가 펼쳐질 곳이라는 걸 상상하니 막 흥분되고 그 경기를 너무너무 관람하고 싶었다. 하지만 경기는 우리가 여행을 다 끝내고 한국에서 소같이 열심히 일하고 있을 9월에 펼쳐진다고 하니 다음 기회를 노리는 수밖에 없다. 굉음 가득한 F1 경기장에서 소리를 지르면서 극한의 스피드를 만끽해 보고 싶어요! 즐기고 싶어요! 도로연수 마치고 온몸에 식은땀을 흘리며, 도로는 정글이라며 시속 30킬로로 달리던 공포에 떨던 그 여성은 어디 갔느냐며!

시티투어 버스가 차이나타운에 이르렀을 때 오늘의 여행을 마치고 우리는 하차했다. 하차한 곳에는 스리 마리아만 사원이라는 힌두교 사원이 있었는데, 힌두교 사원은 어딜 가던지 저렇게 사람형상을 하고 있는 조형물이 건물에 막 여럿이 붙어있어서 약간 섬뜩한 느낌을 준다. 그래도 자꾸 보면 적응이 돼서 괜찮아진다. 어제는 여길 지나갈 때 문이 닫혀있었는데 오늘은 마침 문도 열려있고 무료로 입장도 할 수 있어서 신발 벗고 경건한 마음으로 다른 사람의 기도에 방해되지 않도록 사원 안을 조용히 둘러보았다. 내가 비록 무신론자이긴 해도 가끔 기도할 때도 있다. 예를 들자면, 집에 들어가기 전에 폭풍설사님을 만났을 때. 설사가 발사되더라도 제발 집 현관을 들어선 이후에 항문을 이탈하게 해주세요! 제발요! 그럴 때는 정말 입에서 저절로 '오, 신이시여!' 이런 말이 튀어나오기는 하는데 그 신은 과연 어떤 신일까? 혹시 300컬레에 달하는 내 신들은 아니겠지?

경건한 마음으로 힌두교 사원을 둘러보고 나온 우리는 앤 시앙 로드(Ann Siang Road)와 에스킨 로드(Erskine Road)에 가 보았다. 이곳에 가면 세련된 옷가게와 카페가

많다는 정보는 거짓말이 아니었다. 아, 이렇게 멋진 길이 있다니! 너무 멋진 이 동네에서 숙박하고 싶은 욕망이 막 솟아오른다. 이 동네가 혹시 싱가포르의 청담동? 이렇게 말하는 본인은 실제 청담동을 한 번도 가 본 적이 없다는 불편한 진실. 아기자기한 샵들과 세련의 절정을 이루는 부티크 호텔이 2층 건물에 늘어서 있다. 낮은 건물이 이렇게나 세련되고 예쁠 수가 있다는 것을 이번 여행을 하면서 나는 느꼈다. 예스러운 게 오히려 더 멋지고 세련될 수 있는데 위로만 올라가는 현대의 건축은 온고지신의 정신을 상기할 필요가 있다는 생각이 들었다. 우리는 맥스웰 호커센터에 가서 시원한 아이스까창을 먹고 싱가포르 패스 뽕 뽑기 정신을 잊지 않으며 다시 클락키까지 걸어갔다. 대단한 여행자들이 아닐 수 없다. 지칠 때가 되었는데 우리는 지치지 않아! 이런 정신으로는 뭘 해도 이룰 수 있다는 가능성이 보이는 What a lovely Korean couple의 앞날은 꽤나 희망적이다. 닦고, 조이고, 기름치자!

　클락키를 또 왜 가느냐면 싱가포르 패스로 클락키에서 출발하는 리버 크루즈를 탈 수 있기 때문이다. 2일간 이 싱가포르 패스를 다 쓰려면 한 시도 허투루 써서는 안 된다. 우리는 열심히 움직여야 하는 여행자이다. 해가 지고 있는 어스름한 클락키는 슬슬 발동을 걸고 있다. 강가에는 이 자유로움과 낭만을 만끽하려는 사람들이 하나둘씩 모이고 있고, 수많은 bar와 cafe에서는 사람의 마음을 선득선득하게 만드는 음악을 쏟아내고 있다. 화려한 조명이 하나둘씩 켜지면서 오늘은 어제와는 또 다른 클락키의 밤이 준비되고 있다. 클락키의 초입에는 GX5라는 Extreme Swing Singapore라는 놀이기구가 있는데 관광객들에게 인기가 많았다. 양쪽에 단단한 끈이 달린, 3명이 앉을 수 둥근 공 모양인데, 이걸 튕겨서 혹 날아가는 기구다. 튕기는 사람이나, 튕겨지는 사람이나, 구경하는 사람이나 소리 소리를 지르면서 좋아서 난리다. 내가 저걸 타면 우주까지 튕겨져 날아가 영영 지구로 못 돌아올 것 같은 두려움에 도무지 탈 자신이 안 생긴다. 똥 밭에 굴러도 이승이 낫다며.

　　리버 크루즈를 기다리는 사람들이 꽤 많았다. 우리도 배에 탑승해서 리버 크루즈를 즐길 시간이 되었다. 어떤 여인이 크루즈에 어울리지 않는 하얀색 드레스를 입고 배 앞쪽으로 성큼성큼 걸어오길래 뭐하는 사람인가 했는데 우리의 가야금이나 거문고처럼 옆으로 길게 생긴 악기로 연주를 하기 시작했다. 생음악이 들리는 낭만적인 리버 크루즈가 시작되었다. 갑자기 Rivers of babylon이 울려 퍼지던 말라카 리버 크루즈가 생각난다. 밤에 떠나는 리버 크루즈는 낮에 탔던 오리배와는 완전히 다른 색깔의 여행을 우리에게 선사해주었다. 오늘 밤에는 뭔가 가슴 설레는 일이 생길 것만 같고, 왠지 낭만적인 일이 생길 것만 같다. 옆에 남자친구를 두고 사랑의 불장난이라도 저지를 기세일까? 어쨌거나 클락키는 낭만이다. 어젯밤에 보았던 아를의 별 흐르는 밤은 오늘도 어김없이 나타나 주었다. 분명히 어딘가에 있을 반 고흐를 생각하면 감동적인 오늘 밤에 잠을 이루지 못할 것만 같다.

SINGAPORE FLYER

클락키에서 떠나는 리버 크루즈는 시티투어 버스처럼, 한 번에 왕복하지 않고 중간마다 관광객들이 타고 내릴 수 있게 해주었다. 배를 타고 한참을 그렇게 가다가 내가 그렇게 타고 싶어하던 싱가포르 플라이어가 눈앞에 보이길래 플라이어까지 가는 길도 모르는데 그냥 내려버렸다. 하지만 언제나 그렇듯 싱가포르 사람들은 길을 물어보면 좀 딱딱하기는 해도 완전 100% 책임제로 길을 완벽하게 안내해준다. 여행자에게 길 안 가르쳐주면 내야 되는 벌금이라도 있나? 감사해요, 싱가포르. 당신들이 대구에 관광 오면 내 이것보다 더하면 더했지 절대 덜하게 가르쳐주지는 않을 테요. 오기만 하시오. 매우 야무지게 길을 잘 안내해 드리리다.

무사히 싱가포르 플라이어에 도착했다. 내가 그렇게 타고 싶어했던 아시아 최대의 회전대관람차 Singapore Flyer에 드디어 무사히 왔다는 것이 몹시 감격스럽다. 어서 타러 가야지! 그런데 고소공포증, 폐소공포증을 앓는 나란 인간은 왜 자꾸 이런 걸 갈망하는지 모르겠다. 케이블카도 무서워서 덜덜거리면서 가는 곳마다 케이블카는 다 타보고, 말라카의 그 높은 회전전망대도 기를 쓰고 타겠다며 타보고, 싱가포르 플라이어도 그렇게 타고 싶다고 해놓고 정작 본인이 가진 고소, 폐소공포증은 그때만큼은 남의 일인 것처럼 망각하는 이런 건 대체 무슨 병일까? 아시아에서 제일 높다는데 어떨 것이여? 뭐 어쨌든 우리들의 싱가포르 패스는 이 Flyer 입장권도 포함되어 있다. 타! 막 타!

Flyer 내부는 20명이 들어가도 충분할 정도로 매우 넉넉했는데 이렇게 많은 사람들이 다 들어가면 무거워서 떨어지지나 않을까 하는 불안 공포가 찾아왔다. 우리가 탑승했을 때는 밤이라서 그런지 13명이 들어가게 되었다. 13명이 결코 적은 인원이 아닌데 내부가 아주 널찍하게 느껴질 만큼 Flyer는 넉넉한 사이즈였다. Flyer가 점점 위로 올라가는데 아…! 심장이 쫄깃해지면서 숨이 약간씩 막혀온다. 플라이어가 올라갈수록

싱가포르의 화려한 야경이 펼쳐지는데 내 몸은 점점 굳어만 간다. 플라이어 내부에는 중간에 긴 벤치가 2개 있는데 나는 거기서 그리워할 사람도 없는데 망부석이 되어 꼼짝 않고, 다른 사람들은 다들 유리창을 통해 보이는 싱가포르의 야경에 감탄하면서 사진을 연신 찍어대고 있다. 점점 더 올라간다. 아! 제발 싱가포르는 우주에서 가장 뛰어난 기술과 건축술로 이 Flyer를 만들었기를! 설사 말고는 기도할 일 없는 이 약사가 오늘 플라이어에서 드디어 기도를 하는구나. 오, 신이시여! 제발 이 플라이어는 우주에서 가장 튼튼한 회전 대관람차라서 이게 빙빙 돌아가도 결코 떨어지는 일 없기를. 13명이 들어와 있는데 지금 이 안에 어린이가 6명 있거든요. 쟤네들이 철없이 이 안에서 약간 뛰거나 움직여도 우리 칸이 막 철렁거리면서 뚝 떨어지는 일은 없게 해주세요. 온몸이 굳어서 벌써 어깨가 다 뭉쳤고, 이 안에서 사람들이 움직여서 생기는 충격에 반동을 더해

이 눈부시게 아름다운 **싱가포르의 야경**
은 내가 마치 어디 미래의 한 도시에 와 있는듯한
착각을 불러일으켰고, 20년 만에 만난 초등학교
동창이 완전히 잘 나가는 여성이 돼서, 컨버터블
까레라를 몰고 내 앞에 나타나 '그동안 잘 지냈
어?' 하며 자랑하는 듯한 싱가포르의 목소리가
들리는 듯했다.

줄까 봐 내 눈알도 제대로 안 굴리고 있다. 어마어마하게 차가운 에어컨 바람이 나오고
있는데, 나는 벤치를 하도 세게 잡고 있어서 지금 손에 땀이 흥건하다. 팔다리는 굳어있
지, 에어컨 바람은 차갑지, 온몸에 닭살은 돋았는데 손발에는 땀이 흥건하지! 플라이어
는 탔는데 야경을 못 보겠어! 저 유리창 가까이 가지를 못하겠네! 나 이거 참! 그래도 옆
에서 택이가 내 손을 꼭 잡아줘서 나는 5㎝씩 이동을 해서 겨우겨우 유리 가까이 가는
데 성공했다. 그런데 도저히 다리가 후들거려서 서 있을 수가 없어서 나는 택이 손을 잡
고 그 자리 그대로 앉아 야경감상을 시도해보기로 했다. 앉을 때도 우리 칸의 충격을 최
소화하기 위해서 살살 앉았다. 앉아서는 야경이 잘 안 보인다고 자기는 좀 서서 봐야겠
다고 해서 나는 한 손으로는 서 있는 택이의 발목을 잡고, 한 손으로는 바를 잡고 싱가
포르의 야경을 본다. 빙글빙글 천천히 돌아가는 플라이어 안에서 택이는 잠깐만 한번

일어나보라며, 너무너무 멋진 야경이라며 나를 일으켜 세우기 시작했다. 다리가 후들거려 죽겠는데 지금 바깥이 너무 멋지다는 택이의 말을 듣고 그대로 앉아있기도 힘들다. 이래저래 힘든 상황이다. 나는 최선을 다해 일어서보기로 했다. 택이 손을 잡고, 한 손으로는 바를 잡고 겨우 일어섰는데 유리 너머 보이는 싱가포르는 오, 정말 멋져! 나는 고만 넋을 잃고야 말았다. 넋을 잃으니 후들거리던 두 다리도 넋을 잃었는지 가만히 있다. 아름답다. 너무 아름답다.

이 눈부시게 아름다운 싱가포르의 야경은 내가 마치 어디 미래의 한 도시에 와 있는 듯한 착각을 불러일으켰고, 20년 만에 만난 초등학교 동창이 완전히 잘 나가는 여성이 돼서, 컨버터블 까레라를 몰고 내 앞에 나타나 '그동안 잘 지냈어?' 하며 자랑하는 듯한 싱가포르의 목소리가 들리는 듯했다. 그래. 아닌 게 아니라 너 정말 잘나가는구나. 싱가포르의 위용은 대단했다. 부러웠다. 그저 동남아의 작은 나라인 줄 알았던 싱가포르가 이런 나라였다. 대단하다. 이렇게 대단한 나라라서 우리나라 그 유명한 분들이 다 이곳으로 돈을 빼돌렸나? 갑자기 이곳으로 국적을 바꾸고, 이곳으로 이민을 하고, 이곳으로 돈을 막 숨기기 시작하신 그분들 언젠가 다 털려서 빈손 빈털터리가 되기를 진짜 온 정성을 다해서 기도한다. 싱가포르가 자꾸 나를 기도하게 만드네. 기도하게 만드는 도시야, 싱가포르가. 신앙을 권장하는 신기한 나라 싱가포르다.

후들거리던 팔다리가 멈추었다. 콩닥콩닥하던 심장도 이제는 소리가 안 들린다. 돌부처가 되어 움직이지 못하던 어깨와 목도 이제는 자연스럽게 움직일 수 있게 되었다. 역시 고비를 잘 넘기면 이렇게 자연스러워지는 것을, 생기지 않을 일에 대한 막연한 두려움과 공포 그게 문제다. 인생도 생기지 않을 일에 대한 걱정과 근심 때문에 피곤해지는 법, 앞으로는 쓸데없는 기우를 하지 말아야겠다는 다짐을 하면서 나는 이제 칸을 자유롭게 왔다갔다하면서 싱가포르의 야경을 만끽할 수 있게 되었다. 오늘 내 기도를 들어준 신이 어디 종교예요? 아무도 대답이 없다. 아무래도 내 신발장에 들어가 있는 300켤레 신발들 중의 하나임이 분명해졌다.

아이야, 널 해치지 않아

¶ 한 장 사서 뽕을 뽑는 싱가포르 패스 두 번째 날. 오늘의 첫 번째 목적지는 차이나 박물관! China Heritage Center로 가려면 어떻게 가야 할까요? 숙소에서 1분만 걸으면 있어! 막 나와! 숙소 코앞에 전철역도 있고 박물관도 코앞이야! 좋아! 좁고 불편한 숙소이긴 해도 위치가 아주 좋기 때문에 45일 전체 숙박지 중에서 가장 비싸고 시설은 가장 안 좋은 싱가포르의 숙소를 나는 용서해주기로 했다. 싱가포르에 정들었다. 우리에게는 싱가포르 패스가 있기 때문에 입장료 따로 안 내고 막 들어가! 싱가포르 패스 가격이 68달러인데, 여기 입장료만 해도 10달러이니 싱가포르 여행을 할 때 싱가포르 패스가 얼마나 경제적인 건지 여러분도 아시겠죠? 네네, 그렇습니다. 이걸 꼭 사서 싱가포르 여행을 해야겠더라고요!

3층 건물이 양쪽으로 늘어서 있는 골목에 위치한 China heritage center는 싱가포르에 정착하게 된 중국인들의 이야기를 풀어낸 곳으로, 당시 중국인들이 생활했던 공간을 매우 현실감 있게 재현해놓은 곳이다. 원래 언제나 처음이 힘든 거다. 당시에는 살 집도 별로 없어서 한 집에 여러 가족이 살기도 하고, 거주지가 모자라서 바글바글 모여 사니 전염병도 많이 생기는 상황에서 중국인들이 억척같이 살아서 마침내 차이나타운을 이루면서 성장했다고 한다. 인생사 싸인 곡선이라 플러스 있으면 마이너스도 있고 그렇다.

입구에 들어서자마자 오늘 싱가포르 유치원 견학하는 날인지 꼬맹이들로 바글바글 및 소란소란 난리가 났다. 이 상태라면 오늘 관람은 완전 대실패로 돌아갈 것이 예상되는 바, 나는 1층부터 위로 올라가는 유치원생들을 피해 3층부터 관람을 하기로 했다.

양장점을 재현해 놓은 곳이 있었다. 옛날 재봉틀과 옛날 다리미, 그 시절에 쓰던 봉제도구들이 쭉 있었고 패턴을 그려놓던 공책까지 그대로 있었다. 우와~정말 신기한 것이 지금 이 패턴공책은 아무래도 재현한 것이 아니라 그때 쓰던 그 공책을 그대로 여기 올려놓은 것이 틀림이 없어 보인다. 구겨진 종이와 주문받은 사람의 각각의 칸에 스탬플러로 원단 조각을 찍어서 붙여놓은 모습이 정말 딱 옛날 우리 엄마가 쓰던 그 패턴공책을 떠올리게 하였다. 엄마도 패션봉제장인이시다. 내가 어릴 때부터 엄마가 옷을 만드는 모습을 보면서 커 왔는데 주문을 받으면 그 사람의 신체사이즈와 디자인을 공책에 메모하고, 만들 옷감을 조각으로 잘라 공책에 스탬플러로 붙여놓고는 하셨다. 그래서 그 공책은 언제나 많은 숫자와 옷감조각으로 너덜너덜해 있었다. 엄마의 그 공책이 바로 여기 있는 거 같다. 지금 이렇게 보니 그 너덜너덜한 공책이 하나의 역사가 될 수가 있다는 생각이 들었다. 한국에 돌아가면 엄마가 옛날에 쓰던 저 공책들을 받아서 엄마가 이룬 봉제의 역사를 내가 보관해야겠다. 그런데 엄마는 그 공책을 버리지 않고 갖고 있을까? 이곳에 양복점이 이렇게 꼼꼼하게 잘 재현되어 있는 것은 예전에 차이나타운에서 양복점이나 양장점이 꽤 많이 있었고 장사가 잘 돼서 양복점 거리가 생길 정도였기 때문이란다. 오우! 그런 사연이 있었구나. 현대사회는 기성 의복문화가 이루어졌지만, 불과 몇십 년 전만 해도 의복은 모두 이렇게 개인에 맞추어 만들어 입는 문화였다. 오트쿠튀르가 가고 프레타 포르테의 시대이다. 기성복의 장점은 무궁무진하지만, 맞춤복의 매력도 만만치 않다. 나도 내 옷을 내가 만들어 입는데 맞춤복은 옷에 나를 맞추는 것이 아니라, 나에게 옷을 맞춘다는 매우 거대한 의의가 있다. 사람이 주체가 된다. 패션에도 철학이 있다.

2차 목적지는 싱가포르 아시아 문명박물관 Singapore Civilization museum이다. 뭐 평소 박물관을 좋아하지는 않지만 싱가포르 패스를 뽕 뽑기 위한 목적 있는 박물관 투어라고 할 수 있겠다. 역시 사람이 목적이 있어야 뭘 해도 이룬다. 뜻이 있는 곳에 길이 있다. 여기는 썬텍 시티 관광버스 정류장. 동남아여행을 40일째 하고 있고, 대구분지의 아들딸이라고 해도 강도 높은 더위와 열기는 정말 참기가 힘들다. 온몸에 육수가 흐르고 땅과 하늘에서 뜨거운 열기가 솟아나는 이때, 저 뒤에서 포옹하고 있는 두 남녀를 보니 정말 사랑하는 것 같다. 저들의 사랑에는 진정성이 있다. 아직 출발할 시간이 되지 않아서인지 버스 문은 닫혀있었다. 아저씨, 어서 이 문을 열어주세요! 미친 듯이 에어컨을 틀어주세요!

Asian Civilisations Museum은 싱가포르에 있는 3개의 국립 박물관 중의 하나로서 1,300여 개의 아시아 전시물이 전시된 박물관이다. 본관(ACM 1)에는 중국 문화와 문명, 페라나칸의 역사, 문화, 생활상 등에 대한 자료들이 있고, 별관(ACM 2)에는 중국, 인도, 동남아시아는 물론 멀리 이슬람권까지 아시아 각국의 문화유산을 한데 전시하고 있다. 생각보다 대단한 규모와 내실 있는 구성이 놀라웠고, 관람객들도 다들 수준이 있어서 누구도 떠들거나 소란 피우지 않고 관람했기 때문에 나는 매우 조용하고 경건하고 엄숙한 분위기 속에서 쾌적한 관람을 할 수 있었다. 이 박물관은 최첨단을 달리고 있었는데 바로 전시물 안내모니터였다. 전시물 앞에는 모니터가 한 대씩 있었는데 화면을 누르면 마치 살아있는 사람이 모니터 안에 들어가 있다가, 내가 딩동~ 하고 누르면 나에게 달려와서 인사하고 지금 내 앞에 전시된 유물에 대해서 설명을 해주기 시작하는 것이다. 하이 테크날러지의 진수를 보여주고 있다. 관람을 다 하고 나오니까 2시간이 훌쩍 지나가 버렸다. 내가 쇼핑 말고 이렇게 뭔가에 집중해보기는 정말 오랜만이다.

카베나 다리를 건너서 건물들 사이를 헤집고 들어가니 이 동네는 싱가포르 은행, 차이나 은행, 타이완 은행, HSBC, Standard Chartered, 모건 맥킨리 등등의 국제적 금융기관과 독일대사관, 호주 이민관 등등의 정부기관이 소복하게 모인 그야말로 경제 정치 금융 집합지였다. 그런데 이 복잡한 빌딩 숲 한가운데에서 청춘남녀와 어린이 남녀가 알록달록 티셔츠를 입고 신 나는 음악에 몸을 맡기고 걸리면 혼 날라고 잔디밭 위에서 신나게 춤을 추고 있다.

달리 할 일도, 갈 곳도 없으니 구경이나 하지 뭐. 댄스가 끝나고, 청소년으로 보이는 어른들과 키 작은 아이들이 짝을 이루어 주변 사람들에게 무언가를 나눠주고 있었다.

뭔 일이래?

아무래도 홍보행사 같은 느낌이 들어서 자리를 벗어나려는 순간, 한 청년과 귀여운 소녀가 나에게 접근해오고 있었다. 이미 우리는 눈이 마주쳤기 때문에 모른척하고 지나가기는 좀 거시기해서 나는 가만히 서 있었다. 청년과 소녀는 거의 1미터 앞까지 나에게 다가왔다. 나한테 왜 오지? 뭔 일이래? 전단 나눠주면 그냥 땡큐 하고 지나가면 되려나? 뭔가 나에게 할 말이 있어 보이는 노란색 티셔츠 오빠와 귀여운 소녀가 드디어 나와 50센치의 거리로 우리는 대면하고 있다.

노란색 티셔츠 오빠가 나에게 엽서 같은 걸 건네주면서 중국말로 뭐라 뭐라 한다. "Sorry?"라며 반문하자 그제서야 내가 싱가포르 사람이 아님을 깨달은 노란색 티셔츠 오빠는 영어로 말하기 시작했다. 무슨 단체에서 나왔는데 자기가 건네주는 이 엽서는 지금 이 귀여운 여자아이가 직접 만든 것이라며 선물로 나에게 주겠단다. 세상의 모든 선물은 좋은 것이기 때문에 일단 엽서를 받았는데 이제 뭘 해주어야 하지? 우리 셋은 그렇게 어색하게 서 있다. 아니 어색한 건 귀여운 소녀와 소녀가 아닌데 소녀라고 자청하는 서른여섯 먹은 여성 이 둘 뿐인 거 같다. 우리는 싸우지도 않았는데 노란색 티셔츠 오빠는 어서 빨리 우리 둘이 친해졌으면 하는 눈치다. 노란색 티셔츠 오빠는 이 견딜 수 없는 어색함을 없애기 위해서인지 엽서는 집에 가서 읽어보고 오늘 행사를 위해 나온 이 작은 소녀와 사진을 찍어줄 수 없겠느냐고 물었다. 사진 찍는 거 무에 어려운 일이라고. 내가 할 일이 구체화되자 분위기는 사뭇 부드러워지는 느낌이 들기 시작했다. 이렇게 작고 예쁘고 귀여운 소녀와 함께하는 투샷이라면 내가 영광일세! 둘의 만남은 어색하지만, 이것은 작은 무시 방귀의 흔적 없는 냄새처럼 금방 없어질 것이다. 여인은 섹시하고, 소녀는 귀엽고, 오빠는 다정하다.

하지만 이 아이는 지금 몹시 불안해하고 있다. 소녀의 눈빛에는 불안 공포 초조감이 낭중지추처럼 배어 나오고 있다. 나를 향해 떠미는 노란 티셔츠 오빠의 손길을 온몸으로 막아내며 결코 앞으로 나아갈 수 없다는 의지를 작은 두 손으로 표현하고 있다. 입은 웃고 있지만, 눈빛은 불안하다. 소녀는 까만 선글라스를 쓰고 있는 까칠해 보이는 이 여자에게 결코 다가가고 싶지 않은 것이다. 오늘 행사의 내용상, 지나가는 사람을 잡아서 오늘 행사의 취지를 설명해주고, 며칠 전 여러 어린이가 모여서 손수 만들었을 엽서를 건네주어야 하는데 잘못 걸린 거다. 상황은 몹시 불리하다. 앞- 이상한 여자, 뒤- 노란색 오빠. 진퇴양난이다.

하지만 아이야, 난 무서운 사람이 아니란다. 나를 좀 봐. 금성 헤어샵에서 2만 원 주고 볶은 뽀글뽀글 파마는 얼마나 인간적이니. 내 비록 시커먼 선글라스를 쓰고 있지만 아마 내 생눈보다는 차라리 이런 모습이 너의 불안감을 감소시키는 데 도움이 될 거야. 내가 원래 아이를 좋아하지 않지만 지금 내 앞에 서 있는 너처럼 귀엽고, 순수하고, 착하고, 울지 않고, 생떼 쓰지 않고, 원하는 걸 해주지 않는다고 바닥에 눕지 않고, 우주가 흔들리도록 울지도 않고, 노란색 오빠 말을 잘 들으면서, 포스 있는 서른여섯 여성과의 교감을 시도해보려는 너라는 아이 앞에서는 내 안의 모든 온화하며 인간적인 모습을 발산하고 싶구나. 아이야, 널 해치지 않아. 나는 노란색 오빠에게서 떨어지지 않으려는 듯 양손을 쥐고 있는 아이에게 "Hi!"라며 손을 건네 보았다. 워메! 샨이 내 손을 잡아주었다.

내 손을 잡아봐 어디든 함께 갈 테니 너 없이 혼자선 그 어떤 의미조차 될 순 없어
뭐라고 말 좀 해 왜 자꾸만 울고만 있어 한 번만 안아줘 이 꿈속에서 깰 수 없도록

마음의 빗장을 열어젖힌 소녀는 나에게 다가왔다. 손을 꼭 마주 잡은 우리는 마침내 마음의 문을 열고 여인은 소녀를 꼬옥 안아주었는데 소녀는 얼마나 작고 귀여운지 나의 포옹을 거부하지 않고 여인의 품에 쏘옥 들어온다. 우리는 마침내 한국계, 말레이계, 중국계를 아우르는 민족 대통합을 이루어냈다. 오늘은 민족 대통합의 날이다. 불안 공포 초조감이 온몸을 감쌌던 소녀의 눈빛과 몸짓에는 이제 평화와 행복과 순수함만이 남아 있다. 행사가 끝나고 잔디밭에 있던 그 수많은 청춘남녀가 집에 갔는지 다 없어져 버렸다. 사진을 찍고 나니 이 노란색 오빠와 작은 소녀 샨도 집에 가야 하는지, 나에게 감사하다는 인사를 하고는 주섬주섬 가방을 챙겨서 이제 가야 한다고 했다. 잘 가요, 노란색 오빠랑 귀여운 샨! 이 엽서는 내가 집에 가서 꼭 읽어볼게. 아름다운 소녀, 샨! 잘 가.

집에 가서 읽어보라며 노란색 오빠가 건네준 샨의 귀엽고 정성스러운 노란색 엽서를 꺼내서 읽어보았다. 구세군 단체에서 주최한 행사였는데 저소득층의 어린이들을 돕자는 내용이었다. 이런 좋은 취지의 활동을 하고 있었다니 샨을 더 세게 꼬옥 안아줄 걸 그랬다.

잔디밭광장에서 여행자의 여유와 낭만을 만끽한 후 이번에는 싱가포르 예술박물관으로 가보기로 했다. 예술에 그다지 관심은 없지만, 싱가포르 패스를 가진 자 그냥 들어갈 수 있다. 하나씩 뜯어낼수록 성취감이 커지는 마법의 싱가포르 패스! 아직 바깥은 몹시 화가 난 태양이 이글거리고 있지만, 아무래도 이층 버스는 2층 자리가 최고이지. 잠시 머리 가죽이 벗겨질 듯한 고통을 참아보기로 하고 우리는 2층으로 올라가서 싱가포르의 뜨거운 바람을 온몸으로 맞으면서 예술박물관으로 갑니다!

Singapore Art Museum. 줄여서 SAM이다. 줄임말도 너무 귀여워. 박물관 앞에 있는 커다란 토끼인형 풍선은 하얀색 건물과 너무 어울렸고, 박물관이름 SAM이라는 조형물과도 너무 잘 어울리는 모습이었다. 우리는 버스에서 내리자마자 뜨거운 열기가 숨을 턱턱 막히게 하기 전에 서둘러 박물관 안으로 피신했다. 역시 박물관 안은 살벌하게 시원했다.

　우리를 가장 먼저 맞이한 조형물은 고대 여인들이 현대 문명의 이기인 노트북을 쓰고, 강렬한 빨간 백을 들고 있는 모습이었다. 민족 간 융합만 하는 줄 알았더니, 고대와 현대의 시간적 융합도 해버리는 예술의 힘이란. 사람의 상상력은 그 무엇보다 대단하다. 안쪽으로 들어가니 살벌한 조형물이 이는데 서로 악수를 하려고 하는데 한 사람의 손은 동물 머리가 살벌하게 입을 벌리고 있다. 악수하는 순간 상대방의 손은 날아가겠지. 이 조형물이 뜻하는 바는 아무리 생각해도 모르겠지만, 현대사회는 집 나가면 다 사기꾼이고 도둑놈이니 믿지 말라는 뜻인가? 살벌하고 섬뜩한 조형물은 내게 예술적 감동을 주지 못했다. 대신 핸드백을 들고 있는 고대 여인이, 노트북을 하고 있는 고대 여인이 훨씬 더 창의력 샘솟는 위트 있는 예술작품으로 다가와 몹시 인상적이다. SAM 안에 많은 작품들이 매우 흥미롭고 재미있었는데 그 가운데 나를 가장 잡아끈 조형물이 있었다. 원형의 설치물 위에 둥글게 7개의 모니터가 있고, 그 아래에는 작은 인형들과 구조물이 있다. 모니터를 가만히 쳐다보면 아래에 전시된 인형들과 구조물들을 연속촬영해서

만든 동영상이 상영되고 있다. 언어를 사용하지 않고 동작과 음악만으로 동영상이 제작되어 있는데 인종과 언어권과 상관없이 이해할 수 있도록 만들어져있는데 그 내용이 7가지 모두 가지각색이고 무척이나 재미가 있었다. 어떤 동영상은 재미있고, 어떤 것은 슬프고 비극적이고, 어떤 것은 감동적이다. 언어가 없어도 이런 감정을 느낄 수 있게 한 동영상의 연출과 시나리오도 대단하고, 그것을 연속촬영해서 동영상을 만들기 위해서 얼마나 노력했을지 감탄이 절로 나온다. 동영상을 보고 난 후 아래쪽에 놓여있는 인형들과 구조물을 보면 아까 그 동영상에서 봤던 장면이 정지된 인형들이지만, 마치 살아 움직이는 듯한 착각을 불러일으킨다. 정말 예술이라는 것은 매우 전방위적이다. 단순히 하얀 캔버스 위에 물감 묻은 붓으로 그림을 그리는 것만이 예술이 아니고, 화려한 옷을 입고 무대 위에서 춤을 추는 것만이 예술이 아니고, 노래를 부르며 악기로 리듬과 음색을 만들어내는 것만이 예술이 아니다.

한쪽 벽에는 사람들이 담배를 피우는 그림이 있다. 메릴린 먼로가 담배를 피우고 있고, 아인슈타인이 담배를 피우고 있다. 모나리자가 담배를 피우고 있고, 다이애나비가 담배를 피우고 있다. 그 옆에 내가 사랑하는 반 고흐가 담배를 피우고 있다. 우리 모두 담배를 피워보자. 달콤한 캐러멜 향이 나는 담배, 새콤달콤한 딸기향이 나는 담배, 뜨거운 태양 아래 익었을 신선한 포도향이 나는 담배. 그런 담배를 피워보고 싶다. 반 고흐 옆에서, 다이애나비 옆에서, 링컨 옆에서, 먼로와 함께 향기로운 담배를 피워보자.

SAM을 관람하고 나오니 밖은 해가 뉘엿뉘엿 넘어가는 저녁이 되었다. 박물관에 이렇게 조예가 깊은 우리가 아니었는데 말레이시아에서부터 시작되어 싱가포르까지 이어지는 흥미로운 박물관 관람은 그 뛰어난 퀄리티에 무지한 우리도 심취하게 만들어주어서

매우 의미가 있고 교육적으로도 큰 효과가 있었다. 어른도 공부하게 하는 말레이시아와 싱가포르의 박물관들은 꼭 가봐야 할 곳인 거 같다. 길 건너편에 매우 낯익은 글자가 보인다. CHIMES.

차임스는 가난한 아이들을 위해 지어진 학교이자 보육원이었지만, 세월이 흘러 새로운 부지로 학교와 예배당이 옮겨지며 지금의 모습으로 재개발되어 싱가포르 명소가 되었는데, 안으로 들어가 보니 겉에서 보는 것과는 달리 상당히 넓었고, 마치 과거 속으로 들어와 있는 듯한 착각을 불러일으킬 만큼 고풍스러운 교회와 땅 아래쪽으로 펼쳐져 있는 넓은 카페가 매우 환상적인 분위기를 만들고 있다. 해가 뉘엿뉘엿 넘어가는 시점에서의 이 풍경은 더욱더 로맨틱하게 다가오고 있다.

이야! 정말 환상적이다. 저런 곳에서 먹으면 맛도 환상이겠지? 가격도 환상일 거야. 이렇게 바다 아래쪽에 지하이면서 위가 열려 지하가 아닌 건축물 구조가 참 아름답고 환상적인 분위기를 만들어낸다. 아프리카에 이런 교회가 있다. 에티오피아 랄리벨라에 있는 Bet Gyorgis라는 교회인데, 암벽으로 이루어진 산에서 그 암벽을 아래로 파서 건축물을 만들어낸 것이다. 땅을 파서 건축물을 만들었으니 그 건축물은 지하에 생긴 셈이다. TV

에서 그 모습을 보고 사뭇 감동한 적이 있었는데, 지금 눈앞에 보이는 차임스도 비슷하게 땅 아래에 레스토랑이 자리 잡고 있는데 분위기가 매우 극적이다. 사랑하는 연인들이 이곳에서 식사를 하면 없던 사랑화산이 폭발할 것 같다. 아무래도 이 광경은 저 밑에 앉아서 식사하는 것보다 위에서 바라보는 것이 훨씬 멋진 것 같다. 차임스가 너무너무 로맨틱하다. 바라만 보아도 로맨틱한 기분이 물씬물씬 풍기는 것이, Anna sui를 입고, Chanel을 뿌리고, miu miu를 신고 저기를 또각또각 걸어가서 멋진 테이블에 자리를 잡고 멋지게 차려입은 택이와 맛있는 스테이크를 먹고 싶다.

는 개뿔, 면양말에, 운동화에, 온종일 돌아다녔더니 치리치리 뱅뱅 체육복이 땀에 다 절어버린 힘 빠진 여행자가 요기 있네! 스테이크는 무슨, 한국 가면 삼겹살이나 사무라, 고마!

태양이 자러 들어간 밤의 싱가포르는 몹시 쾌적하다. 사람을 잡아먹을 듯한 한낮의 뜨거운 열기는 사라지고, 매우 인간적으로 시원한 날씨와 고즈넉함이 우리를 감싸 안아준다. 싱가포르의 밤은 몹시 친근하게 내 살을 비비면서 내 품 안으로 안겨온다. 이제 친해졌으니 떠나지 말라고 속삭이면서. 아, 이별의 고통이여! 이렇게 귀엽고 착한 아이 너를 두고 나는 내일 신들의 섬 발리로 가리라~. 오예! 지화자! 이별은 이별이고, 발리는 발리로다. 몹시 낭만적으로 싱가포르의 밤거리를 걷다 보니 어느새 우리는 클락키에 가까워지고 있다. 심장을 바운쓰 바운쓰하게 만드는 음악이 저 멀리서 아련히 들려오기 시작한다. 밤에 피는 장미, 클락키야! 너도 오늘 밤이 마지막이다. 클락키로 이어지는 운치 있는 지하도가 나타났다. 예쁘다 예쁘다, 해주니까 지하도까지 예뻐. 깨끗해.

지하도에 가까워지자 웬 청량한 아이의 노랫소리가 저 멀리서 들리기 시작한다. 뭐지? 지하도로 본격적으로 들어서니 대략 17세~25세 정도로 보이는 남자아이가 수줍게 기타를 들고 생 라이브로 노래를 부르고 있다. 소년 앞에는 기타 케이스가 수납창구를 대신하고 있었다. 나는 뉴욕시의 허름한 지하철역 안에서 수줍게 노래를 부르고 있는 훈남과 단둘이 대면하고 있는, 안나수이와 가방과 슈즈와 옷과 패션과 마리아 분식 칼국수를 좋아하는 꽃다운 서른여섯 소녀를 발견하였다. 나는 셀프 수납창구에 1싱가포르 달러를 납부하고 편한 마음으로 소년 혹은 청년의 음악을 향한 불타는 의지의 목소리를 감상하기로 했다. 수납창구에 수납이 되는 것을 확인한 아이는 몹시 기뻐하는 눈치다. 아이야. 그럼 풍악을 울려주길 바래!

풍악이 시작되었다. 지하도에 감미로운 풍악이 울려 퍼진다. 이런 낭만적인 장면이 있나! 지하도에서 노래하는 청년과 그의 노래를 감상하는 한 가녀린 소녀의 투 샷이라니! 청년은 부끄러운 듯 쑥스러워하며 노래를 계속한다. 너무 부끄러워 나와 눈도 마주치지 못한다. 아이야! 널 해치지 않아. 그의 노래는 청량하게 울리면서 나의 시선과 귀와 마음을 사로잡는 바로 이 순간! 영화의 한 장면 같다. 청년아, 더욱더 목청을 높이려무나! 너의 쏘울이 이 지구를 흔들어버리도록! 지금 이 지구에는 노래하는 너와, 감상하는 나와, 사진 찍는 택이, 지나가는 행인1 이렇게 우리 넷뿐이다. 청년아! 더욱더 불러

보렴. 너의 청춘을 불살라주렴. 한 곡을 무사히 마친 청년에게 나는 감사하다는 인사를 건네고 우리들의 이 아름다운 만남을 가슴속에 새기며 지하도를 빠져나왔다. 클락키는 낭만이다. 싱가포르는 낭만이다.

지하도에서 자전거 타는 너 이 시키, 벌금 100만 원!

클락키는 오늘 밤도 여전히 활짝 만개한 한 송이 빨간 장미 같다. 여전히 가지각색의 풍악들로 클락키는 들썩이고 있고, 수많은 사람이 흥에 겨워, 술에 취해 이 낭만을 온몸으로 만끽하고 있는 클락키. 한쪽에서 매우 리듬감 있는 북소리가 나길래 사람들이 많이 모여있는 가운데를 비 사이로 막가 선생에 빙의해서 요리 샥샥, 조리 샥샥, 틈새시장을 공략해서 제일 앞쪽으로 들어가는 데 성공하였다. 하얀색의 미니부스가 설치되어 있는, Moet&Chandon이라고 적혀있는 바 앞에서 하얀색 정장을 입은 세 명의 남성들이 아주 그냥 신이 나게 북을 치고 있었다. Moet&Chandon이 그냥 이 Bar의 간판제목인 줄 알았는데 알고 보니 프랑스 샴페인이름이었다. 바 인테리어, 아웃테리어가 모두 세련되고 고급스러워! 부의 향기에 코피가 팡팡! 북 치는 아이들의 패션 감각도 장난이 아니야! 북의 리듬까지 세련될 지경이야! 이게 심상치 않은 브랜드인가 싶어서 내가 잠시 검색을 해보았다.

Moet&Chandon: 모엣샹동, 루이뷔통 그룹의 샴페인회사이자 샴페인의 브랜드. LVMH사가 소유하고 있으며 브랜드의 본사는 프랑스의 에페르네(Epernay)에 있다.

역시 루이뷔통의 샴페인이라 그런지 부의 향기에 숨이 막힐 지경. 아니 그건 그렇다 치고 지금 와인이 문제가 아니라! 북 치는 소년들의 개성 있는 패션이 문제가 아니라! 한 손에는 새끼손가락을 치켜들고 와인잔을 들고, 머리는 all back pony tail을 하고, 화이트 쇼트 팬츠에, 화이트 이너셔츠에, Moet라고 금박글씨가 등판에 새겨진 흰 재킷에, 금색 화려한 힐을 신고, Bar의 실내와 실외를 왔다 갔다 하며 쭉쭉 뻗은 다리를 자랑하며, 키가 172에 몸무게는 고작 48킬로 정도 나갈 것 같은 Gorgeous body를 자랑하며, 농염하고 섹시한 눈빛을 흘리며, 너무나 꾀꼬리같이 아름다운 목소리로 남심을 녹일 듯한 웃음소리를 자아내는 두 명의 여성이 사람들 사이를 휘젓고 다니는 것이다.

어머 언니들, 짱이에요! 부러워요! 한 번 사는 인생 님들처럼 살아보고 싶어요. 예전에 『공감토크쇼- 대한민국 1% 공부의 신』이라는 프로그램에 섭외되어 녹화한 적이 있었다. 한겨울에 녹화했는데 한여름 가장 청취율 낮은 시간대에 방송돼서 내 주위 사람만 알고 있는 방송출연이다. 녹화 종반부에 패널로 나오셨던 연예인분들이 안 똑똑한데 외모가 김태희, 똑똑한데 지금 당신의 외모 둘 중 하나를 고르겠느냐는 질문에 나는 후자를 택했다. 아, 지금 생각해도 그때 데프콘 님이 어찌나 웃기고 재미있던지, 지구에서 제일 예쁜데 한글을 몰라! 지구에서 제일 똑똑하고 성적이 상위 1%인데 외모가 차마 눈 뜨고 볼 수가 없어! 이러시는데 허파가 뒤집어지는 줄 알았다. 난 대체 무슨 자신감으로 후자를 선택했나? 뭐 배고픈 소크라테스로 살다가 죽을라고? 곧 죽어도 나의 지성과 자존심을 버릴 수 없었기 때문에 나는 다시 태어나도 성적 상위 1% 안에 드는 소크라테스가 되겠노라 했다.

미친.

공부 잘해서 뭐 하려고? 지금 내 눈앞에 서 있는 저 화려한 여성들을 보아라. 그 얼마나 아름답고 화려하며 즐겁고 럭셔리한 인생이냐 말이다. 인생 천 년 만 년 사는 것도 아닌데 한번 사는 인생 저렇게 아름다운 외모로 화려하게 살다가 가고 싶은 소망이 지금 이 순간 간절하다.

발리

눈물 젖은 발리 공항,
이별의 발리 공항

¶ 발리로 향하는 하늘은 너무너무 파랗다. 조금 전까지는 싱가포르였는데 지금은 발리 하늘 한가운데에 떠 있다. 신들의 섬 발리로 가고 있다는 설렘과 흥분 속에 이곳이 우리들의 마지막 여행지라는 절망(?)이 함께 뒤섞인 짬뽕 같은 머릿속이 되어버렸다. 이게 마지막이라니! 올 것 같지 않던 45일 여행의 마지막 종착지라니! 눈물은 거두어야 한다. 신들의 섬 발리에서의 1주일을 멋지게 보내고 우리의 화려한 45일의 여행을 장식할 수 있도록 그 누구보다 재미있게 보내고, 그 누구보다 아무것도 하지 않고 온전한 평화와 자유를 누리기 위해 우리는 발리로 날아가 보자!

누가 보면 수학시험 치는 줄 알겠다. 열심히 풀어서 옆에 앉은 사람, 뒤에 앉은 사람 아무도 못 보게 답을 쓰는 아이처럼 나는 머리를 처박고 뭔가를 열심히 쓰고 있다. 발리 입국신고서다.

공항에 내리자마자 입국장에 있는 현금인출기에서 인도네시아 루피화를 인출하였다. 아끼고 살았더니 45일간의 여행 중에 38일을 마친 이 시점에 400만 원의 여행자금 중 150만 원이 남아있다. 정말 믿을 수 없는 일이 아닐 수 없다. 몇 시간 전에 싱가포르에서의 마지막 식사를 한 마리 토끼에 빙의해 풀만 무성한 샤부샤부를 먹던 나의 모습이 떠오른다. 풀 맛 나는 샤부샤부는 순간이지만, 통장의 150만 원은 영원하다. 나는 50만 원만 있어도 충분할 것 같아 그만큼만 찾아서 공항을 빠져나갔는데 큰 실수였다. 나중에 돈 없어서 어떤 사단이 생길 것도 모른 채 우리는 그렇게 유유히 공항을 빠져나왔다.

우리들의 마지막 여행지 발리는 신들의 섬이지 않은가. 그렇다. 발리에는 정말 환상적이고 넋을 잃을 만큼 좋은 리조트와 숙소가 지천으로 깔렸다. 하지만 인생 어디 쉬운가? 넋을 잃을 만큼 좋은 리조트는 가격도 넋을 잃을 정도이다. 사실 발리에서 6일을 보내면서 좋은데 가서 스파도 받을 것이고, 수영장이 딸린 환상적인 카페에서 일몰을 즐길 것이고, 밤에는 심장이 다 쿵쾅거리는 시끄러운 클럽에 가서 방콕 2탄으로 다시 청춘을 불사를 것이므로 비싼 숙소가 필요가 없었으므로 합리적인 가격과 좋은 위치에, 수영장도 있는 꾸따 지역의 한 부티크 호텔을 예약하고 왔다. 꾸따 지역은 발리 공항과 매우 가까워서 대부분의 꾸따 지역 호텔들은 공항 픽업서비스를 무료로 제공해주고 있다. 우리도 매우 우아하게 픽업 차량에 실려 마침내 우리가 예약해놓은 호텔로 아주 쉽게 도착했다. 인생도 이렇게 쉽다면 얼마나 좋을까? 공항에서 숙소까지 이렇게 편리하고도 쉽게 오는 건 지금이 이번 여행에서 처음이자 마지막이다. 호텔 외관은 꽤 세련되었고 우리를 반겨주는 직원들도 몹시 친절했고, 1박에 5만 원이라는 저렴한 가격에 이 정도의 깨끗함과 정갈함은 매우 만족스러웠다. 우리는 예약쿠폰을 보여주고 곧 우리의 방 키를 받아서 객실로 향했다. 언제나 예약해놓은 방문을 처음 열 때가 제일 떨려! 막 열어젖혀!

이건 마치 신혼여행자를 위한 분위기다. 오오, 로맨틱해! 깨끗해! 맘에 들어! 대충 짐 풀고 나니 빨랫감이 산더미다. 체크인할 때 받은 세탁서비스 할인쿠폰이 있어서 로비에 빨랫감을 맡기고 점심때 이후로 아무것도 못 먹어서 근처에 문 연 식당이 있나 나가보

앉다. 다행히 호텔 바로 옆에 작은 식당이 영업 중이어서 난 스파게티를 시키고 택이는 볶음밥을 시켰다. 휴양지치고는 저렴한 편이었고 분위기도 썩 나쁘지 않다. 발리에서는 일정이 없다. 그냥 하고 싶은 거 하고, 가고 싶은 데 가고, 할 거 없으면 호텔에서 시원한 에어컨 바람 쐬면서 잘 거다. 등 따시고 배부르고 잠 오고! 이것이 바로 그 말로만 듣던 개 팔자 상팔자! 발리 여행의 콘셉트는 개 팔자, 상팔자다. 우리는 방으로 돌아와 즉시 실천을 하며 그대로 실신. 딥 슬리핑 돌입.

신들의 섬 발리에 그분이 오시다니, 이런 젠장!

¶ 세수만 하고 수영복으로 갈아입은 후, MP3랑 책과 노트북을 주섬주섬 챙겨서 옥상 수영장으로 올라갔다. 이야! 전망이 아주 그냥 죽여주는데! 하늘에 뭉게뭉게 피어 올라 있는 구름들이 나와 어찌나 가깝게 있는 느낌인지 발에 스프링을 장착해서 점프하면 곧 닿을 것 같다. 신들의 섬 발리에서 처음 맞이하는 아침인데 하늘과 나 사이에 아무것도 없는 옥상에서 발리도 감상하고, 노트북으로 사진도 감상하고, 수영장에서 재미나게 수영도 하고 싶다. 수영장과 뭉게구름 가득한 하늘이 온전하게 다 보이는 좋은

자리에 썬타올을 깔고 누워서 오늘의 아침을 멋지게 시작해본다. 옥상에 올라오니 썬타올도 무료로 빌려주고 좋다.

　선베드에 대충 살림을 정리해놓고 수영장에 들어가려는데 아침이라 그런지, 옥상이라 그런지 바람이 몹시 불어댄다. 이번 여행지에서 가장 남쪽인데 왜 이렇게 시원한 거야? 아니 조금 더 정확한 표현은 너무 춥다! 바람이 너무 차갑고 공기도 너무 차갑다. 태풍이 오고 있나? 이게 무슨 기상 대이변인지 지구가 망할 징조는 아닌지. 지금까지 여행한 곳 중에 적도에 가장 가까운데 너무나 춥다. 어쩐지 아까부터 저 관광객 2명도 수영장에 들어갈 생각을 안 하고 있다. 나도 입수를 포기하고 선베드에 누워 신 나는 음악감상부터 하기로 했다. 헤드폰을 꼽고 신 나게 음악감상을 하는데도 바람이 차가워서 온몸이 얼 것 같다. 9년 전 발리에 왔을 때는 쪄 죽을 뻔했는데, 뜨거운 햇살로 살과 살이 탄 나머지 온몸이 벌겋게 달아오르고 따가움을 못 이겨 스테로이드를 보디로션 바르듯 했던 그때의 기억이 아직도 생생한데, 7월 말을 달리는 지금 추위가 웬 말인가! 하, 나 참. 나는 프론트에서 썬타올 2장 더 빌려 와서 이불처럼 덮고 음악감상을 해야 했다. 어우 추워. 대형 썬타올을 덮으니 좀 따뜻해져서 살만하다. 수영장 입수를 못 해서 아쉽긴

하지만 마지막 휴양을 하고 한국으로 돌아갈 이곳 발리에서만큼은 더위를 피할 수 있겠다 싶어서 갑자기 기분이 좋아졌다. 그동안 뜨거운 태양과 심한 더위로 얼마나 힘들었던가! 차라리 잘됐다. 이왕 썰렁한 거 한국으로 돌아가는 그날까지 계속 썰렁해서 우리 여행의 비타민이 되어주길 바래.

꾸따 시내를 한번 둘러보기로 했다. 베트남에 마일린이 있다면, 발리에는 Blue bird가 있다. 호텔 앞에는 택시가 즐비하게 줄을 서 있고, 지나가는 블루버드 택시도 어렵지 않게 잡을 수 있고 가격도 꽤 저렴한 편이다. 적어도 태국에서처럼 택시 타는 일이 공포로 다가오지 않아서 정말 좋다. 낮이라서 그런지 생각보다는 한산한 분위기다. 몇몇 클럽들이 눈에 보이기 시작했는데 발리에 있으면서 청춘을 어디서 불태울지를 면밀히 사전답사 중인 주연이다. 스카이 가든, 엠바고, 바운티 등등의 클럽이 내 눈에 하나둘씩 쏙쏙 들어오는데 다들 꾸따의 작은 길 사이사이에 모여 있어서 클러빙하기에 딱 좋은 환경이다. 길이 끝나는 곳에는 2002년 나이트클럽에서 발생한 자살폭탄테러로 희생된 수백 명의 사람들을 기리는 추모비가 보였다. 폭탄테러로 희생된 사람들의 이름이 하나하나 적힌 추모비를 보고 있자니 갑자기 무서운 생각도 들고 오늘 밤은 괜찮을까, 내일 밤은 괜찮을까, 우리가 발리에 묵고 있을 동안 무슨 사고라도 나지 않을까 싶은 생각에 들뜬 마음이 차갑게 식어갔다. 그리고 이제껏 늘 조심해왔지만, 사람들 눈에 띄는 행동은 절대 하지 말아야겠다며 몸을 사려야겠다는 생각이 들었다. 그런데 어제부터 컨디션이 안 좋더라니, 몸이 천근만근이 된 느낌이다. 느낌이 안 좋을 때 무리하면 안 된다. 나는 기분도 영 안 좋아서 택이 손잡고 그냥 호텔로 돌아왔다. 그런데 신들의 섬 발리에서 수영도 하고, 일회용 팬티만 입고 꽃잎 목욕하는 스파도 받으러 가야 하고, 멋진 수영장이 딸린 레스토랑 가서 아름다운 석양을 보면서 수영 해야 하는데 그분이 오셨네. 눈치 없이 딴 데도 아니고 신들의 섬, 발리에서! 짜증 나게 왔어! 막 와! 망했네, 망했어. 밤에는 꾸따 클럽가에서 클러빙을 하면서 청춘을 불태워야 하는데 그 님이 이렇게 오셨으니 아, 어쩌란 말이냐 트위스트 추면서. 나는 그 님이 오시면 기분이 몹시 우울해지고, 짜증이 폭발하고, 온몸이 부서질 듯한 심한 몸살에 돌입한다. 그래도 초반에 다량의 ibuprofen을 드링킹하면 증상은 매우 호전되기 때문에 약 꾸러미를 풀어제끼고 일단 dexibuprofen 600mg을 폭풍 드링킹한 후, 최대한 몸을 보하기 위해 이불에 폭 파묻혀서 잠을 청했다. 머리끝부터 발끝까지 세상의 통증이란 통증이 다 내 몸에 들어온 거 같은 극심한 고통이 나를 괴롭힌다. 나는 시름시름 앓으면서 결국 잠이 들었다.

배고파서 눈을 떠보니 밤 9시. 불쌍한 택이는 나 때문에 저녁도 못 먹고 그냥 멀뚱멀뚱하게 5시간 동안이나 내 옆에 있어준 것이다. 배가 고프다고 아파서 누워있는 나를 깨우지도 못하고, 혼자 나가서 먹으려니 그것도 마음이 불편해서 내가 언제 깰지도 모르는데, 내일 아침에 깰지도 모르는데 나를 가만히 지켜만 보고 있던 김용택님! 오늘 저녁은 당신이 좋아하는 스시 먹으러 가자. 한 끼에 만원 넘어도 된다. 우리가 하도 알뜰살뜰하게 여행을 다녀서 무려 150만 원이나 남아있지 않았느냐?

비록 밤바람이 차가워서 숄을 두르긴 했지만 야외석이 있는 일식집에서 실내에 들어가기는 왠지 싫어서 우리는 야외석에 앉아서 초밥과 가벼운 알코올을 주문하고 오늘의 만찬을 즐기기로 한다. 여행 와서 다른 여행객들을 보면 많은 생각이 든다. 저 사람은 어디에서 왔을까, 이 여행을 얼마 동안이나 하고 있을까, 어떤 호텔에서 묵고 있을까, 어디 어디 가봤을까, 지금 무슨 얘기를 하고 있을까, 언제 자기 나라로 돌아갈까, 저 사람은 한국 가봤을까? 나이 많은 부부를 보면 궁금증보다는 부러움이 앞선다. 은퇴하고 두둑한 은퇴자금으로 여행하고 있을 것 같은 복지선진국에서 온 사람 같아서 너무너무 부럽고, 내가 저 나이 돼서 저 사람들처럼 다정하게 이 좋은 여행지를 다니면서 행복한 시간을 가질 수 있을까 싶어서 부럽다. 난 복지선진국의 국민도 아니고, 은퇴자금이 나오는 직업도 아니고, 내가 늙었을 때는 정부가 연금을 다 해 처먹어서 연금도 안 나올 거 같고, 연금도 안 나오는데 저들처럼 저렇게 세상 근심·걱정 없이 비행기 타고 행복하게 여행 다닐 수 있을까? 그래서 한 살이라도 젊을 때 온갖 동네를 다 가보고, 하고 싶은 거 다 해보고 살다가 아주 그냥 뜨겁게 활활 타다가 한 줌의 재도 남김없이 소진되고 싶다. 오늘 뉴스에 대한민국 어린이 주식 부자 상위 20명 리스트가 나왔던데 1등이 12살짜리로, 재산이 430억이더라. 좋겠다. 부럽다. 비록 우리는 430억도 없고, 170억도 없긴 한데 그렇다고 희망을 놓고 살 순 없잖아. 니들 인생도 지화자긴 하다만, 우리는 우리의 꿈과 희망으로 인생을 살아갈 거거든. 열심히 벌어서 저 호호 할머니, 호호 할아버지처럼 나중에 우리도 손 꼭 잡고 여행 계속 다니자, 택아. 알았지?

참치초밥은 꽤나 부드러웠다. 빈땅 맥주와 함께 초밥을 한 점 먹었는데 역시 초밥은 간장 와사비 장이지. 그런데 아무래도 회는 맥주보다는 소주다. 소주 한잔 딱 하면 참 좋겠네. 택이는 있잖아요. 뭐 맛있는 거 먹을 때 눈을 감아요. 나는 그게 너무너무 신기해요.

발리에 왔는데 호텔방에서 TV 시청이라니, 이런 젠장!

¶ 주연이의 Mensturation으로 인해 전면 일정취소. 주연이는 하루종일 숙소 침대에서 요양을 하고, 택이는 하루종일 주연이 시중을 들어주고 나머지 시간은 침대에서 TV 시청 및 인터넷 하기.

눈물 젖은 발리 공항, 이별의 발리 공항

¶ 이틀 반나절을 완벽하게 호텔방에서 두문불출하면서 요양을 하였더니 컨디션이 한결 회복되었다. 약발 때문에 오늘은 정말 몸에서 느껴지는 통증이 95% 이상 날아가 버린 느낌이다. 그런데 호텔을 1박만 결제하고 와서 나머지 5박 금액을 현금으로 다 지급하고 나니 돈이 없다. 발리 공항에 입국할 때 미리미리 넉넉하게 인출했어야 했는데 호텔비를 지급해야 하는 걸 깜박하고 대충 50만 원만 찾아서 왔더니, 결국엔 돈이 모자라는 사태가 발생하고야 말았다. 숙소에서 가장 가까운 곳이 공항에 있는 현금인출기라서 아침을 대충 먹고 택시를 타고 공항으로 갔다. 컨디션도 좋고 오랜만에 나온다고 화장도 했다. 시커먼 스모키에, 볼 터치도 좀 해주고 립스틱도 좀 발라주었더니 섹시한 여성이 요기 있네? 사실 여행하면서 거의 거지꼴 비슷하게 다녔기 때문에 가끔 이렇게 화장을 하면 기분 전환도 되고, 잘 나가는 패션피플로 태어난 것 같은 착각도 느껴지기 때문에 빡세게 화장을 하고 나오니 기분이 날아갈 것만 같다. 이렇게 밖에 나와서 바깥 공기도 쐬고 돈 찾아서 맛난 거 먹으러 갈 생각을 하니 영 기분이 업 되는 것이 너무 신 나고 좋다.

이제 현금 인출기로 가야 하는데 약간 애매한 것이, 인출기는 입국장에 있고, 우리가 들어갈 수 있는 곳은 출국장이다. 어떻게 들어가야 할지 몰라서 근처에 있던 공항 사무실로 가서 입국장에 있는 현금인출기로 가는 방법을 물어보았다. 공항직원들도 이런 일은 처음 있는 일인지 잠시 기다려보라며 사무실 안쪽에 있던 관계자들을 찾아 자기들끼리 이야기를 하는 하고 있다. 나는 반드시 우리를 도와줄 것이라는 확신이 있어서 다소곳이 창문 밖에서 기다렸다. 나의 예상은 적중해서 잠시 후에 남자직원이 나를 안쪽으로 부르더니 이 문으로 들어가면 입국장으로 연결되니까 현금인출기에서 돈을 뽑아서 나오면 된다고 알려주어서 택이는 여기서 기다리기로 하고 내가 돈을 뽑아 오기로 했다. 잠시 후에 우주에서 가장 비극적인 일이 일어날지도 모른 채 나는 직원이 안내해준 대로 문을 통과해서 현금을 인출하러 갔다. 그리고 정말 딴 데는 눈길 하나 안 주고 현금인출기를 찾아 소기의 목적을 달성하여 두둑한 현금을 챙겨, 왔던 길 그대로 문을 통과해서 다시 이곳으로 나왔는데 택이가 없다. 택이가 없어졌다. 직원들에게 내 남자친구 어디 갔느냐고 하니까 저쪽 입국장으로 가 있다고 한다. 뭔가 불길한 느낌이 든다. 나는 사람들이 나오는 입국장으로 가보았는데 택이는 찾을 수 없었다. 아무리 찾아도 택이가 없었다. 불길한 예감은 현실이 되어 입국장을 빠져나와 택시 승차장까지 나와 보았지만, 택이는 없다. 원래 기다리기로 했던 사무실 앞쪽으로 다시 와서 택이를 찾아보았지만, 택이는 없다. 나의 표정이 일그러지기 시작한다. 심장이 쿵쾅대기 시작하고 손에 땀이 나기 시작한다. 나는 휴대전화도 없기 때문에 택이한테 연락할 수도 없고, 설령 할 수 있다고 해도 택이 전화번호를 모른다. 아니, 남자친구 전화번호 모른다는 게 말이 되냐고 의아해할지도 모르겠지만, 택이가 한국에서 쓰는 전화번호야 당연히 알고 있지만 택이는 발리에 도착한 첫날, 꾸따 시내에서 택이 핸드폰에 유심칩을 사서 끼워 넣었다. 유심칩을 끼워 넣으면 새로운 번호가 발급되는데 나는 그 번호를 모른단 말이다. 우리는 만일의 경우 현지에서 전화를 써야 할 경우를 대비해서 유심칩을 끼운 것이지, 내가 택이한테 전화를 할 일은 단 한 번도 없기 때문에 나라를 이동할 때마다 새로운 유심칩을 끼워서 생기는 택이의 새로운 번호를 난 모른단 말이다. 거기다가 택이는 지금 돈 한 푼도 없다. 돈이라고는 지금 내 수중에 두둑히 쥐어져 있을 뿐 택이는 돈도 없는데! 핸드폰으로 연락할 수도 없는데! 이 넓은 공항에서 택이를 찾을 수가 없는데! 누가 아무래도 택이를 잡아간 것 같다. 사람이 선하고 생겨서 만만하게 보고 누가 택이를 납치해 간 거 같다. 나는 그만 눈에 눈물이 그렁그렁 맺히고 아이를 잃은 엄마처럼 미친 듯이 공항을 이 잡듯 파헤치기 시작했다. 원래 사무소 자리에 몇 번이나 갔는데, 이 직원들도 우리가 헤어져서 서로 못 찾고 있는 사태의 심각성을 파악했는지 모르는지 자꾸 저쪽 입국장으로 가라고 한다. 이것들이 내가 저 입국장으로 나올 거라고 택이한테 그쪽으로 가라고 했다고 한다. 정말 미쳐버릴 것 같다. 심장이 터져버릴 것만 같다. 왜 가만히 있는 택이를 저쪽으로 가서 기다리라고 시킨 이 인간들이 너무너무 밉고! 내가 여기서 기다리라고 했는데, 이 인간들 말 듣고 다른 곳으로 가버린 택이도 너무너무 밉고! 여기서 영영 택이를 못 찾으면 나 혼자 한국으로 돌아가서 국제미아신고라도 해야 하는 건지…. 정말 온갖 생각이 다 들면서 택이를 잃어버렸다는 생각에 구역질까지 나기 시작했다. 심장이 터질 것 같고, 오장육부가 다 터져버릴 것만 같다. 택이를 만약에 못 찾고, 영원히 우리는 이렇게 이별하고, 택이는 영원히 국제미아로 남겨져버린다면…. 극단적인 생각이 나를 미치게 하고 있었다. 미친 사람처럼 공항을 헤매고 다녔다. 입국장과 사무실, 택시승차장, 음식점, 카페 등등 온 공항을 다 헤매었고, 나는 거의 실성할 지경에 이르렀다. 그때 내 바로 뒤에서 누가 내 이름을 부른다. 미친 듯이 돌아보니 택이가 숨을 헉헉거리면서 서 있다. 택이를 보자마자 눈물이 쏟아지는데, 정말 내 몸 안에 수분이 다 빠져나가는 것처럼 눈물이 흘러내렸다. 택이도 너무 놀랐는지 갈비뼈가 으스러지도록 나를 안았다. 나는 정말 세상의 모든 설움이 내 안에 들어온 것처럼 서럽고, 택이가 없어졌다는 불안감과 공포감에 떨었던 그 시간이 너무너무 무섭고, 왜 내 말 안 듣고 다른 사람이 거기로 가라고 한다고 가서, 나를 이렇게 미치도록 힘들게 만드냐는 원망에 몸서리치면서 진짜 눈이 퉁퉁 부어서 떠지지 않을 정도로 울었다. 울어도, 울어도 눈물이 그치지를 않는다. 택이가 나를 꼭 안아주고, 머리도 쓰다듬어주고, 이제 괜찮다며 아무리 위로를 해주어도 눈물이 안 멈춘다. 오늘 안에는 눈물이 안 멈출 것 같다. 얼마나 서럽게 울었는지 목도 다 쉬어버렸다. 온몸에 힘이 빠지고 다리도 후들거리고 내가 그렇게 떨어지지 않도록 여기서 기다리라고 했는데, 다른 곳으로 가버린 이 남자가 정말 미워서 미칠 지경이다. 우주에서 제일 밉다. 여자친구 혼자 이렇게 공포에 떨게 한 이 남자가 세상에서 제일 밉다. 나는 폭풍 눈물 콧물을 택이 어깨에 다 묻히면서 온갖 원망의 말을 다 뱉어냈는데 택이 품에 안겨서 말하니까 무슨 말 하는지 택이가 알아듣고 있는지나 모르겠다. 그래도 온 힘을 다해서 고래고래 소리를 지르며 원망의 말을 뱉어내고 있고, 택이는 연신 미안하다며, 자기가 잘못했다며, 앞으로는 절대 어디 안 갈 거라며, 앞으로는 절대 다른 사람 말 안 듣고 내 말만 잘 듣겠다며 수천 번을 다짐하고 사과했다.

그렇게 택이님 품에 안겨 내가 얼마를 울었는지 모른다. 그 설움과 무서움과 안절부절과 공포와 당황과 불안과 초조함을 어찌 말로 다 표현할 수 있겠느냐며! 너비 1센치에 육박하던 내 스모키 화장은 다 어디 갔느냐며! 언더라인에 그려놓은 내 까만색 펄 블랙 아이라이너 흔적은 어디 갔느냐며! 동양여성의 매력 오렌지빛 볼 터치는 어디 갔느냐며! 내 앵두 같은 입술에 펴 발라진 이브 생로랑 립스틱은 어디 갔느냐며! 실크 테라피와 미스 토픽과 팬틴 헤어 에센스로 정갈했던 내 머리카락 라인은 다 어디 갔느냐며! 아까 그 발랄하고 생기 넘치던 서른여섯 처자는 어디를 가고 웬 집시 여성이 지금 여기 서 있느냐며!!!

그래도 택이님 품에 안겨서 20분 정도를 울고 나니 마음이 좀 진정이 되고, 안겨있는 기분이 좋아서 붕괴한 멘탈이 조금씩 극복되고 있다. 우주에서 영영 헤어질 것 같았던 공포는 극적인 만남으로 사라지고, 우리는 그때부터 손을 어찌나 꼭 잡고 걸었던지 종일 손이 으스러지는 줄 알았다. 결론적으로는 생이별하는 줄 알았던 택이와 나는 감동적이고 극적인 재회를 하였고, 무사히 두둑한 인도네시아 루피를 인출하는데 성공했고, 이때부터 손과 손 사이에 초강력 본드가 발려진 것처럼 절대 손을 놓지 않고 다니기 시작했다는 것이다. 다시는 오늘과 같은 불상사는 생기지 말아야 하기 때문에 아주 그냥 잃어버린 딸자식 찾은 아빠처럼 택이가 내 손을 잡고 다니는데, 손에 땀이 홍건하거나 말거나 아주 그냥 초강력 접착제를 붙여놓은 것 같다. 의도한 이별은 아니지만 30분간의 이별은 우리의 사랑을 더욱 끈적끈적하게 만들어주었다. 좋은 끈적함이다. 손이 덥구나. 좋은 사랑이다. 마음을 좀 진정시키기 위해서 공항에 있는 작은 벤치에 앉았는데 눈물이 자꾸만 흘러나온다. 아까 다 울었던 줄 알았는데 주연이 눈에서 수도꼭지처럼 눈물이 줄줄 흐르기 시작했다. 아주 그냥 어깨가 바운스 바운스 하며 춤을 추는데 택이는 내가 너무 서럽게 우니까 어쩔 줄을 몰라서 갈비뼈 나가도록 꼬옥 안고 울지마, 울지마 한다. 울지마 울지마 하니까 더 눈물이 나는 것은 무슨 법칙인가요? 울지마 할 때마다 전 우주의 설움이 내 안에 들어온 듯 폭풍 눈물이 쏟아진다. 그럴수록 택이가 나를 더 세게 안아서 이러다가는 죽겠다 싶어서 울음을 그쳤다. 바운스 바운스 하던 어깨도 멈추었다. 그러자 택이가 나를 안고 있는 압박도가 덜해지면서 나를 풀어주었다. 살았다.

　현금도 두둑해졌으니 꾸따로 가서 밥도 먹고 기념품도 사면서 하루를 탱자탱자 하면서 보내기로 하고 공항에서 택시를 잡아탔다. 발리는 공항 택시라고 돈 더 받거나 비싸지 않아서 아주 좋다. 아저씨, 꾸따로 가주세요.

　꾸따 시내에서 바닷가는 몹시 가깝다. 늦은 오후 시간이 되어서 조금만 있으면 멋진 석양을 볼 수도 있겠다 싶은 몽환적인 분위기의 꾸다 해변. 밥도 먹고, 택이 손잡고 발리 바다를 좀 걷고 있으니 나의 마음은 점점 더 회복기로 접어들고 있다. 한 번만 더 없어지기만 해봐레이! 죽이뿐데이!

이것은 과연 34만 원짜리 방수 똑딱이 디카로 찍은 사진임이 틀림이 없는데 이렇게 환상적일 수가! 바닷가에 타올 깔고 아름다운 석양을 온몸으로 흡수하고 있는 너희들이 부러워. 세상 그 무엇에도 간섭받지 않고 앞에는 태양과 바다만이 펼쳐져 있는 이 해변에서 명품 닥터드레 헤드폰을 끼고 Barbara Streisand를 듣는다면 그 얼마나 행복할까? 이 환상적이고도 아름답고 평화로운 이곳 발리를 눈으로 흡수해서 영원히 이 장면을 잊지 않을 테다. 아름답구나, 발리 너란 아이. 해가 지는 아름다운 발리 해변을 우리는 신발을 벗고 그렇게 그렇게 걸었다. 많은 관광객이 우리처럼 아름다운 광경에 감동해서 이곳 해변을 떠나지 못하고 있다. 그러하다. 여행도 끝나가고 있는 마당에 이 아름다운 석양은 뭔가 애잔하고 슬픈 느낌마저 들고 있다. 끝없이 펼쳐지는 해변은 너무나 낭만적이다. 싱가포르 클락키만 낭만적인 줄 알았더니 발리는 몽환적이고 비현실적으로 낭만적이다. 속세와 떨어져서 온전히 우리만을 위한 이 평화로운 시간을 그 얼마나 갈망했던가. 한국에 돌아가면 우리는 또 현실에 치이면서 살아가겠지만 괜찮다. 열심히 일한 이약사, 택이와 함께 5년 뒤에 다시 떠나리라.

꾸따 해변을 거닐다 보면 해변과 석양을 바라보면서 편히 쉴 수 있는 Ocean27이라는 멋진 카페가 나온다. 수영장도 있는 이 카페에서 우리는 아름다운 석양을 보면서 지친 심신을 달래주기로 했다. 전망 좋은 자리를 잡고 앉아서 앞으로 다시는 오늘과 같은 생이별 사건이 발생해서는 안 된다며 앞으로 주연이 반경 2미터를 벗어나지 않겠다는 각서를 택이한테 받아내도 마음이 시원치 않다. 아무래도 오늘의 충격은 꽤 갈 것 같다. 아름다운 석양도 1시간 연속해서 보니까 좀 지루해진 면이 있었다. 잡스 오빠가 만들어준 아이패드로 검색을 해보았다. 트립어드바이저에서 강력추천한 꾸따 극장의 일루전 쇼는 만 원치고는 볼 가치가 없음을 극장을 나와서야 깨닫게 되었다. 일루전 쇼에 몹시 실망한 나는 이대로 숙소로 돌아가기가 너무나 아쉬웠다. 오늘 비극적인 공항사건도 있었고, 저녁 시간을 신 나게 해주리라 믿었던 일루전 쇼도 실망스러워서 어디 갈 데 없나 생각하던 중에, 며칠 전 꾸따를 어슬렁거리면서 탐색해놓은 클럽들이 갑자기 생각났다. 주연이의 눈이 갑자기 반짝반짝 빛나기 시작하는 것이, 리듬에 몸을 맞추려는 느낌이 조금씩 살아나면서! 오늘 밤은 다시 오지 않아! 전 우주에서 오늘 밤이란 지금 이 순간뿐

발리는 몽환적이고 비현실적으로 낭만적이다. 속세와 떨어져서 온전히 우리만을 위한 이 평화로운 시간을 그 얼마나 갈망했던가.

이지! 나는 택이의 손을 꼭 잡고 며칠 전 밤에 사전답사를 해놓은 Sky Garden으로 향했다. 그곳이라면 이 공허한 마음을 채워줄 것만 같았다. 입구에서부터 심장을 바운스 바운스 하게 만드는 뮤직이 우리들의 기분까지 쫄깃하게 만들어준다. 역시 청춘을 불태우는 데는 클럽만 한 곳이 없지. 우리는 조금씩 음악에 몸을 맡기면서 클럽 안으로 들어갔다. 이곳은 이제까지 가본 클럽 중에서 가장 규모가 큰 곳이었고 섹션마다 다른 콘셉트의 여인들의 농염한 복장을 하고 댄스를 추고 있는데, 아웅~, 언니들 같이 놀아요! 우리 다 함께 같이 놀아요! 우리는 3층으로 올라가 불쇼도 감상하면서 섹션별로 분위기 파악을 할 필요가 있었다.

알코올을 홀짝홀짝 마시고 있는 택이를 뒤로하고, 나는 아래위로 오르내리면서 클럽 분위기 파악에 나섰다. 저쪽 방으로 들어가니 팬티보다 더 짧은 앞치마를 입은 언니들이 탁자 위에 올라가 춤을 추고 있고, 또 다른 곳으로 가니 여기는 흑인 쏘울 가득한 힙합이라서 패스. 3층으로 올라와 들썩거리는 듯한 곳으로 가보니 여기가 딱 내 분위기야. 좋아! 오늘 밤은 여기서 청춘을 불살라야겠다 싶어서 나는 슬슬 시동을 걸기 시작했다. 중간중간 나의 미모에 혹해서 접근해오는 아이들도 있었지만, '저 그런 여자 아니에요! 오늘 춤만 추러 온 거에요!'라는 강렬한 눈빛으로 다 물리치고 동방예의지국 한국에서 날아온 서른여섯의 여성은 그곳에서 미친 듯이 소리를 지르며 영혼 없는 댄스를 구사하기에 이르렀다. 소리 질러! 막 질러! 한번 사는 인생, 저 끓어오르는 화산처럼 활활 불태우면서 사는 거다! 그게 멋진 거다!

멘탈이 붕괴할 정도로 한참을 신 나게 놀고 있는데, 내 앞의 어떤 여성이 술잔 들고 해롱거리면서 내 쪽으로 다가온다. 불행은 언제나 방심할 때 찾아오는 법! 신 나는 음악과 리듬에 취해 비트 있는 동작으로 청춘을 불태우고 있는 나에게 다가오던 여성은 갑자기 90도 배꼽 인사를 하더니, 내 두 발에 여인의 위장 속 내용물을 선사하였다. 뭐지 뜨뜻미지근한 이 느낌은? 이런 샹샹바! 이런 개나리! 이런 미친! 산도 ph1을 자랑하는 위액이 가미된 뜨뜻미지근한, 노르스름한 액체 한 통을 내 발에 지금 쏟아부은 거니, 너란 아이야? 이 아이의 멱살을 좀 잡아볼까? 머리끄덩이를 좀 잡아볼까? 고민을 하려는 찰나, 나의 전두엽과 대뇌 피질을 강하게 내리치는 것이 있었으니 그것은 바로 지금 내가 신고 있는 마이 슈즈! 내 마크 제이콥스! 이런 젠장! 심장 떨리게 흥분되는 60% 핫딜 때 치열한 경쟁을 뚫고 비자카드 결제를 성공적으로 마치고, 배송대행을 신청해서 21일 만에 받은 나의 마크 제이콥스! 지금은 구하려야 구할 수도 없는, 3가지 빛깔의 금속 느낌의 기본이 달려있고, 굽은 1.5센치인데 나무 굽이라서 매우 튼튼한데다가, 까만색 가죽 끈은 발 모양을 예쁘게 잡아주고, 시원하게 오픈된 디자인으로 한 여름에 신으면 너무나 아름답고, 내 패션에 포인트를 주는 나의 마크 제이콥스가 산도 ph1을 자랑하는 위액에 처참하게 짓밟힌 지금 이 순간이 제발 '아신발쿰'이기를!!!!!!!!!! 나는 혼비백산하였다. 내가 너무 당황해서 혼이 빠져나가 있는 동안, 이 멱살을 잡고 360도로 4번 회전시켜서 바닥에 내동댕이쳐도 시원찮을 여성은 온데간데없이 사라지고 말았다. 찾거나 말거나 지금 이 여인이 중요한 게 아니라 강산에 녹고 있을 마크 제이콥스부터 살려야 해! 일단 살리고 봐야 해! 나는 미친 듯이 화장실을 찾아 헤매었고 마침내 화장실을 찾아 들어가 보니 벽에 달린 수도꼭지가 하나도 없다. 다 세면기야! 이런 젠장! 그렇다고 변기에 이 발을 넣을 수도 없는 일 아니냐? 나는 세면기에 달린 수도꼭지를 가열차게 틀어서 두 손으로 물을 받아 내 발로 내리치기 시작했다. 이 비극적인 상황을 어떻게 이겨내야 할지 모르겠지만, 일단 지금 이것이 나로서는 최선이다. 미친 듯이 신발을 향해 물을 떨구었지만, 자꾸 물이 딴 데로 간다. 내 발도 썩어들어가고 있고, 내 소중한 마크 제이콥스가 눈물을 떨구며 고통스러워 하고 있다. 오우, 신이시여! 진정 이 아이를 구해낼 방법은 없단 말입니까? 신발을 벗을 수도 없다. 그 여인은 내 발에 노란 액체뿐만이 아니라 군데군데 건더기도 선사해주었기 때문이다. 서서히 붕괴하는 멘탈을 느끼면서 나는 드디어 한쪽 발을 세면대에 올려놓게 된다. 그리고 가열차게 수도를 틀어서 내 발 뼛속까지 씻겨지기를 바랐다. 폭포수처럼 흘러내리는 수돗물은 내 발과 마크 제이콥스로부터 건더기와 노란 액체들을 1차적으로 제거해주었다. 다음은 왼발이다. 왼발을 올리려고 하는 순간! 화장실에 청소 아줌마가 들어왔다. 눈이 딱 마주치자마자 청소부 아줌마의 눈은 내 왼쪽 발로 옮겨갔다. 그리고는 미친 듯이 소리치기 시작한다. 인도네시아 말이지만 다 알아들을 수 있다.

"아, 이런 미친 X을 보았나! 지금 세면대에 발을 올려놓으려고 하는 거니? 나 참, 클럽 화장실 청소 10년 만에 이런 X은 또 처음 보네, 냉큼 다리를 내려놓지 못할까?"

나는 청소부 아줌마도 설득해야 하지, 내 죽어가는 마크 제이콥스도 살려야 하지, 이런 나의 고통을 현실감 있게 표현하기 위해서 아까 그 과다 알코올 섭취한 여성이 취했던 동작까지 재현하기에 이르러서 지금은 내가 청소부 아줌마한테 90도 인사를 하고 있다.
"아줌마, 아까 술 취한 여자가 이렇게 만들어놨어. 막 술 취해서 웩! 우웩! 이랬다고! 내 발을 봐! 만신창이가 된 내 발 좀 보라고! Just look at this!! What do u think I should do?" 인도네시아 아줌마가 인도네시아 말을 하니까, 한국 여성은 한국말로 응수하면 되는데, 그 와중에 한국여성은 왜 영어로 지껄이고 있는지 궁금해지는 대목이다.

폭포수처럼 영어를 쏟아내며 흥분한 여성을 보면서 아줌마는 약간 당황한 눈치다. 나는 거의 올라갔던 왼쪽 발을 조용히 내리고, 다시 두 손으로 물을 받아 발을 씻기는 작업을 대략 10분 정도 계속해주었다. 오늘 더 이상의 흥은 불가능해 보인다. 나는 택이가 앉아있던 자리로 돌아가서 방금 있었던 사건에 대해서 일목요연하게 브리핑한 후, 이건 오늘은 여기까지 놀고 어서 집이나 가라는 신의 계시라며 택이 손을 붙잡고 조용히 클럽을 빠져나왔다. 시계를 보니 새벽 2시 24분이다. 우리는 블루버드 택시를 잡아타고 숙소로 돌아왔다. 택이는 씻고 금방 잠들었지만, 나는 나의 발과 나의 마크 제이콥스를 살리기 위해 1시간째 화장실에서 고군분투 중이다.

천국이 있다면 여기일까

¶ 썩어가는 두 발과 자칫 생명을 잃을지도 모르는 나의 마크 제이콥스를 살리기 위해 지난밤, 1시간 동안이나 화장실에서 고군분투했던 나는 11시가 넘어서야 눈이 뜨였다. 공포스러운 Sky Garden이었다. 자고 일어나면 꿈이길 바랐는데, 나의 마크 제이콥스가 수백 번의 세척 끝에 바닥 모서리에 세워져 있다. 저걸 다시 신을 수가 있을까? 하아…! 깊은 한숨만이 방을 가득 채우고 있는 우울하고도 무거운 아침이다.

Mensturation 때문에 스파에 못 가고 있는데 극심한 이별의 스트레스 때문이었는지 3일 만에 그분이 사라졌다. 세상에 아무리 여자는 호르몬에 지배받는 존재라지만 이런 일이 다 있나 싶다. 36년 인생을 통틀어 중간에 그분이 없어지는 사태는 약대 4학년 국가고시를 준비할 때 이후 처음 있는 일이다. 이런 감사할 데가 다 있나! 천우신조도 이런 천우신조가 없다. 아무런 문제가 없어 보이는 몸의 컨디션을 확인한 나는, 숙소 근처에서 발견한 스파샵에 들러 가격이나 프로그램을 문의해보았다. 오전 11시에 2시간짜리 스파 외에 전체 스케줄 풀 부킹이라고 한다. 이곳이 심상치 않다. 이 집은 어떤 가이드북이나 블로그에서도 보지 못한 집이었는데, 이런 보물 같은 스파샵을 발견해서 나는 몹시 뿌듯해하고 있었는데, 나만 발견한 게 아닌가 보다. 우리는 많은 프로그램 중에 초콜릿 스파를 선택했는데 초콜릿 성분으로 몸을 닦아주고, 나중에 초콜릿을 풀어낸 욕조물에 몸을 담글 수 있는 내용이라고 친절히 설명해주었다. 이곳이 너무나 마음에 든다. 나를 담당해주는 여자분도 매우 부드럽고 상냥해서 마음 편하게 스파를 받을 수 있을 것만 같다. 스파를 받기 전에 나는 혹시나 싶어 나의 몸 상태를 말씀드렸더니 걱정 안 해도 된다고, 여자고객들은 두 가지의 경우로 나누어서 진행해 준다고 해주셨다. 여인의 마음을 여인이 이렇게 이해해주고 배려해주니 나는 더욱더 감동을 하였다. 스파를 시작하기 전에 여인은 자그마한 사기그릇에 담겨있는 걸쭉한 액체를 손에 발라 거품을 내더니 나의 두 발을 정성스럽게 씻어주었다. 따뜻한 손으로 내 두 발을 어루만져주면서 발을 깨끗하게 씻어주니 온몸에 전율이 느껴진다. 발마사지가 끝난 후 침대에 누워서 받는 여인의 체온이 전달되는 스파는 무려 2시간에 걸쳐서 이루어졌는데 나는 정말 몸의 원기가 회복되고 있음을 느낄 수 있게 여자분이 정성을 다해 몸을 어루만져 주셨다. 방 한가득 초콜릿의 달콤한 향기가 가득 차서 정말 기분이 황홀하다. 따뜻하고 부드러운 손으로 초콜릿 가루로 온몸을 마사지 받으니 이곳은 천국이지 말입니다. 온몸을 부드러운 초콜릿 가루로 마사지를 받고 난 후, 나무로 만든 작은 통 안에 들어가면 이 안에서 막 스팀 같은 게 나오는데 이게 바로 스팀사우나였다. 앉아서 얼굴만 쏙 나온 채 온몸이 뜨거운 스팀사우나로 녹으니 정말 그동안 받은 심신의 스트레스가 다 날아가는 느낌이다. 몸이 허락하면 매일매일 와야겠다는 생각이 들었다. 위치도 숙소 바로 앞이니 얼마나 좋으냐? 내가 스팀사우나로 몸이 후끈 달아오르는 동안, 여자분은 욕조 안에 따뜻한 물로 채우고 초콜릿 가루를 욕조 안에 풀어서 거품을 내고 있다. 손으로 하나하나 거품을 만들어 내주는데 스팀사우나가 끝날 무렵에는 욕조 안에 초콜릿 가루의 거품으로 가득하게 되었다. 사우나를 마친 후, 욕조 안으로 이끄는 여인의 손을 잡고 나는 향기 가득한 욕조로 들어갔는데, 발리에서의 남은 시간은 다른 거 아무것도 안 하고 매일매일 여기서 5시간씩 스파를 받으면 좋겠고, 무슨 이렇게 환상적인 곳이 다 있나 싶고, 아무래도 틈날 때마다 발리로 날아와 이 스파샵에 1주일권을 사서 매일매일 스파를 받아야겠다는 생각만이 머릿속에 가득하다. 스파룸 안에 있는 샤워부스에서 향기 좋은 보디 제품으로 몸을 깨끗하게 씻고 나오니 2시간이 후딱 가버렸다. 몸이 아주 새로 태어난 거 같다. 어제까지의 극심한 고통과 스트레스를 받은 나의 몸이 너무나 좋아하고 있다. 스파를 받고 나온 주연이는 세상에서 가장 개운해 보인다. 난데없이 찾아왔던 불청객도 없어졌고, 컨디션은 100% 회복되어 뭐라도 할 수 있을 것 같고, 어디라도 갈 수 있을 것 같다. 예약하지 않고서는 이 집에서 스파를 받는 것이 매우 힘든 일임을 깨달은 나는 내일 오전에 예약이 가능하냐고 물어보니 세상에 내일은 아침 9시 빼고는 전부 다 예약완료라고 한다. 이 집 어마어마한 집이다. 우리는 9시 예약을 해두고 내일 아침에 다시 오겠노라고 이름을 올려놓은 후에야 안도감이 들었다.

너무나 편안하고 평화로운 스파를 받고 나온 우리는 클라파에 가기로 했다. 클라파는 해안절벽에 있는 대형 레스토랑이자 바인데, 안에는 수영장이 있어서 시원하게 수영도 할 수 있고, 일몰이 매우 아름다운 곳인데 여기서 매우 멀리 떨어져 있는 편이라서 우리는 블루버드 택시를 잡아탔다. 유명한 곳인지 지도 없이 이름만 말해주어도 택시기사님이 알아서 우리를 데려다 주었다.

　오우! 역시 명불허전이야. 멋져! 죽여줘! 환상이야! 어느 곳이 하늘빛이고 어느 곳이 물빛인가? 클라파 직원은 수영장과 바다가 보이는 가장 전망 좋은 명당자리로 안내해주었다. 절벽 위에 위치한 환상의 조망을 자랑하는 클라파는 우리에게 환상의 발리를 느낄 수 있기에 충분했다. 우리는 태양과 마주하고 있지만, 전혀 뜨겁지 않고 약간은 포근한 느낌마저 들고 있다. 이렇게 편한 자리에서 직원이 정성스럽게 가져다주는 음료를 건네받으니 왠지 호사를 누리고 있는 기분이 든다. 며칠 남지 않은 여행의 끝을 알고나 있는 듯, 우리를 따뜻하게 환영해주고 있는 발리다. 마음껏 누리고, 마음껏 즐기고, 마음껏 사랑하면서 우리들의 여행을 빛나게 하리라.

　나는 시원한 음료수를 다 마신 후, 너무나도 푸르고 낭만적인 풀장 속으로 풍덩 빠져들어 갔다. 절벽 위에 만들어진 클라파는 풀에 들어가 있으면 내가 수영장에 들어와 있는지 바닷물에 들어와 있는지 모를 정도다. 물은 너무나 시원했고 눈앞에 펼쳐지는 탁 트인 하늘과 바닷물은 극적인 느낌을 준다. 레스토랑을 왔을 뿐인데 휴양하고 있는 신들을 만날 것만 같다. 신들의 섬이라는 발리가 온몸으로 느껴지고 있는 순간이다. 아 끝없이 펼쳐지는 바다와 하늘은 너무나 아름다웠고 지구상의 낙원이 있다면 바로 여기. 수심도 얕지 않아서 시시하지 않고 하늘 끝, 바다 끝을 가늠할 수 없는 이 위대한 장관을 볼 수 있는 이 순간은 오히려 감격스럽고 감동적이기까지 하다.

수영장 끝에서 보이는 바로 아래에는 넓은 모래사장이 펼쳐져 있었는데 많은 사람들이 발리의 바다를 즐기고, 파라솔 아래에서 발리의 태양을 즐기고 있었다. 저 모습조차 하나의 장관을 이루니 눈이 호사를 누리고, 우리들의 몸이 호사를 누리고, 우리들의 멘탈이 호사를 누리는 클라파는 어쩌면 심신을 치유해주는 치료사가 아닌가 싶다. 현실도피와 심신 힐링을 위해 떠나온 우리들의 여행에 클라파는 안성맞춤보다 더한 천생연분이다. 이곳에서 바라보는 일몰의 모습이 그렇게도 아름답다고 하는데 우리는 오늘

그 현장을 한번 목격해볼 참이다. 시원하게 수영도 즐기며, 어느 곳이 하늘빛이고, 어느 곳이 바다 빛이고, 어느 곳이 수영장 빛인지도 모를 환상적인 절경을 만끽하고, 몸이 좀 차갑다 싶어지면 따뜻한 발리 커피를 주문해서 홀짝홀짝 마시는 이 호사를 매일매일 누리고 싶다. 아버지는 망하셨지, 인생을 즐기다. 하지만 다시, 아버지는 말하셨지, 인생을 즐겨라! 열심히 일하고 떠나온 우리는 이런 호사를 누릴 자격이 충분하다. 개같이 벌어 정승같이 쓰라는 조상의 말씀을 오늘에 되살려 우리는 마음껏 즐기리라! 지금 이 순간, 우주에서 가장 행복하고 사랑하는 연인이 되어 우리는 이 호사를 온몸과 온 마음을 다해 만끽할 것이다. 어느새 해가 저 멀리 넘어가고 그 아름답다는 일몰이 준비되고 있다.

　하늘 위에 떠있으며 자태를 뽐내던 태양이 점점 아래로 내려가고 있다. 바닷속으로 들어가고 있다. 이브 생로랑을 걸친 태양은 레드 창의 강렬함을 뽐내듯 바다 속으로 들어가면서 그 강렬함을 더욱 발하고 있는데, 눈부신 너의 모습이 바다와 수영장의 물에 비쳐서 온 세상이 금빛 강렬한 기운에 빨려 들어가고 있다. 바닷속으로 들어가는 너의 모습은 너무도 화려하고 아름다워서 이 순간을 만끽하고 있는 그 누구도 숨소리조차 내고 있지 않은 듯 고요하다. 빛나는 태양은 또 다른 아름다움을 준비해서 떠오를 내일을 위해 고요하게 가라앉고 있다.

　클라파는 절벽에 있는 레스토랑이기 때문에 몹시 외진 곳에 있었다. 그러므로 여기서 우리 숙소까지 가는 건 택시밖에 방법이 없는데, 이 어두운 밤에, 이렇게 외진 곳에 택시가 있을 리 없다며, 우리는 여기 올 때 탔던 택시 안에 적혀있던 콜택시 전화번호를 메모해놓은 것이다. 이렇게 치밀하고 스마트한 여행자가 어디 있느냐며!! 유심칩이 장착된 택이의 스마트폰으로 우리가 아까 저장해놓은 번호로 전화를 걸어보니 뭐라 뭐라 말하는 인도네시아 말이 들린다. 나는 매우 침착하게, 깨끗한 영어발음으로 또박또박 한 마디씩 말을 해보았다.

뗼렐렐레. 뗼렐렐레. 찰카닥!.

나: 콜택시 회사 맞니?

회사: 맞다.

나: 우리는 한국인 관광객 2명인데, 클라파라는 레스토랑에 있다. 우리 좀 데리러 와라.

회사: 큰 레스토랑이고 수영장 있는 클라파 맞지? 너 이름이 뭐니?

나: 맞고, 내 이름은 주연이야. 우리 건물 앞에 나가 있으면 될까?

회사: 아니 건물 앞 말고, 건물에서 나오면 클라파로 들어가는 입구 있잖아, 차량 들어갈 때 검문하는 사람 있는 곳. 거기로 나와 있어. 지금 택시를 그쪽으로 보내줄게.

나: 아, 여기 건물 말고 저 밖에 안전요원 있는 거기?

회사: 그래, 맞아. 거기 딱 기다리고 있어. 혹시 연락처 있어?

나: 응, 있어! xxx-xxx-xxxx. 이거 우리 핸드폰 번호야. 그럼 우리 앞에 나가서 기다리고 있을 테니까 꼭 와줘야 한다. 지금 나가 있을게.

회사: 기사한테 네 이름 알려줬어. 택시기사가 도착하면 네 이름 부를 거야. 지금 택시 출발했다고 하니까 한 10분 정도만 기다려봐.

나: 응, 알았어. 정말 고마워!

클라파를 나와 우리는 이 엄청난 부지의 레스토랑의 입구까지 걸어나오는데, 그 길도 어찌나 길고 넓은지 정말 레스토랑의 규모에 감탄하면서 우리는 커다란 문이 있는 입구에 나와앉아 콜택시를 기다렸다. 이때가 얼마나 신 나고 재미있는지 모른다. 콜택시 전화번호를 기억해서 갈 때 이거 불러서 가면 되겠다는 기특한 생각을 어떻게 했는지 정말 우리 둘은 너무 기특하고 귀여워서 서로의 양 볼때기를 꼬집으며 세레모니를 펼쳐볼까? 이렇게 능숙하고 똑똑한 여행자가 어디 있느냐며 자화자찬을 하고 있으니 저 멀리 택시가 온다. 택시기사는 창문을 내리면서 '추연! 추연!'을 외치신다. 아저씨는 외국인이 부르는 콜은 처음 받는 것처럼 즐거워하고, 우리는 우리가 부른 콜택시가 정말 거짓말처럼 와준 것에 대한 감사함으로 즐거워하고! 셋이서 즐겁게 웃으면서 호텔로 돌아간다. Clapa에서 호텔까지는 꽤나 먼 거리고 Clapa에서 물놀이를 하고 아름다운 석양 감상을 과도하게 했더니 배도 고파서 나는 그만 잠들어버렸다. 그렇게 40분쯤을 완전 쾌속질주를 한 끝에 우리는 몹시 안전하고도 빠르게 우리 호텔로 돌아왔다. 평소 팁에 인색하지만, 만족할 때는 안 인색하다. 친절하고 안전한 운행을 해주신 택시기사님 덕에 즐거운 한밤의 드라이브를 즐길 수 있어서 우리도 기분이 너무 좋아요, 아저씨! 잘 가요! 우리들의 여행이 이렇게 다이나믹하고 낭만적이고 아름답고 애틋한 여행이 될 줄이야. 여행은 준비하는 기쁨이 1/3이요, 여행하는 기쁨이 1/3이고, 돌아와서 추억하고 회상하는 기쁨이 1/3이라고 했다. 이제 내일 하루를 보내면 나는 한국땅 내 방에 있겠지. 끝은 다시 시작이란 말이다. 지금 여행이 끝이 나도 우린 다시 떠나올 거야. 마흔 살 기념 여행은 어떨까? 30대를 보내고 40대를 맞이하는 그 순간에 둘이 손 꼭 잡고 모로코를 거닐고 있는 건 어떨까? 아니면 이비자 섬에서 못다 이룬 청춘의 한을 풀어제치는 건 어떨까? 동양인은 어려 보이기 때문에 40살이라도 클럽 입장하는 데는 문제가 안 될 거야. 발리의 밤바람이 몹시 쌀쌀해서 나는 그만 노트북을 덮고 방으로 돌아갔다.

예술적인 누리스 와룽과 예술적인 우붓

¶ 오늘은 오지 않을 것 같았는데 그냥 이렇게 와버렸다. 평소와 똑같은 아침이다. 방은 시원하고, 와이파이는 잘 터지고 있고, 배고프면 요 앞에 De Bali 가서 맛있는 나시고렝 한 그릇 먹으면 되고, 어제 예약해놓은 스파샵에 가서 달콤한 초콜릿 스파도 받으면 된다. 단지 여느 날과 다른 게 있다면 오늘 밤에는 여행을 모두 마치고 한국으로 돌아가야 한다는 정도? 우리들의 영화 같으면서도 생활 같았던 45일의 여행이 모두 끝나고 오늘 밤 발리 공항으로 가서 인천행 비행기를 타야 하는 정도? 뭐 그 정도. 그래서 오늘 아침은 시무룩하다. 앞으로 45일만 더 주면 좋겠다는 생각이 머리에서 떠나지 않는다. 무거운 기분은 좀처럼 나아지지를 않고 있다. 나는 몇 시인지 시계도 보지 않고 주섬주섬 짐을 챙겼다. 오늘은 택시 한 대를 전세 내서 네카 미술관이랑 미술관 맞은편에 있는 유명한 맛집과 우붓 시장, 그리고 우붓 왕궁에서 저녁에 펼쳐지는 발리 전통댄스를 관람할 예정이어서, 체크아웃하고 호텔에 짐을 맡겨놓고 일정을 시작해야 저녁에 짐 찾아서 공항으로 바로 떠날 수 있는 계획적인 하루를 보낼 수 있기 때문이다. 나는 계획적인 삶을 지향하는 여성이기 때문에, 쇼핑도, 여행도, 일도 계획적으로 해야 직성이 풀린다. 밤 1시 20분에 인천행 비행기를 타고 한국으로 슝~ 날아가야 하는 오늘, 제발 시간이 멈출 수는 없겠느냐며 생떼를 쓰고 싶다. 오늘의 아침은 뭔가 회색빛이다. 8시간 택시 전세에 40만 루피(한화 5만 원 정도)를 부르시는, 좋아 보이는 아저씨와 계약을 하고 호텔방으로 돌아와 외출준비를 한다. 방콕에서 한 외국인으로부터 예쁘다는 칭찬을 받은 나의 빈티지 원피스를 입고, 배낭을 메고, 스카프도 한 장 준비해서 택이와 나는 아저씨의 택시를 타고 우붓 지역으로 출발!

우붓은 발리의 예술중심지라서 미술작품도 많이 있고, 발리의 전통댄스공연도 이곳에서 많이 볼 수 있다. 아저씨의 차는 꾸따의 복잡한 길을 힘겹게 벗어난 후 쾌속질주를 하였다. 오랜만에 느껴보는 시원한 속도감이다. 오늘도 날씨가 조금 흐리지만, 오히려 햇볕이 없어서 덥지 않고 시원한 여행을 할 수 있어서 좋다. 대략 50분의 주행 끝에 드디어

네카 미술관에 도착했다. 1차 목적지는 미술관이 아니라 미술관 건너편, 길가에 외롭게 서 있는 Nuri's Warung이다. 이 집이 얼마나 대단한 집이냐면 달콤한 폭립 하나로 '세계적으로' 유명해진 식당으로 각종 매체에서도 이 집을 많이 취재해 갔고 이 절간 같은 길가에 외롭게 서 있는 집인데도 이 집 음식 먹어보겠다고 전 세계에서 관광객이 찾아오는 곳이다. 3/15의 성공률을 자랑하는 내가 준비한 맛집 리스트 중에서도 단연 최고의 맛집이었다.

주메뉴는 숯불에 바로 구워주는 폭립이고, 그 외 닭고기 스테이크와 커다란 햄 소시지, 샐러드 등이 있다. 식당 입구에 오니 이미 많은 사람들이 와서 맛있게 음식을 먹고 있다. 식당 앞에 립을 굽고 있는 연기가 내 코를 통해 폐를 거쳐 뇌까지 오는 속도가 빛의 속도보다 더 빠르다. 우리는 폭립 스테이크와 닭고기, 그리고 햄 소시지를 주문해놓고 자리에 앉았다. 가게 안에는 CNN에서도 취재를 다녀간 흔적이 있고, 각종 매체에서 대단한 맛집으로 추천하고 있는 기사가 붙어있다. 왠지 이곳에 앉아있는 내가 매우 세계적인 사람이 되어 세계적인 현장에 와 있는 듯한 느낌이 든다. 드디어 허파를 관통하는 아름다운 향기와 함께 맛있는 폭립 스테이크가 우리의 눈앞에…! 음식을 눈으로 먹는다는 말을 난생처음 온몸으로 느끼는 이 순간! 그냥 누가 먼저랄 것도 없이 각자 립을 뜯어서 양손 각 잡고 뜯어먹기 시작하는데 그것은 무아지경! 택이는 내가 알아온 수많은 맛집 중에 이 집이 최고라며 몹시 감격스러워했다. 나도 감격스러워서 눈물이 날 지경! 물론 아무리 천상의 맛일지라도 가격까지 천상이면 거시기한 면이 있다. 천상의 맛에 천상의 가격이면 이거 뭐 same same 아니냐며! 그런 거면 CNN에서 취재를 오지도 않았을 거이고, 수많은 매체에서 이 집을 다루지도 않았을 터이고, 대한민국 수많은 네티즌의 블로그에 이 집이 올라와 있지도 않을 것이며, 그 많은 찬사가 있지도 않을 터이지! 아름다운 폭립 스테이크에 홀딱 반해버린 우리는 다음 타자 닭고기 BBQ를 폭풍 드링킹을 하였다. 닭고기도 커다란 한 조각을 다 먹은 후에야 우리는 배가 조금씩 불러왔고, 입가심으로 마지막으로 나온 커다란 햄 소시지도 어찌나 탱탱한지 그 맛이 죽여줘, 죽여줘! 아주 그냥 죽여줘! 우리가 폭풍 드링킹을 하고 있을 때, 부의 향기 가득한 두 여성이 와서 립 스테이크를 10인분 포장해서 사 가는 광경을 목격했다. 그때는 '저거 포장해서 가면 다 식어서 맛 없을 텐데…'라며 그들을 동정했으나 그것은 나의 무지와 무식의 증거였으니, 나중에 생각해보니 그거 식어도 아주 맛있을 거라고 폭풍 후회를 하게 되었다. 나는 후회도 폭풍으로 한다. 다음에 발리에 여행 오면 그때는 숙소를 우붓에 잡고, 매일매일 하루 2끼씩 이곳 누리스에 와서 폭풍 드링킹을 해야겠다는 생각이 간절했다.

누리스 와룽에서 1,000% 만족스러운 식사를 하고 나오니 4시였는데, 네카 미술관은 5시에 폐관하기 때문에 1시간 안에 미술관 관람을 끝내야 한다. 네카 미술관은 인도네시아 발리의 사업가이자 회화 수집가인 Suteja Neka 수테자 네카라는 사람이 자신의 소장품을 전시하기 위해 만든 박물관이자 미술관으로 총 6개의 전시관에 고전부터 현대미술까지 발리 회화사의 흐름을 짜임새 있게 볼 수 있도록 전시해 놓았는데, 1930~40년대 발리의 생활상이 담긴 사진도 있어 꽤 흥미진진하게 관람을 했다.

1982년에 지어졌다고 했지만, 화산섬인 발리에 있는 돌로 만들어져서 그런지 석탑이나 조형물들이 수백 년은 된 듯한 느낌을 주었고, 생각보다 넓은 부지와 드넓은 잔디밭은 고즈넉한 분위기까지 연출하면서 미술관이라기보다는 마치 옛 유적지에 온 느낌까지

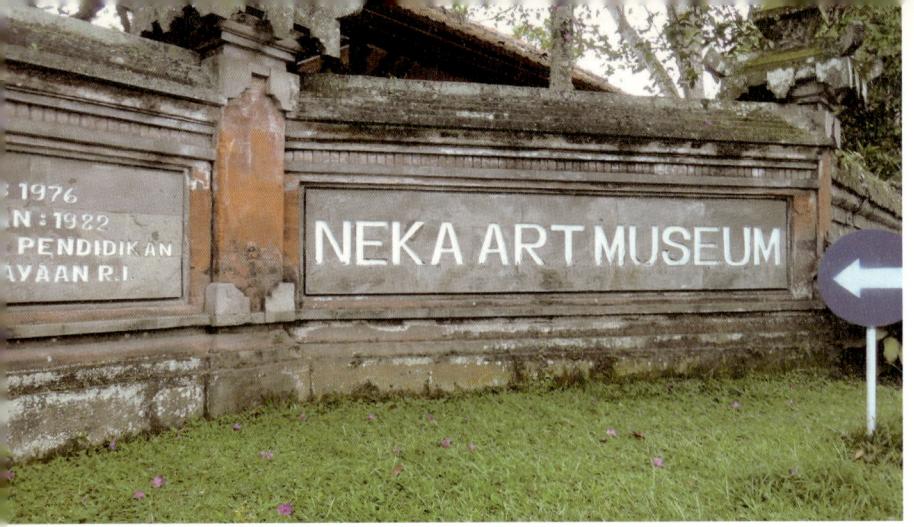

들었다. 네카 아저씨가 얼마나 많은 그림을 모았는지 그 수량이 대단했고, 거기다가 발리의 예술적 회화는 매우 신선하고 독특하고 새로운 느낌을 주어서 그 그림들을 다 구경하기에는 1시간이라는 시간은 너무 빠듯해 보였다. 그래도 온 힘을 다해 하나하나 유심히 보면서 아름답고 화려한 색채를 자랑하는 발리의 그림들을 구경하는데 시간 가는 줄 모르게 흥미롭고 재미있었다. 카메라가 흔치 않았던 시절에 찍힌 발리의 옛날 모습은 정말 흥미로웠다. 종교의식을 행하고 있는 모습들, 발리의 전통춤을 추는 모습들, 농사를 짓는 모습들, 우붓 왕궁이나 발리의 건축물들의 그 당시의 모습들 모두 하나하나가 너무 신기하고 과거로 초대되는 느낌이다. 너무 짧은 1시간이 후딱 지나가 버렸다. 아쉽지만 1시간이라도 미술관을 꼼꼼하게 관람했으니 다행이다 싶었다.

발리의 예술마을로 불리는 우붓은 푸른 논과 울창한 숲들이 가득한 조용하고 평화로운 마을인데, 19세기 후반 발리의 영주였던 기안야르(Gianyar) 소유의 땅이 되면서 예술의 성지로 탈바꿈하게 되었다고 한다. 기안야르는 예술에 대한 전폭적인 지지와 후원을 하게 되었고, 그에 힘입어 이후 전 세계의 예술가들이 우붓에 정착하여 발리의 독특한 음악과 춤, 종교에 매료되어 작품활동을 시작하면서 우붓은 그야말로 발리 예술의 중심지로 자리 잡게 되었다. 우붓은 물건 파는 상점 하나도 예술적인 분위기가 느껴지고, 특히 미술작품을 판매하거나 전시하는 곳에 가보면 내가 지금 상점에 와 있는지 예술작품을 전시해놓은 미술관이나 박물관에 와 있는지 헷갈릴 정도가 된다. 언젠가 다시 발리를 찾는다면 한 달 정도 머무르면서 우붓의 평화롭고 예술적인 향기를 온몸으로 맡아보고 싶고, 수많은 우붓의 맛집도 다 들러보고 싶다. 여행하면 할수록 여기 나중에 다시 와봐야겠다는 생각이 드는 곳이 자꾸만 많아진다.

이번에는 우붓 왕궁 쪽으로 가보았다. 오늘 밤 8시에 여기에서 발리의 전통춤 공연을 볼 예정인데, 아직 3시간이나 남아서 근처에 있는 우붓 시장에도 가보고, 왕궁도 구경하면서 시간을 보내기로 하고 아저씨와는 발리 춤 공연이 끝나는 9시에 지금 이 자리에서 만나기로 하고 다시 헤어졌다. 우붓 왕궁은 아담해서 여행자를 덜 지치게 하고, 왕궁 구석구석을 찬찬히 구경할 수 있는 여유를 주었다. 우붓 왕궁은 우붓의 마지막 왕이 살았던 곳으로 여기서 매일 밤 레공 댄스, 바롱 댄스 등의 발리 전통 무용 공연이 열린다.

여기가 오늘 밤에 전통춤 공연이 펼쳐질 무대라고 한다. 정면에 보이는 저 건축물이 너무 멋스러운데 저 건물을 정면으로 바라보면서 이곳에서 펼쳐질 춤 공연을 본다고

생각하니 너무너무 기대되고 설렌다. 세상이 조용한 이 평화로운 우붓 왕궁에서 한밤중에 펼쳐지는 전통 댄스공연이라니! 정말 너무 환상적인 분위기가 펼쳐질 것 같다. 우붓 왕궁 길 건너편에는 우붓 시장이 있다. 우붓 시장은 꼭두새벽에 장이 서서 새벽 댓바람부터 가야 구경할 것도 많고, 가격도 싸고, 볼 것도 많다 했는데 마음만은 내일 새벽 6시에 일어나서 세수만 하고 우붓 시장 가봐야지 하고 정작 눈 뜨고 일어나면 11시. 그래서 내일 한국으로 돌아가는 이 시점까지 우붓 새벽시장에 한 번도 와보지를 못했다. 저녁 6시에 시장이 열렸나 싶었지만, 사람들이 시장 근처에 꽤 모여 있길래 한번 가보았다. 역시 새벽시장과 같은 활기는 없고, 많은 상점은 이미 문이 닫혀있었지만 그래도 아직 전을 펴놓고 장사하는 사람들이 있었고, 장사하는 사람보다는 구경하는 관광객들이 더 많아 보였다.

우붓 전통댄스공연은 저녁 8시부터 시작이지만, 일찌감치 가야 앞자리를 쟁취할 수 있을 거 같아서 택이랑 나는 7시 정도에 왕궁 안으로 들어가 가장 중앙이면서 가장 앞자리의 명당을 차지했다. 그런데 앉아있는 관광객 사이사이를 누비면서 음료수가 들어있는 바구니를 들고 야구장에서 맥주 팔 듯 맥주를 파는 상인이 있었다. 왕궁에서 맥주라니 안 어울리는 것 같았지만, 관광객들은 맥주를 사서 마시는데 다행히 주사를 부리는 사람은 없었다. 너무 자유롭고 정다운 분위기다. 전 세계에서 온 사람이 옹기종기 모여앉아 음료수도 마시고 맥주도 마시면서 즐겁게 대화를 하는 모습은 정말 보기 좋았다. 사람구경은 참 재미있다. 밤하늘은 점점 어두워져서 마침내 캄캄한 밤이 되었고, 드디어 무대 양쪽으로 발리 전통악기를 들고 악사들이 무대로 들어오기 시작했다. 악사들이 자리를 잡고 정비와 튜닝이 끝나자 무대는 환한 조명이 비추기 시작했고, 마침내 무희들이 등장하면서 기대하고 고대하던 공연이 시작되었다. 관객들도 모두 조용해졌고, 왕궁 안은 따뜻한 조명과 화려한 무희들의 인상적인 춤으로 가득 채워지고 있다.

관객과의 거리가 매우 가까워서 너무 실감 나는 공연을 볼 수 있었는데, 배우들의 숨소리까지 다 들릴 것만 같고, 표정의 변화까지 다 보일 지경이어서 내가 무대 위에서 배우들과 함께 있는 듯한 느낌까지 들었다. 이렇게 가까이에서 공연을 보는 것은 몇 년 전,

약사님이자 나온컬쳐의 대표이신 홍정혜 약사님이 제작하신 연극 「오월엔 결혼할 거야」를 볼 때와 극단 함세상의 「아줌마, 정혜선」, 「안심발 망각행」 이후 처음이다. 관객과 배우가 이렇게 가까이 있으면 정말 공연에 몰입하게 되고, 배우와 하나가 되는 동질감이 생기기 때문에 나는 무대와 이렇게 가까이 있는 게 그렇게나 좋더라. 인도네시아 말은 알아들을 수 없지만, 배우들의 연기와 손짓, 발짓, 노래, 표정, 의상, 악사들의 매우 독특하고도 현장감 넘치는 음악만으로도 관객은 극에 몰입하게 된다.

　왕궁에서 관람하는 발리 전통댄스 공연은 정말 만족스럽고 재미있었다. 내가 평소 전통문화예술에 이렇게 관심이 많았나 싶을 정도로 아주 홀딱 빠져서 공연을 감상했다. 1시간이 어떻게 갔는지 모르겠다. 표정이 수시로 바뀌고 웃었다가 찡그렸다가 다시 웃었다가 다시 화난 표정으로 만들고, 손짓 발짓 하나도 어찌나 섬세하고 정확한지 무용수 한명 한명의 공연을 관찰하는 것이 그렇게 신기하고 재미있을 수가 없었다. 발리에 오면 꼭 해봐야 할 것이 누리스 와룽 가서 립 먹는 거랑, 왕궁에서 발리 전통댄스공연을 감상하는 것이라고 덮어놓고 추천을 해본다. 별 다섯 개가 모자랄 지경이다. 까만 밤 고풍스러운 우붓 왕궁에서 레공 댄스를 다 감상하고 나오니 밤 9시가 다 되었다. 택시기사님은 환한 웃음으로 우리를 기다리고 계셨다. 공연이 어땠냐고 물어보셨는데 너무너무 재미있고 신 나는 멋진 시간이었다고 감동을 하자, 아저씨도 매우 기뻐하시며 우리는 호텔로 돌아갔다. 그 누구보다도 친절하고 다정하게 우리를 안내해주시고 안전하게 운전해준 택시기사님이 너무 감사해서 시원하게 팁을 얹어 드렸더니 기사님이 크게 기뻐하신다. 아저씨도 기쁘고, 우리도 기쁘다. 우리들의 여행을 즐겁게 마무리해주시는 택시기사님이 너무너무 감사해요.

　호텔 로비에 도착하니 10시가 조금 넘었고 배가 고팠다. 만만한 게 호텔 옆에 있는 De Bali다. 발리에 와서 첫 식사를 했던 이곳에서 우리는 그날 먹었던 똑같은 메뉴를 지금 다시 먹는다. 짭조름한 나시고렝과 군침 도는 크림스파게티는 오늘도 맛이 있다. 시원한 과일 음료와 함께 먹는 이 식사가 마치 우리에게 이별인사라도 하는 듯 음식이 슬프다. 음식이 슬프다는 이런 공감각적 표현을 해내다니 나의 문학적 감성 죽지 않았어! 우리 호텔은 발리를 떠나기 위해 공항으로 갈 때도 무료픽업서비스를 해주었다. 6박을 함께

했던 이곳도 이제 떠나야 한다고 하니 참으로 서운하구나. 여행의 끝이 이렇게나 아쉽고 서운하다니 우리는 여행을 제대로 했나 보다. 잘 있어요, J boutique hotel. 그동안 함께해서 즐거웠어요.

자정이 다 되어가는 이 한밤중에 발리 공항은 많은 사람으로 가득했다. 그래도 다행히 출국 수속 카운터는 한적해서 금방 출국 수속을 끝내고 무거운 캐리어도 화물로 부친 후 출국장으로 가 보니 여긴 뭐 한국이다. 우리나라 사람들도 외국에 나오면 좀 점잖고 매너 있으면 좋겠는데 부끄러운 모습을 너무 많이 보여주는 사람들 때문에 얼굴이 다 화끈거린다. 출국장이 아수라장이다. 같은 나라 사람이라는 게 너무 부끄러워서 나는 택이 손을 붙잡고 출국장에 있는 일본음식점으로 들어갔다. 수중에 인도네시아 돈이 조금 남아서 그것도 해결해야 하고, 초밥을 좋아하는 택이를 위한 이번 여행에서의 마지막 선물이기도 하다. 초밥집에 끌려온 택이 얼굴이 환해지는구나. 그러고 보니 예전에 발리에 왔을 때도 밤 비행기를 탔던 기억이 있는데, 그때도 아마 이 일본음식점에 들어와서 초밥을 먹은 거 같다. 신기하다.

Final Destination

¶ 기내에서 오랜만에 들어보는 한국말은 반가웠다. 한국 돌아가기 싫다고 투정을 부려도 집에 가는 길은 다시 즐거워진다. 여행을 떠나올 때 설렘과 행복감으로 가득 찼던 그 느낌만큼이나 편안한 내 집으로 돌아가는 마음도 설렘과 행복함으로 충만해진다. 피로감이 몰려와 눈꺼풀이 저절로 내려온다. 잠시 눈을 좀 붙여야겠다.

잠깐 눈 좀 붙이려고 했는데 이 좁은 이코노미석에서 기내식도 안 먹고 내리 7시간을 폭풍 수면을 취했다니! 눈 잠시 붙였을 뿐인데 눈떠보니 썰물처럼 승객이 빠져나간이 텅 빈 비행기라니! 아까 잘 때는 캄캄한 밤이었는데 환한 아침이 맞이하는 대한민국이라니! 이런 젠장! 어머! 한국이다. 어머, 우리나라 다 왔어! 막 오두방정을 떨면서 귀국의 기쁨을 만끽해야 하는 비행기인데, 입가에 흐른 침이 말라붙은 여인이 불쌍하게 앉아있는 이 텅 빈 비행기여. 그러하다. 말만 들어도 마음이 벌렁벌렁 설레는 인천이다. 떠나기 위한 장소로는 인천이 참 좋은데, 도착하는 인천은 조금 싫은 면이 있다. 그래도 이제는 집에 가야 할 때. 우리는 동대구로 가는 공항 리무진을 타고 다시 4시간을 폭풍 수면을 취해야 할 때.

국내 지출내역

내 용	금 액
동남아시아 45일 1인당 여행경비	400만 원 둘이 합해 800만 원
대한항공 항공권	₩1,557,200
하노이 - 냐짱 젯스타 항공권	₩221,108
달랏 - 호찌민 베트남 항공권	₩112,544
호찌민 - 방콕 에어 아시아 항공권	₩202,501
방콕 - 푸껫 녹에어 항공권	₩88,974
싱가포르 - 발리 에어 아시아 항공권	₩252,743
하노이숙소 3박	₩67,359
냐짱 숙소 3박	₩89,922
달랏 숙소 3박	₩42,366
방콕 버디부띠끄 3박	₩130,421
방콕 럽디 2박	₩117,398
푸껫 아카파통 3박	₩109,538
푸껫 두앙짓 리조트 2박	₩126,432
페낭 숙소 3박	₩86,178
쿠알라룸푸르 레게 맨션 2박 예약금	₩13,788
쿠알라룸푸르 레인 포레스트 2박 예약금	₩11,563
싱가포르 5footway 3박 예약금	₩30,954
말라카 2박	176RM = ₩66,479
발리 1박	₩50,000
럽디 1박 추가	₩58,001
페낭 - KL 항공권	$57.5

공항 리무진 2장		₩75,000
여행 가방		₩85,000
멀티 어댑터2, 호루라기2		₩12,100

국외 지출내역

하노이	하롱베이 투어	57불*2 = 114불
	사파 투어	160불*2 = 320불
	하노이 수상인형극	20만 동
냐짱	냐짱 보트투어	15만 동*2 = 30만 동
	해변 랍스터	30만 동
	세일링 클럽 입장료	8만 동*2 = 16만 동
	빈펄 입장료	45만 동*2 = 90만 동
	탑바온천	10만 동*2 = 20만 동
	길거리 랍스터	30만 동
달랏	왕복 케이블카	7만 동*2 = 14만 동
	크레이지 하우스 입장료	3만5천*2 = 7만 동
	달랏-공항 택시비	45만 동
방콕	공항-카오산 택시비	500바트
	짐톰슨 하우스 입장료	100*2 = 200바트
	마사지 3번	1000*2 = 2000바트
	MK 수키	497바트
	차이나타운 투어	150*2 = 300바트
	랍디 호스텔-돈무앙 공항 택시비	350바트

푸 껫	피피섬 투어	₩100,000
	시덕션	300바트
	핫야이-페낭 버스	350*2 = 700바트
페 낭	페낭 힐 입장료	30*2 = 60링깃
	콘웰리스 입장료	2*2 = 4링깃
쿠알라 룸푸르	말레이시아 박물관	1*2 = 2링깃
	KL 타워 입장료	49*2 = 94링깃
	아쿠아리움 입장료	45*2 = 90링깃
	트레이더스 스카이 바	31.15*2 = 60.3링깃
	숙소-TBS 택시비	35링깃
	쿠알라룸푸르-말라카 버스비	12*2 = 24링깃
말라카	리버 크루즈 2번	12*2*2 = 48링깃
	회전 관람대 입장료	20*2 = 40링깃
	말라카-싱가포르 버스비	23*2 = 46링깃
싱가 포르	5 footway 숙박비	₩180,000
	싱가포르 패스	68*2=136싱가포르 달러
	호랑이연고 12개	26싱가포르 달러
발 리	숙소 4박	₩240,000
	택시 대절비	₩50,000
	스카이 가든 입장료	100,000루피
	오션27	66,550루피
	꾸따 극장	85,000*2 = 170,000루피
	클라파	260,000루피
	클라파-숙소 택시비	100,000루피
	스파 2번	336,000*2 = 672,000루피

* 기타 먹고, 버스 타고, 마시고, 기념품 등 자질구레한 것들은 생략했습니다.

여행기 책을 쓰려고 떠난 여행이 아니었다. 호랑이는 죽어서 가죽을 남긴다는데 내가 죽으면 뭐가 남겠나 싶은 생각이 들고, 내가 다녀온 45일을 이렇게 풀어내지 않으면 나만의 여행이 되어버리기 때문에 이 소중한 기억들을 많은 사람들과 공유하고 싶다는 욕심이 들었다. 내가 어떻게 여행을 다녔는지 부모님이 아시면 좋겠고, 가족들이 알았으면 좋겠고, 내 주변 사람들도 다 알았으면 좋겠다. 우리에게 공통의 기억이 생기면 더욱 더 가까워질 것이다. 그래서 조금씩 글을 쓰다가 결국에 이렇게 해내 버렸다. 작업한다고 손목과 팔이 떨어져 나갈 정도로 아파서 파스 60장은 더 붙였다. 나중에는 손목에 힘이 없어서 손목 아대를 하지 않고서는 글을 쓰기 힘들 정도였다. 6개월을 일하는 시간 빼고는 정말 밤낮없이 집필에 매진했는데 약사 국가고시 준비기간 이후로 뭘 이렇게 열심히 해보는 건 패션봉제학원 다니면서 옷 만들 때 이후로 처음이다. 정말 밤낮없이 열심히 했다. 19인치 모니터가 불편해서 글 열심히 쓰라고 택이가 24인치 큰 모니터도 새로 하나 사주었다. 하지만 뜻이 있는 곳에 길이 있어서 의지만 충만하다면 이 모든 과정은 즐거움과 추억이 되리라. 먼 훗날에 다시 이 책을 읽어도 부끄럽지 않아야 할 텐데 태어나서 처음으로 책을 써 보는 이 약사는 걱정이 된다. 책이 많이 안 팔릴까봐 걱정도 된다. 라면 받침대가 너무 많이 생기면 곤란한데. 그건 그렇고 열심히 집필을 하던 어느 날, 내가 여행하면서 그토록 사랑해주었던 시티뱅크에서 전화가 왔다. 은행대출로 인한 자격 미달로 신용카드 발급이 거절되었단다. 역시 세상에 무조건적인 사랑은 없었다. 너에 대한 나의 사랑을 이딴 식으로 보답하다니.

서른여섯의 잔치는 끝이 났다. 이제 열심히 풀을 먹으면서 워낭소리 울리며 소처럼 열심히 일을 해야 할 때다. 잔치는 끝이 났는데 자꾸 어디서 누가 말을 걸어온다. 분명히 나 혼자 집에 있는데 이게 무슨 소린가 귀를 기울여보니 소리는 점점 더 분명하게 들리고 있다. 서른여섯의 잔치는 끝났지만, 마흔 살의 잔치를 준비해야 하지 않겠니?

안녕, 스페인의 이비자 섬이라고 해. 천장에서 거품과 물이 쏟아지는 본좌급 클럽에서 마흔의 청춘을 불태우러 오렴. 몸 나이 마흔 다르고, 오십 다르다. 기다리고 있을게.

안녕, 난 스페인 건너편에 있는 모로코라고 해. 스페인 온 김에 그렇게 노래를 부르던 모로코도 들리렴. 우린 아프리카지만 다른 아프리카와 사뭇 다른 거 알지.

안녕, 네가 꿈에도 그리던 이탈리아 스페이스 아웃렛이야. 너 이탈리아 왔는데 프라다랑 미우미우 구두 20개 사고 싶다고 했잖아. 나야, 나! 스페이스 아울렛!

봉쥬르, 패션의 나라 프랑스라고 해. 너 프랑스 가면 벼룩시장 가서 빈티지 디올 구두 득템하러 간다고 했어, 안 했어? 너 '섹스 앤드 더 시티'에서 캐리가 자고 일어나서 창문 여니까 에펠탑이 짠하고 나타나는 그 호텔에 간다고 했어, 안 했어?

안녕, 덴마크라고 해. 우유랑 요구르트 준비해놨다.

구텐탁, 너 저번에 택이랑 옥토버페스트 가보자며 독일에 온다고 하지 않았니? 소시지 구워놨다.

Special Thanks to.

부모님과 가족들에게 늘 감사합니다. 내가 잘하거나 못 할 때나 언제든지 말없이 나를 지지해주고 응원해주는 가족들이 있어서 지금의 내가 있음을 알고 있어요. 늘 화목했으면 좋겠습니다. 그리고 난 앞으로도 잘해 나갈 거에요. 걱정하지 마세요. 난 그 무엇이라도 해낼 수 있어요.

17년 지기 내 친구 김현희에게 감사합니다. 자신감 상실로 집필을 그만두고 싶었던 순간마다 나에게 용기를 북돋아 주며 포기하지 않도록 나를 일으켜 세워준 김현희. 멀리 떨어져 있는 만큼 더 애틋해지는 우리들의 우정은 더욱더 견고해질 것입니다.

수정장 내외에게 감사합니다. 인생의 동반자로 평생 같이 가자는 약속을 맺은 귀여운 후배 수홍이와 정은이에게 감사합니다. 이 책 인쇄 들어가는 날, 삼겹살 구워먹자.

소명아 약사님께 감사합니다. 나의 약사 인생에서 가장 든든한 지지자가 되어주시고, 약사로 산다는 것에 대한 희로애락을 같이 해주시는 소 약사님, 사랑합니다. 그리고 순산을 기원합니다. 댁에 놀러 갈 때마다 위대한 회를 쳐주시는 소 약사님 부군께도 감사드립니다. 다음에도 아주 많이 회 쳐주세요.

경북대학교 전자전기공학부 민주동문회 여러분 고맙습니다. 이 책을 만드는 데 하등의 상관도 없지만, 우리는 오랜 세월을 함께해왔고, 앞으로도 오랜 세월 함께할 동지들이기 때문에 감사합니다.

생각나눔 출판사 여러분들께 감사드립니다. 책 낼 때 늘 누구누구 출판사에게 감사한다는 글을 보고, '아니 글은 자기가 써놓고 왜 출판사에 감사한대?'라고 의아해했던 시절아, 안녕. 제가 글을 써보고 책으로 출간하기까지의 과정을 걸어보니 여러분께 새삼 감사해지는 지금입니다. 제게 용기를 주어 감사합니다.

뜬금없이 미국에서 잘살고 있을 안나수이(Anna sui) 선생께 감사드립니다. 우리 언제 또 만날 수 있나요? 한국 한번 안 오나요? 버선발로 뛰쳐나갈 것임. 새로 나올 링루즈 색깔별로 다 사야지!

세상 그 무엇과도, 그 누구와도 바꿀 수 없는 소중한 내 남자친구 김용택 님께 감사합니다. 그대와 나는 서로를 위해 존재하는 사람입니다. 그런데 일요일에 우리 집에 놀러 와서 나는 열심히 글 쓰고 있는데 지는 옆에서 야구 본다고 시끄럽게 TV 켜놓은 건 그 죄질이 몹시 불량하므로 이에 대한 벌로 구두 4켤레를 청구하는 바입니다.

친히 지갑에서 소중한 일만 오천팔백 원을 꺼내서 이 보잘것없는 책을 사주시고, 여기까지 읽어주시고 있는 당신에게 감사합니다. 읽히지 않는다면 의미가 없는 것이 책인데, 경박하기 그지없고 머리털 나서 책이란 걸 처음 써보는 이 햇병아리 작가의 책을 굳이 돈 들여서 여기까지 읽어 온 당신에게 감사합니다. 앞으로 저의 만족과 그대들의 기쁨을 위해서 더욱더 옆길로 새는 이 약사가 되도록 하겠습니다. 그 새는 옆길에 계속 함께 해주시기를 바랍니다. 길은 옆으로 새야 제맛!

Special shot

1

여행은 돌아와 사진을 남긴다. 45일 여행
후 남은 2만 5천 장의 사진. 이들은 언제라
도 다시 동남아시아의 추억 속으로 나를
이끌어주는 마법이다.

2

이 빈티지 드레스는 3천 원에 구입해서 내
몸에 맞게 수선한 옷인데, 방콕에서 어떤
관광객이 길 가던 나를 붙잡고 이렇게 독
특하고 아름다운 옷을 대체 어디서 샀냐고
물어왔다. 그때부터 이 드레스에 대한 남다
른 애착이 생겼다.

3

낯선 곳으로의 여행은 동화 속 미지의 세
계로 초대된 것 같은 가슴설렘을 선물해준
다. 숲 속의 잠자는 미녀가 될 수도 있고,
사과 먹고 취한 백설공주가 될 수도 있다.

4

어쩌면 꿈은 많이 가질수록 좋을 것 같다.
꿈을 향한 애착까지 더해진다면 달콤한 꿈
은 눈부신 현실이 되어 오늘의 나를 더욱
더 빛나게 해줄 것이다.

짧지 않은 45일간의 여행은 나의 과거, 현재, 미래를 돌아보게 했다. 자신의 삶이 어떤 식으로 그려진 그림인가를 볼 수 있는 혜안을 가지는 데에는 꽤 오랜 시간이 걸린다.

스무 살 때 만나 서로를 알게 된 우리는 이제 꽤 많은 부분이 닮아간다. 그래서 다른 부분을 발견할 때는 화가 난다. 왜 아직도 너는 내가 되어주지 못하는가에 대한 화말이다. 하지만 그 화산을 넘어가면 우리는 더욱더 닮아진 둘이 된다.

7

둘이라서 든든하고, 힘이 나고, 즐거운 여
행이 된다. 둘이라서 용기 있게 어디라도
누벼볼 수 있다는 자신감이 샘솟아 어디를
가더라도 우리는 씩씩한 What a Lovely
Korean Couple이다.

8

언제나 내 나이가 아름답다고 생각한다.
서른여섯, 이 얼마나 멋진 나이란 말인가!
나의 마흔 살은, 나의 쉰 살은 지금의 그것
보다 더욱더 찬란하리라!

9

사는 게 왜 이렇게 힘들고 눈물 나게 하는
지 많은 좌절을 하고 있던 어느 날, 숙부님
께서 말씀하셨다. '주연아, 인생은 고(苦)란
다. 고 속에서 우리는 한 줄기 빛과 기쁨을
찾아가며 살아가는 그것이 인생이지.'

10

흙탕물 속에서 진주를 찾듯이, 고 속에서
진주를 찾아 떠난 여행은 그래서 더욱더
눈부시게 아름답고, 눈물겹도록 행복하다.

이 약사,
약 안 짓고
어디가!

펴 낸 날 2013년 10월 14일

지 은 이 이최주연
펴 낸 이 최지숙
편집주간 이기성
기획편집 이윤숙, 윤정현, 정연희
표지디자인 신성일
펴 낸 곳 도서출판 생각나눔
출판등록 제 2008-000008호
주   소 경기도 고양시 화정동 903-1번지, 한마음프라자 402호
전   화 031-964-2700
팩   스 031-964-2774
홈페이지 www.생각나눔.kr
이 메 일 webmaster@think-book.com

• 책값은 표지 뒷면에 표기되어 있습니다.
  ISBN 978-89-6489-235-0   03980
• 이 도서의 국립중앙도서관 출판 시 도서목록(CIP)은 서지정보유통지원시스템 홈페이지
  (http://seoji.nl.go.kr)와 국가자료공동목록시스템(http://www.nl.go.kr/kolisnet)에서
  이용하실 수 있습니다(CIP제어번호: CIP2013018186).